Ottmar Ette

Alexander von Humboldt und die Globalisierung

Das Mobile des Wissens

Insel Verlag

Satz: TypoForum GmbH, Seelbach
Druck: Druckhaus Nomos, Sinzheim
Printed in Germany
Erste Auflage 2009
ISBN 978-3-458-17434-9

1 2 3 4 5 6 – 14 13 12 11 10 09

Alexander von Humboldt und die Globalisierung

»Daß ein solches Werk nicht vollendet wird
von Einem aus dem Kometen-Jahr 1769 ist sonnenklar.
Die einzelnen Fragmente sollen so erscheinen [...],
daß die, welche mich begraben sehen, in jedem
Fragmente etwas Abgeschlossenes haben.«

Alexander von Humboldt,
Brief vom 28. April 1841

»En attendant ce triomphal retour,
ne fallait-il point reconstituer autour
de soi une nouvelle Europe, effacer le plus
possible de son esprit ce continent qui
nous accueillait mais nous effrayait?«

Michel Butor, Mobile

Für Doje

Inhalt

Achse 1

Achse 2

Dieses Buch
bietet seinen Leserinnen
und Lesern mehrere Lektüreparcours an.
Es kann entlang der durchnumerierten Unterkapitel
fortlaufend vom Anfang der ersten bis zum Ende der letzten
Seite gelesen werden. Des weiteren lassen sich die einzelnen
Achsen und Figuren auch separat und in der jeweils bevorzugten
Abfolge und Konstellation durchlaufen. Zudem können die Unterkapitel
des nachfolgenden Bandes auch einem Kursbuch folgend gelesen
werden, das einen dritten, transversalen Weg vorschlägt:
58 – 1 – 2 – 30 – 6 – 7 – 15 – 8 – 51 – 52 – 9 – 25
– 16 – 20 – 21 – 35 – 22 – 36 – 37 – 23 – 38 – 3 –
54 – 10 – 56 – 11 – 24 – 42 – 12 – 43 – 17
– 44 – 4 – 18 – 45 – 39 – 46 – 40 – 13 –
14 – 19 – 47 – 48 – 26 – 27 – 31
– 28 – 33 – 49 – 50 – 32 –
34 – 29 – 55 – 5
– 57 – 41 –
53 – 5

Achse 1

Das Mobile des Wissens: Offene Wissenschaft und Forum der Kulturen

1. *Entprovinzialisierung und Weltbewußtsein*

Das gesamte Schaffen Alexander von Humboldts (1769-1859) läßt sich als eine höchst komplexe und kreative wissenschaftliche Antwort auf die Herausforderungen jener Epoche begreifen, die wir mit Blick auf die zweite Hälfte des 18. Jahrhunderts als zweite Phase beschleunigter Globalisierung bezeichnen dürfen. Der Autor der *Ansichten der Natur* ist ein Denker der Globalität, der als Querdenker seiner Zeit bis heute nichts von seiner Aktualität für die Bewältigung der Herausforderungen unserer Zeit verloren hat. Sein Schaffen als Natur- und Kulturforscher, als Philosoph, Gelehrter und Schriftsteller ist für uns heute vielmehr unentbehrlich, um die gegenwärtige Phase beschleunigter Globalisierung in ihrer Geschichte, aber auch in ihren Chancen und Risiken analysieren und historisch fundiert denken zu können.

Im zweiten, 1847 erschienenen Band seines *Kosmos* skizzierte Alexander von Humboldt ausgehend von der Land-Wasser-Verteilung des Mittelmeerraumes eine seit der abendländischen Antike nachweisbare, wenn auch nicht ohne Rückschläge verlaufene Expansionsbewegung, als deren Grundlage, Bedingung und Folge zugleich er »die fortschreitende Erweiterung des Weltbewußtseins«[1] begriff. Alexander von Humboldts gesamtes Werk, das sich über einen Zeitraum von mehr als sieben Jahrzehnten entfaltete, schuf einen neuen Wissens- und Reflexionsstand des Wissens von der Welt – mit einem Resonanzboden, der weit über die Grenzen Europas hinausreichte und hinausreicht. Er wußte sich als kritischer Erbe jener Debatten, die 1768 und 1769 in Berlin – und mit weltweitem Echo gerade auch der Aufklärungsphilosophie in der Neuen Welt – mit der Polemik von Cornelius de Pauw in dessen *Recherches philosophiques sur les*

Américains[2] um die Inferiorität des amerikanischen Kontinents begonnen hatten. Und er wußte spätestens seit Hegels *Philosophie der Weltgeschichte*,[3] daß mit Blick auf das Verhältnis zwischen Alter und Neuer Welt die Debatten um die welthistorischen Entwicklungen im Zeichen von Überlegenheit und Unterlegenheit noch auf lange Zeit nicht beendet sein würden. Doch Humboldts Schaffen zielte auf mehr als nur ein neues Verständnis der Neuen Welt. Ihm ging es um das bis heute unvollendet gebliebene Projekt einer *anderen*, einer multipolaren Moderne.[4]

Alexander von Humboldts gesamtes Denken und Schreiben zielte darauf ab, entscheidend zur bewußten Steuerung dieses Prozesses und – gerade auch im deutschsprachigen Raum – zu einer damit einhergehenden Entprovinzialisierung des Denkens seiner Zeit beizutragen. Es war ihm darum zu tun, einem wissenschaftlich fundierten Weltbewußtsein in seinen verschiedenartigsten Ausprägungsformen Raum im Denken der Zeitgenossen wie der Nachwelt zu verschaffen. Er versuchte, den Begriff wie die verschiedenen Denkkonfigurationen des Weltbewußtseins im Kontext anderer von ihm benutzter Weltbegriffe auf eine historisch reflektierte natur-, kultur- und geisteswissenschaftliche Grundlage zu stellen. Wie wohl kein anderer seiner Zeit war er sich der *pluralité des mondes*, der Pluralität der Welten, bewußt und bemühte sich, kommunikativ zwischen diesen Welten zu vermitteln. Sein französisch- und deutschsprachiges Œuvre siedelt sich stets zwischen verschiedenen Sprachen, zwischen verschiedenen Kulturen an und bezeugt sein Bestreben, der Herrschaft eines einzigen Denkens, einer einzigen *pensée systématique*, zu entgehen. Sollte sich das Mobile seines Wissens jedoch um eine Leitvorstellung drehen, so dürfte es wohl keine andere als diese sein: »Alles ist Wechselwirkung.«[5]

Alexander von Humboldts Methode des weltweiten Vergleichens und In-Beziehung-Setzens bezog sich keineswegs nur auf konkrete, empirisch nachprüfbare Forschungsergebnisse, sondern war darum bemüht, die historische Herausbildung wie die kulturellen Hintergründe dieser Wissensbestände herauszuarbeiten und zu berücksichtigen. Damit rükken nicht nur bestimmte Resultate und Messungen in einen wahrhaft weltweiten Maßstab, sondern zugleich Genese und Entstehungsbedingungen gesellschaftlich tradierten Wissens ins Blickfeld. Dies führt nicht nur zu einer wechselseitigen Relativierung monodisziplinärer und damit disziplinierter Forschungsmethoden sowie singulärer Forschungsergebnisse im weltweiten Maßstab, sondern auch zu einer selbstkritischen Hinterfragung eigener, kulturell geprägter Forschungsansätze im Kontext jeweils spezifischer Kulturen des Wissens.

Wissen ist für Humboldt daher stets im öffentlichen Raum verankert. So zielen seine Weltbegriffe darauf ab, bei einem möglichst breiten Publikum ein komplexeres Bewußtsein von der Mannigfaltigkeit der Welten zu schaffen. Sein Ziel war es nicht, allein von Europa aus gleichsam zentralisiert ein Denken über die Welt in Gang zu setzen, sondern an möglichst vielen Stellen unseres Planeten die Schaffung und Verbreitung von Wissen aufblühen zu sehen. Daher überrascht es nicht, daß er sich über längere Zeit mit dem Gedanken trug, in die Neue Welt, nach Mexiko, überzusiedeln. Alexander von Humboldt betrieb seine Wissenschaft – um es mit den Worten Immanuel Kants zu sagen – in weltbürgerlicher Absicht.[6]

2. *Dimensionen der Humboldtschen Wissenschaft*

Alexander von Humboldt partizipierte zwar in starkem Maße an den großen Traditionslinien des abendländischen Denkens wie der europäischen Wissenschaftsgeschichte; doch sollten wir uns vor dem scheinbar unausrottbaren Gemeinplatz hüten, in ihm den »letzten Universalgelehrten« zu erblicken, der – wie immer wieder und zum Teil von prominenter Seite zu hören ist – einen Anachronismus dargestellt habe und wie ein Fremdkörper in die Nach-Goethe-Zeit hinüberragte.[7] Der Autor der *Vues des Cordillères et Monumens des Peuples Indigènes de l'Amérique* war vielmehr der Pionier und Vertreter einer neuen Wissenschaftskonzeption, deren Potentiale bis heute noch nicht ausgeschöpft sind und deren Konturen im vorliegenden Band sichtbar gemacht werden sollen.

Wollte man die Grundlagen der sogenannten Humboldtschen Wissenschaft in aller Kürze zusammenfassen, so ließe sich sagen, daß der Reisende, Naturforscher und Schriftsteller im Verlauf eines jahrzehntelangen geduldigen Studiums unterschiedlichster Disziplinen von der Anatomie und Altertumswissenschaft über Botanik, Geologie und Geschichtswissenschaft bis hin zur Mathematik, Philologie, Uranologie und Zoologie ein Wissenschaftsverständnis sowie Grundüberzeugungen zu Theorie und Praxis von Wissensrepräsentation entwickelte, die in epistemologischer, wissenschaftsgeschichtlicher, wissenssoziologischer und ästhetischer Hinsicht von einer faszinierenden Zunahme an Dynamik und Komplexität gekennzeichnet sind. Wenn unser Jetztzeitalter das Netzzeitalter ist, dann ist Alexander von Humboldt gewiß dessen wissenschaftlicher Vordenker.

Aktualität und Zukunftsträchtigkeit seiner sich historisch über mehrere Jahrzehnte herausbildenden Auffassungen lassen sich insbesondere an den nachfolgenden Dimensionen seines Denkens reflektieren:

1. Das von Humboldt entfaltete und praktizierte Wissenschaftsverständnis ist erstens von einer *transdisziplinären* Ausrichtung geprägt, die selbstverständlich auf die Ergebnisse einer zu seiner Zeit sich verstärkenden, aber bereits im ausgehenden 18. Jahrhundert unverkennbar einsetzenden disziplinären Diversifizierung der Wissenschaften zurückgreift und diese wissenschaftsgeschichtlich fundamentalen Prozesse zugleich kritisch hinterfragt. Alexander von Humboldts Ansatz ist transdisziplinär und nicht interdisziplinär, weil er den Dialog mit anderen Disziplinen nicht vom Standpunkt einer bestimmten »eigenen« Disziplin (etwa der Pflanzengeographie, der Mineralogie oder der Geognosie) aus suchte – wie dies im interdisziplinären Dialog der Fall wäre –, sondern die unterschiedlichsten Bereiche der Wissenschaft unter Rückgriff auf und mit Hilfe von Spezialisten zu queren und damit die verschiedenartigsten Wissensgebiete und fächerspezifischen Logiken miteinander zu vernetzen trachtete. Seine Praxis der Feldforschung – wie sie etwa im berühmten Gemälde von Friedrich Georg Weitsch perfekt in Szene gesetzt wird – legt ein beredtes Zeugnis von der ständigen Querung und wechselseitigen Vernetzung unterschiedlichster disziplinärer Felder durch Humboldt ab. Das ständige Reisen, die unablässigen Bewegungen – auch zwischen seinen beiden großen Reisen von 1799 bis 1804 sowie von 1829 – prägen seinen Denkstil, aber auch sein Wissenschaftsverständnis: Das Mobile in Humboldts Wissenschaft ist Programm.

2. Zweitens läßt sich das global und komparatistisch ausgerichtete Wissenschaftsverständnis des jüngeren der beiden Humboldt-Brüder als *interkulturell* charakterisieren. Der Verfasser der *Ansichten der Kordilleren* dachte interkulturell und nicht transkulturell, weil er sehr bewußt von einer euro-

päisch-abendländischen Wissenstradition als Grundlage ausging, von der aus Beziehungen zu anderen (Wissens-)Kulturen hergestellt werden sollten. Selbstkritisch signalisierte er stets, von welcher Welt aus und mit Hilfe welcher kulturell geprägten Sprachen er von »der« Welt sprach. Jedoch erlaubte es ihm gerade diese Selbstreflexion, aus der Mobilität einer transdisziplinär und interkulturell ausgerichteten Wissenschaft ein auch künstlerisch durchdachtes *Mobile* der Kulturen der Welt – wie er es in seinen *Vues des Cordillères et Monumens des Peuples Indigènes de l'Amérique* vor Augen führte – zu entwerfen. Hier wird das Mobile (in) der Wissenschaft zum Mobile der Kulturen.

3. Drittens ist die Humboldtsche Wissenschaftskonzeption in kritischer Fortführung der Ideen der französischen Aufklärung und der philosophischen Konzeptualisierung von Weltgeschichte und Weltbürgertum in der Tradition Immanuel Kants eine *kosmopolitische* Wissenschaft, insofern sie sich in einem nicht nur auf ihre Gegenstände bezogenen Sinne, sondern auch in ihrer ethischen Fundierung und politischen Verantwortlichkeit als eine Wissenschaft begreift, die an den Interessen der gesamten Menschheit und der Entfaltung einer Moderne ausgerichtet ist, die sich im Plural denkt. Zeit seines Lebens blieb Alexander von Humboldt auch in diesem Sinne ein selbstkritischer, unruhiger Geist: ein Querdenker, der sich nicht in Messungen, Datenerhebungen und Statistiken verlor, sondern aufs Ganze setzte und damit auch das Zusammenleben unterschiedlicher Kulturen meinte. Es wäre schlicht vermessen – und zeugte vom Fehlen jeglicher Textkenntnis –, ihn auf die Dimensionen eines simplen Weltvermessers zu reduzieren. Nach einer gewissen »Kehlmannisierung«[8] der Feuilletons gilt es, zu den Schriften Alexander von Humboldts zurückzukehren. Und Humboldts Texte sprechen eine andere Sprache: Sie skizzieren die Umrisse einer künftigen Kosmopolitik, die sich nicht nur einer

aktuellen, sondern auch der jeweiligen historischen Globalisierungsphasen und ihrer Chancen bewußt ist.

4. Viertens ist diese Kosmopolitik, insgesamt aber auch das gesamte Humboldtsche Wissenschaftsprogramm in seiner empirischen wie in seiner theoretischen Grundlegung *transareal* angelegt. Es trennt nicht zwischen einem »allgemeinen« theoretischen Grundlagenwissen einerseits und einem »regionalwissenschaftlichen« Spezialwissen andererseits, zwischen den »Mutterdisziplinen« und regionalen Anwendungen, sondern weiß, daß nur ein Queren verschiedener *Areale*, verschiedener Räume und Kulturen die empirische Grundlage für ein umfassendes Zusammendenken, für eine ebenso geschichts- wie zukunftsorientierte Epistemologie bilden kann. Daher mußte Alexander von Humboldt seine amerikanische Reise durch eine asiatische Reise ergänzen, war doch erst so das produktive Ineinanderdenken unterschiedlicher Räume, Zeiten und Kulturen möglich. Die ständige, nur auf den ersten Blick überraschende Präsenz Amerikas in Alexander von Humboldts asiatischem Reisewerk demonstriert eindrucksvoll, daß auch sein amerikanisches Reisewerk abschließend nur beurteilen kann, wer die Bände seiner *Asie Centrale* kennt. Das Mobile (in) der Humboldtschen Wissenschaft greift auch hier und läßt deutlich werden, daß Reisen und Feldforschung die unabdingbaren Grundlagen des Humboldtschen Wissenschaftsverständnisses bilden.

5. Fünftens setzt all dies voraus, daß Humboldt ein weltweites Korrespondentennetz aufbauen mußte, das ihm ebenso die von ihm benötigten regionalen Wissensbestände zur Verfügung stellen oder überprüfen konnte als auch in der Lage sein sollte, disziplinär spezialisiertes Wissen einzubringen und mit den Fragehorizonten seiner Forschungsfelder und Feldforschungen zu verknüpfen. Alexander von Humboldts Korrespondenz bildete folglich ein weltweit gespann-

tes Gewebe des Wissens- und Informationsaustauschs, das mit insgesamt 30000 bis 35000 Briefen einen interkontinentalen und disziplinenübergreifenden Wissenstransfer in Gang brachte, der auch heute noch längst nicht umfassend erforscht ist. Man darf hier getrost und ohne jeglichen Anachronismus von einem *weltweiten Netzwerk* sprechen, das nicht nur Informationen aus aller Welt in Europa sammelte, sondern zum Ausgangspunkt für vielfältige eigene Entwicklungen auf anderen Kontinenten wurde. Dies erklärt, warum Alexander von Humboldts Name sich bis heute auf mehreren Kontinenten einer so großen Wertschätzung und Popularität erfreut.

6. Darüber hinaus bemühte sich Humboldt sechstens um den Aufbau ebenso nationalstaatlicher wie grenzüberschreitender wissenschaftlicher Institutionen und Kooperationsformen, die ihn zu einem der sicherlich einflußreichsten Wissenschaftsorganisatoren des 19. Jahrhunderts in Europa werden ließen. Vor dem Hintergrund dieser jahrzehntelangen *wissenschaftsorganisatorischen* und *wissenschaftspolitischen* Aktivitäten vertrat er gegen unterschiedlichste Interessengruppen erfolgreich die Freiheit wissenschaftlichen Denkens, Schreibens und Handelns, weil aus seiner Sicht nur so die Handlungsspielräume für die kommende Wissensgesellschaft offengehalten werden konnten. Humboldt wußte, daß Wissen, um wirken zu können, gesellschaftsfähig gemacht werden mußte. Gerade mit Blick auf die unermüdlichen Bemühungen des Verfassers des *Kosmos* ließe sich sagen, daß eine Wissenschaft, die ihr Wissen nicht in die Gesellschaft schafft, ihre gesellschaftliche Verantwortung und Bringschuld verkennt und zumindest mittelfristig mit schuld ist, wenn die Gesellschaft sie um ihre Mittel bringt.

7. Siebtens beschränkte sich folglich die hochgradig kommunikative Struktur von Wissen und Wissenschaft im Humboldtschen Sinne nicht auf Gewinnung und Produktion von

Wissen, sondern bezog sich auch auf dessen gesellschaftliche Verbreitung und Nutzbarmachung. Durch den Aufbau geeigneter Präsentations- und Repräsentationsformen von Wissen zielte Humboldt auf eine *Popularisierung und Demokratisierung* der Wissenschaft und damit letztlich darauf ab, Wissen für möglichst breite Bereiche der Bevölkerung (einschließlich der vom Universitätsleben noch ausgeschlossenen Frauen) zugänglich und gesellschaftsfähig zu machen und darüber hinaus in durchaus gesellschaftsverändernder Absicht zugunsten der Entfaltung einer bürgerlichen Informations- und Wissensgesellschaft einzusetzen. Für diesen Intellektuellen *avant la lettre*, der zeit seines Lebens auch in Preußen den Idealen der Französischen Revolution verpflichtet blieb, ist Wissenschaft ohne Öffentlichkeit schlicht undenkbar: Die Humboldtsche Wissenschaft ist eine zutiefst öffentliche – und in diesem Sinne politische – Wissenschaft.

8. Achtens verknüpfen die Humboldtschen Präsentations- und Repräsentationsformen von Wissen *Intermedialität*, *Transmedialität* und *Ästhetik* auf beeindruckende Weise und beinhalten spezifische Verfahren und Techniken der Visualisierung von Wissen, insbesondere des Ineinandergreifens von Bild-Text und Schrift-Bild. Sie zielen auf eine möglichst simultane Wahrnehmung komplexer Wissensbestände (etwa in der Konzeption des »Naturgemäldes«, das in gewisser Hinsicht eine Weiterentwicklung der Pasigraphie-Vorstellungen der Spätaufklärung darstellt) ab und fördern eine sinnliche, am Erleben und Nacherleben ausgerichtete Aneignung von Wissen unter kollektiven wie individuellen Rezeptionsbedingungen. Die Humboldtsche Wissenschaft ist eine sinnliche Wissenschaft, die noch heute das Lesepublikum in ihren Bann zu ziehen vermag. Sie ist als eine Natur und Mensch beständig miteinander in Verbindung setzende Lebenswissenschaft immer auch daran interessiert, ein möglichst intensives Erlebenswissen zu vermitteln und – nicht

nur in den *Ansichten der Natur*[9] – mit Hilfe wissenschaftlicher Erläuterungen zu verankern.

9. Neuntens entwickelte Humboldt in diesem Zusammenhang *fraktale*, auf Selbstähnlichkeit gerichtete Konstruktions- und Repräsentationsformen von Wissen in dem Sinne, daß er zum einen in seinen Formen wissenschaftlichen Schreibens literarische Techniken der *mise en abyme* (und damit Schreibverfahren, in denen die Gesamtheit eines Textes als Modell *in nuce* beziehungsweise als *modèle réduit* in verdichteter Form im Text selbst präsent ist) verwandte. Zum anderen erprobte er – wie etwa in seinen *Vues des Cordillères* – Anordnungstechniken von Bildern und Grafiken, in denen gleichsam teleskopartig ineinandergeschobene Illustrationen die Beziehung zwischen vermeintlichem Chaos und Fragmenthaftigkeit einerseits und zu Grunde liegender Ordnung im Sinne des Humboldtschen Kosmos andererseits buchstäblich vor Augen führen sollten. In diesem Sinne könnte man auch von einer fraktalen Konstruktion seines Gesamtwerkes sprechen, dessen Einheit nicht durch zentrierende oder totalisierende Strukturen oder Denkschemata, sondern durch die multidimensionale *Relationalität* und Vielverbundenheit sich wiederholender Muster und Verfahren hergestellt wird. Der fraktalen Geometrie der Natur entspricht bei Alexander von Humboldt eine fraktale Geometrie des Schreibens wie der wissenschaftlichen Modellbildung insgesamt. In jedem Teil ist das Ganze präsent.

3. Offene Wissenschaft und Ästhetik des Scheiterns

Angesichts der hier nur kurz skizzierten Aspekte stellt die Humboldtsche Wissenschaft keineswegs das Auslaufmodell einer Wissenschaftskonzeption dar, innerhalb deren man Alexander von Humboldt lange Zeit als den Vertreter einer längst überholten und bestenfalls für Wissenschaftshistoriker noch interessanten Vorstellungswelt verabschieden zu können glaubte. Es handelt sich bei der von Alexander von Humboldt über Jahrzehnte mit brennender Geduld entwikkelten und entfalteten Konzeption vielmehr um ein auf relationalen Logiken und weltweitem Vergleich beruhendes Wissenschaftsmodell, das – ebenso in seiner Betonung geoökologischer Aspekte wie in seiner Frage nach Verträglichkeit und Nachhaltigkeit weltweiter Entwicklungen und Produktionsformen, in seiner Projektierung einer Überwindung kolonialer Abhängigkeitsstrukturen wie bezüglich seiner Ausrichtung an einer entschieden multipolaren Zukunft – einen für das 21. Jahrhundert wegweisenden Charakter besitzt. Alexander von Humboldt ist ein maßgeblicher Vordenker für ein Jahrhundert, das Moderne nicht mehr im (europäischen) Singular, sondern als Pluralität divergierender Modernen versteht – und auch dies ist eine kosmopolitische Dimension seines Denkens wie seines Schreibens, die in der aktuellen Phase beschleunigter Globalisierung zu begreifen wichtiger denn je ist.

Dabei sollen die internen Widersprüche der Humboldtschen Wissenschaftskonzeption wie des Humboldtschen Moderneprojekts weder in diesen als erste Achse fungierenden Überlegungen noch im vorliegenden Band insgesamt ausgeblendet werden. Auch Alexander von Humboldts Vorstellungen stoßen (nicht nur bei der Propagierung weitreichender Kanalbauprojekte, verstärkter Investitionspolitiken etwa zugunsten des mexikanischen Silberbergbaus oder bei Fragen der ethischen Verantwortbarkeit von Expeditionen und Forschungsprogrammen) an Grenzen und an Barrieren, die im Kontext des abendländischen Moderne-Projekts auch im 21. Jahrhundert fortbestehen. Zugleich aber ist die Humboldtsche Wissenschaftskonzeption auf Grund einer Vielzahl selbstreflexiver Prozesse sehr wohl in der Lage, ihre eigene

Herkunft selbst zu problematisieren und dialogisch auf andere kulturelle Traditionen hin zu öffnen. Die Humboldtsche Wissenschaft ist in ihrer Multirelationalität eine offene Wissenschaft, die das Denken *in verschiedenen Logiken zugleich* erlaubt. Daß sie ihr polylogisches Potential nicht in jeder konkreten Einzelsituation umzusetzen verstand, wird man ihr heute wohl kaum vorwerfen können.

So ließe sich die Humboldtsche »Weltbeschreibung« sehr wohl als ein Versuch verstehen, in einer Mensch und Natur zusammendenkenden Konzeption die Grundlagen für eine sich im *Kosmos* abzeichnende Weltwissenschaft – und zugleich auch für eine Kosmopolitik – zu erarbeiten. Das ihr zu Grunde liegende Denken ist geprägt von der Fähigkeit, das bislang in der Vorstellungswelt noch Getrennte und nicht Zusammengedachte zusammenzudenken und daraus neue Perspektiven für das vernetzende Verständnis unterschiedlichster Phänomene, von der Anthropologie bis zur Zoologie, zu gewinnen. Nicht umsonst hatte schon 1795 Wilhelm von Humboldt seinem jüngeren Bruder eine besondere Gabe der Kombinatorik bescheinigt und ihn als prädestiniert dafür bezeichnet, »Ideen zu verbinden, Ketten von Dingen zu erblicken, die Menschenalter hindurch, ohne ihn, unentdeckt geblieben wären«.[10] Mit diesen Worten erfaßte Wilhelm früher als jeder andere die Grundform des spezifischen Denk- und Schreibstils seines jüngeren (und zunächst für schwächlicher und weniger talentiert gehaltenen) Bruders.

Aber könnte man nicht gegen Alexander von Humboldt einwenden, daß viele seiner berühmtesten Episoden im Zeichen des Scheiterns zu stehen scheinen? Die Spitze des Chimborazo hat er nie erreicht, in die Tiefen der Höhle des Guácharo-Vogels ist er nie vorgedrungen: Der Bericht von seiner Reise in die Neue Welt, das eigentliche Kernstück seines dreißigbändigen Reisewerks, blieb ebenso Fragment wie das

Werk seines Lebens, der *Kosmos*. Ist Alexander von Humboldt, in seinen späten Jahren auch Kammerherr am preußischen Hofe und Vorleser des Königs, nicht letztlich ein Gescheiterter?

Als Vertreter einer offenen Wissenschaft war der 1769 in Berlin im Zeichen eines Kometen Geborene gewiß kein Vertreter einer Null-Fehler-Kultur. Im Gegenteil: Oft berichtigte er in seinen Schriften frühere Resultate und Angaben, korrigierte seine Hypothesen, ja, gab Kritikern seiner Ansichten in seinen eigenen Büchern Raum. Humboldt hielt mit seinen Fehlern nicht ›hinterm Berg‹: Niemals behauptete er, den Gipfel des Chimborazo wirklich erklommen zu haben. Und doch gab es im 19. Jahrhundert keinen Gelehrten und keinen Wissenschaftler, der national wie international über mehr Ansehen und Autorität verfügt hätte als der Verfasser des amerikanischen Reisewerks. Noch heute ist er auf dem gesamten amerikanischen Kontinent der bekannteste Deutsche; nach ihm sind weltweit Straßen und Städte, Meeresströmungen (und extraterrestrisch Mondkrater), aber auch zahlreiche Bildungseinrichtungen benannt. Das Einräumen und mehr noch die Korrektur von Fehlern, dies wußte Humboldt, war von größter Bedeutung für das Mobile (in) der Wissenschaft und zugleich unverzichtbarer Bestandteil einer sich als zukunftsoffen begreifenden Epistemologie. Und ebendies war und ist die Humboldtsche Wissenschaft: ein Zukunftsmodell.

Denn Humboldts Œuvre ist mehr als nur vergangene Zukunft: Viele seiner Herausforderungen, die im vorliegenden Band aus ihren historischen Kontexten heraus untersucht und vorgestellt werden sollen, betreffen uns heute auf oft erstaunliche Weise. Es ist die Aufgabe der Philologie,[11] gleichsam janusköpfig zum einen in die Vergangenheit zu blicken, um geschichtliche Prozesse genauer verstehen zu lernen, zum anderen aber auch in Gegenwart und Zukunft zu schauen und danach zu fragen, welche Perspektiven das historisch-philologisch Untersuchte für uns heute aufweist. Nicht nur die Naturwissenschaften haben – um ein Wort des »Erfinders« der *Zwei Kulturen* aufzunehmen – »the future in their bones«.[12]

Halten wir an dieser Stelle insbesondere in dem Bewußtsein, daß der Autor der *Ansichten* in seinen Schriften geradezu eine Ästhetik des Scheiterns entfaltete, unmißverständlich fest: Alexander von Humboldts Denken, sein Verständnis von Wissenschaft und Bildung sind nicht gescheitert, sondern ganz einfach gescheiter als die oft oberflächlichen Ansichten vieler seiner Kritiker, die ihm ebenso ein fehlendes systematisches Denken wie eine mangelnde patriotische Dimension, ebenso einen rückwärtsgewandten Holismus wie ein bloßes Datensammeln vorwarfen. Der Vorwurf des Scheiterns begleitet die Humboldt-Rezeption spätestens seit den ausgehenden sechziger Jahren des 19. Jahrhunderts. Und schlechte Romane über Humboldt gab es im übrigen schon zu seinen Lebzeiten. Hier darf man mit dem Rezensenten einer heute vergessenen Novelle,[13] in der Humboldt 1858 ein Sohn angedichtet wurde, übereinstimmen: Das ist nicht Humboldt, sondern Humbug.

Scheitern mit Zuschauer – mit dieser seit der Antike[14] auch jenseits der Schiffahrtsmetaphorik so traditionsreichen philosophischen Figur hat Humboldt oft gespielt. Ob kurz unterhalb des Gipfels des Chimborazo von einer Felsspalte gestoppt oder kenternd im Flußgewirr von Orinoco und Amazonas – stets setzte er den Augenblick des drohenden Scheiterns ästhetisch wie epistemologisch in Szene, um dieses sogleich in eine gewaltige Produktivkraft zu verwandeln: als Ansporn, die Grenzen des Wissens über das schon Gewußte, die Grenzen des Handelns über das schon Getane weiter hinauszutreiben.

Alexander von Humboldt war kein Mann des Ankommens, sondern ein Mann des beständigen Aufbruchs und Aufbrechens. So gab er seinen zeitgenössischen wie zukünftigen Lesern in seinem Bestseller, dem *Kosmos*, sehr bewußt mit auf den Weg: »Jedes Erforschte ist nur eine Stufe zu etwas Höherem in dem verhängnisvollen Laufe der Dinge.«[15] Eben hier liegt die Ausstrahlungskraft Alexander von Humboldts heute: Sein Denken ist immer auf dem Sprung, ist auch in der Erforschung der Vergangenheit stets dynamisch und zukunftsgerichtet. Sein Schreiben macht das Scheitern fruchtbar, indem es diesen Augenblick der Krise und Grenzerfahrung nicht ausblendet, sondern als Erkenntnispotential für künftige Lösungen nutzt. Und sein Handeln versteht Wissen als einen unabschließbaren Prozeß, der das Abenteuer des Wissens (nach)erlebbar macht, anstatt mit dem Gerümpel beliebiger Anekdoten ein abenteuerliches Wissen aufzutürmen. Alexander von Humboldt steht mit diesen Eigenschaften für die Faszination von Wissen und Bildung – und ist eben damit ein entscheidender Impulsgeber für die Konzeption eines zukunftsoffenen und in stetiger Veränderung begriffenen Forums der Kulturen, das einen wesentlichen Schritt hin auf das von ihm konzipierte und ersehnte Weltbewußtsein darstellen kann. Nicht von ungefähr verkörpert er wie kein anderer Deutscher auf internationaler Ebene die Globalität des Denkens, die gesellschaftliche Verantwortung wie Relevanz wissenschaftlichen Arbeitens und die Einsicht in die Mannigfaltigkeit der Kulturen der Welt.

4. *Mobile Netzwerke des Globalen*

Alexander von Humboldts Denken ließe sich vielleicht am besten anhand einer Karte des Orinoco darstellen, die das lebendige Bild sich verästelnder und vielfältig miteinander verbundener Wasserwege wiedergäbe. In seinem *Kosmos* betonte er fast ein halbes Jahrhundert nach seiner Reise durch die vernetzten Flußsysteme von Orinoco und Amazonas, es gehe ihm nicht um einfache »lineare Verkettung«, sondern um »netzartig verschlungene Gewebe«.[16] Die sich unaufhörlich verändernden Flußlandschaften Südamerikas bilden das lebendige, sich ständig verändernde *mapping* seines an ökologischer wie geistiger Nachhaltigkeit ausgerichteten Denkens.

Von diesem mobilen *mapping* aus gewinnt das bereits erwähnte Axiom Humboldtscher Wissenschaft seine volle Bedeutung: »Alles ist Wechselwirkung.«[17] Alles steht folglich mit allem in Verbindung – auch wenn dies nicht zu jeder Zeit und kontinuierlich der Fall sein muß. Alexander von Humboldt ist ein Denker der Relationalität: Nichts steht für sich allein. Jegliche enzyklopädische Ordnung im Sinne einer bloßen Reihung ist ihm verhaßt. Erst durch die Verknüpfung unterschiedlichster Wissenssegmente entstehen Innovationen, die den Spezialdisziplinen wiederum neue Impulse zu geben vermögen. Dies erst ermöglicht die hochinnovative Dynamik, die von Humboldts wissenschaftlichen Aktivitäten auf die unterschiedlichsten, zum Teil von ihm erst begründeten Fachdisziplinen – von der Altamerikanistik bis zur Pflanzengeographie – ausgeht und abstrahlt. Humboldt ist ein Wissenschaftsnomade in ständiger Bewegung: Größtmögliche Mobilität ist für ihn Wissenschaftsprogramm und Lebensprojekt zugleich. Das Mobile prägt seinen Denk- und Wissenschaftsstil in ebenso starkem Maße wie seinen Lebensstil.

Schon im Revolutionsjahr 1789 bezeichnete sich der Zwanzigjährige als »Fremdling« zwischen den Wissenschaften[18] und verstand auch später seine Arbeit als den Versuch, zwischen den sich immer weiter ausdifferenzierenden Disziplinen möglichst viele Drehtüren, Durchgänge und Durchblikke, kurz: neue Querverbindungen und Wechselwirkungen zu schaffen. Der Satz Voltaires, daß man nichts ohne Enthusiasmus bewirkt, war dem Weltreisenden und Weltschreibenden förmlich auf den Leib geschrieben: »Rien ne se fait sans un peu d'enthousiasme.«[19]

Alexander von Humboldt zog die Konsequenzen daraus, daß die beschleunigte Globalisierung seiner Zeit – die auf der Ebene einer weltweiten Zirkulation des Wissens in seiner *Reise in die Äquinoktial-Gegenden des Neuen Kontinents* in gewisser Weise einen symbolischen Höhepunkt erreichte – ohne die Geschichte und Vorgeschichte der Globalisierung nicht zu verstehen war. Wenn es für ihn eine Figur gab, an der er sich – nicht ohne Kritik, aber auch nicht ohne Selbstironie – orientierte, dann die des Europäers *par excellence*, Christoph Columbus, Colomb, Colón. Alexander, dessen Mutter eine geborene Colomb war, widmete jener berühmten »Eroberung durch Nachdenken«[20] Hunderte von Seiten, ohne dabei die produktive Kraft der Fehler des »genuesischen Iberers« zu übersehen. Mit Bedacht machte er sich und seine Leser zu Zuschauern jenes historischen Scheiterns, das doch die Welt veränderte und durch alle Phasen von Beschleunigung und Entschleunigung hindurch die Neuzeit, unsere Moderne(n) und Postmoderne(n) wie kein anderes historisches Faktum prägte. Es waren die Fehler im System des Columbus, die den Indienfahrer auf dem Weg über den Westen in den Osten Asiens führen sollten, ein globales Projekt, dem sich freilich gänzlich unverhofft – und von Columbus zu Lebzeiten auch unverstanden – eine »Neue Welt« in den Weg stellte. An Columbus begriff Humboldt die Fehler im System der europäischen Expansion – und die Dimensionen seiner eigenen, die Grenzen immer weiter hinausschiebenden Neugierde.

Das Denken der Globalität aus dem Geiste der Globalisierung ermöglichte Humboldt ein Verständnis des Systems Erde in natur- wie kulturwissenschaftlichen Zusammenhängen: von den weltweiten Meeres- und Luftströmungen über die von ihm beobachteten und prognostizierten Klimaveränderungen oder Pflanzenmigrationen bis hin zu weltwirtschaftlichen Strömen von Edelmetallen oder Fragen nach dem Zusammenleben der Völker und Kulturen. Er wußte, daß dieses Zusammenleben weltweite Wege des Wissens braucht: Fernkompetenz *und* Verknüpfungskompetenz. Sie verbanden sich bei ihm mit dem Willen zum Handeln, zur Veränderung traditioneller (Denk-)Strukturen im Kontext eines mobilen Netzwerks des Globalen.

5. Bildung, Lebenswissen, Zusammenlebenswissen

Daß ihm nationale Kleingeister ankreideten, den größten Teil seines Werkes in französischer Sprache verfaßt, ein Vierteljahrhundert seines Lebens in Paris verbracht und sich zuviel mit Fremdem beschäftigt zu haben, störte den überzeugten Republikaner am preußischen Hofe kaum. Seinen Überzeugungen und Lebensformen blieb er ein langes Leben lang treu – auch dann, wenn sie ihm bisweilen Spott und Feindschaft eintrugen. Daß ihn spätere Generationen ausschließlich als Naturwissenschaftler oder als Vertreter einer Einzeldisziplin verstanden, hätte er wohl am liebsten – wie er dies so oft mit ähnlichem Unsinn zu Lebzeiten tat – in der *Spenerschen Zeitung* oder anderen Presseorganen vehement *dement*ieren lassen. Doch es war für nachfolgende Generationen lange Zeit so einfach und bequem, Wilhelm als Geistes- und Alexander als Naturwissenschaftler abzuheften, so als müßte man die Zwei-Kulturen-These gleichsam innerfamiliär anhand eines der berühmtesten Brüderpaare in der Geschichte des europäischen Denkens belegen. Doch nichts wäre irreführender.

Als Querdenker war Alexander von Humboldt, der als

Wissenschaftler höchst teamtauglich und als Mensch nie ein Querkopf war, konsequent: Stets waren es gerade die Schnittflächen zwischen den *Two Cultures*, zwischen dem, was wir heute als Natur- und als Kulturwissenschaften bezeichnen, die ihn faszinierten. Die sicherlich entscheidende Schnittstelle dabei bildet der von ihm zentral gestellte, nicht nur in seinem *Kosmos* immer wieder neu perspektivierte, aber lange Zeit von der Forschung, der *Humboldt-Industry* übersehene Begriff des Lebens. Aber würde die Bezeichnung Humboldts als Lebenswissenschaftler nicht letztlich doch die Zurechnung zu den Natur- und Biowissenschaften bedeuten?

Keineswegs: Denn der Autor des *Examen critique* ist Lebenswissenschaftler in einem vollgültigen und umfänglichen – und ebendamit im »eigentlichen« – Sinne. Die Humboldtsche Lebenswissenschaft ist weit davon entfernt, sich auf die biowissenschaftlich-medizinische Dimension zu beschränken: Sie bezieht vielmehr im Sinne von griechisch *bios* den ganzen Menschen, gerade auch in seiner kulturellen Verflochtenheit und Vielfalt, in seinen Prägungen und Bewegungen mit ein. Auch dies ist von größter Relevanz, fragt man nach der wissenschaftlichen wie nach der gesellschaftlichen Bedeutung und Durchschlagskraft der Humboldtschen Ideen heute. Denn das Humboldtsche Lebenswissen ist in Alexander von Humboldts Schriften wie in seinem Handeln allgegenwärtig: Es ist ein Natur und Kultur aufeinander beziehendes Wissen vom Leben, das aus dem Leben selbst schöpft und auf eine möglichst intensive und zugleich reflektierte Lebensführung zielt.

Ethik, Ästhetik und Epistemologie werden im Mobile des Humboldtschen Denkens und Handelns auf immer wieder neue Weise miteinander verknüpft. Keine Reise gleicht einer anderen, kein Buchprojekt ähnelt einem anderen – und doch sind sie alle aufs engste miteinander verwoben. Das so bestimmbare Lebenswissen speist sich aus einem Erlebenswissen, das Humboldt literarisch überzeugend und mit autobiographischem Augenzwinkern zu vermitteln versteht. Nicht nur im Salon wußte Humboldt glänzend zu erzählen.

All dies beinhaltet ein Bildungsideal: Alexander nahm den Bildungsgedanken seines Bruders Wilhelm auf und entwickelte ihn insofern weiter, als er die transversalen, die verschiedenen Regionen des Wissens wie der Welt miteinander verknüpfenden Aspekte noch stärker in den Vordergrund rückte. Sein Verständnis von Bildung ist relational und zugleich global ausgerichtet, insofern es nicht von der Existenz eines einzigen kulturellen Zentrums, einer einzigen normativen Macht ausgeht. Es orientiert sich an einem Weltbewußtsein, auf dessen Landkarte es viele Kontinente und viele Inselwelten mit ihren je eigenen Logiken kultureller Entfaltung gibt – auch wenn Humboldt zweifellos stets Europäer blieb. Die Horizonte seines Denkens waren offen – so offen wie nur selten in der Geschichte des abendländischen Denkens. Wissenschaft und Bildung sollten keine Bildungsbrokken aufhäufen: Wirkliche Bildung zielte für Alexander von Humboldt vielmehr auf eine Kernkompetenz: die Fähigkeit zum Zusammendenken. Sie bildet die entscheidende Grundlage eines Zusammenlebens in wechselseitiger Achtung der Differenz. Nicht nur in der Natur ist für Humboldt alles Wechselwirkung.

Alexander von Humboldt war – wie auch in den nachfolgenden Kapiteln deutlich werden soll – alles andere als ein Bewohner des Elfenbeinturms. Gemäß einer derzeit vorherrschenden Wissenschaftsmetaphorik könnte man ihn eher schon – wenn dieses Bild nicht allzu statische Züge trüge – als einen Leuchtturm bezeichnen. Aus seiner Einsicht in die gesellschaftsbildende Funktion von Wissen krempelte er nach seiner Rückkehr aus Paris nach Berlin ab 1827 beherzt und entschlossen die deutsche Wissenschaftslandschaft um, steckte ihr neue Horizonte, versah sie mit neuen Leuchtfeuern. Als Wissenschaftsmanager, der die Fäden in der Berliner wie in der Pariser Akademie zog, sorgte er dafür, daß Leben und Bewegung in die zersplitterte Wissenschaft an der Spree wie im deutschsprachigen Raum einzogen und in der preußischen Hauptstadt der Zukunft zugewandte Spielflächen des Geistes – Foren für die unterschiedlichen Kulturen (des Wissens) – entstanden. Die Förderung ungezählter Talente, aber auch eine grundlegende Internationalisierung der Forschungshorizonte waren in ganz wesentlicher Weise das Ergebnis seiner Bemühungen. Das Verzeichnis der weltweiten Korrespondenzpartner Humboldts liest sich gerade vor dem Hintergrund jener Diskussionshorizonte, die zum Zeitpunkt seiner Geburt die »Berliner Debatte« über die Neue Welt noch geprägt hatten, wie ein Gegenprogramm zum zunehmend nationalen Zeitgeist, der ihm während seiner letzten Lebensjahrzehnte immer stärker ins Gesicht blies und nach seinem Tod – in den langen Jahrzehnten deutsch-französischer Auseinandersetzungen – eine adäquate Rezeption seiner Werke belastete. Nur über Humboldts Schriften aber ist es möglich, den sogenannten »zweiten Entdecker« der Neuen Welt neu wiederzuentdecken.

Alexander von Humboldt wußte sehr wohl, daß nicht nur die Wissenschaft dringend ein wachsendes globales Bewußtsein benötigt, um sich weiterentwickeln zu können. Wie kein anderer verstand er, daß eine Wissenschaft mit ihrem Wissen eine Gesellschaft nur dann zu verändern vermag, wenn sie die Eigen-Logik ihrer Forschung bewahrt und sich zugleich bemüht, ihr Wissen nicht nur salon-, sondern auch im besten Sinne gesellschaftsfähig zu machen. Sein Verständnis von Bildung, ausgerichtet am Leben einer sich weltweit vernetzenden Gesellschaft, drängte nach einer Demokratisierung und Popularisierung, nach einem neuen »Sitz im Leben«. Für ihn stand dabei stets der Mensch im Überschneidungsbereich von Natur und Kultur. Ohne ein polylogisches, verschiedenen Logiken und Kulturen gleichzeitig verpflichtetes Denken aber läßt sich dieser Bewegungs-Raum des Menschen schlechterdings nicht begreifen.

Das Zusammenleben in Frieden und wechselseitiger Achtung der Differenz ist zweifellos die größte Herausforderung, mit der sich die Menschheit, mit der sich die Kulturen der Welt im 21. Jahrhundert konfrontiert sehen. Es ist heute an der Zeit, die verschiedenen Aspekte der Humboldtschen Wissenschaft in ihrer historischen Entwicklung zu verstehen und in unsere Zeit zu übersetzen. Nicht nur mit Blick auf das in Entstehung begriffene Humboldt-Forum sind gute Voraussetzungen dafür gegeben, eine die unterschiedlichsten Kulturen und Bereiche des Wissens querende Dimension zu entfalten und eine Spielfläche für die Gleichzeitigkeit des Ungleichzeitigen, für das Zusammendenken des zuvor nicht Zusammengedachten zu schaffen. Um es mit der ganzen Wucht der Formulierung Primo Levis zu sagen: *Se non ora, quando?*[21]

Ein polyloges und polylogisches, die außereuropäische Welt mit der europäischen verknüpfendes und beide in ihrer wechselseitig unauflöslichen Verbindung beleuchtendes Forum kann dem widerspruchsvollen Kurs auf die Weltgesellschaft als experimenteller Erprobungsraum dienen: stets mit Blick auf das, was wir wohl am besten als die gemeinsame Erzeugung eines Zusammenlebenswissens bezeichnen könnten. Alexander von Humboldt hat bezüglich einer derartigen Aufgabe, die über seine und über unsere Zeit hinausgeht, vom Standpunkt seiner Wissenschaft(en) aus inspirierende Ausgangspunkte geschaffen.

Wenn das Zusammendenken Grundlage jeglichen Zusammenlebens ist, dann liegt in einem Zusammenlebenswissen, das sich der hier skizzierten komplexen Wechselwirkungen bewußt ist, der Kern eines neuen Bildungsbegriffes. Es gilt, aus einer die eigenen Grundlagen kritisch reflektierenden Position die Kulturen des Menschen für die künftige Weltgesellschaft in ihrem Zusammenspiel neu zu denken, neu zu finden und neu zu erfinden. Das Zukunftsmodell Humboldt öffnet sich so auf ein *Zukunftsmodell Zusammenleben*: Dies ist die weltbewußte und selbstbewußte Aufgabenstellung für eine Zeit, die ihre Herkunft als Herkünfte und ihre Zukunft als Zukünfte begreift und ergreift.

Figur 1

»Eine glückliche Revolution«: Der epistemologische Sprung oder Globalisierung als Bewegungsgeschichte

6. Zu einer Archäologie der Globalisierung

Anders, als es ein sich bis heute hartnäckig haltender Gemeinplatz will, war Alexander von Humboldt keineswegs der erste Gelehrte, der sich in Preußen mit der außereuropäischen Welt beschäftigte. Er selbst war sich dieser Tatsache höchst bewußt, wußte er doch um die – gleichsam im Umfeld der *Encyclopédie* entstandene – jahrzehntelange Wirkkraft der Ideen nicht nur von Guillaume-Thomas Raynal oder William Robertson, sondern auch eines Cornelius de Pauw. Um Humboldts geistige Entwicklung und seine Erarbeitung eines eigenen, wissenschaftlich wie philosophisch fundierten Standpunkts adäquat begreifen zu können, bedarf es in dieser Hinsicht der Grundlegung einer – im Foucaultschen Sinne verstandenen – Archäologie, die selbstverständlich nicht allein an Alexander von Humboldt ausgerichtet sein kann, sondern etwa die im 18. Jahrhundert geführten Diskussionen freilegt, die der sogenannten Entdeckung und Eroberung der Neuen Welt im ausgehenden 15. wie im 16. Jahrhundert galten. Denn mit Blick auf Fragen der Globalisierung ist – und ich komme darauf noch zurück – nicht selten eine eigenartige Amnesie zu beobachten, ein Gedächtnisverlust, der – grob skizziert – Europas außereuropäisches Erbe betrifft. Wer weiß heute noch von den Bemühungen Brandenburgs, sich eine Einflußsphäre in Afrika wie in der Karibik aufzubauen? Und wer kennt heute noch die Argumente und Protagonisten der »Berliner Debatte« um die Neue Welt, die nicht nur mit großer Vehemenz geführt wurde, sondern in Europa wie in Übersee heftige und lang anhaltende Reaktionen auslöste?

Wie könnte – angesichts einer in der Öffentlichkeit noch immer dominanten Rede von einer Globalisierung als ausschließlicher Gegenwartserfahrung, die nicht länger als zwei Jahrzehnte zurückreicht[1] – eine Archäologie des Globalen aussehen? Diese nur auf den ersten Blick eher randständig wirkende Frage stellt uns nicht allein vor die Herausforderung, unter Archäologie im übertragenen Sinne eine erst noch näher zu bestimmende und zu konkretisierende Methodologie zu entwickeln und anzuwenden, sondern auch vor die nicht weniger komplexe Problematik, welche Form des Globalen beziehungsweise von Globalität – etwa in einem klimatologischen oder biologischen, einem geoökologischen oder räumlich-geographischen, in einem philosophischen oder mentalitätsgeschichtlichen, wissenssoziologischen oder geopolitischen, religionswissenschaftlichen oder biopolitischen Sinne – denn gemeint ist. Steht die Theorie- oder Wissenschaftsmetapher für die Auffassung von einem Geschichtetsein der Geschichte, die es gleichsam stratigraphisch abzutragen gilt, um ihre Spuren zu sichern und die Untersuchungsergebnisse aus einer räumlichen Lagerung in ein zeitliches Nacheinander zu überführen? Oder könnte die Archäologie selbst als eine Qualität von Globalität gedacht werden, ja als deren Voraussetzung, insofern sie es der Globalität erst erlaubt, sich als geschichtliches Phänomen und als *Einheit* zu denken und zu verstehen? Oder ist die Globalität selbst – gleichsam als *genitivus possessivus* – im Besitz einer Archäologie, ja ihrer eigenen Archäologie, die sie in Raum und Zeit zu entfalten und diesen vielleicht sogar überzustülpen vermag? Keine dieser Deutungsmöglichkeiten scheint innerhalb des hier gesteckten Rahmens ausgeschlossen werden zu können. Vieles könnte aber auch die Deutung nahelegen, daß die Globalität zum Gegenstand einer Archäologie wird, die sich – nun nicht als *genitivus subiectivus*, sondern als *obiectivus* – ihrer bemächtigt, um das in der Jetztzeit Gegebene der Globalität als Ergebnis eines historischen Gewordenseins zu begreifen, dessen einzelne Etappen dann näher zu untersuchen wären. Im Zentrum unserer Fragestellung stehen also die Wechselwirkungen zwischen den Phänomenen und Denkweisen des Globalen und deren Archäologie(n). Die Entfaltung einer so verstandenen Archäologie des Globalen wäre dann unauflöslich mit einer Ausweitung und Intensivierung eines (je individuellen oder kollektiven) Weltbewußtseins in einer gegebenen Gesellschaft und Kultur verbunden.

Letzteres aber würde eine ganz entscheidende Frage aufwerfen, zu deren Problematisierung und Erhellung die folgenden Überlegungen beizutragen versuchen, indem sie sich nicht einer Globalität in der Einzahl, sondern vielmehr in der Mehrzahl annähern. Denn die Rede von einer »Archäologie der Globalität« legt zwar einen Singular nahe, läßt aber gleichwohl offen, ob eine Ur- und Frühgeschichte als Vor-Geschichte von Globalität erforscht werden soll oder ob der Gegenstand dieser Archäologie auch frühere Formen von Globalität (und ihres jeweiligen Weltbewußtseins) mit einbezieht, die nicht als eine Vor-Geschichte, sondern als essentieller Bestandteil von Globalität in deren geschichtlichem wie räumlichem Verlauf zu verstehen sind. Inwiefern wir ein räumlich-historisches Phänomen und das Wissen darüber einer Geschichte der Globalität oder »bloß« ihrer Vor-Geschichte zuordnen können oder wollen, wird wesentlich von der Bestimmung dessen abhängen, was wir unter Globalität jeweils verstehen beziehungsweise untersuchen wollen. Wie aber wäre Globalität im Plural zu denken?

An dieser Stelle ist zunächst eine Einschränkung unumgänglich. Denn mit Blick auf Alexander von Humboldt möchte ich im folgenden allein die europäische Reflexion zwischen dem letzten Drittel des 18. und der Mitte des 19. Jahrhunderts untersuchen und nur am Rande auf außereuropäische Verständnis- und Konstruktionsweisen von Globalität beziehungsweise Globalitäten verweisen. Dabei suchen die nachfolgenden Überlegungen nicht so sehr einen wie auch immer archäologisch zu bestimmenden Zustand – die *Globalität* – in seinem Geschichtetsein zu analysieren, sondern den geschichtlichen Verlaufsprozeß selbst anhand einer sehr spezifischen Fokussierung auf die Dynamiken, Darstellungs- und Reflexionsmodi von *Globalisierung* ins Bewußtsein zu rufen. Mit der veränderten Ausrichtung an einer dynamischen Prozeßhaftigkeit des Globalen entgehen wir freilich dem Problem nicht, genau angeben zu müssen, inwiefern wir bestimmte historische Phänomene einer Geschichte oder nur der *Vor*-Geschichte von Globalisierung zurechnen wollen. Von der Beantwortung dieser Frage hängt nicht nur unser Verständnis von Globalisierung, sondern auch von Globalität ab – zumindest in dem Sinne, der den hier vorzustellenden wissensarchäologischen Bemühungen zu Grunde gelegt werden soll.

Eine derartige Begriffsbestimmung entbehrt, so abstrakt und distant sie zunächst auch erscheinen mag, keineswegs der aktuellen (politischen) Brisanz. Dies mag ein Blick auf den just am 13. September 2001 – also unmittelbar nach den verheerenden Terror-Angriffen auf das *World Trade Center* und andere Ziele in den USA – vorgelegten Zwischenbericht bestätigen, den die Enquête-Kommission des Deutschen Bundestags zum Thema »Globalisierung der Weltwirtschaft – Herausforderungen und Antworten« nach langen Beratungen vorgelegt hat. In einer Untersuchung der »Karriere des Wortes ›Globalisierung‹«[2] anhand seines Auftauchens in der

Frankfurter Allgemeinen Zeitung wird dort belegt, daß Globalisierung als Begriff erst während der neunziger Jahre im deutschen Sprachraum wirklich populär geworden ist: Von 34 Nennungen im Jahre 1993 stieg die Frequenz 1995 auf 175, 1996 auf 535 und 2000 schließlich auf 1062 Nennungen signifikant an.[3] Heute ist der Begriff längst in aller Munde und beginnt, als massenmedial verbreitete Spielmarke unterschiedlichster Diskurse völlig an Konturen zu verlieren. Was aber wird in diesem Bericht unter »Globalisierung« verstanden?

Der Aufgabenstellung der Kommission gemäß wird der Begriff der Globalisierung – ohne andere Deutungsmöglichkeiten gänzlich auszublenden – in erster Linie in wirtschaftlicher Hinsicht bestimmt und wie folgt definiert:

»Globalisierung ist zunächst die weltweite wirtschaftliche Verflechtung. Vor 1990 war das Wort Globalisierung kaum in Gebrauch. Vielleicht wurde von der Internationalisierung der Wirtschaft gesprochen, die schon früher einsetzte. Sie hatte ihre Ursprünge in den Jahrhunderten der (europäischen) Seefahrer und setzte sich – auf tragische Weise – während der Kolonialzeit des 19. Jahrhunderts fort. [...] Mit dem technischen Fortschritt beim Verkehr und der Kommunikation wurde die wirtschaftliche Verflechtung der Staaten, Regionen und der Erdteile immer intensiver. Später haben auch politische Zielsetzungen der regionalen Integration und der Friedenssicherung die wirtschaftliche Verflechtung gefördert.«[4]

Der höchst vage und unbestimmt bleibende Verweis auf die Jahrhunderte der europäischen Seefahrer und die im dunkeln gelassene Kolonialzeit des 19. Jahrhunderts macht deutlich, daß derlei Phänomene bestenfalls als marginale Vor-Geschichte der Globalisierung begriffen werden und zu deren Bestimmung – auch angesichts des späten Aufkommens dieses Lexems – aus Sicht der Kommission wenig beizutragen haben. Mehr noch: Gerade Kolonialzeit und Kolonialismus scheinen mit dem heutigen Phänomen nichts wirklich zu tun zu haben, wird der Begriff der Globalisierung doch scharf von ihnen abgegrenzt. »Die« Globalisierung wird so als singuläre Erscheinung zu einem Phänomen allein des ausgehenden 20. und beginnenden 21. Jahrhunderts und erscheint nicht nur auf der Ebene der Wörter, sondern auch – wie Michel Foucault in seinem Verständnis von Archäologie formuliert hätte – auf der Ebene der Dinge als etwas Neues.[5] Ist es aber zutreffend, begründbar und hilfreich, Globalisierung als ein Novum zu beschreiben?

Halten wir zunächst fest: Ein derartiges Verständnis von Globalisierung ist keineswegs nur in der Politik, in der Wirtschaft oder einer breiteren Öffentlichkeit vorherrschend, sondern selbst im Bereich der unterschiedlichsten wissenschaftlichen Disziplinen häufig anzutreffen. Von seiten der Geschichtswissenschaft wird seit wenigen Jahren mit zunehmendem Erfolg versucht, eine historische Dimension der Globalisierungsphänomene zu entwickeln.[6] Mit etwas anderer Perspektivierung läßt sich ein Verständnis von Globalisierung entwickeln, das diese als Abfolge verschiedener Phasen der Beschleunigung versteht und damit als einen Prozeß *de longue durée* analysiert, der Neuzeit, Moderne und Postmoderne zu Grunde liegt und komplex miteinander verbindet.[7]

Ich gehe dabei von vier Phasen beschleunigter Globalisierung aus, die sich durch je spezifische Charakteristika voneinander unterscheiden und abgrenzen lassen und mit jenem Zeitpunkt einsetzen, zu dem es erstmals möglich wurde, durch die Nutzung des Meeres dank neuzeitlicher Navigationstechnik den Erdball zu umrunden und so ein erstes, noch rudimentäres Kommunikations- und Transportsystem weltweiten Zuschnitts zu errichten sowie aufrechtzuerhalten. Dies schließt keinesfalls weitere, gleichsam »zwischengeschaltete« Beschleunigungsphasen aus. Aus dieser Perspektive stellt sich das Projekt des Cristóbal Colón, auf dem Westweg Indien zu erreichen, als ein eindeutig globales, das alte Wissen um die Kugelgestalt der Erde mit Hilfe modernster Schiffahrts- und Navigationstechnik nutzendes Vorhaben dar.

Als erste Phase beschleunigter Globalisierung erscheint aus dieser hier nur kurz zu resümierenden Perspektive eine im wesentlichen von den iberischen Mächten getragene weltweite koloniale Expansion, die auf den Fortschritten der Schiffahrtstechnik und den durch sie ermöglichten »Entdekkungen« seit dem Ausgang des 15. Jahrhunderts beruht. Die während dieser ersten Beschleunigungsphase globalisierten Sprachen sind neben dem Lateinischen vor allem das Spanische und Portugiesische. Die zweite Phase beschleunigter Globalisierung erstreckt sich ihrerseits von der Mitte bis zum Ende des 18. Jahrhunderts und wird wesentlich von Frankreich und England – teilweise im Rückgriff auf institutionelle und ökonomische Errungenschaften und Erfolge der Niederländer im 17. Jahrhundert, die einen zugleich »verspäteten« *und* »vorwegnehmenden« Grundzug besitzen – getragen. Sie entwickelt ein von den europäischen Interessen diktiertes und von London, Paris und Amsterdam aus gesteuertes intensiviertes Handels- und Kommunikationssystem, das neuartige, an der europäischen Herrschaft und Wissenschaft ausgerichtete Aufbereitungs- und Anordnungsformen des Wissens implementiert. Zu den bereits zuvor globalisierten europäischen Sprachen treten in dieser zweiten Beschleunigungsphase das Französische und das Englische hinzu.

In der dritten Phase beschleunigter Globalisierung kommt im letzten Drittel des 19. und zu Beginn des 20. Jahrhunderts zu den europäischen Mächten erstmals mit den Vereinigten Staaten von Amerika eine außereuropäische, wenn auch stark europäisch geprägte Macht hinzu, die in die neokolonialen Verteilungskämpfe und ungleichen, die verschiedensten Regionen und Ressourcen des Planeten erfassenden und umformenden Modernisierungsprozesse mit zunehmender militärischer Durchschlagskraft seegestützt eingreift. Einen wichtigen, vielleicht entscheidenden Wendepunkt markiert hier zweifellos das Jahr 1898 mit dem Eingreifen der Vereinigten Staaten in den spanisch-kubanischen Krieg, was nicht nur eine ununterbrochene Abfolge US-amerikanischer Interventionen zunächst in der amerikanischen Hemisphäre und später weltweit eröffnete, sondern zugleich die erste Kriegshandlung darstellt, die unter Einsatz modernster Übertragungstechnologie zwischen Kuba und den Philippinen, den USA und Spanien global mediatisiert wurde. Kriege am jeweils anderen Ende der Welt beginnen zu massenmedialen Erfahrungen menschlichen Lebenswissens im 20. Jahrhundert zu werden.

Schließlich bildet der von der Enquête-Kommission des Deutschen Bundestages untersuchte Zeitraum eine vierte Phase beschleunigter Globalisierung, deren Beschleunigungsprozesse zum gegenwärtigen Zeitpunkt (noch) unabgeschlossen sind und wesentlich auf der Installierung elektronischer Datenaustauschsysteme, der rapiden Ausweitung weltweit agierender Kapitalströme und der Überwindung einer ideologisch und machtpolitisch motivierten Aufteilung in zwei miteinander konkurrierende und einander auch atomar bedrohende Machtblöcke beruhen. Die für diese Phase charakteristischen globalisierten Kommunikationsnetze und Datenautobahnen im militärischen, massenmedialen und massenkulturellen Maßstab haben im Verbund mit weltweiten Migrationsphänomenen zweifellos auch zu neuen Wahrnehmungsformen und Sensibilitäten gegenüber Phänomenen einer nicht nur diskursiven »*Verweltgesellschaftung*«[8] geführt.

Doch sollte man bei der auch noch so faszinierten Betrachtung derartiger Phänomene die historische Tiefenschärfe nicht vergessen und alles »Vorherige« nicht in ein unbestimmtes Dunkel zurücksinken lassen. Die aktuelle Phase beschleunigter Globalisierung ist ein Spezifikum, kein Novum. In ihr sind noch immer die alten Bewegungsmuster früherer Globalisierungsschübe vektoriell gespeichert.

Vor diesem Hintergrund verstehen sich die nachfolgenden Überlegungen als Beitrag zu einer Archäologie der Globalisierung, welche gerade an früheren, vermeintlich historisch gewordenen Reflexionen von Globalisierungsphänomenen ansetzt. Im Vordergrund stehen dabei Autoren und Texte, die den mehr oder minder bewußten und ausgearbeiteten Versuch erkennen lassen, die jeweils aktuelle oder unmittelbar zurückliegende Phase beschleunigter Globalisierung mit der Untersuchung vorgängiger Phasen in Beziehung zu setzen.

Das Berlin des 18. und 19. Jahrhunderts war sicherlich im weltweiten Maßstab kein Ort außerordentlich verdichteter Globalität oder rasant beschleunigter Globalisierung. Und doch sollen nachfolgend in erster Linie Debatten, Polemiken und Forschungen ins Rampenlicht gerückt werden, die nicht zuletzt von Berlin und Potsdam aus geführt und vorgetragen wurden. Daß mit Blick auf diese Region noch viel archäologische Arbeit zu leisten ist, steht außer Zweifel, liegt diese Geschichte doch unter dem Schutt späterer historischer Ereignisse und Katastrophen begraben, deren »Aufarbeitung« nicht selten ein wirklich historisches Verhältnis zur Geschichte gerade auch dieses Raumes zumindest behindert. Man darf gleichwohl hoffen, daß das Unbehagen an einer gängigen Praxis, alles vor dem 20. Jahrhundert liegende zur bloßen Vor-Geschichte zu degradieren, wachsen wird.

In Hinblick auf die hier zu behandelnden geschichtlichen Ereignisse und Diskurse ist es in jedem Falle eine bemerkenswerte Tatsache, daß diese weit über Preußen und Europa hinaus wirkenden Auseinandersetzungen zum gegenwärtigen Zeitpunkt fast vollständig aus dem Bewußtsein und dem kollektiven Gedächtnis nicht allein des Berliner, sondern auch des deutschsprachigen Raumes insgesamt verschwunden und getilgt sind. Wer weiß heute noch von der »Berliner Debatte« um die Neue Welt, die nicht nur mit äußerster Vehemenz, sondern auch mit weltweiter Resonanz geführt wurde?

7. Cornelius de Pauw oder Philosophische Reflexionen und hemisphärische Konstruktionen

Gleich zu Beginn seines »Discours Préliminaire« zum ersten, 1768 unter dem Namen eines »Mr. de P***« in Berlin erschienenen Bandes der *Recherches philosophiques sur les Américains* ließ Cornelius de Pauw keinen Zweifel an der gleichsam weltgeschichtlichen Bedeutung der Fahrt(en) des Christophe Colomb alias Christoph Columbus:

»Es gibt kein denkwürdigeres Ereignis unter den Menschen als die Entdeckung Amerikas. Steigt man von der Gegenwart zu den am weitesten entfernten Zeiten hinauf, so gibt es kein Ereignis, das man damit vergleichen könnte; und es ist gewiß ein großes und schreckliches Schauspiel, eine Hälfte dieses Globus auf solche Weise von der Natur benachteiligt zu sehen, daß alles auf ihr entweder degeneriert oder monströs war.

Welcher Gelehrte der Antike hätte jemals vermutet, daß derselbe Planet zwei so unterschiedliche Hemisphären besitzt, deren eine von der anderen besiegt, unterjocht und gleichsam verschlungen wurde, sobald sie dieser letzteren nach einem Zeitraum von Jahrhunderten bekannt wurde, die sich in der Nacht und in den Abgründen der Zeiten verlieren?

Diese erstaunliche Revolution, die das Antlitz der Erde und das Schicksal der Nationen veränderte, erfolgte absolut augenblicklich, denn durch eine fast unglaubliche Fatalität bestand keinerlei Gleichgewicht zwischen Angriff und Verteidigung. Die ganze Kraft und die ganze Ungerechtigkeit lagen auf der Seite der Europäer: Die Amerikaner besaßen nur Schwäche: Sie mußten folglich exterminiert werden und sie wurden in einem Augenblick exterminiert.«[9]

Von den ersten Seiten seines Werkes an spitzte der 1739 in Amsterdam geborene, teilweise in Liège (Lüttich) aufgewachsene, an Jesuitenkollegs in Lüttich und Köln unterrichtete und zeitweise vielleicht an der Göttinger Universität eingeschriebene Cornelius oder Corneille de Pauw[10] die Gegensätze zu und malte in grellen Farben ein kontrastives, an Antinomien reiches Bild unseres Planeten. Diese von ihm ein ums andere Mal betonte und konstruierte Opposition zwischen zwei gänzlich voneinander verschiedenen Hemisphären erstreckte sich auf die naturräumliche Ausstattung des »alten« und des »neuen« Kontinents ebenso wie auf alles Leben, das sich in diesen beiden »Welten« entfalten konnte. De Pauw versuchte, dem *incipit* seines Werkes bereits all jene Isotopien einzufügen, welche seine *Philosophischen Untersuchungen* in ihrer Gesamtheit prägen: eine bewußte literarisch-rhetorische Arbeit, die gerade durch ihre oft polemische Pointe – der de Pauw seine rasche Bekanntheit wie sein nicht weniger rasches Vergessen verdankte – ihre Wirkung auf die zeitgenössische internationale Leserschaft nicht verfehlen sollte. Alte und Neue Welt stehen sich in seinen hemisphärischen Konstruktionen unversöhnlich gegenüber: Die Welt ist in zwei Teile gespalten.

Doch die Superlativa und Oppositionen erfassen nicht nur die Natur der Neuen Welt, in der alles der Degenerierung verfallen oder monströs zu sein scheint, sondern gerade auch die historischen Prozesse. Denn bildet die »Entdeckung Amerikas« das »denkwürdigste Ereignis in der Geschichte der Menschheit«[11] überhaupt, so stellt die unmittelbar darauf folgende »Eroberung der Neuen Welt« *(conquète du Nouveau Monde)* »das größte Unglück dar, das die Menschheit je betraf«.[12] Einer Hemisphäre der Stärke, die sich nicht davor scheut, diese Gewalt rücksichtslos einzusetzen, steht eine Hemisphäre der Schwäche gegenüber, der Alten Welt eine Neue Welt, die in allen Dingen unterlegen ist und rasch unterliegen sollte: Mehrfach gleich insistiert de Pauw auf der Augenblicklichkeit und Unmittelbarkeit des Untergangs, den das schicksalhafte Auftauchen der Europäer für die Amerikaner bedeutete. Ein aus heutiger Sicht geradezu darwinistischer Kampf zwischen Starken und Schwachen findet den zu erwartenden Ausgang in einer Art Apokalypse, die freilich »nur« die Bewohner der schwächeren der beiden Halbkugeln betraf.

Nirgendwo ist in de Pauws Holzschnitt eine Harmonie zu entdecken: Die Erde erweist sich in einem Maße als ein Planet der Gegensätze, wie sich dies die Denker der Antike – also einer Welt, die sich der Existenz dieser anderen Welt noch nicht bewußt sein konnte – niemals hätten ausmalen können. An spektakulärer Inszenierung ist de Pauws *incipit* kaum zu überbieten. Es eröffnet eine zunächst von Berlin aus in französischer Sprache geführte Debatte, die gewiß auf die Auseinandersetzungen des spanischen 16. Jahrhunderts zurückgreift, diesen aber doch eine neue, dem Stand der Wissenschaften im *Siècle des Lumières* und insbesondere der *Histoire naturelle* im Sinne Buffons entsprechende Wendung gibt. Wir sollten diese Phase der Auseinandersetzungen der *Disputa del Nuovo Mondo*[13] wohl am besten als die »Berliner Debatte« um die außereuropäische Welt – die sich selbstverständlich nicht auf Berlin und Potsdam beschränkte – bezeichnen. Sie stand im Jahre 1768 erst an ihrem Anfang.

Die von de Pauw gleich zu Beginn zweigeteilte Welt ist jedoch eins – und beide Hemisphären, so wird rasch im weiteren Verlauf der *Recherches philosophiques* deutlich, sind fortan unauflöslich miteinander verwoben und aneinandergekettet. Der in Amsterdam geborene und Europa niemals verlassende Cornelius de Pauw erweist sich unverkennbar als Denker einer Globalität, die von einer scharf asymmetrischen Struktur geprägt ist. Diese Asymmetrie brachte es mit sich, daß das alte Amerika, *l'ancienne Amérique*, das noch die Zeitgenossen der *Conquista* kannten, längst nicht mehr bestand, ist diese geradezu prähistorische Vor-Zeit doch »von der Grausamkeit, der Habgier, der Unersättlichkeit der Europäer gänzlich umgestürzt«.[14]

Es ist spannend zu sehen, wie aus den spanischen Konquistadoren in diesen Formulierungen Europäer geworden sind; und die von ihnen ausgehende zerstörerische Gewalt öffnet sich bei de Pauw sogleich auf mögliche Katastrophen von planetarischem Ausmaß. Eine selbstverschuldete Auslöschung des gesamten Menschengeschlechts wird unversehens vorstellbar, eine *extinction totale*,[15] die keiner Naturkatastrophe, sondern im wesentlichen menschlichem Handeln geschuldet wäre. Denn vor dem Hintergrund der kolonialen Expansion des 15. und 16. Jahrhunderts warnt de Pauw vor den Konsequenzen jener zweiten, sich von Europa aus über den Globus ausbreitenden Expansionswelle, deren Zeitgenosse und Zuschauer der holländische Abbé selbst ist. Europa stehe im Begriff, unter der Anleitung von »Politikern« und unter dem Beifall mancher »Philosophen« weite Bereiche der Südhalbkugel, die *Terres Australes*, machtpolitisch und wissenschaftlich in Besitz zu nehmen, ohne zu bedenken, wieviel Unglück man notwendig über die dort lebenden Völker bringen werde.[16]

Dies betrifft keineswegs allein die europäische Expansionspolitik im militärischen und wirtschaftlichen Sinne, sondern auch und gerade die in Europa ansässigen Wissenschaften und deren Eigeninteresse. Für die Aufklärung einiger strittiger geographischer Fragen oder die überprüfbare Durchführung von Temperaturmessungen sei man von europäischer Seite bereit, »die Zerstörung eines Teiles des Erdballs« geflissentlich in Kauf zu nehmen.[17]

Deutlich erscheint hier die Wissenschaft Europas in ihrer verselbständigten Eigenlogik als Impulsgeber und Mittel europäischer Expansionspolitik zugleich. Einer solchen Entwicklung aber gelte es entschlossen entgegenzutreten: »Setzen wir der Wut, alles zu besetzen, um alles zu kennen *(tout envahir, pour tout connoître)*, Grenzen«.[18] Wissen ist hier nicht nur Macht, sondern trägt – auch und gerade im Erkenntniswillen europäischer Wissenschaft – den Keim und die Macht von Zerstörung und Selbstzerstörung in sich.

Hieran freilich entzündete sich keine internationale Debatte. Denn an dieser Stelle markierte Cornelius de Pauw seinen bislang völlig unbeachtet gebliebenen Blickpunkt: die kritische Reflexion der ersten globalen Expansion der Europäer im Lichte ihrer in der zweiten Hälfte des 18. Jahrhunderts erneuerten – und nun von der wissenschaftlichen Erforschung und »Durchdringung« nicht nur »begleiteten«, sondern geforderten und vorangetriebenen – Expansionsbewegung Europas. Der scharfzüngige holländische Kleriker, der sich zweimal – zunächst 1767 und 1768 sowie 1775 und 1776 – am Hofe Friedrichs des Großen in Berlin und Potsdam der königlichen Gunst erfreute und von Antonello Gerbi später auch mit Blick auf seine nachfolgenden langen Jahre in Xanten als »abbate prussiano«[19] tituliert wurde, erkannte die zerstörerische und selbstzerstörerische Logik einer Entwicklung, in deren Kontext das, was in Europa geschieht, unmittelbare Folgen und Auswirkungen auf die ganze Welt, auf die gesamte Menschheit zeitigen kann. Längst seien die Interessengegensätze zwischen den Europäern gerade in den Kolonialgebieten so ausgeprägt, daß es nur eines Funkens bedürfe, um alles in Brand zu stecken:

»[...] ein Funke von Zwistigkeit wegen einiger Morgen Land in Canada entflammt und verbrennt ganz Europa; und wenn Europa im Krieg ist, dann ist es das gesamte Universum: alle Enden des Erdballs werden nacheinander wie von einer elektrischen Gewalt geschüttelt: Man hat die Bühne der Massaker und des Gemetzels von Canton bis nach Archangelsk ausgedehnt; von Buenos Aires bis nach Quebec. Indem der Handel der Europäer aufs engste die unterschiedlichen Teile der Welt durch dieselbe Kette verbunden hat, sehen sich diese zugleich auch in alle Revolutionen und alle Fährnisse des Angriffs und der Verteidigung hineingezogen, ohne daß Asien neutral bleiben könnte, wenn einige Händler in Amerika Streitigkeiten um Biberfelle oder auch um Holz aus Campeche austragen.«[20]

Konflikte im Welthandel, dies hatte sich im 18. Jahrhundert bereits in aller Deutlichkeit gezeigt, können zu militärischen Konfrontationen eskalieren, die man mit Fug und Recht als Weltkriege bezeichnen darf. Kleine Anlässe reichen sehr wohl aus, um europäische Auseinandersetzungen global auszufechten und den Krieg in die scheinbar fernsten und entlegensten Gebiete beider Hemisphären zu tragen. Daß de Pauw in seinem 1768 erschienenen ersten Band der *Recherches philosophiques* als Beispiel eines Auslösers für die Globalisierung des (europäischen) Krieges gerade den Pelztierhandel in Nordamerika heranzog, ist dabei recht aufschlußreich, insofern er sich hier einer permanenten Konfliktzone zwischen britischen, französischen und spanischen Interessen in Amerika zuwandte. Ein Kampf um Biberfelle – war dies nicht ein völlig falsch gewähltes Beispiel, um die These vom möglichen Weltbrand zu erhärten?

8. Georg Forster oder Die Auflösung der ganzen Weltgeschichte

Es ist in diesem Zusammenhang ebenso lehr- wie aufschlußreich, daß kein Geringerer als Georg Forster, der zusammen mit seinem Vater Reinhold den Briten James Cook auf dessen zweiter Reise um die Welt begleitet hatte, sich just des Beispiels der Biberfelle bediente, um daran Überlegungen zu einer aus seiner Sicht ganz anderen Entwicklung von Globalisierungsprozessen anzuknüpfen. Denn der berühmte Verfasser des im Jahre 1777 zunächst in englischer Sprache und von 1778 bis 1780 dann in deutscher Bearbeitung erschienenen – und von Alexander von Humboldt so geschätzten – Berichts seiner *Reise um die Welt*[21] griff auf ebendieses Beispiel zurück. Er nahm in einer ausführlichen, im Jahre 1791 – also nach der Französischen Revolution und zugleich nach seiner gemeinsamen Reise mit Alexander von Humboldt an den Niederrhein, nach England und ins revolutionäre Paris – veröffentlichten Schrift »Die Nordwestküste von Amerika, und der dortige Pelzhandel« just den so marginal scheinenden Handel im Norden des amerikanischen Kontinents zum Anlaß für grundlegendere Überlegungen:

»Der Zeitpunkt nähert sich mit schnellen Schritten, wo der ganze Erdboden dem Europäischen Forschergeiste offenbar werden und jede Lücke in unseren Erfahrungswissenschaften sich, wo nicht ganz ausfüllen, doch in so weit ergänzen muß, daß wir den Zusammenhang der Dinge, wenigstens auf dem Punkt im Äther den wir bewohnen, vollständiger übersehen können.«[22]

Georg Forster hebt hier jene raschen Fortschritte eines wohlgemerkt europäischen Wissens von Zusammenhängen im planetarischen Raum hervor, die zweifellos das Ergebnis der gerade auch wissenschaftlichen Expansion im Verlauf der zweiten Phase beschleunigter Globalisierung sind. Nicht nur sei »unsere jetzige physische und statistische Kenntniß von Europa zur Vollkommenheit gediehen, sondern auch die entferntesten Welttheile« aus dem Schatten hervorgetreten, »in welchem sie noch vor kurzem begraben lagen«.[23] Die Lichtmetaphorik der Aufklärung wirft ein deutliches Licht auf Forsters eigenen Standpunkt: Die Fahrten von James Cook an die Nordwestküste Amerikas hätten viele neue Erkenntnisse gebracht, so daß »ohne ihn wohl schwerlich der Pelzhandel zwischen China und dieser neuentdeckten Küste zu Stande gekommen und zwischen den Höfen von Madrid und London eine Kollision desfalls entstanden wäre«.[24]

Doch durch derartige Interessenkollisionen ausgelöste kriegerische Konflikte stehen nicht im Vordergrund von Forsters geradezu prophetischen weltgeschichtlichen Betrachtungen. Die von ihm konstatierte enorme Beschleunigung ließ Forster vielmehr darauf schließen, daß eine neue geschichtliche Epoche begonnen habe, die unbezweifelbar globalen Zuschnitts sein müsse:

»Hier beginnt eine neue Epoche in der so merkwürdigen Geschichte des Europäischen Handels, dieses Handels, in welchen sich allmählig die ganze Weltgeschichte aufzulösen scheint. Hier drängen sich dem Forscher so viele Ideen und Thatsachen auf, daß es die Pflicht des Herausgebers der neuen Schifffahrten und Landreisen in jener Gegend mit sich zu bringen scheint, alles, was auf die Kenntniß derselben Beziehung hat, in einen Brennpunkt zu sammeln und zumal einem Publikum, wie das unsrige, welches nur einen litterarischen, mittelbaren Antheil an den Entdeckungen der Seemächte nehmen kann, die Übersicht dessen, was bisher unternommen worden ist, und das Urtheil über die Wichtigkeit dieser ganzen Sache zu erleichtern.«[25]

Diese Passage ist für uns nicht nur deshalb so aufschlußreich, weil sie die spezifische Situation eines deutschsprachigen Publikums reflektiert, das – dem Publikum aus dem Kreise der See- und Kolonialmächte nicht zugehörig – keine unmittelbaren kolonialen Interessen besitzt, sondern nur an einer literarisch vermittelten Vermehrung des Wissens ausgerichtet ist. Vielmehr ist Georg Forsters ausgehend vom Pelzhandel im Norden Amerikas[26] vorgetragene These von einer neuen Epoche, in der sich die ganze Weltgeschichte in den Welthandel verflüchtige, von so großer geschichtsphilosophischer Tragweite, daß man daran ebenso die Weitsicht einer subtilen Reflexion der Folgen dieser zweiten Phase beschleunigter Globalisierung, an welcher der Verfasser von *A Voyage Round the World* selbst beteiligt war, hervorheben muß wie das allgemeinere Phänomen, daß Phasen der Beschleunigung geschichtsphilosophisch gleichsam einen stroboskopischen Effekt produzieren. Denn so, wie die Räder von Kutschen und Planwagen im klassischen Western gerade dann stehenzubleiben scheinen, wenn diese ihre höchste Geschwindigkeit erreichen, scheint just in den Phasen geschichtlicher Beschleunigung der Eindruck einer Immobilisierung, einer *Nach-Geschichte* zu entstehen, deren Wahrnehmung doch stets parallel zur Entstehung eines modernen geschichtlichen Denkens zu verlaufen scheint.[27] Der Eindruck höchster Ruhe stellt sich am leichtesten im Zentrum des Wirbels beschleunigter Bewegung ein. Und von ebendort aus eröffnen sich die unmittelbarsten und anschaulichsten, zugleich aber auch allgemeinsten Perspektiven überhaupt.

9. *Die Nach-Geschichte der Menschheit und die Geschichte nach der Menschheit*

An ebenjenem Ort, an dem sich in Georg Forsters Überlegungen die Weltgeschichte gleichsam in den Welthandel auflöst und einer Nach-Geschichte Platz macht, entfaltet sich in Cornelius de Pauws *Recherches philosophiques sur les Américains* jener paradoxe Zeitraum einer nach-menschheitlichen Geschichte, in dem eine Geschichte des Planeten Erde ohne den Menschen und damit ein selbstverschuldetes Ende der Menschheitsgeschichte als Folge einer auch und gerade die Wissenschaften einschließenden europäischen Expansionsbewegung vorstellbar wird. Die Nach-Geschichte der Menschheit und die Geschichte nach der Menschheit, das Aufgehen im Welthandel und das Aufgehen im Weltbrand wirken wie die beiden Seiten ein und derselben Münze, die nur in den Zeiten großer Beschleunigung und Umwälzungen zirkuliert. Dabei sind es für de Pauw nicht nur die Kriege, mit denen Europa von Beginn der *Conquista* an die andere Hemisphäre überzog und die eine todbringende und in der Tat globale Kommunikation herstellen, sondern nicht zuletzt auch die Krankheiten, die in der jeweils anderen der ansonsten so gegensätzlichen Erdhalbkugeln zu verheerenden Folgen führen. Der an den Indianern verübte Genozid wendet sich in Cornelius de Pauws Geschichtsbetrachtung bald schon gegen die Europäer selbst, die von eingeschleppten Epidemien nicht nur in Übersee, sondern auch an ihren Herkunftsorten selbst heimgesucht werden:

»Nach dem raschen Massaker an einigen Millionen von Wilden fühlte sich der gnadenlose Sieger seinerseits von einem epidemischen Übel erfaßt, das zugleich die Prinzipien des Lebens und die Quellen der Fortpflanzung betrifft und dergestalt bald zur schrecklichsten Geißel der bewohnbaren Welt wurde. Der Mensch, der doch schon so sehr unter der Last seiner Existenz stöhnt, fand zu seinem größten Unglück die Keime des Todes just in den Armen der Lust und am Busen der Wollust: Er glaubte sich hoffnungslos verloren: Er glaubte, die wütende Natur habe seinen Untergang geschworen.«[28]

De Pauw zeichnet im weiteren Verlauf seiner *Recherches philosophiques* mehrfach nicht nur die Gefährlichkeit und Virulenz der dem amerikanischen Kontinent zugerechneten Krankheit der Syphilis, sondern mehr noch die hohe weltweite Verbreitungsgeschwindigkeit einer Erkrankung nach, die – vergleichbar mit der Immunschwäche der vierten Phase beschleunigter Globalisierung – bei de Pauw den Mann *(homme)* in den Armen der Liebe erwarte. Der holländische Geistliche, dessen vor allem im zweiten Band genüßlich ausgeführte Darstellungen sexueller Praktiken im Kontext einer geschlechtlich stark hierarchisierenden Geschichtsschreibung eine eigene Untersuchung wert wären, stellt die ihm bekannten Berichte zusammen und betont, daß sich diese Geißel seit der Rückkehr von Christoph Columbus nach Spanien im Jahre 1493 im Verlauf zweier Jahrhunderte weltweit ausgebreitet habe:

»Jene, die der Ansicht sind, daß sie nach Rußland erst in der Regierungszeit von Peter dem Ersten gelangte, wissen offenkundig nicht, daß sie bereits seit dem Jahre 1680 in Sibirien wütete, und daß sie mehr als sechzig Jahre zuvor in Moskau umging, so daß sie im Jahre 1700, nimmt man die Bereiche der Südhalbkugel einmal aus, die Umrundung des Erdballs *(tour du Globe)* vollendet hatte.«[29]

Es sei ein großes Glück gewesen, daß die Entdeckung Amerikas nicht zu einem Zeitpunkt erfolgte, als Europa von einer der im Mittelalter zahlreichen Lepraepidemien heimgesucht wurde, hätte die »todbringende Kombination« zweier so gefährlicher Krankheiten im Zentrum Europas doch zu gänzlich unabsehbaren Folgen führen müssen.[30]

Die Erfahrung der Globalisierung(en) impliziert – so ließe sich ausgehend von den *Recherches philosophiques* sagen – für Europa damit die Erfahrung einer Bedrohung ebenso durch Kriege (die freilich bevorzugt in die außereuropäische Welt verlagert werden) als auch durch Krankheiten, die aus den am weitesten entfernten Gebieten das Zentrum Europas zu erreichen vermögen. Die nicht von der Hand zu weisende Tatsache, daß Europa durch Epidemien und Pandemien in seiner Existenz gefährdet werden könnte, ist ein keineswegs zu vernachlässigender Bestandteil einer Globalitätserfahrung, deren Archäologie die Kontinuität dieser periodisch aufkommenden europäischen Angst vor aus weit entfernten Regionen hereinbrechenden Bedrohungen leicht belegen könnte. Eine Archäologie der Globalisierung ist ohne eine Archäologie der Globalisierungsängste und ihrer weltweiten Bedrohungsszenarien nicht vorstellbar.

Bei Georg Forster wie bei Cornelius de Pauw erweist sich, daß philosophische Reflexionen über Amerika im Zeichen der Globalität und vor dem Hintergrund zweier voneinander deutlich zu scheidender Phasen beschleunigter Globalisierung letztlich immer auch und insbesondere philosophische Reflexionen über Europa sind und dessen Rolle in der Welt, in der Weltgeschichte und im Welthandel betreffen. Hierin liegt die spezifische Bedeutung jener antinomischen Konstruktion der Welt, die de Pauw in seinen *Recherches philosophiques* entfaltete und die zwei Hemisphären konstruiert, die sich auf allen Ebenen als totale Gegensätze gegenüberstehen:

»Die Differenz zwischen der einen Hemisphäre und der anderen war folglich total, ebenso groß, wie sie nur sein konnte oder wie man sie sich vorzustellen vermochte. Ich räume ein, daß es schwer ist, eine so erstaunliche Ungleichheit zwischen den beiden kontinentalen Teilen ein und desselben Erdballs zu begründen.«[31]

Die prägnante Funktionalität dieser Konstruktion aber bestand darin, Amerika gleichsam als das total Andere für ein Europa zu konstituieren, das sich auf diese Weise seiner eigenen Überlegenheit und seiner zivilisatorischen Mission, aber auch seines Bedrohtseins innewerden konnte. Längst war es unmöglich geworden, Europa als vielgestaltige Einheit jenseits dieser Globalität und ihrer Phasen beschleunigter Globalisierung zu denken. Dies zeigt die sich rasch an de Pauws schroffer Gegenüberstellung von Superiorität des Eigenen und Inferiorität des Anderen entzündende »Berliner Debatte« in aller Deutlichkeit.

10. Eine koloniale Geschichte als vergessene Geschichte der Kolonialzeit

Von Beginn an hat sich die unmittelbar nach Erscheinen des ersten Bandes einsetzende Rezeption in der europäischen wie in der außereuropäischen *République des Lettres* des 18. und beginnenden 19. Jahrhunderts auf die These von der essentiellen und von Natur aus angelegten Inferiorität der Neuen Welt und ihrer Bewohner konzentriert und – gewiß nicht ohne Grund – bis ins 20. Jahrhundert ein Verständnis des Werkes als »die wahrscheinlich skandalöseste Denunzierung Amerikas und alles Amerikanischen, die jemals geschrieben wurde«,[32] befördert. Wie wir sahen, hatte de Pauw schon auf der ersten Seite seiner *Recherches philosophiques* keinen Zweifel daran gelassen, daß alles auf der anderen »Hälfte des Globus« von Natur aus »defiguriert«, »degeneriert« und »monströs« sei.[33]

Zweifellos – und eine Vielzahl von Untersuchungen hat dies deutlich herausgearbeitet – stand Cornelius de Pauw hier in einer Diskurstradition, die zum einen auf das gigantische Werk der *Histoire naturelle* Buffons zurückgeht,[34] andererseits aber Argumentationslinien aufnimmt, die bis in die frühen Debatten zu Beginn des 16. Jahrhunderts zwischen Las Casas und Sepúlveda zurückreichen und insofern auch Beschreibungs- und Diskurselemente von Aristoteles' ebenso berühmter wie berüchtigter Rechtfertigung einer gleichsam naturhaft gegebenen Sklaverei mit einbeziehen.[35] Die Einschreibung von de Pauws zweibändiger Schrift in diese doppelte Diskurstradition ist ebenso unbestreitbar wie die Tatsache, daß der zeitweilig am Hofe von Friedrich dem Großen Weilende zugleich eine Zuspitzung der Inferioritätsthese und deren radikale Ausweitung auf die Amerikaner, die indigene Bevölkerung der Neuen Welt, betrieb, von der er annehmen durfte, daß dies – bei aller Kritik an einem Europa, das seine unhinterfragte *supériorité* auf allen Gebieten mißbraucht habe[36] – auf den entschiedenen Widerspruch nicht nur all jener stoßen mußte, die sich – gleichviel, ob sie Rousseaus berühmtem »Discours sur l'origine et les fondements de l'inégalité parmi les hommes«[37] nahestanden oder nicht – als Anhänger der These vom »edlen Wilden« verstanden. Weder vom *bon sauvage* noch von dem, was Bernardin de Saint-Pierre später als die »Harmonies de la nature« bezeichnen sollte, ist auch nur das geringste zu spüren. De Pauw setzte ganz auf die polemische Zuspitzung einer vom Stand der Wissenschaften seiner Zeit (und insbesondere dem Werk Buffons, aber auch vielen anderen europäischen Forschern und Reisenden) nahegelegten Auffassung einer von der Natur angelegten essentiellen Schwäche und Unterlegenheit allen Lebens in der Neuen Welt.

All jenen, denen diese Position im ersten Band noch nicht deutlich genug vor Augen geführt worden war, legte de Pauw im zweiten, 1769 erschienenen Band Passagen vor, denen es an Deutlichkeit und Zuspitzung gewiß nicht fehlte. So heißt es dort von der Spezies Mensch in einer Diktion, die der Sprache der Wissenschaft ihrer Zeit nahezukommen versucht:

»Das wahre Land, wo diese Spezies immer reüssierte und prosperierte, ist die gemäßigte Zone auf der Nordseite unserer Hemisphäre: Hier ist der Sitz ihrer Macht, ihrer Größe und ihres Ruhmes. Rückt man weiter gen Norden vor, so erstarren und stumpfen ihre Sinne ab: Je mehr ihre Fasern und ihre Nerven an Solidität und Kraft dank der Einwirkung der Kälte, die sie kompakt macht, gewinnen, um so mehr verlieren ihre Organe an Feinheit; die Flamme des Genies scheint in zu robusten Körpern zu lodern, in denen alle Lebensgeister damit beschäftigt sind, die Mechanik der tierischen Struktur und Ökonomie zu bewegen. [...] Unter dem Äquator bräunt sich ihr Teint ein und wird schwarz; die Züge der defigurierten Physiognomie stoßen in ihrer Roheit ab: Das Feuer des Klimas verkürzt das Ende ihrer Tage, und indem es die Feurigkeit ihrer Leidenschaften anheizt, verkleinert es die Sphäre ihrer Seele: So hört sie auf, sich selbst regieren zu können, und gelangt nicht aus der Kindheit heraus. Mit einem Wort, sie wird zum Neger, und dieser Neger wird zum Sklaven der Sklaven.

Wenn man die Bewohner Europas also ausnimmt, wenn man von vier oder fünf Völkern Asiens und einigen kleinen Kantonen Afrikas absieht, so ist die Überzahl der menschlichen Gattung nur aus Individuen zusammengesetzt, die weniger Menschen als wilden Tieren ähneln: Und doch nehmen sie sieben- bis achtmal mehr Raum auf dem Erdball ein als alle zivilisierten Nationen *(nations policées)* zusammen, und sie verlassen auch fast niemals ihr Vaterland. Hätte man nicht Afrikaner gegen ihren Willen nach Amerika transportiert, so wären sie niemals dorthin gelangt: Die Hottentotten reisen nicht mehr als die Orang-Utans [...].«[38]

Es ist aus der hier gewählten Perspektive gewiß höchst bedeutungsvoll, daß der holländische *philosophe* in seinem in Berlin in französischer Sprache erschienenen Werk über Amerika das Reisen und damit die räumliche Mobilität als jenes Charakteristikum herausstellt, das den »höheren« vom »niederen« Menschen sowie vom Menschenaffen, vom Tier unterscheidet. Ein derartiges Verständnis der Europäer als Krönung des Menschengeschlechts und die Sichtweise einer immensen Mehrzahl aller außereuropäischen Völker als den Tieren näher als den Menschen stehende und daher zu Recht der Sklaverei zugeführte Wesen lediglich als »Eurozentrismus« zu bezeichnen käme sicherlich einer verantwortungslosen Verharmlosung gleich. Ohne jeden Zweifel ist de Pauws Philosophie in dieser Hinsicht menschenverachtend.

Doch das Kalkül des Abbé, seine Thesen in der polemischen Diskussion und Zuspitzung zeitgenössischer wissenschaftlicher Arbeiten zu fundieren, ging auf. Nur kurze Zeit nach Erscheinen des zweiten Bandes von de Pauws Schrift trat Antoine-Joseph Pernety, der als ehemaliger französischer Benediktiner und Schiffskaplan auf Bougainvilles 1763-64 durchgeführter Reise auf die Malwinen die Protektion Friedrichs des Großen und eine Anstellung bei ihm als Bibliothekar erhalten hatte, in einem Vortrag vor der Berliner Akademie am 7. September 1769 gegen die Thesen des Niederländers auf. Er veröffentlichte nicht nur im selben Jahr in Berlin den Bericht von seiner Reise zur Südhälfte des amerikanischen Kontinents,[39] sondern legte gleich im Folgejahr seine *Dissertation sur l'Amérique et les Américains, contre les Re-*

*cherches philosophiques de Mr. de P****[40] vor. Die »Berliner Debatte« war in ihre entscheidende Phase eingetreten.

Die Debatte selbst wie auch ihre Folgen wiesen weit über die Grenzen Europas hinaus. Bald schon stellten sich Reaktionen aus den unterschiedlichsten Ländern der Alten wie der Neuen Welt ein. De Pauw hatte nur auf einen derartigen Angriff gewartet, ging Pernety doch eher leichtgewichtig vor, indem er im wesentlichen de Pauws Abwertung der Amerikaner in ein idealisierendes Gegenbild alles Amerikanischen umkehrte. Sein aus epistemologischer Sicht gewichtigstes Argument, anders als sein Kontrahent wirklich in Amerika gewesen zu sein und als Augenzeuge berichten zu können, blieb stumpf, da der ehemalige Reisende und jetzige Bibliothekar nur einen geringen Teil Amerikas selbst gesehen hatte und nicht weniger als de Pauw, den er als ungeschickten Schreibtischgelehrten zu porträtieren suchte, die Lust zu hemmungslosen Verallgemeinerungen verspürte. Besonders zeigte sich Pernety über de Pauws anmaßenden Stil erbost: Manche Überlegungen seien durchaus zu diskutieren; nichts aber rechtfertige den »selbstgewissen und entschlossenen« und den zur Schau gestellten »Brustton der Überzeugung«, mit dem de Pauw seine fragwürdigen Thesen vorgetragen habe.[41]

Neben der Betonung der eigenen Augenzeugenschaft wird schon auf den ersten Seiten von Pernetys *Dissertation* eine zweite Angriffsstrategie des französischen Bibliothekars am preußischen Hofe deutlich: Er versucht, die Argumente de Pauws in ihr Gegenteil zu verkehren. Anders als beim holländischen Philosophen wird bei seinem französischen Kontrahenten aus dem Norden Europas und Asiens ein »verfluchtes Land«,[42] und dort, wo de Pauw in der gemäßigten Zone der Alten Welt die Krone des Menschengeschlechts ausgemacht zu haben schien, entwirft Pernety das Bild einer in ihrer naturräumlichen Ausstattung keineswegs begehrenswerten

Region.[43] Der naturräumlichen Abwertung Amerikas bei de Pauw antwortet die Verwandlung der Neuen Welt in einen *locus amoenus* bei Pernety. So überrascht seine rhetorische Frage nach den vermeintlichen Vorzügen eines Lebens in Europa keineswegs:

»Welches Privileg besitzt folglich unser Kontinent gegenüber jenem Amerikas? Das, von Menschen bewohnt zu sein, die zu einer pausenlosen Arbeit verdammt sind; die, um ihre dringendsten Bedürfnisse zu befriedigen, gezwungen sind, selbst das übelste Brot zu essen, diese Erde, die ein Spielzeug in den Händen eines unbeständigen Klimas ist, ohne Unterlaß mit ihrem Schweiß und ihren Tränen zu begießen, diese Erde, die nur allzu häufig ihre Hoffnungen enttäuscht und deren lächelnde Schönheit nicht die Wirkung einer geschäftigen Natur ist wie in Amerika, die stets darum bemüht ist, die Herausforderungen ihrer Kinder zu befriedigen; sondern einer Natur, die gezwungenermaßen mit einer konvulsiven Grimasse lächelt, an die uns unser Stolz und unsere Eigenliebe gewöhnt haben, damit wir uns mit ihr bescheiden, ja mehr noch, sie gar schön finden.«[44]

Eine derart simple Diskursstrategie konnte nicht genügen, um die überlegene rhetorische Maschinerie eines Cornelius de Pauw, die jederzeit in der Lage war, ganze Themenbereiche in Brand zu stecken, außer Kraft zu setzen. Cornelius de Pauw nutzte seine Chance und druckte bereitwillig Pernetys Attacke, die in der Akademie durchaus auf Billigung und Zustimmung gestoßen war, in einer noch 1770 wiederum in Berlin veröffentlichten, aber nunmehr dreibändigen Neuausgabe seiner *Recherches* ab. Der schriftlichen Abhandlung seines Gegners ließ er gewitzt eine vehemente und doch wohlkalkulierte Verteidigungsschrift seiner zunehmend an Bekanntheit und Einfluß gewinnenden Thesen folgen.[45] Gewiß darf man bei Dom Pernety »Elemente einer modernen ethnologischen Haltung«[46] erkennen, doch blieb seine Argumentationsweise allzusehr an die von de Pauw ins Feld geführten Thesen, die er oftmals nur mit anderen Vorzeichen versah, gefesselt.

Seine Überlegungen entbehrten – wie wir bereits oben sahen – bisweilen auch einer unfreiwilligen Komik nicht: etwa dann, wenn er zugunsten Amerikas das gesamte Arsenal an längst bekannten Argumenten aufbot und etwa auf den Mythos vom unerschöpflichen Reichtum tropischer Böden für die Landwirtschaft zurückgriff. So genüge es, mit einem einfachen Holzpflug die Erde zu »kratzen«,[47] um sofort und dauerhaft höchste landwirtschaftliche Erträge zu erzielen. Und begeistert erzählte er vom glücklichen Leben edler Wilder, die er selbst an den Küsten Südamerikas kennengelernt haben wollte. Doch mit derlei Gegenbildern erwies Pernety seinem Anliegen, Amerika und die Amerikaner gegen den pauschalen Inferioritätsverdacht de Pauws zu verteidigen, einen Bärendienst. So lag das Gesetz des Handelns unverändert in den Händen des Verfassers der *Recherches philosophiques sur les Américains*.

Daß de Pauw fortan – trotz einer von Pernety in der Debatte nachgeschobenen, aber insgesamt weitgehend wirkungslos bleibenden Buchveröffentlichung von 1771[48] – als Spezialist für Amerika galt und in dieser wie in anderen Auseinandersetzungen zunächst die Oberhand behielt, dürfte unter anderem die Tatsache belegen, daß man ihn damit beauftragte, den bereits erwähnten umfangreichen ersten Teil des Artikels »Amérique« im Supplementband der *Encyclopédie* von 1776 zu verfassen. Pernety hatte es wenig geholfen, sich (mit Verweis auf seine Reise an der Seite Bougainvilles in die Neue Welt) als kenntnisreicher Augenzeuge zu präsentieren: De Pauw, der niemals auch nur versucht hatte, seine »Forschungen« über die Amerikaner vor Ort zu überprüfen, blieb der Mann der Stunde: Sein Werk sollte noch für lange Jahre im Zentrum der von ihm ausgelösten weltweiten Debatten um Amerika und die Amerikaner stehen.

Seit der Kontroverse mit Pernety um die Inferiorität oder Superiorität der Amerikaner beziehungsweise der Wilden gegenüber den Europäern wurden die *Recherches philosophiques* immer wieder vorzugsweise auf die zugespitzte These von der Inferiorität Amerikas und der Amerikaner reduziert, eine Wahrnehmungsweise, die sich im übrigen auch durch die freilich höchstens sporadisch aufflackernde Beschäftigung mit de Pauw im 20. Jahrhundert zieht. So ungeheuer stark und lang anhaltend auch die Reaktionen auf de Pauws Hauptwerk bis weit ins 19. Jahrhundert gewesen waren:[49] Eine solche Lektüre führte letztlich dazu, daß man de Pauw in der Folge bestenfalls mit einigen wenigen Sätzen abtun und zu wichtigeren Autoren übergehen konnte. Spätestens seit Mitte des 19. Jahrhunderts verschwand der Name de Pauws endgültig aus den Debatten um die Neue und die Alte Welt: Nur wenige Spezialisten, so scheint es, interessierten sich noch für seine Schriften.

Und doch sollte man weder die Langzeitwirkung[50] dieses vor nunmehr zweieinhalb Jahrhunderten in Berlin veröffentlichten französischsprachigen Werkes mit seiner nicht nur eurozentrischen, sondern ungehemmt eurozentristischen Erfindung der Amerikas unterschätzen noch den Fehler begehen, das gesamte Œuvre auf die Inferioritätsthese zu reduzieren. Aus einer derartigen Rezeptionstradition, von der keine neuen Gesichtspunkte mehr zu erwarten sein dürften, versuchte Susanne Zantop auszubrechen, indem sie nach der Möglichkeit fragte, de Pauws *Recherches* insoweit als »symptomatisch für das Denken der Aufklärung« aufzufassen, als de Pauws scheinbar rationalistische Erklärungsmuster im Sinne von Max Horkheimers und Theodor W. Adornos *Dialektik der Aufklärung* in das »mythische Grauen« vor dem anderen und in Versuche umschlügen, dieses andere zu unterwerfen und zu beherrschen.[51] Eben hierin aber habe die spezifische Attraktivität de Pauws für den preußischen Monarchen wie für die Deutschen insgesamt gelegen, die – von punktuellen Verbindungen einmal abgesehen – eine bloß intellektuelle Beziehung zur Neuen Welt unterhalten hätten,[52] ein Argument, auf das wir bereits in Georg Forsters Text von 1791 gestoßen waren. De Pauws Schrift könne so als »eine Einladung zu kolonialen Aktivitäten ›an allen Fronten‹« gelesen werden, zumal er seinen deutschen Lesern auch versichert habe, diese hätten in der bisherigen Kolonialgeschichte, die de Pauw von Beginn an als eine Abfolge blutiger Gewalttaten kritisierte, noch keinerlei Schuld auf sich geladen.[53] Die Botschaft an die preußische und deutsche Leserschaft sei deshalb klar gewesen: Wenn die notwendige Kolonisierung der Amerikaner durch ein zivilisiertes Volk, bei dem die Künste und die Wissenschaften blühen und das die Ordnung und die Arbeit liebe, übernommen werden muß, dann sollten auch die Preußen und die Deutschen insgesamt auf eine derartige Aufgabe vorbereitet sein und diese bei der nächsten sich bietenden Gelegenheit übernehmen.

De Pauws Thesen mit Horkheimers und Adornos Ansatz zu verbinden stellt zweifellos eine spannende und fruchtbare Fragestellung dar, könnte es doch so gelingen, der »Dialektik der Aufklärung« eine auf die Frage nach der Inferiorität oder Superiorität der indigenen Völker Amerikas bezogene Wendung zu geben. Gerade auch die Maßlosigkeit des de Pauwschen Superioritätsanspruchs ließe sich so aus einer der Aufklärung selbst innewohnenden Dialektik auf ihren totalitären Charakter hin öffnen – auch wenn de Pauw, wie wir sahen, gegenüber der zweiten Phase beschleunigter Globalisierung von Beginn seines Werkes an vehemente Vorbehalte ins Feld führte und die zerstörerische Triebkraft nicht zuletzt auch der europäischen Wissenschaft geißelte. Allerdings darf man zunächst festhalten, daß eine derartige Argumentation vielleicht den Erfolg der *Recherches philosophiques* in Preußen und im deutschsprachigen Raum, nicht aber in ganz Europa – sieht man von Spanien, gegen das sich die Angriffe de Pauws in besonderem Maße richteten, einmal ab – erklären könnte. Des weiteren bleibt bei Susanne Zantop offen, inwieweit de Pauws Schrift tatsächlich eine derartige Wirkung entfaltet hat und ihr *impact* in Preußen und in Deutschland auch dokumentiert werden kann.

Andererseits aber kann gewiß nicht bestritten werden, daß man den *Recherches philosophiques sur les Américains* in der Tat eine zwar diffuse, aber lang anhaltende und nicht selten subkutane Wirkung zuschreiben darf, die sich keinesfalls nur an der *expliziten* Bezugnahme auf den Namen de Pauws festmachen läßt. Sie reicht ohne jeden Zweifel bis in Hegels *Philosophie der Weltgeschichte* und ist in die unterschiedlichsten sich daran anschließenden Strömungen eingegangen. Vor allem aber – und dies scheint mir für die hier behandelte Fragestellung von weitaus größerem Gewicht zu sein – vermochte es Cornelius de Pauw, der sich nach seinen beiden eher kurzen Gastspielen in Berlin und Potsdam bald wieder nach Xanten (wo er 1799 starb) zurückzog, den in Entstehung begriffenen öffentlichen Raum für seinen Gegenstand zu nutzen.

Denn der Erfolg seiner in Berlin gedruckten und polemisch diskutierten Schrift bewirkte, daß sich das öffentliche Augenmerk der französischsprachigen *République des Lettres* auf eine zuvor eher marginale Region richtete, die nicht gerade für ihre weltweiten Verbindungen berühmt war. Ebendort aber wurden nun weltgeschichtlich relevante Themen und geschichtsphilosophische Fragestellungen globalen Zuschnitts öffentlich diskutiert, so daß Berlin in gewisser Weise zu einem wichtigen Kreuzungspunkt der auf beiden Seiten des Atlantiks mit zunehmender Vehemenz geführten Debatten wurde. Berlin war in diesen Debatten nunmehr *on the map*.

Dies war unzweifelhaft ein Novum, auch wenn sich Brandenburg und Preußen keineswegs – entgegen aller landläufigen Annahmen – in ihrer Geschichte aller kolonialen Aktivitäten enthalten hatten. Dem in Amsterdam geborenen Abbé dürfte es wohl kaum entgangen sein, daß schon der »Große Kurfürst« sehr wohl mit kolonialen Expansionsplänen geliebäugelt und erste Vorhaben für ein koloniales »Engagement« seines Landes auf den Weg gebracht hatte. Denn Friedrich Wilhelm I. (reg. 1640-88) hatte in Amsterdam studiert und aus nächster Nähe gesehen, wie Seehandel und Kolonialpolitik auch ein kleines Land in die Rolle einer international führenden Handelsmacht katapultieren konnten.[54] 1647 schlug ein ehemaliger niederländischer Admiral, Arnoult Gijsels, als Berater des Kurfürsten vor, eine Handelskompanie unter brandenburgischer Führung zu gründen. Zugleich wurden Verhandlungen mit Dänemark über den Verkauf des günstig gelegenen dänischen Stützpunktes Tranquebar an der afrikanischen Küste geführt.

Doch wirkliche Erfolge ließen zunächst noch auf sich warten. Wieder war es ein Niederländer, der Reeder Benjamin Raule, der Brandenburg beim Aufbau einer Flotte half und 1677 zum »Oberdirektor in Seesachen« und später zum Minister für Seefahrt und die Kolonien aufstieg.[55] 1680 stachen schließlich zwei Expeditionen unter brandenburgischer Flagge in See. An der sogenannten Goldküste im heutigen Ghana entstand in unmittelbarer Nähe zu holländischen und britischen Niederlassungen dann in der Tat der erste brandenburgische Kolonialstützpunkt Großfriedrichsburg, der einen Küstenstreifen von 50 Kilometer Länge kontrollierte. Der zweiten brandenburgischen Flotte gelang es unterdessen, vor Ostende das spanische Schiff »Carolus Magnus« zu kapern. Es sollte bald schon unter dem Namen »Markgraf von Brandenburg« eine zweite Karriere als Flaggschiff der brandenburgischen Flotte erleben.[56] Den ersten Kaperfahrten der Brandenburger in der Karibik folgte 1682 die Gründung der »Brandenburgisch-Afrikanischen Kompanie«, die stark mit Niederländern und zum Teil mit Hugenotten besetzt war und 1692 in die »Brandenburgisch-Africanisch-Americanische Companie« umbenannt wurde. Zum Haupthafen der brandenburgischen Flotte wurde vertraglich das ostfriesische Emden erklärt.

Ohne in diesem Band die weitere Entwicklung der brandenburgischen Handelsstützpunkte und Niederlassungen ausführlich verfolgen zu können, sei doch festgehalten, daß Brandenburg in den lukrativen Dreieckshandel einstieg und 1686 ein erstes brandenburgisches Schiff mit 450 Sklaven aus Großfriedrichsburg die gemeinsam mit Dänemark genutzte Insel St. Thomas in der Karibik erreichte. Weitere Sklavenschiffe folgten: Die Hoffnungen auf große Gewinne und möglichen Machtzuwachs schienen sich zu erfüllen.

Zur brandenburgischen Niederlassung auf St. Thomas zählten bald dreihundert Europäer und einige hundert Sklaven. In der Forschung geht man zum gegenwärtigen Zeitpunkt davon aus, daß von Brandenburgern etwa dreißigtausend Sklaven von Afrika nach Westindien verschleppt wurden.[57] Auch wenn Kurfürst Friedrich III., der 1688 die Nachfolge des »Großen Kurfürsten« antrat und seit 1701 als Friedrich I. den Titel eines Königs in Preußen trug, die kolonialen Ambitionen und Aktivitäten fortzusetzen versuchte, versank die »Brandenburgisch-Africanisch-Americanische Companie« doch in Schulden und wurde schließlich von Friedrich Wilhelm I., der seit 1713 regierte, zu einem Zeitpunkt liquidiert, als das koloniale Geschäft im Konzert der europäischen Mächte vor der sich noch nicht abzeichnenden zweiten Phase beschleunigter Globalisierung als nicht mehr lukrativ erschien. 1738 – also gerade einmal drei Jahrzehnte vor dem Erscheinen des Amerika-Werks des von Friedrich II. begünstigten holländischen *philosophe* – wurde das letzte Eigentum der Companie versteigert.[58] Die somit gescheiterte Kolonialpolitik Preußens wurde erst nach Gründung des Deutschen Reiches 1871 – und damit ein gutes Jahrzehnt nach Alexander von Humboldts Tod – wiederaufgenommen.

Daß de Pauw an eine Wiederbelebung der brandenburgisch-preußischen Kolonialpolitik gedacht hätte und damit die niederländische Tradition derartiger Bestrebungen neu entfachen wollte, kann angesichts der Forschungslage zum gegenwärtigen Zeitpunkt wohl kaum rundweg ausgeschlossen werden. Von hoher Wahrscheinlichkeit ist dies gleichwohl nicht. Wesentlich wichtiger aber scheint mir in diesem Zusammenhang die Tatsache zu sein, daß Berlin und Potsdam durch die *Recherches philosophiques sur les Américains* und die sich anschließenden Debatten mit Antoine-Joseph Pernety, Zaccaria de Pazzi de Bonneville, Giovanni Rinaldo Carli, Delisle de Sales, Francisco Javier Clavijero, Drouin de Bercy und vielen anderen zeitweise ins Zentrum einer internationalen Debatte über die außereuropäische Welt gerückt wurden, die sich bis weit ins 19. Jahrhundert hinein fortsetzte.

Aus heutiger Sicht läßt sich dieser Zeitraum zweifellos als eine ideengeschichtlich bedeutungsvolle Periode begreifen, die freilich innerhalb der Geschichtsschreibung wie in der kollektiven Erinnerung ebenso einem weitgehenden Vergessen anheimfiel wie die Kolonialpolitik Brandenburgs beziehungsweise Preußens im ausgehenden 17. und beginnenden 18. Jahrhundert. Für eine Archäologie der Globalisierung in dem hier vorgestellten Sinne sind diese öffentlichen Debatten und Auseinandersetzungen mit ihrer internationalen Resonanz daher höchst relevant, will man diese geschichtliche Periode einer nicht nur in Berlin und Brandenburg noch immer verbreiteten Amnesie entreißen. Für ein Verständnis der geschichtlichen Bedeutung Alexander von Humboldts bilden sie ohne jeden Zweifel eine wichtige Kontrastfolie.

11. Welthandel und Weltgeschichte als Welt im Wandel

Wie sehr die internationalen Debatten vor dem Hintergrund der britischen und französischen, aber auch spanischen oder russischen Forschungsreisen der zweiten Phase beschleunigter Globalisierung die Bedeutung außereuropäischer Gegenstände im allgemeinen und von Fragen, die sich mit der neuen Welt beschäftigten, im besonderen veränderte, mag ein Blick in die französische *Encyclopédie* verdeutlichen. Im ersten, 1751 erschienenen Band dieses großen Gemeinschaftswerkes der europäischen Aufklärung wurden dem Stichwort »Amérique« nur wenige Zeilen gewidmet: nicht mehr als für den Eintrag »Amer« (bitter) und weit weniger als für »Améthyste«. Unter dem Stichwort »Amérique« erfährt man im wesentlichen, daß Amerika einer der vier Weltteile sei, 1491 (sic!) von dem Genuesen Columbus entdeckt wurde und seinen Namen von »Améric-Vespuce Florentin« erhielt, der die Neue Welt 1497 erreicht habe.[59] Im übrigen ist wenig mehr vermerkt, als daß sich der Kontinent in Südamerika und Nordamerika unterteile und daß der Süden neben vielen anderen aufgelisteten Kolonialerzeugnissen namentlich Gold und Silber, der Norden aber – und dies kann uns nicht mehr überraschen – vor allem Biberfelle liefere.[60]

Im bereits erwähnten Supplementband der *Encyclopédie*, der 1776 in Amsterdam erschien, umfaßt der Eintrag »Amérique« hingegen nicht weniger als circa zwanzig dicht bedruckte Seiten. Der Umfang des Eintrags hat sich im Verlauf der beiden Jahrzehnte folglich versiebzigfacht. Der erste, deutlich umfangreichere der beiden Teile stammt aus der

Feder von Cornelius de Pauw, der sich hier einer wesentlich weniger polemischen und weitaus moderateren Ausdrucksweise bedient.[61] Kategorisch schloß de Pauw gleichwohl wie in seinen *Recherches philosophiques* mit der souveränen Geste des (quellen-)kritischen Aufklärers *les anciennes relations*, die alten Chroniken, Dokumente und Berichte pauschal als völlig unglaubwürdig aus seinen Überlegungen aus, habe man es dort doch abwechselnd mit der »Glaubensseligkeit eines Kindes« oder mit den »Phantastereien eines Greises«[62] zu tun. Damit verfügte der niederländische Abbé über ausreichend Platz, um an prominenter und prestigeträchtiger Stelle seine Thesen noch einmal detailliert einem internationalen und nicht primär an der Debatte um die Neue Welt interessierten Lesepublikum vorstellen zu können. Nicht von ungefähr hatten Amerika und die Diskussionen um die Neue Welt im Kontext einer neuen Globalisierungswelle nun auch im Umfeld der *Encyclopédie* erheblich an Raum gewonnen.

Es ist bedeutungsvoll und zugleich wenig überraschend, daß sich jenes andere in seiner Entstehung wie in seiner *écriture* hochkomplexe Werk Raynals, das mit guten Gründen als Enzyklopädie der kolonialen Expansion Europas bezeichnet worden ist und sich zu einem der großen Bestseller des französischen 18. Jahrhunderts entwickeln sollte,[63] vielerorts derselben Diskursstrategien und -traditionen bedient, um eine international breitgestreute Leserschaft für seinen auf mehreren tausend Seiten behandelten Gegenstand zu interessieren. So heißt es gleich in der »Introduction« zum ersten Band der *Histoire philosophique et politique des établissements et du commerce des européens dans les deux Indes* in Formulierungen, die an die ersten Sätze von Cornelius de Pauws *Recherches philosophiques sur les Américains* oder seines Artikels für den Supplementband der *Encyclopédie* erinnern:

»Es gibt keinerlei Ereignis, das für das Menschengeschlecht im allgemeinen und für die Völker Europas im besonderen von so großem Interesse wäre wie die Entdeckung der Neuen Welt und die Passage nach Indien um das Kap der Guten Hoffnung. Damit begann eine Revolution im Handel, in der Machtverteilung der Nationen, in den Sitten, dem Gewerbfleiß und der Regierungsweise aller Völker. [...]

Alles ist verändert und muß sich noch weiter verändern. Aber werden die vergangenen Revolutionen und jene, die noch folgen müssen, der menschlichen Natur nützlich gewesen sein und künftig nützlich werden? Wird ihnen der Mensch eines Tages mehr Ruhe, Glück und Freude verdanken? Wird sein Zustand ein besserer sein, oder wird er sich nur gewandelt haben?«[64]

Mit diesen Worten knüpfte Guillaume-Thomas Raynal, der de Pauws Werk sehr gut kannte, mit kaum veränderten Formulierungen an den Diskurs von der weltgeschichtlich herausragenden Bedeutung der sogenannten Entdeckung Amerikas an. Zugleich erweiterte er die »westindische« Perspektive aber programmatisch durch die »ostindische« und rückte den Handel – wie schon im Titel seiner Kolonial-Enzyklopädie vermerkt – in eine wichtige, ja entscheidende Stellung für jene Umwälzungen ein, die die Welt seit dem Ausgang des 15. Jahrhunderts so fundamental verändert hätten. Doch dieser Blick zurück auf die erste Phase beschleunigter Globalisierung wurde ergänzt um die Einsicht, daß sich an die von ihr ausgelösten *révolutions* in Gegenwart und Zukunft neuerliche anschließen würden, die weitere grundlegende Umwälzungen mit sich bringen müßten. Deren Auswirkungen auf das Glück und den Wohlstand der Menschheit aber gelte es erst noch abzuwägen und abzuwarten.

Damit inszeniert das *incipit* der *Histoire des deux Indes* eine Archäologie der Globalität aus dem Bewußtsein einer im Verlauf des vielbändigen Werkes immer wieder herausgearbeiteten verdoppelten Globalisierung: jener des ausgehenden 15. und 16. Jahrhunderts einerseits und jener der zweiten Hälfte des 18. Jahrhunderts andererseits. Die Zukunft dieser Umwälzungen – wie auch mit ihr *die* Geschichte (als Kollektivsingular) selbst – erschien als völlig offen.

Die Antriebskraft und Dynamik einer derartigen Welt im Wandel aber bildet der Welthandel. So wirft die Figur des Philosophen, dessen Stimme die heterogenen, oft in Widersprüchen sich verfangenden Teile der *Geschichte beider Indien* immer wieder zusammenhält, zunächst einen Blick auf das Europa vor der Epoche der Entdeckungen (*l'Europe avant les découvertes*[65]), um sodann einen höheren Beobachterstandpunkt zu gewinnen, der aus einer geradezu extraterrestrischen, die Erde insgesamt umspannenden Perspektive die fundamentale Bedeutung eines globalisierten Handels für den gesamten Erdball unterstreicht:

»Über alle menschlichen Erwägungen erhoben, schwebt man dann über der Atmosphäre, und so erblickt man den Erdball unter sich. Von hier aus läßt man seine Tränen fallen auf das verfolgte Genie, auf das vergessene Talent, auf die unglückliche Tugend. [...] Von hier aus sieht man das hochmütige Haupt des Tyrannen sich senken und mit Schlamm sich bedecken, während die bescheidene Stirn des Gerechten das Himmelsgewölbe berührt. Von hier aus konnte ich wahrlich ausrufen, *Ich bin frei*, und mich auf der Höhe meines Gegenstandes fühlen. Von hier aus konnte ich zu meinen Füßen diese schönen Gegenden sehen, wo die Wissenschaften und die Künste blühen, Gegenden, welche die Finsternis der Barbarei so lange Zeit bedeckt hatte, und ich fragte mich: Wer hat diese Kanäle gegraben? Wer hat diese Ebenen entwässert? Wer hat diese Städte gegründet? Wer hat diese Völker zusammengeführt, bekleidet, zivilisiert? und daraufhin haben mir alle Stimmen der aufgeklärten Menschen unter ihnen geantwortet: Es ist der Handel, es ist der Handel.«[66]

Die mit einer ausgeklügelten Ökonomie von Leserfiguren[67] spielende Rhetorik der *Histoire des deux Indes* vermochte nicht nur eine im Vergleich zu den *Recherches philosophiques* de Pauws noch größere Resonanz beim Lesepublikum zu entfalten,[68] sondern vor allem einen weitaus größeren räumlichen, thematischen und philosophischen Bogen zu spannen, der nicht zuletzt auf Grund der Aufnahme vieler statistischer Daten, die Raynal, Diderot und die zahlreichen Mitarbeiter und Korrespondenten beibrachten, diesem Kollektivprojekt für mehrere Jahrzehnte den Status eines Referenzwerkes über die außereuropäische Welt einbrachten. Guillaume-Thomas Raynal, der sich während seiner Exilierung aus Frankreich freilich nur kurz am Hofe Friedrichs des Großen aufhielt und in Deutschland eine gegenüber Frankreich wesentlich reserviertere Aufnahme fand, hatte seit der Erstausgabe seiner *Histoire* im Jahre 1770 das Werk des Abbé am preußischen Hof zunehmend in den Schatten gestellt. Und doch lassen sich, wie auch immer vermittelt, die Stimme de Pauws und der Diskurs der fundamentalen Inferiorität Amerikas in der *Geschichte beider Indien* deutlich vernehmen.

Allerdings neigte sich nach der Wende zum 19. Jahrhundert die große Zeit erhitzter Debatten wie abgeklärter Auseinandersetzungen um die Neue Welt nicht nur für das auf schroffen Antinomien aufgebaute Werk des Abbé aus Amsterdam, sondern auch für die *Histoire des deux Indes* des Abbé aus der Rouergue einer Phase der Abkühlung und schließlich ihrem Ende zu. Daß der entscheidende Anstoß hierfür ausgerechnet von einem Mann ausging, der 1769 in ebenjenem Berlin geboren wurde, in dem soeben der zweite Band der *Recherches philosophiques sur les Américains* veröffentlicht worden war, ist gewiß nur eine anekdotische Randnotiz; doch kann diesem Faktum eine gewisse symbolische Bedeutung sicherlich nicht gänzlich abgesprochen werden. Die »Berliner Debatte« des 18. Jahrhunderts, in der sich in französischer Sprache ein holländischer und ein französischer *philosophe* polemische Duelle über die Inferiorität oder die Superiorität der amerikanischen Hemisphäre lieferten, öffnete sich auf einen neuen Diskurs über die Neue Welt, der von einem aus Berlin stammenden Reisenden und Gelehrten in Berlin und in deutscher Sprache, vor allem aber in Paris und in französischer Sprache entfaltet wurde. Wie kam es zu diesem epistemologischen Sprung?

Es ist bedeutungsvoll, daß einer der profiliertesten Kritiker des Holländers, Drouin de Bercy, der von sich selbst behauptete, als französischer *Colon* in Saint-Domingue tätig gewesen, als Offizier an der letztlich gescheiterten Expedition der französischen Armee unter General Leclerc am Feldzug gegen die haitianische Revolution teilgenommen und insgesamt dreizehn Jahre in Amerika verbracht zu haben, in seinem 1818 in zwei Bänden zu Paris erschienenen Buch *L'Europe et l'Amérique comparées* Cornelius de Pauw vierzig Jahre nach dem erstmaligen Erscheinen der *Recherches philosophiques sur les Américains* angriff, indem er Alexander von Humboldt gegen ihn in Stellung brachte: »Drouin de Bercys hauptsächliche Methode der Bekämpfung de Pauws besteht darin, ihn mit Äußerungen Alexander von Humboldts zu konfrontieren, den er als absolute Autorität *(absolute authority)* anführt.«[69] Diese Formulierung umschreibt den mittlerweile stattgefundenen Paradigmenwechsel: Denn der jüngere der beiden Humboldt-Brüder, der sich seit der Rückkehr von seiner großen, zwischen 1799 und 1804 gemeinsam mit Aimé Bonpland durchgeführten Amerikareise für lange Jahre in Paris niedergelassen hatte, befand sich zu diesem Zeitpunkt längst im Besitz der Diskurshoheit über die amerikanische Hemisphäre. Ein neuer Diskurs über die Neue Welt war entstanden, und erneut spielten dabei Berlin und Potsdam im Verlauf der ersten Hälfte des 19. Jahrhunderts eine wichtige Rolle.

12. *Ein epistemologischer Sprung*

Denn der Diskurs über die außereuropäischen Regionen und insbesondere über Amerika hatte sich an der Schwelle zum 19. Jahrhundert grundlegend zu wandeln begonnen. Alexander von Humboldt, der nach der Rückkehr von seiner *Reise in die Äquinoktial-Gegenden des Neuen Kontinents* zwischen 1805 und 1838 ein gewaltiges Reisewerk in dreißig reich ausgestatteten Großfolianten und zahlreichen kleineren Ausgaben und Übersetzungen erscheinen ließ, wußte sehr gut, wovon er sprach, als er in seiner auf Paris im April 1813 datierten Einleitung zu seinen *Vues des Cordillères et Monumens des Peuples Indigènes de l'Amérique* schrieb:

»Die Beflissenheit, mit der man sich Untersuchungen über Amerika hingab, nahm seit Beginn des 17. Jahrhunderts ab; die spanischen Kolonien, welche die einzigen Regionen umschlossen, die zuvor von zivilisierten Völkern bewohnt worden waren, blieben den ausländischen Nationen versperrt; und noch neuerdings, als Abbé Clavijero in Italien seine Alte Geschichte von Mexiko erscheinen ließ, sah man Tatsachen als höchst fragwürdig an, die doch von einer Fülle an Augenzeugen, die einander oftmals feindlich gesinnt waren, bezeugt worden waren. Berühmte Schriftsteller, die mehr von den Kontrasten als von der Harmonie der Natur ergriffen waren, hatten sich darin gefallen, ganz Amerika als ein sumpfiges Land zu malen, das der Fortpflanzung der Tierwelt entgegenstünde und erst seit kurzem von Horden bewohnt sei, die ebensowenig zivilisiert wären wie die Bewohner der Südsee. In den historischen Untersuchungen über die Amerikaner *(recherches historiques sur les Américains)* war eine absolute Skepsis an die Stelle einer gesunden Kritik getreten. Man vermengte die deklamatorischen Beschreibungen eines Solís und einiger anderer Schriftsteller, die Europa niemals verlassen hatten, mit den einfachen und wahren Berichten der ersten Reisenden; es schien die Pflicht eines Philosophen zu sein, alles zu leugnen, was von Missionaren beobachtet worden war.

Seit dem Ende des letzten Jahrhunderts hat sich in der Art, wie man die Zivilisation der Völker und die Gründe betrachtet, die deren Fortschritte behindern oder begünstigen, eine glückliche Revolution *(une révolution heureuse)* vollzogen. Wir haben Nationen kennengelernt, deren Sitten, Institutionen und Künste sich fast im selben Maße von denen der Griechen und Römer unterscheiden, wie die primitiven Formen ausgelöschter Tiere sich von denen jener Spezies unterscheiden, die Gegenstand der deskriptiven Naturgeschichte sind. Die Gesellschaft von Kalkutta hat ein lebhaftes Licht über die Geschichte der Völker Asiens verbreitet. Die Denkmäler Ägyptens, die in unseren Tagen mit bewundernswerter Genauigkeit beschrieben wurden, sind mit den Denkmälern der am weitesten entfernten Länder verglichen worden, und meine Untersuchungen über die indigenen Völker Amerikas erscheinen in einer Epoche, in der man keineswegs mehr all jenes für unserer Aufmerksamkeit unwert erachtet, was sich vom Stil entfernt, für den uns die Griechen unnachahmliche Vorbilder hinterlassen haben.«[70]

In dieser ebenso entschiedenen und programmatischen wie belesenen und unpolemischen Passage stellte Alexander von Humboldt, den man mit guten Gründen als einen durchweg eleganten französischen Schriftsteller bezeichnen darf, die

Wende zum 19. Jahrhundert als eine Epochenschwelle dar, die von einer *glücklichen Revolution* des Diskurses über die außereuropäische Welt gekennzeichnet sei. Humboldt konstatiert hier einen epistemologischen Sprung. Unübersehbar ist die Tatsache, daß diese – wie viele andere Passagen im Humboldtschen Werk – eine direkte Antwort auf Thesen und Vorstellungen Raynals, vor allem aber de Pauws darstellen, dessen *Recherches philosophiques sur les Américains* sich Humboldts Reflexionen über die Kulturen der »eingeborenen Völker Amerikas« nachdrücklich entgegenstellen. Der genau eine Woche nach der Dissertation von Antoine-Joseph Pernety vor der Berliner Akademie in Berlin geborene Forscher klinkt sich in die »Berliner Debatte« ein, um vehement deren Historisch-Gewordensein zu verkünden.

Wollen wir aber das historische Gewordensein der Wissenschaft(en) Alexander von Humboldts und das von ihm geschaffene, auf der Mobilität des Reisenden aufbauende Mobile des Wissens verstehen, so tun wir gut daran, Humboldts Denken kontrastiv vor diesem Hintergrund zu analysieren. So erst wird deutlich: Die in den *Ansichten der Kordilleren*[71] aufgezeigte Existenz großer kultureller Entwicklungen der amerikanischen Völker entkräftet auf der Basis eigener Recherchen vor Ort wie auch in den Bibliotheken und Archiven Amerikas und Europas Zug um Zug die Thesen des holländischen Abbé, dessen Name in Humboldts Feder freilich höchst selten auftaucht. Der Name Cornelius de Pauw gehört für Humboldt einer wissenschaftlich überholten, diskursiv aber noch immer präsenten Vergangenheit an.

Gerade bei der oben angeführten längeren Passage ist auffällig, daß er als einzigen Autor namentlich Francisco Javier Clavijero nannte, der als Vertreter der neuspanischen Aufklärung wie kein anderer mit der präkolumbischen Geschichte der spanischen Kolonien Amerikas, aber auch mit der Gegenwart des späteren Mexiko vertraut war und – gleichsam als Repräsentant Amerikas in Europa – die bis zu diesem Zeitpunkt sicherlich massivsten und fundiertesten Angriffe gegen de Pauw ins Feld geführt hatte. In seiner nach der Vertreibung der Jesuiten aus den Kolonien in Italien und zunächst auf italienisch publizierten *Storia Antica del Messico*[72] hatte er vehement all jene europäischen Gelehrten angegriffen, die wie Buffon, de Pauw, Raynal oder Robertson über Amerika und die Amerikaner geschrieben hatten, ohne je ihren Fuß in die Neue Welt gesetzt zu haben. Diskret, aber deutlich markierte Humboldt damit seine eigene Position innerhalb des Disputs um die Neue Welt und brachte zugleich die Stimmen amerikanischer Autoren zu Gehör.

Hatte schon Pernety in der »Berliner Debatte« gegen de Pauw ins Feld geführt, im Gegensatz zum Niederländer zumindest in der Neuen Welt gewesen zu sein, so konnte Humboldt mit um so größerem Recht auf seine »Augenzeugenschaft« verweisen und sich erkenntnistheoretisch von Buffon, de Pauw oder Raynal distanzieren. Denn Humboldts Wissenschaft basierte auf präziser Feldforschung. Er wußte: Ein neuer, empirisch fundierter, historisch ausgerichteter und vergleichend angelegter Diskurs über Außereuropa war im Entstehen begriffen. Die jahrzehntelange Dominanz einer von berühmten Schriftstellern vorgetragenen Sichtweise, die Amerika als sumpfigen, erst vor kurzer Zeit aus dem Wasser emporgestiegenen und von schwächlichen und kraftlosen Wesen bewohnten Kontinent darstellten – und zweifellos waren damit in erster Linie Buffon und de Pauw, teilweise aber auch Raynal und Robertson gemeint –, war gebrochen. Eine neue Konstellation des Wissens begann sich herauszubilden. Würde sie ähnlich statischer Natur sein wie die vorherige?

Die Wende zum 19. Jahrhundert zeigte es deutlich: Die *saine critique* hatte über den *scepticisme absolu* aufklärerischer *philosophes* gesiegt, welche die alten Berichte als lügnerisch verwarfen, weil sie nicht in ihr eigenes Systemdenken paßten. Gerade auch in den *Vues des Cordillères et Monumens des Peuples Indigènes de l'Amérique*, seinen »Ansichten der indigenen Kulturen«, hatte Humboldt damit begonnen, die Neue Welt auch in kultureller Hinsicht nicht mehr als das radikal Andere zu begreifen, als das es letztlich seit den ersten Berichten europäischer Seefahrer gegolten hatte.

Mehr noch: Diese neue Sichtweise fügte sich ein in eine Welle von Forschungen, die Asien und Europa, Ägypten und das antike Griechenland, Indien und das Römische Reich aus vergleichender Perspektive untersuchten und in ein weltumspannendes Netz empirisch fundierter Reflexionen einbezogen. Vor diesem Hintergrund entfaltete Humboldt seit 1805 eine ungeheure Fülle unterschiedlichster Untersuchungen, die im Sinne einer globalisierten und zugleich globalisierenden Wissenschaft die eigenen Forschungsergebnisse stets aus einer weltweit vergleichenden und transdisziplinären Perspektive diskutierten. An die Stelle stabiler Oppositionen, Trennungen und Kategorisierungen treten dynamische Wechselwirkungen im globalen Maßstab.

Dabei begreift der Verfasser der *Ideen zu einer Geographie der Pflanzen nebst einem Naturgemälde der Tropenländer* (1807) die Wissenschaft – trotz mancher Einschränkungen – nicht als zerstörerische Kraft im Dienste der europäischen Expansion, sondern als eine der gesamten Menschheit verpflichtete Praxis des Wissens. Daß Humboldt entgegen seiner oben angeführten Erläuterungen nicht immer darauf verzichtete, die Griechen der Antike als den kulturhistorischen und künstlerischen Meridian seiner Karte der Kulturen der Welt zu begreifen, gehört zu jenen Widersprüchen, die sein gleichwohl wegweisendes Projekt einer anderen Moderne durchziehen.[73] Denn nicht immer gelang es ihm, die Interessen *seiner* Wissenschaft mit den Interessen der von ihm nicht nur Besuchten, sondern auch Untersuchten in Übereinstimmung zu bringen.[74]

Doch aus der Perspektive eines sich in seiner Geschichtlichkeit erfassenden globalisierenden Wissenschaftsverständnisses kann es nur als folgerichtig erscheinen, daß sich Humboldt im Kontext seines amerikanischen Reisewerkes nicht nur mit der Geographie der Pflanzen und den Ansichten der Natur, mit zoologischen Beobachtungen und den Kulturen der indigenen Völker Amerikas, mit trigonometrischen Messungen und politisch-nationalökonomischen Untersuchungen, sondern auch und gerade mit jener geschichtlichen Periode auseinandersetzte, die ich zuvor als erste Phase beschleunigter Globalisierung bezeichnet habe. Was ursprünglich als Erläuterungsteil für das Kartenwerk des *Atlas géographique et physique des régions équinoxiales du Nouveau Continent* gedacht war, entwickelte Zug um Zug, Lieferung für Lieferung ein intellektuelles Eigenleben, das dieses Werk, dem Humboldt schließlich den nicht gerade griffigen Titel *Examen critique de l'histoire de la géographie du Nouveau Continent et des progrès de l'astronomie nautique aux quinzième et seizième siècles* gab, zu einem der faszinierendsten Teile seines gesamten Schaffens werden ließ. Gewiß blieb dieser in französischer Sprache zwischen April 1834 und August 1838 erschienene »Textteil« des Atlas-Werkes[75] wie viele der großen Werke Humboldts Fragment, entfaltete aber vom ersten Satz der auf Berlin im November 1833 datierten »Préface« an einen nicht nur historiographischen, sondern auch geschichtsphilosophischen Scharfsinn und Charme, der bis heute die Lektüre zu einem Erlebnis macht:

»Die Jahrhunderte, in denen sich die Lebendigkeit der geistigen Bewegung offenbart, bieten dem Beobachter den unterscheidenden Charakter einer unabänderlichen Tendenz zu einem vorgesteckten Ziele dar. Es ist die aktive Energie dieses

Strebens, die ihnen einen Eindruck von Großartigkeit und Glanz verleiht. Eine ununterbrochene Abfolge geographischer Entdeckungen, die Wirkungen edler gemeinschaftlicher Hingebungen und Bestrebungen der portugiesischen und kastilischen Nationen, ein fortgesetzter blutiger Kampf, den religiöse Zwistigkeiten veranlaßten, politische Bewegungen, deren Endziel eine Umschmelzung der gesellschaftlichen Verhältnisse ist, haben nach und nach die Beschäftigung der Geister in Anspruch genommen und einzelnen Zeitabschnitten eine individuelle Physiognomie verliehen.

Das fünfzehnte Jahrhundert, mit dem ich mich vorzugsweise in diesem Werke auseinandersetzen werde, bietet ein Interesse dar, das nur ein Höhepunkt in der Skala des Zeitenfortschritts der menschlichen Vernunft in Anspruch zu nehmen imstande ist. In der Mitte zwischen zwei voneinander verschiedenen Arten der Zivilisation sehen wir in ihm gleichsam eine Zwischenwelt, die zugleich dem Mittelalter und der neueren Zeit *(temps modernes)* angehört.«[76]

Es ist für Alexander von Humboldts Denken charakteristisch, daß der Natur- und Kulturforscher ähnlich wie später im ersten Satz der auf Potsdam im November 1844 datierten »Vorrede« seines *Kosmos* – dort lautet das *incipit*: »Ich übergebe am späten Abend eines vielbewegten Lebens [...]«[77] – die für ihn so prägenden und bestimmenden Lexeme der Bewegung sowie des Lebens beziehungsweise des Lebendigen miteinander kombinierte. Im Grunde dreht sich das gesamte *Examen critique*, ja vielleicht das gesamte Schaffen Alexander von Humboldts um die verschiedensten Äußerungsformen und Kombinatoriken von Leben und Bewegung, um jene *vivacité du mouvement intellectuel*, die in diesem geschichtlichen und mehr noch geschichtsphilosophischen Entwurf die Physiognomie eines Jahrhunderts prägt, das als eine Zwischenwelt, ein *monde intermédiaire* zwischen Mittelalter und Neuzeit bezeichnet wird. So sind es nicht nur die Bewegungen im Raume, die ununterbrochene Folge von Fahrten und Entdeckungen, sondern auch und gerade die geistigen Bewegungen, die für Humboldt im Zentrum eines ebenso geographischen wie historiographischen, geschichtsphilosophischen wie ideengeschichtlichen Fragens nach den Dynamiken der Entstehung und Verbreitung des Wissens im Raume stehen. Gibt es ein Raum-Modell für Humboldts Denkweise, die immer wieder andere und neue Wissensbereiche miteinander in Verbindung setzt, so ist es das Bewegungsmodell des Mobile.

13. Die Geschichte eines velociferischen Zeitalters

Mit guten Gründen hat Andreas Daum darauf aufmerksam gemacht, daß der Humboldtsche Ansatz als eine Raumgeschichte begriffen werden kann und weltweite Anwendung fand.[78] Da es Humboldt aber gerade im *Examen critique* nicht nur um die lokale oder regionale Generierung von Wissen, sondern um dessen Verpflanzung und Transfer ging, könnte man – jenseits eines immer wieder proklamierten *spatial turn*[79] – von einer *Bewegungs*geschichte im eigentlichen Sinne sprechen.

Humboldts Interesse ist aus diesem Blickwinkel zweifellos ein zutiefst dynamisches und vektorielles. Denn es sucht zum einen nach den transregionalen, transarealen und transkontinentalen Beziehungen zwischen Raum und Wissen, versucht aber zum anderen, die vektoriell gespeicherten historischen Bewegungen in den aktuellen Wissens-Bewegungen wieder auszumachen und wissensgeschichtlich möglichst präzise darzustellen. Diese spezifisch vektorielle Dimension seines Ansatzes zielt darauf ab, gleichsam anagrammatisch die Bewegungen unter den Bewegungen innerhalb einer Archäologie herauszuarbeiten, die in einem umfassenden Sinne als Archäologie der Globalisierung verstanden werden kann. Diese aber läßt sich – so scheint die Bewegungsgeschichte des *Examen critique* anzudeuten – nur als Archäologie der Mobilität denken. Das Mobile ist für das Denken des Verfassers der *Versuche über die gereizte Muskel- und Nervenfaser* (1797) von Beginn an zentral.

Humboldts bis heute faszinierende *Kritische Untersuchung* des 15. und 16. Jahrhunderts ist vielschichtig und listenreich aufgebaut. So läßt sich etwa zeigen, daß gerade auch im *Examen critique* die Figur Alexander von Humboldts, der – wie der Preuße sicherlich wußte – in spanischsprachigen Ländern den Namen Humboldt y Colomb (nach seiner aus einer Hugenottenfamilie stammenden Mutter) getragen hätte, anagrammatisch mit jener von Christoph Columbus alias Cristóbal Colón verbunden ist, überlagern sich doch ständig und bisweilen obsessiv die Spuren beider »Entdecker«.[80] Betrachten wir nur das *Examen critique* für sich, so wird gleichsam »hinter« Christoph Columbus die Figur Alexander von Humboldts *en filigrane* erkennbar.

Kehren wir aber die Blickrichtung um und fragen nach der Funktionalität der *Kritischen Untersuchung* innerhalb des gesamten Reisewerks, dessen Schlußstein es in gewisser Weise bildet, dann zeigt sich ein anderes, noch aufregenderes Bild. Denn wie in einer Archäologie der Bewegung werden gleichsam »unter« den räumlichen wie geistigen Bewegungen des preußischen Reisenden und Geschichtsschreibers, der – wie er ebenfalls wußte – schon bald als »zweiter Entdecker« Kubas und jenes Raumes gefeiert wurde, den wir heute als Lateinamerika bezeichnen, die Bewegungen der europäischen Entdeckerfigur *par excellence* sichtbar. Mit Blick auf diesen Columbus, den er wie die meisten *philosophes* des 18. Jahrhunderts als *grand homme* bezeichnete und bewunderte, hatte bereits Cornelius de Pauw, einen alten, immer wieder geäußerten Verdacht aufnehmend, angemerkt:

»Christoph Columbus hingegen entdeckte 1492 eine einfache Route; und wenn man ihn sich bis zum 25. Grad nördlicher Breite erheben sieht, um jenen Ostwind zu nutzen, der für gewöhnlich in den Tropenbereichen herrscht, und wenn er anschließend in fast gerader Linie zur Insel Saint-Domingue segelt, dann wäre man versucht zu glauben, daß er diese Route bereits im voraus kannte [...].«[81]

Hier ist gewiß nicht der Ort, um nun unsererseits unter den Bewegungen des Columbus andere Bewegungen zu vermuten und der These von einem früheren, aber unbekannt gebliebenen Entdecker nachzugehen, der sein Wissen dem Genuesen anvertraut hätte. Im *Examen critique* konnte Humboldt auf neueste Forschungsergebnisse zu räumlichen wie geistigen Bewegungen im 15. Jahrhundert sowie vor allem auf die wenige Jahre zuvor aufgefundene Transkription zurückgreifen, die Bartolomé de Las Casas vom Bordbuch Cristóbal Colóns angefertigt hatte. In seiner ebenso philologisch wie philosophisch fundierten Untersuchung vermochte Humboldt wie kein anderer vor ihm ein vielschichtiges und verschlungenes Gewebe all jener Dokumente und Fiktionen, Quellen und Prophezeiungen, Reiseberichte und Glaubensvorstellungen zu entwirren und zu lesen, aus dessen Textur das Handeln des »Entdeckers« nachvollziehbar wird.

Das *Examen critique* zeigt auf, welche Wege des Wissens Cristóbal Colón in jene Routen im Raume übersetzte, denen er seine Schiffe und seine Mannschaften auf dem geplanten Weg nach Indien anvertraute, ohne daß ihm ein anderer, der zufällig nach Westen verschlagen worden wäre, von dieser Möglichkeit hätte berichten müssen. Gleich zu Beginn seiner Untersuchungen machte Humboldt klar, daß die großen

Entdeckungen, welche die Expansionsbewegung Europas markierten, alles andere als ein Werk des Zufalls waren:

»Die großen Entdeckungen der westlichen Hemisphäre waren keineswegs die Folge eines glücklichen Zufalls. Es wäre ungerecht, die ersten Anstöße hierzu in jenen instinktiven Anlagen der Seele zu erblicken, denen die Nachwelt oft beimißt, was Folge eines langen Nachdenkens ist. Columbus, Cabrillo, Gali und so viele andere Seefahrer, die bis hin zu Sebastián Viscaino die Annalen der spanischen Marine schmücken, waren für die Epoche, in der sie lebten, auf Grund ihrer Bildung bemerkenswerte Männer.«[82]

Die Geschichte der Entdeckungen ist für Humboldt damit letztlich eine Geschichte des Wissens und der Bildung sowie deren Übersetzung in Bewegung. Für den »Geschichtsschreiber Amerikas«,[83] als den er sich selbst bezeichnete, aber war der von ihm sicherlich nicht ohne Stolz eingewobene Faden, der ihn mit dem Genuesen verband, nur Teil einer weitaus umfassenderen Bewegung, die den geschichtlichen Ort seines *Examen critique*, aber auch vieler anderer seiner Schriften bestimmt. Damit wird die historiographische Arbeit selbst zum Bestandteil und zur Qualität einer Globalität, die sich als solche nur dann wirklich denken kann, wenn sie sich ihrer eigenen Geschichte bewußt ist. Globalität ist folglich – wie schon in den einführenden Bemerkungen zu dieser Figur angedeutet wurde – zutiefst mit ihrer eigenen Archäologie verzahnt.

Bereits in der Vorrede zu seiner entdeckungsgeschichtlichen Arbeit betonte Humboldt, mit seiner *Kritischen Untersuchung* ein ihm besonders wichtiges Werk vorzulegen, »dem ich mich über einen Zeitraum von dreißig Jahren in all meinen Momenten der Muße mit äußerster Vorliebe zugewandt habe«;[84] doch bereue er diesen Zeitaufwand und all die Mühen, die ihn seine Recherchen gekostet hätten, in keiner Weise, sei es doch »die Pflicht des Geschichtsschreibers«, in jedem Jahrhundert »den individuellen Charakter und die unterscheidenden Züge seiner geistigen Bewegung« – womit dieser Schlüsselbegriff Humboldtschen Denkens erneut fällt – herauszuarbeiten.[85] Dieser Pflicht des Historikers, die jeweiligen *traits distinctifs* einer Epoche hervortreten zu lassen, kam Humboldt aus der bewußt gemachten historischen Distanz – und zugleich Differenz – nur zu gerne nach:

»Inmitten der Ideen, die das 19. Jahrhundert beherrschen, während des ungeheuren Aufschwungs einer Zivilisation, die vorwärtsstrebt und sozusagen nur in der Gegenwart und für eine sehr nahe Zukunft lebt, fällt es schwer, eine für das Menschengeschlecht ruhmreiche Epoche zu begreifen, in der man nach der Verrichtung großer Dinge die Augen zurückwarf, um geduldig zu ermitteln, ob diese großen Dinge die Erfüllung alter Weissagungen wären.«[86]

Die Differenz zwischen einem zyklischen Geschichtsbewußtsein, für das die *historia* stets die *magistra vitae* ist und bleibt,[87] und einem zukunftsoffenen, der Moderne zugehörigen Geschichtsverständnis eines – wie Goethe durchtrieben formulierte – »velociferischen Zeitalters«[88] mit seiner teuflisch ve*locifer*ischen Beschleunigung bildet den Bezugsrahmen einer *Kritischen Untersuchung*, welche die Gegenwart nicht nur aus der Distanz zum Historisch-Gewordensein, sondern zugleich aus der Einsicht in ihr historisches Gewordensein zu verstehen sucht. Dies aber gilt gerade für ein vielbändiges Reisewerk, das in der kritischen Untersuchung einer ersten Phase beschleunigter Globalisierung zugleich eine philologisch und geschichtsphilosophisch fundierte Antwort auf die Herausforderungen der zweiten Phase beschleunigter Globalisierung zu geben bemüht ist.

Im Mittelpunkt steht dabei der Versuch, die Wechselwirkungen und gegenseitigen Verflechtungen zwischen der Alten und der Neuen Welt sowohl im Raum als auch in der Zeit zu untersuchen und damit jenen Wissenstransfers auf die Spur zu kommen, die sowohl die Hervorbringung und Herausbildung neuen Wissens als vor allem auch dessen spezifische Verbreitung im Raum betreffen. Columbus wird in diesem Sinne zu einer Art Wissensvermittler und mehr noch Wissensbeweger einer Zwischenwelt, der auf der Bühne des »Welttheaters« *(théâtre du monde)* erschien, um die Gegenstände im Horizont des europäischen Denkens zu vermehren und auf diese Weise »die Masse an Ideen« schlagartig zu vervielfachen.[89] Dieser im Grunde an Voltaire anknüpfende Gedanke wird aber in einer doppelten Bewegung, in der es bei Humboldt stets weniger auf das Auftauchen als auf die Verkettung von Wissen ankommt, gleichsam auf das Niveau einer globalisierten Sichtweise von Geschichte im Horizont von Wissensverteilung und Ideentransfer gehoben:

»Wenn man in Erinnerung ruft, was das Denken zweier Männer, Toscanelli und Columbus, dem menschlichen Geiste hinzugefügt hat, dann sollte man sich nicht auf die erstaunlichen Fortschritte beschränken, welche gleichzeitig die Geographie, der Handel zwischen den Völkern, die Seefahrtskunst und die nautische Astronomie, ja alle physischen Wissenschaften insgesamt und schließlich auch die Philosophie der Sprachen gemacht haben, die sich durch das vergleichende Studium so vieler bizarrer und an grammatikalischen Formen reicher Idiome erweitert hat. Man sollte vor allem den Einfluß betrachten, den der Neue Kontinent auf die Schicksale des Menschengeschlechts mit Blick auf die gesellschaftlichen Einrichtungen ausgeübt hat. Der religiöse Sturm des 16. Jahrhunderts hat den Aufschwung eines freien Denkens gefördert und so den politischen Sturm jener Zeiten vorbereitet, in denen wir heute leben. Die erste dieser Bewegungen koinzidierte mit der Errichtung der europäischen Kolonien in Amerika; die zweite machte sich gegen Ende des 18. Jahrhunderts bemerkbar, und sie hat schließlich die Bande der Abhängigkeit zertrennt, welche die beiden Welten miteinander verbanden.«[90]

Damit weitet Humboldt den »Einfluß« der europäisch-amerikanischen Beziehungen gerade auf jene politischen und sozialen Entwicklungen und Umwälzungen aus, die zuvor nahezu ausschließlich aus einem rein europäischen Kontext heraus verstanden wurden.[91] Auch auf dieser Ebene ist alles für ihn Wechselwirkung. Humboldt betreibt damit eine Archäologie der Globalität, bei der Phänomene und Entwicklungen der Gegenwart eine eigentümliche Transparenz erhalten, insofern unter ihnen die vorgängigen Entwicklungen und Bewegungen früherer Zeiten in einem globalen Zusammenhang erkennbar werden.

Alexander von Humboldt denkt folglich nicht nur an jene Langzeitwirkung, welche die Untersuchung der amerikanischen Sprachen und die Erstellung erster Grammatiken im 16. Jahrhundert auf die zeitgenössische sprachphilosophische Reflexion zu Beginn des 19. Jahrhunderts ausübte, eine wissenschaftsgeschichtliche Entwicklung, an der er selbst nicht nur als Sammler und Überbringer von Materialien an seinen Bruder Wilhelm, sondern auch als Vordenker neuer sprachwissenschaftlicher Konzepte maßgeblich beteiligt war.[92] Er versuchte zugleich, gerade die Institutions- und Sozialgeschichte Europas aus ihren globalen Kontexten – also all dem, was »machtvoll [...] das politische Antlitz und die Schicksale des Alten Kontinents«[93] verändert habe – zu verstehen.

Er unternahm dies in der angeführten Passage zugleich mit Blick auf die (zum damaligen Zeitpunkt weitgehend abgeschlossene) Unabhängigkeitsbewegung der europäischen Kolonien auf dem amerikanischen Kontinent, die er in ihren Grundlagen und ihrem Fortschreiten bei der *Independencia* der spanisch-amerikanischen Kolonien in seinem eigenen Amerika-Werk gleichsam Schritt für Schritt begleitet und kritisch reflektiert hatte. Im Oszillieren zwischen zwei Zeitebenen, das die gesamte *Kritische Untersuchung* durchzieht,[94] gewinnt Europas Geschichte im globalen Kontext durch die Aufdeckung ihrer weltweiten Relationalität eine Vieldimensionalität, wie man sie der europäischen Geschichtsschreibung unserer Tage nur wünschen kann. Europas Geschichte, dessen war sich Humboldt bewußt, war allein von Europa aus nicht adäquat zu verstehen: Ohne die Geschichte der Neuen Welt mußte die Geschichte der Alten Welt seltsam verkürzt, ja, in gewisser Weise amputiert – da ihrer transarealen Dimension beraubt – erscheinen.

14. Eine Archäologie der Globalisierung als Bewegungsgeschichte

Zugleich machte Humboldt aber auch auf – wie wir heute sagen würden – strukturelle Kontinuitäten bestimmter Globalisierungsphänomene aufmerksam, welche die erste und die zweite Phase auf tragische Weise miteinander verbinden:

»Die Verwobenheit *(complication)* der menschlichen Schicksale ist eine solche, daß sich dieselben Grausamkeiten, welche einst die Eroberung der beiden Amerikas mit Blut befleckten, unter unseren Augen erneuert haben, in Zeiten, die wir doch von einem ungeheuren Fortschritt der Aufklärung *(lumières)* und einer generellen Besänftigung in den Sitten geprägt glaubten, und gleichwohl konnte ein einziger Mensch, der gerade erst in der Mitte seines Lebenslaufes stand, die *Terreur* in Frankreich sehen, die unmenschliche Expedition nach Saint-Domingue, die politischen Reaktionen und die kontinentalen Bürgerkriege Amerikas und Europas, die Massaker von Chio und Ipsara sowie die Gewalttätigkeiten, welche neuerdings im Südteil der Vereinigten Staaten eine grauenvolle Rechtsprechung über die Sklaven und der Haß derer hervorgebracht haben, die dieselbe reformieren wollten.«[95]

Freilich bedeutete die Tatsache, daß Gewalt, Unterdrükkung, Bürgerkrieg und menschliche Leidenschaft unverändert »dieselben im 19. Jahrhundert wie im 16. Jahrhundert«[96] geblieben seien und ebenso in den Strafexpeditionen Frankreichs gegen die haitianische Revolution wie in der Sklavereigesetzgebung in den Südstaaten der USA aller Aufklärung und Philosophie zum Trotz zum Ausdruck kämen, für Humboldt keineswegs, daß er die Hoffnung auf jeglichen Fortschritt hätte aufgeben müssen. Gewiß verwies er an anderer Stelle bei der Erörterung grausamer Methoden der Menschenjagd im 16. Jahrhundert darauf, »wie die Völker Europas in den Bürgerkriegen immer wieder die Grausamkeiten der barbarischsten Zeiten erneuern«.[97] »Die französische Expedition des Jahres 1802 nach Saint-Domingue«, so heißt es weiter, »zeigt uns nicht nur, wie schwarze Gefangene inmitten einer großen Volksmenge auf kleinem Feuer verbrannt wurden, sondern auch, wie kubanische Hetzhunde, die eine traurige Berühmtheit erlangt haben, zur *Jagd auf Menschen* angesetzt wurden.«[98] Und doch erblickte Alexander von Humboldt unbeirrt und unverdrossen eine »moderne Tendenz« bei der »Vervollkommnung der Institutionen« wie auch der »gesellschaftlichen Ordnung«,[99] so daß er bei aller zweifellos angebrachten Skepsis nicht auf sein Projekt einer anderen, menschlicheren Moderne verzichten zu müssen glaubte. Denn das Humboldtsche Modernisierungsprojekt beruht ja gerade darauf, daß es die Schlußfolgerungen aus den Gewalttaten insbesondere auch der transatlantischen Globalisierungsprozesse zu ziehen versucht und eine nationale oder europäische Geschichte stets aus der Perspektive einer weltgeschichtlichen Relationalität beleuchtet.

Damit zeigt gerade die Analyse jener gewalttätigen und menschenverachtenden Phänomene, welche die Expansionsgeschichte Europas und die koloniale, im Falle der USA aber auch bereits die postkoloniale Geschichte durchziehen: Das Zusammendenken aller Einzelphänomene umfaßt in der Humboldtschen Wissenschaft nicht nur die Natur, sondern auch die Kultur – und gerade die Geschichte der Menschheit dort, wo ihre transkontinentalen Wechselwirkungen sich im globalen Maßstab manifestieren.

Diese Phänomene, die aus den barbarischsten Zeiten der Menschheit entsprungen zu sein schienen, aber galt es aus ihrem historischen Gewordensein und damit aus einer Abfolge unterschiedlicher und doch in einer fundamentalen Kontinuität stehender Globalisierungsphasen zu begreifen, eine Herausforderung, die das Zusammendenken partikularer oder nationaler Geschichte(n) zu einer vielfach verschränkten und verwobenen Geschichtsauffassung bedingte. Nur so aber konnte der *complication*, der »Verwobenheit der menschlichen Schicksale«,[100] im Sinne Humboldts auf (geschichts-)wissenschaftlicher Ebene entsprochen werden.

So bildet das *Examen critique* einen wichtigen ersten Schritt auf dem Weg zu einer Geschichtsauffassung, die Zeit und Raum in ihrer Kombination als Bewegungsgeschichte zusammendenkt und vor allem am Transfer und der Translation von Wissen interessiert ist: ein Denken der Globalität als Archäologie ihrer Mobilität.

Die Beispiele für eine derartige Archäologie, die unter den Globalisierungsphänomenen von heute Globalisierungsphänomene früherer Jahrhunderte aufzuzeigen sucht, ließen sich häufen. Sie verweisen auf ein Verständnis von Geschichte, das stets deren globale Dimensionen mitdenkt, um sie als Bewegungs- und Austauschgeschichte darstellen zu können. Ein Bewußtsein von Globalität setzt notwendig ein differenziertes geschichtliches Verständnis von Mobilität voraus. Alexander von Humboldt wußte, daß dies Implikationen auf der Ebene der Epistemologie, aber auch der Schreibweise seiner Werke selbst haben mußte.

Mit Blick auf Amerika betonte Humboldt wie de Pauw die ungeheure, mit Goethes Worten *velociferische* Geschwindigkeit, mit der sich eine asymmetrische Machtkonstellation zwischen Alter und Neuer Welt einstellte, sei doch binnen sechs Jahren – zwischen 1492 und 1498 – die »Verteilung der Gewalt über die Erdoberfläche« entschieden und eine »Übermacht der Völker des Westens« verankert worden.[101] Wir sollten uns vom überall in Humboldts Œuvre beobachtbaren Streben nach künftigem Ausgleich nicht darüber hinwegtäuschen lassen: Macht und Gewalt sind für den Forscher und Gelehrten von Beginn an prägende Strukturelemente der europäisch-amerikanischen Beziehungen. Doch diese ungleiche Gewaltverteilung bringt für ihn auch eine neue Wissensverteilung mit sich, schafft also neue Wege des Wissens, die sich am Übergang zwischen dem 15. und dem 16. Jahrhundert nun im weltweiten Maßstab etablieren. So rief Humboldt am Ende des vierten Bandes seines *Examen critique* auch aus, was sei dies für ein Jahrhundert gewesen, in welchem so viele neue Wege gebahnt und Ideen erweitert worden seien, die den Fortschritt der Intelligenz und der menschlichen Zivilisation so »mächtig beschleunigt« hätten.[102]

Damit aber wird dieser Zeitraum zugleich in jene Geschichte eines wachsenden Weltbewußtseins eingerückt, die für den Verfasser des *Kosmos* im östlichen Mittelmeer begann:

»Was aber, wie schon oft bemerkt worden, die geographische Lage des Mittelmeers vor allem wohlthätig in ihrem Einfluß auf den Völkerverkehr und die fortschreitende Erweiterung des Weltbewußtseins gemacht hat, ist die Nähe des in der kleinasiatischen Halbinsel vortretenden östlichen Continents; die Fülle der Inseln des ägäischen Meeres, welche eine Brücke für die übergehende Cultur gewesen sind; die Furche zwischen Arabien, Aegypten und Abyssinien, durch die der große indische Ocean unter der Benennung des arabischen Meerbusens oder des rothen Meeres eindringt, getrennt durch eine schmale Erdenge von dem Nil-Delta und der südöstlichen Küste des inneren Meeres. Durch alle diese räumlichen Verhältnisse offenbarte sich in der anwachsenden Macht der Phönicier und später in der der Hellenen, in der schnellen Erweiterung des Ideenkreises der Völker der Einfluß des Meeres, als des *verbindenden Elementes*. Die Cultur war in ihren früheren Sitzen in Aegypten, am Euphrat und Tigris, in der indischen Pentapotamia und in China an reiche *Stromlandschaften* gefesselt gewesen; nicht so in Phönicien und Hellas. In dem bewegten Leben des Griechenthums, vorzüglich im ionischen Stamme, fand der frühe Drang nach seemännischen Unternehmungen eine reiche Befriedigung in den merkwürdigen Formen des mittelländischen Meerbeckens, in seiner relativen Stellung zu dem Ocean im Süden und Westen.«[103]

Hier also wird die Land-Wasser-Verteilung des Mittelmeerraumes zum Ausgangspunkt einer weltgeschichtlichen Bewegung, in die sich letztlich auch die eigene Tätigkeit Alexander von Humboldts ebenso als Weltreisender wie als Welthistoriker und Weltphilosoph leicht einschreiben ließ. Daß im »bewegten Leben des Griechenthums« einmal mehr jene semantische Kombination von Leben und Bewegung erscheint, die für Humboldts Lebenswissenschaft, die gleichzeitig eine Bewegungswissenschaft ist, von ausschlaggebender Bedeutung ist, weist uns auf die von ihm praktizierte Archäologie einer Globalität, deren Bewußtsein sich nur zu einem Weltbewußtsein entfalten kann, wenn es sich seiner vorgängigen Bewegungen inne wird. Eine Geschichte des Raums und einer durch spezifische Raumverhältnisse ermöglichten Generierung und Verteilung des Wissens wird so in eine Bewegungsgeschichte überführt, in deren Zentrum die vektoriellen, also frühere Bewegungsfiguren gleichsam speichernden und transformierenden Dynamiken stehen.

Spätestens an dieser Stelle erweist sich, daß eine Archäologie der Globalität im Sinne Alexander von Humboldts eine Archäologie von Mobilität und Relationalität implizieren muß, will sie ein der Frage der Globalisierung adäquates Verständnis entwickeln und nicht in einer geschichtslosen Oberflächensymptomatik – wie sie in unseren Tagen so häufig anzutreffen ist – verharren. Daher ging Humboldts Beschäftigung mit Christoph Columbus und Amerigo Vespucci weit über die Ziele einer bloß historiographischen Arbeit hinaus und versuchte, durch ein Lesbarmachen der Bewegungen unter den Bewegungen, der Globalisierungen unter den Globalisierungen ein Lebenswissen zu entfalten, das im Kontext der zweiten Phase beschleunigter Globalisierung zugleich auch ein Überlebenswissen beinhaltete, stellte sich doch mit verstärkter Wucht die Frage, wie ein friedvolles Zusammenleben der Menschen und ihrer verschiedenen Kulturen im weltweiten Maßstab gesichert werden konnte.

Ein derartiges Zusammenlebenswissen, dies war Alexander von Humboldt bewußt, muß wie bei jeder Art des Wissenstransfers darauf vertrauen können, »daß in allen Epochen des Lebens der Völker das, was mit den Fortschritten der Vernunft verbunden ist, seine Wurzeln in den vorausgehenden Jahrhunderten hat«.[104] Es kommt aus Sicht der relationalen und transarealen Humboldtschen Wissenschaft folglich darauf an, die komplexen und verborgenen Verbindungen zwischen den verschiedenen Epochen im *Leben* der Völker herzustellen.

Entscheidend für Humboldts eigenes Weltbewußtsein, aber auch für sein Selbstbewußtsein als Intellektueller *avant la lettre* war seine im Vorwort zum *Examen critique* geäußerte Überzeugung, daß eine Unterbrechung lichtvoller Epochen durch dunkle Abschnitte weder das unabänderliche Schicksal noch das Lebensprinzip von Individuen oder von Völkern sein könne.[105] Eine Globalität, die in ihrer eigenen Archäologie, in der Aufdeckung ihrer vorgängigen Bewegungsmuster und Reflexionen, die eigentliche Voraussetzung ihrer Existenz erkennt, bietet wohl als einzige die Chance, die dunklen, bewußt oder unbewußt ausgeblendeten Seiten der Globalisierung – wie in einer Wiederkehr des Verdrängten – nicht ein weiteres Mal so durchleben zu müssen, als kehrten die »Grausamkeiten der barbarischsten Zeiten«[106] zurück. Eine so verstandene Archäologie der Globalität, die sich weltweiter Wechselwirkungen bewußt wird, könnte dann den Punkt markieren, an dem sich ein transareales Weltbewußtsein in ein Zusammenlebenswissen als Wissen vom Zusammenleben in Differenz und in der Achtung vor dem anderen verwandelt.

Figur 2

»Für den noch unvollendeten Freiheitstempel«: Paris – Berlin, die Revolution durch Zirkulation und das Mobile par excellence

15. Revolution und Zirkulation

Im dritten Band seines zwischen April 1834 und August 1838 in Paris und in französischer Sprache erschienenen Werkes über die Entdeckungsgeschichte der Neuen Welt ließ Alexander von Humboldt eine Fußnote abdrucken, in der er sich mit den Quellen für die gewagten Berechnungen des Weltendes durch Christoph Columbus auseinandersetzte. Dabei wies er über mehrere Seiten die Lektüren des europäischen »Entdeckers« und die komplexen Textfiliationen nach, die über die *Alphonsinischen Tafeln* bis zu den Schriften des Kardinals Pierre d'Ailly führen, nach dessen Berechnungen dereinst im Jahre 1789 eine der großen Perioden des Saturn beendet sein sollte.[1] Ob die Welt die sich daraus ergebenden und besonders die Gesetze betreffenden Veränderungen überleben werde, habe der Kardinal, so Humboldt trocken, im Jahre 1414 nicht zu sagen vermocht.[2] Diese auf Grund astronomischer Anzeichen für das Jahr 1789 erwartete Ankunft des Antichrists kommentierte Humboldt – wie so oft den Zeitpunkt und den Raum, mit denen er sich in diesem Werk eigentlich beschäftigte, bewußt verlassend – wie folgt:

»Man fragt sich, ob diese zufällige Koinzidenz von Daten, diese Vorhersage einer Revolution, die einen so großen Platz in der Geschichte des Menschengeschlechts einnimmt, nicht schon von jenen signalisiert worden sein könnten, die sich in unseren Tagen an all dem ergötzen, was mystisch und finster ist.«[3]

Diese Voraussage einer Jahrhunderte später eintretenden Revolution und deren Kommentierung durch den Verfasser eines fünfbändigen Werkes, in dessen Mittelpunkt die mit höchster Sorgfalt und historischer wie philologischer Genauigkeit durchgeführte Untersuchung der Entdeckungsgeschichte Amerikas und damit der ersten Phase beschleunigter Globalisierung steht, ist gleich in mehrfacher Hinsicht aufschlußreich. Denn man könnte zum einen durchaus die Vermutung wagen, daß Alexander von Humboldt mit Bedacht den Verweis auf die Französische Revolution in seine *Kritische Untersuchung* der Expansion Europas einschmuggelte, gab er seinem Lesepublikum doch damit zu verstehen, daß man den Ereignissen von 1789 in der Geschichte des Menschengeschlechts durchaus einen ähnlich herausragenden Platz einräumen müsse wie jenen Entwicklungen, die zur Findung und Erfindung einer Neuen Welt führten. Und zum anderen verwies der in jenen Jahren am preußischen Hof – wo man nicht eben gerne von Revolutionen hörte – lebende Gelehrte damit nicht nur auf ein Ereignis, das von den im damaligen Europa durchaus zahlreichen Anhängern eines mystischen und geheimnisvollen Dunkels aus der kollektiven Erinnerung getilgt werden sollte, sondern das für seine eigene geistige Entwicklung von größter Bedeutung gewesen war: die Beendigung des *Ancien Régime* und die paradigmatische Revolution der europäischen Moderne.

Denn am Ende seiner vom 25. März bis zum 11. Juli 1790 zusammen mit keinem Geringeren als Georg Forster durchgeführten Reise an den Niederrhein, nach Holland, England und Frankreich hatte der jüngere der beiden Humboldt-Brüder ein revolutionäres Paris kennengelernt, das ihn von Beginn an in seinen Bann zog. Die französische Hauptstadt, die er zum ersten Mal und überdies aus der Perspektive des revolutionär gesinnten Forster erblickte, der James Cook auf dessen zweiter Weltumsegelung begleitet und darüber einen gefeierten und Humboldt stark beeinflussenden Reisebericht verfaßt hatte, faszinierte ihn ebenso wie die unüberhörbare Bewegung und Erregtheit der Massen, die die Straßen von Paris geräuschvoll füllten. Der junge Mann, der später beschrieb, mit welchem Enthusiasmus er selbst Hand angelegt und für die Errichtung des »noch unvollendeten Freiheitstempels [...] Sand gekarrt« hatte,[4] nahm Bilder in sich auf, die ihn sein ganzes Leben lang begleiten und »vor der Seele«[5] stehen sollten. Paris bot Alexander von Beginn an das Spektakel einer gegenüber Berlin ganz anderen Welt.

Die bereits Konturen annehmende Hauptstadt des 19. Jahrhunderts war für Alexander von Humboldt aber nicht allein die Stadt einer revolutionär erkämpften Freiheit und das herausragende Zentrum der Wissenschaften und Künste, sondern zugleich auch jener Ort, von dem er sich die Verwirklichung der von ihm so lange schon erträumten Weltreise versprach. Als sich Alexander von Humboldt ab März 1799 am Hof von Madrid und Aranjuez beim spanischen König Carlos IV. und dessen damals noch mächtigem Staatsminister Mariano Luis de Urquijo um die Erlaubnis bemühte, die spanischen Kolonien weltweit besuchen zu dürfen, verfaßte er eine Kurzdarstellung seines eigenen Lebensweges. Auf diesen vieles gerafft darstellenden, aber auch vieles verschweigenden Seiten betonte er, wie sehr er von »dem heißen Wunsch beseelt«[6] sei, »eine andere Weltgegend zu sehen, und zwar unter Beziehung auf die allgemeine Naturkunde, nicht nur die Arten und ihre Charakteristika zu studieren (ein Studium, dem man sich bis heute zu ausschließlich gewidmet hat), sondern den Einfluß der Atmosphäre und der chemischen Zusammensetzung auf die Lebewesen, den Bau des Erdballs, die Übereinstimmung der Schichten in den voneinander entferntesten Ländern, endlich die großen Harmonien in der Natur«.[7] Er habe daher den preußischen König gebeten, einstweilen seinen Dienst »für einige Jahre« verlassen und einen Teil seines »kleinen Vermögens dem Fortschritt der Wissenschaften« opfern zu dürfen.[8] Humboldt war fest entschlossen, das nach dem Tod seiner Mutter ererbte Vermögen für eine außereuropäische Forschungsreise zu verwenden, die er gemeinsam mit dem Franzosen Aimé Bonpland antreten wollte.

In dieser aufschlußreichen Skizzierung seines weitgespannten und fürwahr globalen (und globalisierenden) Forschungsprogramms für eine Reise, die ihn in die »Äquinoktial-Gegenden des Neuen Kontinents« führen sollte, hatte Humboldt, der als Preuße und Protestant (und überdies in Begleitung eines Franzosen) zu anderen Zeiten am spanischen Königshof als doppelt gefährlich erschienen wäre, geflissentlich sein nachhaltiges Interesse sowohl an den Kulturen der »eingeborenen Völker« – wie er sie schon bald im Titel seiner *Vues des Cordillères et Monumens des Peuples Indigènes de l'Amérique* bezeichnen sollte – als auch an den gesellschaftlichen, politischen und wirtschaftlichen Entwicklungen in den spanischen Kolonien »vergessen«.[9] Hätte er sein Interesse an den kolonialen Zuständen erwähnt, so wäre ihm niemals – trotz der für Humboldt so günstigen liberalen Zwischenphase Urquijos – der Zutritt zu den spanischen Kolonien in Übersee gewährt worden. Nicht vergessen hat der zum damaligen Zeitpunkt noch kaum Dreißigjährige (der sich durch Vorträge in Paris auch international längst einen Namen gemacht hatte) jedoch, daß ursprünglich nicht Madrid, sondern Paris zum Ausgangspunkt seiner geplanten Weltreise hatte werden sollen:

»Das französische Direktorium hatte beschlossen, eine Weltumseglung mit drei Schiffen unter dem Kommando des Kapitäns Baudin durchführen zu lassen; ich wurde durch den Marineminister eingeladen, meine Arbeiten mit denen der Gelehrten zu verbinden, die an der Expedition teilnehmen sollten. Ich bereitete mich bereits darauf vor, nach Le Havre aufzubrechen, als Geldmangel das Projekt scheitern ließ.«[10]

So wie er noch in Madrid das – am spanischen Königshof nicht eben begeistert aufgenommene – Bild eines Paris des *Directoire* evozierte, sollte Alexander von Humboldt auch viele Jahre später noch als demokratischen Prinzipien und den Idealen der Französischen Revolution verpflichteter Kammerherr am preußischen Königshof die Kleidung des *Directoire* tragen. Noch als weit über die Grenzen Preußens wie Europas berühmte Figur am preußischen Königshof galt Humboldt vielen zwar nicht als der Antichrist – auch wenn Humboldt seines »gottlosen« *Kosmos* wegen im Januar 1857 öffentlich als »Seelenmörder« beschimpft wurde[11] –, wohl aber als verkappter Antimonarchist. Nicht umsonst folgte er am 22. März 1848 im Trauerzug den Särgen der gefallenen Revolutionäre in Berlin. Sein ganzer Habitus war ein symbolisches Zeichen seiner Verbundenheit nicht nur mit der französischen Hauptstadt, in der er im Verlauf seines langen Lebens mehrere Jahrzehnte lang lebte, und mit der französischen Sprache, in der er den größten Teil seines wissenschaftlichen und schriftstellerischen Werkes verfaßte, sondern auch seiner Treue zu den republikanischen Idealen seines ersten Paris-Besuches und der Faszinationskraft, welche die *ville lumière* stets auf den weltbewußten Preußen ausgeübt hatte.

Das Paris, das Alexander von Humboldt verehrte, war nicht allein das Paris der Wissenschaften und seiner wissenschaftlichen Freunde, nicht nur das Paris der Salons jenes französischen Lebensrhythmus, dem sich Humboldt nach seiner Rückkehr von der amerikanischen Forschungsreise (1799-1804) so hervorragend anpaßte, nicht nur das Paris der französischen Sprache und großer Verlage, dem er sich ebenso als deutscher wie als französischer Schriftsteller zugehörig fühlte, sondern vor allem jenes weltläufige Paris, das zum Ort einer ungeheuren Zirkulation unterschiedlichster Formen des Wissens geworden war. Paris war für Alexander von Humboldt selbst während jener Zeiten, in denen die französische Hauptstadt von reaktionären politischen Kräften beherrscht schien, der Knotenpunkt einer *circulation des savoirs*, die weltweiten Zuschnitts war und die beschleunigte (Heraus-)Bildung dessen repräsentierte, was der Autor des *Kosmos* hellsichtig als das Weltbewußtsein[12] bezeichnete. Humboldts Paris ist das Paris der Ideen – und vielleicht ebendarum immer auch ein wenig das idealisierte Paris. Vor allem aber war die französische Hauptstadt für ihn längst in gewisser Weise ubiquitär geworden – Humboldt schleppte sie in seinem Habitus wie in seinem Lebensrhythmus, ja selbst noch in seiner Kleidung mit sich herum. Paris war ihm von Beginn an weit mehr als ein geographisch lokalisierbarer Ort auf einer Landkarte.

16. Das Mobile der Reisen

Als sich Alexander von Humboldt während des letzten Drittels seines Lebens – mithin nach dem Ende seiner russisch-sibirischen Forschungsreise von 1829 – über lange Zeiträume in Potsdam aufhielt, unternahm er es auf die für ihn so charakteristische ironisch-selbstironische Weise immer wieder gerne, die preußische Residenzstadt mit Elementen seiner amerikanischen Forschungsreise gleichsam zu möblieren. So wurde etwa Potsdams Brauhausberg, der über lange Jahre Humboldts Hausberg war und den er noch im hohen Alter gerne mit seinem Freund Berghaus bestieg, von ihm zu seinem »Potsdamer Chimborazo«[13] stilisiert, während die Havel an der Stelle, an der sie die sogenannte Lange Brücke in unmittelbarer Nähe des Potsdamer Stadtschlosses – wo Humboldt im Zwischengeschoß über gut heizbare Räumlichkeiten verfügen konnte – überspannt, in die »Magellanische Meerenge«[14] umbenannt wurde. Humboldt liebte es, amerikanische Reisebilder auf Potsdam und seine Umgebung zu projizieren.

Waren dies die Launen eines alten Mannes oder – wie Humboldt sich in seinen späten Jahren, in einem Brief vom 3. Dezember 1856 an seinen Freund Varnhagen von Ense, einmal selbst beschrieb – eines »Supergreis[es] mit bemoostem Haupte«?[15] Als er im Frühjahr 1829, noch ehe seine russisch-sibirische Forschungsreise wirklich begonnen hatte, wegen des Eisgangs und der dadurch unmöglichen Überfahrt nach Memel mit seinem Forscherteam für einige Tage auf der Kurischen Nehrung festsaß, begann er, über seine mißliche Lage zu spotten und in die vor ihm liegende Landschaft aus Sand und Gestrüpp jene andere »Sandwüste« hineinzuphantasieren, die er auf seiner Reise eben erst verlassen hatte:

»Wenn Schinkel dort einige Backsteine zusammenkleben liesse, wenn ein Montagsclub, ein Cirkel von kunstliebenden Judendemoiselles und eine Akademie auf jenen mit Gestrüppe bewachsenen Sandsteppen eingerichtet würden, so fehlte nichts, um ein neues Berlin zu bilden, ja, ich würde die neue Schöpfung vorziehen, denn die Sonne habe ich herrlich auf der Nährung sich in das Meer tauchen sehen.«[16]

Zum Auftakt seiner zwischen dem 12. April und dem 28. Dezember 1829 durchgeführten russisch-sibirischen Forschungsreise in das Reich jenes Zaren, dem man auf Grund seiner kompromißlos autoritären Herrschafts- und Unterdrückungsmethoden den Beinamen eines »Gendarmen Europas«[17] gegeben hatte und den Humboldt in seiner Widmung in der für ihn so charakteristischen hintersinnigen Art in den Horizont dessen einrückte, was »die freie Entfaltung der geistigen Fähigkeiten«[18] fördere und entwickle, entstand in Alexanders Brief an seinen Bruder in Berlin ein eigenartig schillerndes Bild der preußischen Hauptstadt, deren »Unnatur«[19] sich nach dem Oranienburger Tor nun bereits seit 200 Meilen gen Nordwesten ausdehne. Für die Genehmigung und Finanzierung dieser von ihm seit Jahrzehnten erträumten großen Asienreise hatte Humboldt in die Bedingung einwilligen müssen, nur über die »tote Natur«, nicht aber die maroden und repressiven gesellschaftlichen Zustände des Riesenreiches zu berichten. Wie hätte er bei dieser asiatischen nicht an seine weitgehend unabhängig durchgeführte amerikanische Reise denken sollen?

So wie Berlin urplötzlich an der Kurischen Nehrung erschien, so wurde in seinem 1843 in Paris und in französischer Sprache veröffentlichten Werk *Asie Centrale* inmitten der sibirischen Steppen zunächst völlig überraschend das Bild des Chimborazo sowie anderer Andengipfel eingeblendet. Und so, wie sich in der Kleidung Humboldts am preußischen Königshof zu Berlin oder Potsdam unerwartet die Pariser Zeit verkörperte, so tauchten in den Schriften dieses großen Forschungsreisenden und Schriftstellers unter den Orten andere Orte, unter den Landschaften andere Landschaften auf. Oft machte sich in seinen Briefen und Schriften ein eigentümliches Oszillieren bemerkbar, das einen bestimmten Ort stets mit anderen Orten in Verbindung bringt, ja ferne Städte in ihm gegenwärtige Städte – zunächst ohne jeden erkennbaren Grund – unversehens einblendet. Man könnte daher in Abänderung einer berühmten autobiographischen Formel Arthur Rimbauds (»Je est un autre«) vom gleichzeitigen Anderssein (und Woanderssein) des je Eigenen sprechen: *Ici est un autre*. Für Alexander von Humboldt war hier immer *zugleich* auch woanders.

Ein bestimmter Ort erscheint folglich bei Humboldt nicht als statischer, in seinen Grenzen und seiner Territorialität klar zu umreißender und fixierender Raum, sondern als ein Bewegungsraum, der durch oft verblüffende Verbindungen, stets aber durch sein Eingebundensein in mobile Strukturen und Strukturierungen charakterisiert wird. Paris war für Alexander von Humboldt das Mobile *par excellence*.

Mit Blick auf derartige Relationen gewinnt man einiges an nicht nur biographischer Tiefenschärfe, wenn man jenen autobiographischen Text hinzuzieht, mit dessen Niederschrift Humboldt auf Kuba begonnen hatte und den er auf »Santa Fe de Bogotá, den 4. August 1801« datierte. Humboldt erinnerte sich damals an die sich ihm 1790 bietende Chance, Georg Forster auf der bereits erwähnten Reise begleiten zu dürfen:

»Ich war damals krank, März 1790, in Göttingen und mit der Herausgabe meines ersten literarischen Produkts, den Basalten am Rhein, beschäftigt. Dennoch, mit welcher Freude nahm ich teil an dieser Reise. Ohnerachtet sie mich wie jedes nahe Zusammenleben unter Menschen und besonders bei Forsters kleinlich-eitelem Charakter mehr von ihm entfernte, als ihm nahe brachte, so hatte das Zusammenleben mit dem Weltumsegler doch großen Einfluß auf meinen Hang nach der Tropenwelt. Wie sehr erwachte diese Sehnsucht vollends bei dem Anblick des allverbreiteten, beweglichen, länderverbindenden Ozeans, den ich bei Ostende zuerst sah, wie sehr bei der kleinen Überfahrt von Hellevoetesluis nach Dover.«[20]

Für Humboldts Denken charakteristisch ist, daß das Meer in dieser Passage – wie auch in späteren Schriften – nicht als ein verschiedene Landmassen voneinander trennendes, sondern diese miteinander verbindendes und überdies als das *bewegliche* Element *an sich* begriffen wird. Humboldt beobachtet in der autobiographischen Rückschau, wie sich seine »warme Phantasie mit ersehnten Gestalten ferner Dinge« füllt, nachdem sein Gemüt – so der freiheitsliebende Reisende – »18 Jahre lang im väterlichen Hause gemißhandelt und in einer dürftigen Sandnatur eingezwängt worden« sei.[21] In seinem Zimmer in England fasziniert ihn das Bild eines »ostindischen Schiffes«, das »in einem Sturme unterging«[22] – und auch später sollte die Vorstellung des eigenen Schiffbruchs bei aller Lust zu fernen Reisen stets lebendig bleiben. Schon glaubt er sich »in der Kapstadt vor Anker«, doch war »mit aufgehender Sonne« der »süße Traum hinweggewischt«.[23] Alles erregt den »Wunsch nach der Tropenwelt«[24] in ihm: »Ein Wunsch wie dieser, der mich ewig begleitete, das Streben nach Ländern, in denen wir durch grenzenlose Räume von den Unsrigen getrennt sind«.[25] Und Humboldt schloß die Reflexionen seines EigenLebenSchreibens mit den folgenden Sätzen:

»Ich weinte oft, ohne zu wissen warum, und der arme Forster quälte sich zu erkunden, was so dunkel in meiner Seele lag. Mit dieser Stimmung kehrte ich über Paris nach Mainz zurück. Ich hatte entfernte Pläne geschmiedet.«[26]

Auch in diesen Passagen, die die Erfahrungen eines jungen Reisenden reflektieren, erscheint unter einem Ort immer ein anderer Ort, wird in der Präsenz einer Landschaft, eines Landes immer ein anderes Land, eine andere Landschaft sichtbar: *Ici est un autre*. Das Faszinosum der Ferne wird im Fernweh eines jungen Mannes begreifbar, der sich in Gesellschaft eines Weltreisenden auf einer Europareise befindet, sich vor allem aber nach einer anderen Welt weit entfernter Länder und weltweiter Meere sehnt.

Springen wir jedoch von der Ebene des erzählten Ichs auf jene des erzählenden Ichs, so wird deutlich, daß die Niederschrift von ebenjener Weltreise aus erfolgt, von der das erzählte Ich einst träumte. Hinter der gemeinsamen Reise Forsters und Humboldts nach England und Frankreich wird somit nicht nur in der Vergangenheit die Weltumsegelung Forsters mit Cook, sondern auch am Horizont vergangener Zukunft die amerikanische Forschungsreise Humboldts mit Bonpland gegenwärtig. Die Reisen überlagern sich: Unter der einen Reise wird eine ganz andere sichtbar, die ihrerseits auf künftige Reisen verweist, welche selbst wiederum schon längst wieder zu realisierten Reisen geworden sind. Das Mobile des Reisens steht im Zentrum der sich herausbildenden Humboldtschen Wissenschaft und erweist sich zugleich als ein Mobile der Reisen, die miteinander in ständigen Wechselwirkungen stehen. Humboldts autobiographisches Fern-Schreiben aus der Bewegung entfaltet ein komplexes Verwobensein von (Reise-)Bewegungen: *Un voyage peut en cacher un autre*.

Im EigenLebenSchreiben Alexander von Humboldts zeichnet sich erkennbar ab, daß die Raumerfahrung wie die Raumkonzeption des Verfassers der *Ansichten der Natur* in einem Lebenswissen und einer Lebenserfahrung gründen, die sich niemals nur von einem einzigen Orte herleiten lassen. Einem Ort ist immer das »Fort« eingeschrieben, dem vermeintlich trennenden Meer immer ein Mehr an verbindender Bewegung. Das Lokale wird translokal erfahren und auch translokal nach-erlebbar gemacht. Und Humboldts Wissenschaft entwickelt schon früh multiperspektivische Betrachtungen, wie es die Titel der *Ansichten der Natur* oder der *Ansichten der Kordilleren*, aber auch bereits der *Versuche über die gereizte Muskel- und Nervenfaser* signalisieren. Auf die Tatsache, daß sich im dritten Abschnitt des Lebens und Schreibens Alexander von Humboldts, also nach der russisch-sibirischen

Forschungsreise von 1829, die Pluralbildungen in Singularbildungen wie *Examen critique*, *Asie Centrale* oder *Kosmos* verwandeln, wird noch zurückzukommen sein.

Zum Zeitpunkt seiner amerikanischen Forschungsreise hatte Alexander von Humboldt längst eine komplexe Theorie von Raum und Bewegung entwickelt. In den vorangehenden Überlegungen war es mir folglich nicht darum zu tun, seine spatialen Konzeptionen allein in einer Lebenserfahrung zu verankern und die Humboldtsche Episteme in eine Reihe aufschlußreicher, aber nicht konzeptionell durchdachter Biographeme aufzulösen. Entscheidend ist vielmehr, die Humboldtsche Epistemologie als eine – im übrigen auch für unsere Zeit noch höchst anspruchsvolle und zukunftsweisende – Struktur und Strukturierung zu begreifen, die hinter keiner auch noch so bewegten oder bewegenden Biographie verschwinden darf. Doch ohne die vitalen Kontexte, ohne die Biographeme kann die Humboldtsche Episteme in ihrer Entstehung nicht wirklich gedacht werden: Zu sehr sind Lebensstil und Denkstil beim Autor des *Kosmos* miteinander verwoben.

Reisen und Bewegung sind in der transdisziplinären und interkulturellen Humboldtschen Wissenschaft von Anfang an Programm. Sie setzen sich vehement jeder statischen Gegenüberstellung entgegen, wie sie in der »Berliner Debatte«[27] etwa von Cornelius de Pauw und Antoine-Joseph Pernety wenige Jahrzehnte zuvor mit Blick auf die transatlantischen Beziehungen zwischen Europa und Amerika noch vertreten worden war. Welch ein Unterschied zu den alten Diskursen über die Neue Welt! Die beiden Kontrahenten dieser Debatte fixierten – wenn auch mit umgekehrten Vorzeichen – eine radikale Alterität der amerikanischen Hemisphäre. Vergessen wir also nicht, daß diese »Berliner Debatte« die historische Kontrastfolie bildete, vor deren Hintergrund sich Humboldts Denken abhob und jene »glückliche Revolution«[28]

vollzog, die Humboldt selbst im Wissenschaftssystem um 1800 hellsichtig konstatieren konnte. Cornelius de Pauws *Recherches philosophiques sur les Américains* (1768-1770) und Dom Pernetys *Dissertation sur l'Amérique et les Naturels de cette partie du monde* (1769), aber auch des letzteren nachgeschobenes *Examen des recherches philosophiques sur l'Amérique et les Américains, et de la Défense de cet ouvrage* (1771) hatten ein statisches, von einer grundlegenden Dichotomie geprägtes Bild zweier gegensätzlicher Hemisphären und ihrer Bewohner entworfen, das von zahlreichen (positiv oder negativ bewerteten) Vergleichen geprägt war, aber keine wirkliche Relationalität entfaltete. Es handelte sich um naturgeschichtlich untermauerte statische Standbilder einander entgegengesetzter Welten, denen Humboldt ein Bewegungsbild entgegenstellte, das er in seinen Reisen, in seinem Lebensentwurf wie in seinem Wissenschaftskonzept umsetzte.

17. Der Hafen von Havanna und die weltweiten Wechselwirkungen

Wir haben gesehen, daß Alexander von Humboldt das Meer schon sehr früh als das mobile, bewegliche Element an sich begriff. Dementsprechend hat der Autor der *Geographie der Pflanzen* in seinem Reisewerk immer wieder Szenen der Abfahrt oder der Ankunft zu Schiff besonders sorgfältig gestaltet. Denn sie bilden hervorgehobene reiseliterarische Orte, die auf literarischer Ebene eine besonders hohe semantische Dichte und Signifikanz aufweisen. Hafenstädten kommt in diesem Zusammenhang eine spezifische Relevanz zu, erschließen sie doch gleichsam den Raum, für den sie als Eingangstore stellvertretend stehen.

Der kubanische Schriftsteller und *poeta doctus* Alejo Carpentier traf daher eine ausgezeichnete Wahl, als er für seine literarische Liebeserklärung an Havanna – das entgegen der von ihm oft verbreiteten Legende nicht seine Geburtsstadt war – als *incipit* jene Schilderung der Einfahrt in den Hafen der kubanischen Hauptstadt aussuchte, die Alexander von Humboldt im 28. Kapitel seiner *Relation historique* abdrukken ließ.[29] Dieses Kapitel seines Fragment gebliebenen und zwischen November 1814 und April 1831 in Paris auf französisch publizierten Berichts von der amerikanischen Forschungsreise erschien im dritten und letzten Band der *Relation historique* und wurde parallel zum Reisebericht als Separatdruck unter dem Titel *Essai politique sur l'île de Cuba* 1826 veröffentlicht. Die Einfahrt in den Hafen von Havanna, die Humboldt ein erstes Mal am 19. Dezember 1800 genießen konnte, wird spektakulär in Szene gesetzt:

»Bei der Einfahrt in den Hafen ist der Anblick von Havanna einer der strahlendsten und malerischsten unter all jenen, die man an den Gestaden des äquinoktialen Amerika nördlich des Äquators genießen kann. Dieser von den Reisenden aller Nationen gefeierte Ort besitzt weder die Überfülle an Vegetation, welche die Ufer des Flusses von Guayaquil schmückt, noch die wilde Majestät der felsigen Küste von Rio de Janeiro, zwei Häfen der südlichen Hemisphäre: Doch die Anmut, die in unseren Klimaten die Szenerie einer in Kultur genommenen Natur verschönert, mischt sich hier mit der Majestät der Pflanzenformen, mit der organischen Kraft, welche die torride Zone charakterisiert. In einer Mischung von so süßen Eindrücken vergißt der Europäer die Gefahr, die ihn im Schoße der volkreichen Städte der Antillen bedroht; er sucht, die verschiedenartigen Elemente einer weiten Landschaft zu ergreifen, diese Befestigungen zu betrachten, welche die Felsen im Osten des Hafens krönen, dieses innere Becken, das von Dörfern und Höfen gesäumt ist, diese Palmen, die sich in schwindelnde Höhe erheben, diese Stadt, die halb von einem Wald an Schiffsmasten und den Segeln der Schiffe verborgen wird.«[30]

Die literarische Gestaltung dieser eindrucksvollen Passage basiert gleichsam auf einem erzähltechnischen *travelling*, entfalten sich doch der Hafen und die Stadt Havanna aus der Perspektive eines von Bord aus beobachtenden Reisenden, der aus der eigenen Bewegung den Bewegungsort des kubanischen Haupthafens porträtiert. Unablässig verändern sich die Perspektiven. Immer neue Mischungsverhältnisse, immer neue *globale Wechselwirkungen* machen sich bemerkbar: zwischen Europa und Amerika, zwischen heißen und gemäßigten Klimaten, zwischen Nordhalbkugel und Südhalbkugel, zwischen Land und Meer, zwischen Europäern und Antillanern, zwischen Natur und Kultur, zwischen Stadt und Land, zwischen Bäumen und Schiffsmasten ... Dieses Prinzip eines Schreibens und einer Darstellung aus der Bewegung hat Alexander von Humboldt des öfteren angewandt: Selbst in seiner *Summa*, dem *Kosmos*, wird das Lesepublikum gleichsam auf kosmischen Pfaden durch den Weltraum zum Erdball und auf die Oberfläche unseres Planeten geführt.

Im Kontext unserer Überlegungen soll es hier nicht um die spezifisch literarischen Formen des *Humboldtian Writing* als eines Schreibens (in) der Moderne gehen, für das diese Passage als geradezu mustergültig gelten darf.[31] Die kontrastive Situierung dieses »pittoresken« und häufig von Reisenden aller Herren Länder aufgesuchten und »gefeierten« Hafens gegenüber den Häfen von Guayaquil (den Humboldt kannte) und Rio de Janeiro (der ihm nur durch Stiche und reiseliterarische Beschreibungen bekannt war) leitet in dieser Passage über zur Bestimmung einer spezifischen Zwischenstellung Havannas, die als äußerst reizvoll präsentiert wird.

Havanna, das seit Beginn der ersten Phase beschleunigter

Globalisierung eine wichtige Rolle innerhalb weltweiter Relationen spielte und diese Rolle auch über Jahrhunderte nicht aufgeben sollte, ist gleichsam naturräumlich für diese Funktion als *global player* im weltweiten Verbund prädestiniert. Denn in diesem Hafen überkreuzen sich die klimatischen Bedingungen der gemäßigten Zone und die »kultivierte Natur« des Nordens einerseits mit der »Majestät« tropischer Gewächse, wie sie die heiße Zone zwischen den Wendekreisen charakterisieren. So erscheint der Hafen von Havanna bereits auf dieser Ebene als ein Ort des Austauschs, einer Zirkulation, die offenkundig den Norden mit dem Süden und zugleich den Osten mit dem Westen, Europa mit Amerika, verbindet. Auf diese Weise deutet sich bereits die nicht allein ästhetische, sondern vor allem auch epistemologische Notwendigkeit an, einen Raum aus der Bewegung heraus zu begreifen, und zwar von seinem Hafen, seinem Haupthafen aus, der überhaupt erst die Kommunikationen und die dadurch entstehende Zirkulation von Wissen ermöglicht. Häfen bilden gleichsam Landschaften der Theorie – und als eine solche läßt sich Humboldts »weite Landschaft«[32] des Hafens von La Habana verstehen.

Der Mischung der Klimate und der Pflanzen entspricht eine »Vermischung« so süßer und angenehmer Eindrücke, daß sie den dadurch sinnlich verwirrten und betörten europäischen Reisenden über die Gefahr hinwegtäuschen, die nicht weniger von der Zirkulation in diesen dichtbevölkerten Städten der Antillen ausgeht. Die Gegensätze von Natur und Kultur, von Stadt und Land, von mobilem Wasser und festem Fels werden sorgfältig miteinander verwoben und vermischt, so daß sich eine bewegte und zugleich bewegende Szenerie entfaltet, die in der Folge weiter ausgeführt wird. Das spannungserzeugende Element der dem europäischen Reisenden drohenden Gefahr führt eine Rätselstruktur in den Text ein, die den Lesenden dazu zwingt, alle Bestandteile des Mobile, das Humboldt hier an den Anfang seiner Kuba gewidmeten Überlegungen stellt, im Blick zu behalten. Denn vielleicht lauert gerade hinter dem, was dem Europäer am besten vertraut ist, eine Gefahr, die seinen Bewegungen ein Ende setzt.

Leicht ließe sich belegen, daß die Einfahrt in den Hafen von Havanna wie eine *mise en abyme* des gesamten Textes aufgebaut ist und auch als solche – mithin als eine alle zentralen Bedeutungselemente des Humboldtschen Versuches über Kuba an einem einzigen Ort verdichtende Struktur – funktioniert. Für unsere Fragestellung relevant ist folglich die Tatsache, daß Alexander von Humboldt durch die von ihm gewählte mobile Perspektivierung den Hafen von Havanna als *fraktales* Muster der gesamten Insel von Beginn an als einen Bewegungsort in Szene setzt, an dem sich höchst gegensätzliche Klimate, Pflanzenformen, Städte und Bevölkerungen begegnen und eine Zirkulation von Waren wie von Menschen – und auch von Menschen als Waren, wird doch schon früh der Blick des Lesepublikums auf den Verkauf der »unglücklichen Sklaven«[33] gelenkt –, von Kulturen und Sprachen, von Traditionen und Ideen einsetzt.

So ist der epistemologische Status dieser Passage offenkundig: Dort, wo sich bei Cornelius de Pauw oder Antoine-Joseph Pernety die Gegensätze mehr oder minder statisch gegenüberstanden, werden sie bei Alexander von Humboldt dank jenes »Anblick[s] des allverbreiteten, beweglichen, länderverbindenden Ozeans«[34] intensiv aufeinander bezogen und miteinander in ständigen und wechselseitig verändernden Austausch gebracht. Globale Vernetzungen treten an die Stelle eines Denkens in globalen Gegensätzen. Der Hafen von Havanna ist ein Ort des Transits, der nur aus seiner mobilen Relationalität, nicht aus seiner statischen Territorialität heraus verstanden werden kann.

Gewiß könnte nichts die Insel Kuba, die eine gewichtige

Rolle ebenso in der ersten wie in der zweiten und dritten Phase beschleunigter Globalisierung spielte, besser vermitteln als eine Darstellung, welche die größte der Antilleninseln als intensiven transozeanischen Bewegungsraum erscheinen läßt. Der tropischen Fülle der Palmen an Land entsprechen ganze Wälder von Masten, die mit ihren Segeln die Fülle der vom Menschen initiierten Zirkulationsformen repräsentieren. Wie könnte man in diesen Szenen nicht noch die Bewegung spüren, die Alexander von Humboldt beim Anblick von Häfen am Ärmelkanal oder bei der Betrachtung eines ostindischen Seglers empfand?

Die epistemologische Qualität dieser literarisch gelungenen Ankunft ist somit evident: Humboldts Verständnis von Kuba basiert nicht auf dem Vergleich zwischen zwei grundlegend voneinander getrennten und unterschiedenen Seiten des Atlantiks, sondern arbeitet jenseits des Vergleichs eine mobile Relationalität heraus, in der alles mit allem verbunden scheint. Das für das Humboldtsche Denken vielleicht zentrale Theorem – »Alles ist Wechselwirkung«[35] – bezieht sich nicht nur auf die wechselseitigen Transformationen von Natur und Natur, Kultur und Kultur oder Natur und Kultur, sondern zielt auf einen globalen Raum beständigen Austauschs ab, der durch den länderverbindenden Ozean als mobilisierende Kraft, als Grundelement der Dynamik erschlossen wird. Daß diese beschleunigte Bewegung nicht nur weltweite Austauschbeziehungen hervorbringen, sondern auch die Grundfesten der kubanischen Sklavenhaltergesellschaft selbst hinwegspülen konnte – die Erfahrung der zum Zeitpunkt von Humboldts beiden Aufenthalten auf Kuba noch immer auf der Nachbarinsel tobenden Haitianischen Revolution war auch zur Zeit der Niederschrift dieser Passagen nicht verblichen –, war dem Verfasser des *Essai politique sur le royaume de la Nouvelle-Espagne* höchst bewußt. Daß die Revolution auf Saint-Domingue im Denken und Schreiben Humboldts auch Jahrzehnte später immer wieder auftaucht, konnte bereits angemerkt werden.[36]

Die Revolutionen und Umwälzungen, die von politischen, sozialen oder anderen emanzipatorischen Bewegungen ausgelöst werden konnten, waren Teil des Humboldtschen Bewegungskonzepts und Lebenswissens. Vor dem Hintergrund der revolutionären Ereignisse in Saint-Domingue, der ehemals reichsten europäischen Kolonie der Antillen, aber auch angesichts der Französischen Revolution und seines eigenen Erlebens des revolutionären Paris wußte Humboldt, wie rasch sich unter dem Einfluß erst einmal in Zirkulation gesetzter Ideen stets für stabil gehaltene Strukturen abrupt verändern konnten. So schrieb er unter Berücksichtigung der raschen demographischen Entwicklungen auf Kuba:

»Wenn die Rechtsprechung der Antillen und der Zustand der Bevölkerung der Farbigen nicht bald hilfreiche Veränderungen erfahren, wenn man weiterhin diskutiert, ohne zu handeln, dann wird das politische Übergewicht in die Hände derer fallen, die im Besitz der Arbeitskraft sind, des Willens, sich zu befreien, und des Mutes, lange Entbehrungen auszuhalten. Diese blutige Katastrophe wird sich als eine notwendige Folge der Umstände ereignen, und ohne daß sich die freien Schwarzen aus Haiti auch nur im geringsten einmischen würden, ohne daß sie also das System der Isolierung aufgäben, das sie bislang befolgt haben. Wer würde es wagen, den Einfluß vorauszusagen, den eine zwischen Kolumbien, Nordamerika und Guatemala gelegene *Afrikanische Konföderation der freien Staaten der Antillen* auf die Politik der Neuen Welt ausüben würde?«[37]

Die *Historia*, dies wußte Humboldt, war auf der neuen Bühne der Weltpolitik nicht länger die *Magistra Vitae*:[38] Wer wollte die Zukunft einer Revolution oder dieser von Humboldt ins Spiel gebrachten »Afrikanischen Konföderation«, die interessanterweise in spanischen Übersetzungen mit dem Begriff *confederación americana* übersetzt zu werden pflegt, innerhalb einer völlig veränderten weltpolitischen Situation voraussagen? Die erfolgreichen Revolutionen in den englischen Kolonien Nordamerikas, in Frankreich und auf Saint-Domingue hatten dem von Paris aus in französischer Sprache schreibenden Humboldt gezeigt, wie offen die Geschichte(n), wie plural die Zukünfte waren. Humboldt war sich der Tatsache bewußt, wieviel »für den noch unvollendeten Freiheitstempel« zu leisten war.

Für diese von einer Epochenerfahrung untersetzte Erkenntnis gab es vielleicht keinen besseren Ort als Paris, jene Stadt, die den eigentlichen (wenn auch nicht ausschließlichen) Lebensmittelpunkt Humboldts während der zweiten Phase seines Lebens, zwischen der amerikanischen (1799-1804) und der russisch-sibirischen Forschungsreise (1829), bildete. Denn von hier aus ließ sich nicht nur die globale Zirkulation von Waren, Menschen und Ideen, sondern auch die Geschichte als komplexer Bewegungsraum mit seinen weitgespannten Wegen des Wissens erfassen. Für Humboldt verkörperte Paris das Mobile *par excellence.*

18. Räume als Bewegung: vektorielle Dimension und TransArea Studies

Durch Vergleiche zwischen unterschiedlichen Räumen allein war dem Phänomen weltweiter Verflechtung in einer Phase beschleunigter Globalisierung nicht länger epistemologisch beizukommen. Alexander von Humboldt begriff, daß statische Vergleiche auf die Ebene mobiler Relationalitäten gehoben werden mußten, wollte man auf wissenschaftlichem Wege das verstehen, was Georg Forster mit Blick auf die Entwicklung des Welthandels sehr wohl heraufziehen sah. Unter dem Eindruck, daß sich »die ganze Weltgeschichte« in den Handel der europäischen Mächte aufzulösen im Begriff stand, erblickte er die Pflicht des Forschers darin, »so viele Ideen und Thatsachen« als möglich zu berücksichtigen und »in einen Brennpunkt zu sammeln«.[39] War aber wirklich noch alles in *einem* Brennpunkt zu bündeln?

Für Alexander von Humboldts Wissenschaftsmodell konnte die Metapher des Brennspiegels nicht länger taugen. Er hatte überdies, wie wir sahen, in seiner auf April 1813 zu Paris datierten Einleitung zu den *Vues des Cordillères* den grundlegenden Wandel erkannt, der sich an der Wende vom 18. zum 19. Jahrhundert in den Wissenschaften vollzogen hatte. Er wußte sich *nach* dem Paradigma der *Encyclopédie*, *nach* der Epoche der *philosophes*. Wo wäre diese Epochenschwelle leichter zu erkennen gewesen als im postrevolutionären Paris?

Die zweite Phase beschleunigter Globalisierung hatte im Verlauf der zweiten Hälfte des 18. Jahrhunderts zu einer grundlegenden Veränderung insofern geführt, als nunmehr Untersuchungen und Erkenntnisse aus den unterschiedlichsten Weltgegenden eintrafen und darauf warteten, mit anderen Datensätzen kritisch in Beziehung gesetzt zu werden. Nun erst waren die informationellen Grundlagen dafür gelegt, Humboldts Vorstellungen von globalen Wechselwirkungen auf der Basis eines rasch wachsenden und ständig neu erhobenen Datenmaterials zu überprüfen. Und nun erst konnte von der Anthropologie bis zur Zoologie, von der Migration der Pflanzen bis zur Migration der Völker, von den Ansichten der Natur bis zu den Ansichten der Kultur eine weltweite Relationalität nicht nur angenommen, sondern empirisch belegt werden.

Nirgendwo sonst waren diese internationalen und transkontinentalen Datenströme leichter »anzuzapfen« und zu nutzen als in Paris, wo sich überdies die Wissenschaften mit einem geradezu revolutionären Schwung entfalteten. Dies schuf die Grundlagen mit Blick auf die Entwicklung einer Theorie für eine neue dynamische Relationalität, zu deren beschleunigter Verflechtung quer zu den sich weiter ausdifferenzierenden Disziplinen Alexander von Humboldt selbst beizutragen suchte. Dazu verstärkte er sein bereits vor der amerikanischen Forschungsreise aufgebautes Korrespondentennetz nun von Paris aus, was ihm erlaubte, auch nach seiner Rückkehr nach Europa den Datenaustausch mit Spezialisten aus verschiedenen Regionen, aber auch den unterschiedlichsten Disziplinen nicht nur aufrechtzuerhalten, sondern erheblich zu intensivieren. An die Stelle dichotomischer Gegensätze stellte Humboldt zunehmend Verkettungen und dynamische Netzwerkstrukturen, die seiner durchgängigen Vorstellung von einer »Harmonie der Natur«, in der alles mit allem zusammenhängt, weitaus besser entsprach.

Die Zusammenführung und mehr noch das Zusammendenken von Informationen über die voneinander wie von Europa entferntesten Gebiete der Welt machte im Kontext einer nicht mehr einfach zu bündelnden, sondern in Vernetzungen umzusetzenden Datenflut die Entwicklung von Konzeptionen notwendig, die sich nicht allein auf eine einzige *Area* (wie etwa die iberischen Kolonien Amerikas) beschränken konnten. So führen bereits Humboldts *Vues des Cordillères et Monumens des Peuples Indigènes de l'Amérique* die titelgemäß doppelte Verbindung von Phänomenen der Natur wie der Kultur im weltweiten Maßstab vor und verlangen zugleich auch nach Schreibformen, die dieser dynamischen Vielverbundenheit gerecht zu werden vermögen.

Diese von Humboldt im Verlauf eines langen Gelehrtenlebens immer komplexer gestaltete Konzeption läßt sich aus heutiger Perspektive als einzelne *Areas* querende Relationalität und folglich als transareal bezeichnen. Die transdisziplinäre Untersuchung etwa des Kalendersteins der Azteken blieb in Humboldts *Vues* keineswegs auf die Erforschung verschiedener Kulturen und ihrer Zeitvorstellungen in den Hochtälern Anáhuacs, der iberischen Kolonien oder der gesamten amerikanischen Hemisphäre beschränkt. Vielmehr werden vielfältige Relationen mit Zeitvorstellungen und Zeitrechnungen etwa bei den Tartaren oder Tibetern, Chinesen oder Japanern, bei Kulturen des Nahen oder Mittleren Ostens, aber auch den unterschiedlichen Kulturen des Abendlandes seit den Griechen und Römern hergestellt.

Die nahezu siebzig Seiten umfassende Deutung Humboldts bildete die erste, auf der Grundlage einer innovativen Methodologie erarbeitete systematische Betrachtungsweise unterschiedlicher kalendarischer Systeme, die sich nicht auf bloße Vergleiche beschränkte.[40] Entscheidend für diese Neuausrichtung waren weniger die weltweiten Vergleiche zwischen den großen Kulturen der Welt als die dynamische Relationalität, die Humboldt an diesem Gegenstand wie auch an anderen Artefakten und Aufgabenfeldern vorführte. Humboldts Untersuchungen widmen sich aus dieser Sicht zwar jeweils einer bestimmten *Area*, begreifen diese aber nicht »aus sich selbst«, sondern aus ihren Verbindungen und Beziehungen mit anderen *Areas*. Damit entsteht ein wissenschaftlicher Ansatz, den man aus seiner gesamten Entwicklung heraus – gerade auch mit Blick auf die bei Alexander von Humboldt beobachtbare Verquickung von Lebensstil und Denkstil – als frühe Entwicklungsform der *TransArea Studies* begreifen darf. Was aber ist hierunter aus heutiger Perspektive zu verstehen?

Versucht man, diese wichtige Dimension der Humboldtschen Wissenschaft zu durchdenken, so ergibt sich hieraus eine Reihe von Einsichten, die nicht allein von epistemologischer oder wissenschaftshistorischer Relevanz, sondern auch von größter Bedeutung für ein generelles Verständnis globaler Prozesse ebenso in der Vergangenheit wie in Gegenwart und Zukunft sind.

In Alexander von Humboldts Wissenschaftskonzept werden die untersuchten Phänomene aus der Perspektivik ihrer Dynamiken, ihrer Wege und Verlagerungen fokussiert. Dies gilt ebenso für seine pflanzengeographischen Studien (die stets die »Wanderungen« der Pflanzen mit einbezogen) wie für seine geologischen und mineralogischen Untersuchungen (die es ihm erlaubten, auf Grund der Heranziehung weltweiter Zusammenhänge Diamanten- und Platinfunde im Ural vorauszusagen), für seine klimatologischen Forschungen (bei denen er zunehmend die vom Menschen ausgelösten Klimaveränderungen mit einbezog) wie auch für die Untersuchungen zur weltweiten Zirkulation von Edelmetallen. Auch auf dem von ihm bearbeiteten weiten Feld kultureller Phänomene standen für ihn Fragen der Wissenszirkulation – etwa mit Blick auf Wissensbewegungen zwischen Asien und Amerika oder Europa und Amerika – an oberster Stelle. Wissen selbst ist für Humboldt stets prozeßhaft und radikal unabgeschlossen.

So deutet sich bei Alexander von Humboldt bereits eine Wissenschaftskonzeption an, die von der These ausgeht, daß Räume (wie auch Wissensformationen) in grundlegender Weise durch die sie querenden Bewegungen definiert, konfiguriert und herausgebildet werden. Damit wird eine allein an der topographisch-geographischen Dimension ausgerichtete Auffassung von Räumen durch eine dynamische, vektorielle Perspektivierung ersetzt, die mit Blick auf die unterschiedlichsten natur- und kulturwissenschaftlich zu untersuchenden Phänomene ein hochdynamisches Grundkonzept voraussetzt.

Dabei ist unter dem Begriff des Vektoriellen oder der vektoriellen Dimension zu verstehen, daß historisch und kulturell gespeicherte Bewegungsmuster wesentlich in ein Verständnis vernetzter Generierungsprozesse von Räumen einbezogen werden müssen. Denn es sind oft die historisch gespeicherten, bestimmte Räume immer wieder in derselben Bewegungsfigur querenden Bewegungen, die zur Kontinuität von Räumen im Sinne ihrer ständigen erneuerten Rekonfiguration Entscheidendes beitragen. Der Hafen von Havanna diente Humboldt in seinem *Politischen Versuch über die Insel Cuba* als anschauliches Beispiel für eine derartige Auffassung.

Innerhalb eines wissenschaftstheoretischen Kontexts impliziert dies, daß die längst in die Krise geratenen *Area Studies* durch *TransArea Studies* erweitert, ergänzt und transformiert werden müssen, die sich in erster Linie der Vektorizität von Räumen ebenso auf translokaler, transregionaler und transnationaler wie auf transarealer und transkontinentaler Ebene wissenschaftlich annehmen. Mit anderen Worten: Ein Raum ist isoliert nicht zu verstehen. Die ihn bildenden Grenzen existieren, ohne zu definieren. Humboldts Vorgehensweise zeigt: Nicht die Bestimmung eines Raumes durch dessen (vermeintlich naturgegebene) Territorialität mit ihren jeweils zu untersuchenden Grenzen und Grenzziehungen, sondern die historisch akkumulierten und entfalteten Netzwerke von Bewegungsformen und Bewegungsfiguren sollten als Ausgangspunkt und Grundlage dafür herangezogen werden, eine bestimmte *Area* vermittels der sie querenden und dadurch mobil konstituierenden Beziehungsgeflechte und Verknüpfungen relational-dynamisch zu begreifen sowie transareal zu analysieren.

Dies beinhaltet nicht nur eine kritische Hinterfragung der Macht der Grenzen[41] einer bestimmten *Area* wie etwa Europa beziehungsweise Lateinamerika oder die Einbindung dieser *Area* in übergeordnete – etwa kontinentale oder hemisphärische – Konstruktionen,[42] sondern meint den Versuch einer grundlegenden transarealen Neukonzeptionierung eines zuvor vor allem in seiner internen Relationalität verstandenen Raumes.[43] Die wechselseitige Verknüpfung unterschiedlicher *Areas* untereinander erfolgt dabei nicht länger über eine »vermittelnde« und zumeist zentrierende Rolle Europas; vielmehr stehen gerade Bewegungen im Vordergrund, die durch die bisherige Fokussierung auf Europa oftmals übersehen oder zu »Randphänomenen« degradiert wurden. Alexander von Humboldt tappt nicht in die Falle, den aztekischen Kalenderstein von abendländischen Kalendersystemen her untersuchen und als »different« denken zu wollen. Es geht ihm nicht um eine europäische Normierung, sondern um die Relativität von Zeitvorstellungen, die in ihrer weltweiten Relationalität und Wandelbarkeit erfaßt werden sollen.

Als besonders prägnantes Beispiel für eine komplex strukturierte *Area* kann die Karibik gelten, die sich in geradezu paradigmatischer Weise als hochgradig fragmentiertes Geflecht von Insel-Welten und Inselwelten, als multi- und translinguale und zugleich zutiefst transkulturelle Einheit von insulären Teilräumen und diese umgebenden Festlandssäumen im Sinne eines circumkaribischen Raumes abgrenzen läßt.[44] Ein transareales Verständnis dieser *Area* geht wesentlich davon aus, daß sich die Karibik nur begreifen läßt, wenn wir ihre historisch stark wandelbaren Beziehungen insbesondere zum Rest der amerikanischen Hemisphäre, zu verschiedenen Regionen Europas und Afrikas, zur arabischen Welt, nicht zuletzt aber auch zu Indien und zu China dynamisch mit einbeziehen. Dabei stehen die bislang noch immer vorwiegend disziplinär verankerten »Aufteilungen« der Karibik gemäß ihrer jeweiligen Zugehörigkeit zu europäischen Hegemonialmächten – traditionelle Ansätze, die keineswegs ausgeblendet, wohl aber neu perspektiviert werden müssen – einer relational-dynamischen Raumkonzeption der Karibik im Wege. Diese aber hat naturräumliche Bedingungen ebenso in ihr Konzept mit einzubeziehen wie multi-, inter- und transkulturelle Zusammenhänge innerhalb des dynamischen Rahmens einer Abfolge beschleunigter Globalisierungsprozesse. Auch hier steht das Präfix »trans« für die Querung von Räumen, Zeiten, Kulturen oder Praktiken.

Für die Systematik von Disziplinen ist in diesem Zusammenhang wichtig, daß ein in dieser Weise fundiertes Verständnis der *TransArea Studies* nicht länger zwischen einer vermeintlich »allgemeinen« beziehungsweise »systematischen« Theoriebildung, die in aller Regel sehr wohl auf der Untersuchung von Phänomenen fußt, welche aus bestimmten privilegierten Teilregionen oder *Areas* stammen, und Fragestellungen unterscheidet, die aus dem Bereich der »generellen« Theoriebildung einer Disziplin verbannt und an regionalwissenschaftliche Institutionen oder Teilbereiche delegiert werden. Oft wird die sogenannte »Fernkompetenz« institutionell so mißverstanden, daß darunter all jene Kompetenzen versammelt werden, die fern von den »eigentlichen« Mittelpunkten und angenommenen »Kernen« der jeweiligen Fächer liegen. So beruhen – um nur ein Beispiel herauszugreifen – die als wesentlich und grundsätzlich erachteten Ansätze der Literaturtheorie fast durchgängig auf der Kenntnis und der Analyse sehr weniger – und zumeist west- und mitteleuropäischer – Literaturen, während (mit Ausnahme der USA) die literaturtheoretische Produktion anderer *Areas* nicht in die »allgemeine« Theoriebildung eingeht. Alexander von Humboldt wäre eine derartige Trennung sicherlich halsbrecherisch vorgekommen, erschien es ihm doch als notwendig, für eine generelle Theoriebildung auf ein Höchstmaß unterschiedlicher Bereiche und Daten zurückgreifen zu können. Daß dies einer bis heute dominanten Wissenschaftstradition und -praxis zuwiderläuft, die längst auf ihre eigene Logik eurozentrischer oder G8-zentrierter Selbstermächtigung zurückgreifen kann, versteht sich von selbst.

Innerhalb eines globalisierten Theorie- und Forschungshorizontes ist aber eine derartige – und zumeist unreflektiert bleibende – Trennung zwischen »Allgemeinem« und »bloß Regionalem« nicht länger tolerierbar: *TransArea Studies* hinterfragen daher die vorherrschenden Inklusions- und Exklusionsmechanismen auf wissenschaftstheoretischer Ebene und entwickeln disziplinäre und spatiale Konzepte, die sich weit weniger durch ihre territorialen Grenzziehungen als durch die Erfassung vektorieller Dimensionen – und damit jener Bewegungen, die Räume erst als solche konstituieren – charakterisieren. Es würde nicht schwerfallen zu belegen, daß ein theoretisch fundiertes Verständnis dessen, was eine europäische Literatur ausmacht, jenseits lediglich additiver, einzelne Nationalliteraturen summierender Konzepte ohne einen transarealen Ansatz schlechterdings nicht möglich ist. Stets aber gilt: Der *spiritus rector* der *TransArea Studies* ist der *spiritus vector.* Wie kein anderer hat Alexander von Humboldt eine Wissenschaftsauffassung entwickelt, die aus ihrer Zeit stammend bis heute das Potential enthält, zu dominanten Denkstrukturen alternative Modelle zu entwickeln.

19. Paris – Berlin

Das von Alexander von Humboldt über sieben Jahrzehnte erarbeitete und ausgestaltete Wissenschaftskonzept war sowohl auf der Gegenstandsebene als auch auf der Analyseebene im oben skizzierten Sinne durchaus transareal strukturiert. Innerhalb der sich herausbildenden Humboldtschen Wissenschaft spielten Reisen von Beginn an eine zentrale Rolle. Insbesondere die Ausdifferenzierung der Feldforschung, die schon im Rahmen der amerikanischen Forschungsreise vom deutsch-französischen Forscherteam Humboldt-Bonpland, aber auch später während der russisch-sibirischen Reise mit Rose und Ehrenberg auf höchst professionelle Weise durchgeführt wurde, spielte in der Praxis der *Humboldtian Science* eine entscheidende Funktion. Denn Humboldts Forschungsprogramm vor Ort in Amerika oder Asien – und das damit einhergehende *Sammeln* von Gegenständen, Daten und Informationen – war auf ausgeklügelte Weise mit international renommierten *Sammlungen* von Artefakten, Belegen und Informationen in Museen, Bibliotheken und Archiven in Frankreich und Preußen wie in Spanien abgestimmt. Die in Übersee erfolgte Arbeit im Feld steckte in grundlegender Weise das Feld der nachfolgenden Arbeiten in Europa ab.

Die Wissenschaftskonzeption Alexander von Humboldts läßt sich – wie gerade die kritische Überwindung einer enzyklopädisch geprägten und empirisch wenig fundierten Epistemologie des 18. Jahrhunderts belegt – ohne Reisen schlechterdings nicht vorstellen. Dies gilt nicht nur für die großen transkontinentalen Reisen in die amerikanische Hemisphäre und nach Asien, sondern auch für die kleinen und vermeintlich »unwichtigeren« Reisen, die Humboldt nach Holland und England, Böhmen oder Polen, Österreich oder die Schweiz, Italien oder Spanien führten. Von zentraler Bedeutung aber waren für Humboldt – dies sollte nicht übersehen werden – die beständigen Bewegungen und Reisen zwischen Berlin und Paris, die 1790 mit dem spektakulären Besuch in der revolutionären französischen Hauptstadt begonnen hatten und mit einem letzten, sich zwischen Oktober 1847 und Januar 1848 erstreckenden Paris-Aufenthalt im diplomatischen Auftrag des preußischen Königs ihr Ende fanden.

Zweifellos war Paris mit seinen renommierten wissenschaftlichen Institutionen, seinen Archiven, Bibliotheken und Museen, seinen Verlagen und wissenschaftlichen Zirkeln, aber auch mit seinem literarischen und kulturellen Leben sowie mit seinen Salons als großes europäisches Zentrum für Humboldt der ideale Ort, um seine wissenschaftlichen Arbeiten voranzutreiben und jene sich beschleunigende Zirkulation des Wissens zu beobachten, die seine eigenen Arbeiten beflügelte. Zweifellos war die (innerhalb der zweiten Phase beschleunigter Globalisierung im eigentlichen Sinne globalisierte) französische Sprache, deren sich Humboldt über Jahrzehnte bevorzugt bediente, ein ideales Werkzeug, um auf einer nicht nur nationalen, sondern auch weit über Europa hinausreichenden internationalen Bühne wahrgenommen werden zu können. Zweifellos gab es in Europa keinen besseren Ort als Paris, um die Vielzahl politischer und gesellschaftlicher wie wissenschaftlicher Revolutionen zu überblicken. Und zweifellos waren die Formen wissenschaftlicher wie allgemeiner Soziabilität, deren sich Humboldt in Paris erfreute, für den Preußen von unschätzbarem Wert mit Blick auf die dynamische Konzeption eines Weltbewußtseins, dessen Komplexität man in Paris sicherlich weitaus direkter und intensiver als in Berlin wahrnehmen konnte.

Und dennoch war die Entwicklung Alexander von Humboldts und seines Lebenswerks weniger mit einem bestimmten konkreten Ort als vielmehr mit einer Vektorizität verknüpft, die in all seinen Schriften – beispielsweise in den Überlagerungen der unterschiedlichsten Orte und Landschaften – zutage tritt. Für Humboldt selbst schien hinter einem Ort immer ein anderer auf, verwies ein Raum immer auf einen anderen. Quer zu den bis heute in ihren Dimensionen wie in ihren Ergebnissen erstaunlichen Reisen Humboldts zeigt sich eine oszillierende Bewegung, die kontinuierlich – über einen Zeitraum von nahezu sechs Jahrzehnten – Berlin und Potsdam mit Paris verband. Die Humboldtsche Wissenschaft bewegt sich nicht nur zwischen dem 18. und dem 19. Jahrhundert, zwischen der Alten und der Neuen Welt, zwischen der Epistemologie der *Encyclopédie* und der Epistemologie Darwins. Sie entsteht vor allem auch aus den beständigen Bewegungen zwischen der deutschen und der französischen Sprache, zwischen der deutsch- und der französischsprachigen Wissenschaftslandschaft, aber auch zwischen den Denkmöglichkeiten, die in allen von Humboldt beherrschten und benutzten Sprachen angelegt sind.[45]

Die beiden Hauptstädte Paris und Berlin stehen sich nicht so sehr als Gegensätze gegenüber, die es miteinander zu vergleichen gilt, sondern lassen sich vielmehr als Bezugspunkte einer weitgespannten Vielverbundenheit begreifen, insofern beide Städte auch jeweils unterschiedliche Freundeskreise und wissenschaftliche Netzwerke sowie verschiedenartige Lebensstile und Denkstile verkörpern.

Der Name Paris steht nicht nur für eine Humboldt zeit seines Lebens faszinierende Stadt, sondern für ein Kreuzen, für eine ununterbrochene Zirkulation des Wissens, die einen Ort wie die französische Hauptstadt im 19. Jahrhundert weltweit auszeichnen. Für den Verfasser der *Ansichten der Kordilleren* ist Paris das Mobile schlechthin. Das Humboldtsche Denken und die Humboldtsche Wissenschaft sind ohne diese Traverse zwischen Berlin und Paris, Paris und Berlin schlechterdings nicht vorstellbar. Es verschaffte Humboldt jene Beweglichkeit und jene Freiheit, welche die Voraussetzungen für seine demokratische, am Erreichen eines möglichst breiten Publikums ausgerichtete Wissenschaft bildeten. Als Alexander von Humboldt im Jahre 1790 Sand für die Errichtung des noch unvollendeten Freiheitstempels karrte, schuf er folglich die Voraussetzungen für die Freiheit seiner Wissenschaft, seines Denkens, seines eigenen Lebens.

Figur 3

»Deutsch zu sein«: Preußen und Amerika, Staatsbürger und Weltbürger

20. Preußen als Problem

1981 schrieb der bekannte, noch in Preußen geborene und 1938 vor den Nationalsozialisten ins englische Exil emigrierte renommierte Publizist Sebastian Haffner, niemand könne sich heute, »auch mit dem größten Aufgebot an Phantasie« nicht, »eine Lage vorstellen, in der Preußen wieder zum Leben erstehen könnte«.[1] Die »Wiedervereinigung Deutschlands« sei »vorstellbar, wenn auch im Augenblick unerreichbar«, die »Wiedergeburt Preußens« aber nicht. Denn Preußen, so Haffner bündig, sei »tot, und Totes kann nicht ins Leben zurückgerufen werden«.[2]

Bemerkenswert an diesen Ausführungen ist nicht so sehr, daß ein Kenner der politischen Szene in der alten Bundesrepublik eine Wiedervereinigung Deutschlands zwar prinzipiell für möglich, zu Beginn jenes Jahrzehnts, an dessen Ende der Fall der Berliner Mauer stehen sollte, aber noch für unerreichbar hielt. Derlei Überzeugungen entsprachen dem *common sense* im Westen wie im Osten und beruhten auf der Nachkriegserfahrung einer Zementierung des Ost-West-Gegensatzes, der das politische Magnetfeld weltweit beherrschte und in einer Trennlinie mit Todesstreifen zum Ausdruck brachte, die auch die Hauptstadt des ehemaligen preußischen Staatsgebildes selbst durchlief. Weitaus aufschlußreicher ist die Verknüpfung einer gänzlich unerreichbar scheinenden »Wiedervereinigung« Deutschlands mit einer völlig ausgeschlossenen Wiedergeburt Preußens, mithin jenes Staates, der von den Siegermächten des Zweiten Weltkriegs 1947 definitiv für aufgelöst erklärt worden war. Preußen war längst in Deutschland aufgegangen, die Erklärung grenzte daher – wie Haffner betonte – an »Leichenschändung«,[3] war doch ein preußischer König in einer wohlinszenierten Reichsgründung zwei Weltkriege zuvor zum deutschen Kaiser avanciert.

Dieses in der Proklamation Wilhelms I. zum Deutschen Kaiser im Spiegelsaal zu Versailles extraterritorial und in Siegerpose inszenierte Aufgehen, das – trotz der Beibehaltung des Namens – zugleich in mehr als einer Hinsicht ein Untergehen war, geschah lange bevor die nationalsozialistische Propaganda *ihren* Preußen-Mythos (mit der gefährlichen und wirkmächtigen Figuraldeutung preußischer und deutscher Geschichte, verkörpert in der Linie von Friedrich dem Großen über Bismarck und Hindenburg zu Hitler) für militaristische und menschenverachtende Zwecke mißbrauchte, um damit zur eigenen Legitimation ganz bestimmte Traditionen dieses untergegangenen Staates im öffentlichen Bewußtsein im buchstäblichen Sinne zu *mobilisieren*.

Die figurale Deutung der preußisch-deutschen Geschichte wie des Deutschtums hat in Preußen stets ein reiches Betätigungsfeld gefunden, schienen Preußens Entwicklung und Charakter doch für nicht wenige Geschichtsschreiber jene des späteren Deutschlands als geschichtliche *Figura*[4] vorwegzunehmen. Hierin mag *ein* Grund liegen, warum die Geschichte Preußens gerade nach der »Wiedervereinigung« Deutschlands so viele Menschen in ihren Bann zieht: Denn in ihrer *geschichtlichen Gegenwart*[5] als Figura kann sie schlechterdings gar nicht »tot« sein. Die potentielle Wirkmächtigkeit des Preußenbildes ist daher als Faktor künftiger deutscher Geschichte nicht zu vernachlässigen oder gar außer acht zu lassen; um so wichtiger scheint es folglich, dieses Bild des preußischen Staates sorgfältig zu rekonstruieren und die nationalsozialistischen Inszenierungen des Preußen-Mythos zu dekonstruieren.

Diese Aspekte gilt es insbesondere bei geplanten Rekonstruktionen historischer Bauwerke zu beachten, die derlei Aufführungen als Kulisse dienten, soll die Kraft figuraler Geschichtsdeutung – längst jenseits aller christlichen Heilsversprechen – nicht naiv und im besten Glauben unterschätzt werden. Die nationalsozialistische Inszenierung des sogenannten »Tages von Potsdam« am 21. März 1933, bewußt auf den Tag der Eröffnung des ersten Reichstags 1871 durch Bismarck gelegt, sollte eine historische Kontinuität vorgaukeln, die von der Wahl des Ortes für eine »pseudokirchliche politische ›Eheschließung‹«[6] zwischen dem Reichskanzler Adolf Hitler und dem in preußischer Generalfeldmarschalluniform erschienenen Reichspräsidenten Paul von Hindenburg wesentlich unterstrichen wurde: die Potsdamer Garnisonkirche, die »Ruhmeshalle der preußisch-deutschen Armee«[7] und zugleich Grabstätte der Preußen-Könige Friedrich Wilhelm I. und Friedrich II.

Vor dem Hintergrund einer so symbolträchtigen Szenerie erscheint es als folgerichtig, wenn zehn Jahre nach Sebastian Haffner und *nach* der mittlerweile erfolgten sogenannten Wiedervereinigung Deutschlands Christian Graf von Krockow anläßlich seiner »Rede zur Heimkehr der Könige nach Potsdam am 17. August 1991« gleich im Eingangssatz betonen mußte: »An Preußen scheiden sich die Geister. Und sie scheiden sich an Friedrich, so als verkörpere er, und nur er allein, den umstrittenen Staat.«[8]

Es überrascht daher nicht, daß der Historiker, wie Haffner gebürtiger Preuße, im Bewußtsein eines fundamental veränderten politischen Umfelds, das andernorts kaum mit solcher Wucht zu spüren war wie gerade in Potsdam und Berlin, schon im Vorwort sich der Frage »Wird Preußen denn auferstehen?« stellen mußte, um sie – als bedürfe es dringend dieser Beruhigung – sogleich zu verneinen: »Natürlich nicht.«[9] Im Bewußtsein einer unvorhergesehen und ungeheuer in Bewegung gekommenen Geschichte ließ er freilich dieser unmißverständlichen Verneinung sogleich den vorsichtigen Hinweis auf Veränderungen folgen, die – wie etwa die Wiederauferstehung des Landes Brandenburg – vor wenigen Jahren noch nicht vorstellbar gewesen seien.

Wiederum zehn Jahre später hielt der Ministerpräsident ebendieses Landes Brandenburg, Manfred Stolpe, im Grußwort zu der im alten Kutschstall zu Potsdam, dem neuen »Haus der Brandenburgisch-Preußischen Geschichte«, ausgerichteten und am 11. November 2001 zu Ende gegangenen Ausstellung *Marksteine. Eine Entdeckungsreise durch Brandenburg-Preußen* fest:

»Die Regentschaft preußischer Könige war eher kurz im historischen Vergleich. Dennoch hat sie Deutschland unübersehbar geprägt. Das ist eine Tatsache, egal, ob sie gefällt oder nicht. An Preußen scheiden sich die Geister. Es weckt widersprüchliche Emotionen, spricht nicht selten eher den Bauch als den Kopf an. Preußen wird bewundert und kritiklos verehrt, beargwöhnt und gar gehaßt.«[10]

Im Verlauf der vergangenen beiden Jahrzehnte hat eine ungeheure Flut unterschiedlichster Formen der Beschäftigung mit Geschichte und Bedeutung Preußens eingesetzt. Ohne den sich weltweit ins kollektive Bildgedächtnis spektakulär einprägenden Fall der Berliner Mauer wäre eine derart intensive Auseinandersetzung mit Preußen nicht denkbar; und das Thema hält in der Tat nicht nur viele überraschende Entdekkungen, sondern auch viele Emotionen bereit, die sich mit der Frage des Beitritts der Deutschen Demokratischen Republik zum Geltungsbereich des Grundgesetzes der Bundesrepublik Deutschland verknüpfen. So haben – um nur ein eher als randständig erscheinendes Beispiel herauszugreifen – die mit der Geschichte und Kultur Lateinamerikas wohlvertrauten und in Berlin lebenden Hans-Otto Dill und Gerta Stecher 1995 *Die unernste Geschichte Brandenburgs* vorgelegt, in deren »Prolog« notwendig auch die Frage der Fusion von Berlin und Brandenburg und der Wiedervereinigung thematisiert werden mußte:

»Berlin, zwar ebenso rohstofffrei, aber ein Standort als solcher, sucht wieder mal Anschluß. Daher soll Brandenburg, nach der Rezeptur der deutschen Wiedervereinigung, die klar ein Schuß in den Ofen war, an Berlin angeschlossen werden.«[11]

Daß sich daraus eine Sicht der Geschichte entwickelt, die »Ossis« und »Wessis« als »Wenden« und »Germanis« *figural* in alle Vergangenheit und Zukunft projiziert, ist auf den ersten Blick eher komisch als überraschend, macht uns aber ebenso wie die bereits genannten Stellungnahmen darauf aufmerksam, daß das polemische Potential Preußens und Brandenburgs heute bei weitem nicht erschöpft ist.

Was aber nun die »ernsthafte« Geschichte angeht,[12] so ist auffällig, daß die notwendig mit dem Namen Alexander von Humboldts verwobene Themenstellung »Preußen und Lateinamerika« zwar keineswegs gegenstandsbezogen aus dem Rahmen fällt, im Kontext der historiographischen Aktivitäten der Jahre seit dem Fall der Mauer einschließlich des Preußen-Jahres 2001 aber eine Besonderheit darstellt. Denn die sich lange vor den Novembertagen des Jahres 1989 ankündigende enge Verknüpfung der Geschichte Preußens mit der Frage der Vereinigung beider deutscher Staaten hat den Blick eingeengt auf die spezifisch deutsche oder bestenfalls (mittel)europäische Dimension dieser Fragestellung. Diese Selbstverständlichkeit gilt es zu durchbrechen.

Gewiß: Es gab im Verlauf der vergangenen Jahre Bemühungen, Preußen und Brandenburg auch in einem weltweiten Zusammenhang zu begreifen. So enthält beispielsweise der bereits erwähnte Katalog zur sicherlich verdienstvollen Ausstellung *Marksteine* einen Abschnitt, der unter dem Titel »Brandenburg und die Welt« fünf verschiedene Themengebiete auflistet. Diese gelten den Themen »Nachrichten aus aller Welt: Neuruppiner Bilderbogen«, »Leopold von Buch: Der bedeutendste deutsche Geologe seiner Zeit«, »Eisenkunstguß am Nil – die Gießerei Lauchhammer«, »Patente weltweit – Lehmann-Spielzeug aus Brandenburg an der Havel« sowie »Henry Berger – Vater der hawaiianischen Musik«.[13] Damit werden zwar im einzelnen durchaus interessante Themenstellungen berührt; insgesamt aber ergibt sich jener Eindruck, den innerhalb einer Zeitung die Rubrik »Vermischtes« hinterläßt: interessante, aber eher marginale Aspekte ohne eigentliche Bedeutung und herausgearbeiteten Zusammenhang.

Damit zeichnet die Ausstellung im alten Kutschstall zu Potsdam gewollt oder ungewollt nur den Diskussionsverlauf und den Rahmen nach, innerhalb dessen das Thema Preußen und Brandenburg noch immer vorherrschend diskutiert wird. Preußen wird kaum in einer globalen Dimension, selten von »außerhalb« und praktisch nie aus außereuropäischem Blickwinkel gesehen, eine überraschende Tatsache: Denn Preußen hatte in seiner unmittelbaren Vorgeschichte unter dem »Großen Kurfürsten« durchaus (karibische) Ambitionen als Kolonialmacht,[14] war im 18. Jahrhundert zu einer europäischen Großmacht aufgestiegen und hatte im 19. Jahrhundert mit weltweiten Handelsbeziehungen und trotz aller Rückschläge seine Stellung neben Frankreich, England, Österreich und Rußland insgesamt weiter ausgebaut. Aus der ganzen Welt kamen Reisende nach Preußen, die über diesen Staat berichteten, einzelne Aspekte seines Erziehungs- oder Militärwesens, seines Wirtschafts- oder Universitätssystems genauer unter die Lupe nahmen und zum Teil auf ihre Herkunftsländer zu übertragen suchten. Die latent vorhandene Emotionalisierung der Fragestellung aus »deutschem« und »landesgeschichtlichem« Blickwinkel scheint deren Provinzialisierung geradezu notwendig zur Folge zu haben: Die Perzeption Preußens erwies sich entgegen allen Erwartungen, die man hegen durfte, im sogenannten »Preußen-Jahr« als ungeheuer eingeschränkt. Was läßt sich tun, um diese im doppelten Sinne historische Blickverengung zu verändern?

Es scheint vor diesem hier nur kurz zu skizzierenden Hintergrund an der Zeit, das Preußenbild unserer Tage nach seinen geschichtlich erklärbaren Lücken zu befragen und nicht vorrangig an jenen Topoi und Diskurselementen auszurichten, die in geradezu bedrückender Weise dominieren und immer wieder perspektivisch um die »deutsche Frage« kreisen. Der auf Preußen und Brandenburg gerichtete enorme Reflexionsbedarf läßt es am Beginn eines neuen Jahrhunderts als unumgänglich erscheinen, das oftmals allzu schwarzweiße Preußenbild nicht nur zu entemotionalisieren, sondern vor allem auf historischer Grundlage wissenschaftlich zu entprovinzialisieren. Dazu kann die Beschäftigung mit Alexander von Humboldt, der wie kein anderer Preuße für die Entprovinzialisierung des Denkens in Deutschland einsteht, im Verlauf seiner langen und ereignisreichen Wirkungsgeschichte aber immer wieder gerne aus der preußischen Geschichte ausgeblendet wurde, einen wichtigen Beitrag leisten.

21. Alexander von Humboldt als Problem

Der Verfasser der *Ansichten der Natur* scheint mit dem Bilde Preußens, wie es sich bis heute entwickelt hat, wenig gemein zu haben. Im Rahmen der erwähnten *Entdeckungsreise durch Brandenburg-Preußen* wird dem preußischen Reisenden, Wissenschaftler und Schriftsteller – der Jahrzehnte seines Lebens nur einen Steinwurf vom Ausstellungsort entfernt lebte und arbeitete – keinerlei Aufmerksamkeit zuteil, erscheint er in einem informativen Artikel über Leopold von Buch doch allenfalls als Freund des großen deutschen Geologen.[15] Ist Alexander von Humboldt, der sich zeit seines Lebens für die Vermehrung der Verbindungen zwischen verschiedenen Kulturen, Sprachen und Kontinenten einsetzte und daher schon bald nach seinem Tod im Mai 1859 im Kontext nationalistischer und kriegerischer Vorstellungen und Ereignisse zwischen 1870 und 1945 einem bemerkenswerten »Vergessen« im deutschsprachigen Raum anheimfiel, nach der Überwindung der Teilung Deutschlands und im Umfeld der Zweihundertjahrfeiern seiner Amerikareise zu einer Art Kulturbotschafter der neuen Bundesrepublik geworden, so wirkt das Schweigen um Humboldt dann, wenn von Preußen oder Brandenburg die Rede ist, besonders auffällig – auch wenn es bislang noch kaum jemandem aufgefallen zu sein scheint. Zweifellos ist dieses lange (wenn auch zu Ende gegangene) Vergessen, ist dieses Schweigen eines, das uns nicht nur über die Zeit, als ein Gelehrter zur *persona non grata* werden mußte, der über lange Jahrzehnte eine Brükkenfunktion zwischen der französischen und der deutschen Kultur- und Geisteswelt ausübte, viel zu erzählen hat.

Dieses beredte Schweigen mag uns nicht nur zeigen, wie sich Preußen nach Humboldts Tod selbst sah, sondern auch, wie es seitdem – gerade mit Blick auf »Preußen und die

Welt« – gesehen wurde und wird. Doch es ist paradox, daß der jüngere der beiden Humboldt-Brüder heute für die Tradition einer kulturellen Offenheit Deutschlands gerne ins Feld geführt wird, nicht aber für jene Preußens steht, während seinem Bruder Wilhelm (nicht nur als Begründer der Berliner Universität und verdienstvollem Schöpfer des in Deutschland mittlerweile allerdings zu Grabe getragenen Universitätsmodells) eine durchweg wichtigere Rolle innerhalb des Preußenbildes zugedacht wird. Es gilt daher zunächst dem Rätsel nachzugehen, warum Alexander von Humboldt zu einem (unausgesprochenen) Problem für Preußen und das noch immer weithin vorherrschende Preußenbild werden konnte.

Halten wir zuerst ganz nüchtern fest: Preußen wurde – von der Krönung des Kurfürsten Friedrich III. in Königsberg[16] mit ihrer kleinen semantischen Verschiebung der Bezeichnung als König Friedrich I. nicht *von*, sondern *in* Preußen bis zur Bismarckschen Reichsgründung gerechnet – einhundertsiebzig Jahre alt, Alexander von Humboldt immerhin neunundachtzig. Während seines gesamten Lebens existierte Preußen als Staat, auch wenn Alexander von Humboldt (gewiß aus der Pariser Perspektive) dessen vorübergehenden Zusammenbruch unter der Hegemonialpolitik Napoleons mit ansehen mußte und daher seine 1808 erstmals erschienenen *Ansichten der Natur* vorzugsweise »*Bedrängten Gemüthern*« widmete.[17] Als er 1769 in Berlin das Licht der Welt erblickte, sollte die Regierungszeit Friedrichs des Großen noch volle siebzehn Jahre, bis 1786, andauern: Der Aufstieg Preußens vom zersplitterten Kleinstaat der Hohenzollern zur kriegsbereiten Großmacht in Europa hatte gerade erst mit Macht begonnen. Und als der Verfasser des *Kosmos* noch vor Vollendung der *Summa* seines Wissens 1859 in Berlin verstarb, sollte es kaum mehr ein Dutzend Jahre dauern, bis Preußen – wie man heute immer wieder lesen kann – »in die deutsche Falle«[18] tappte. Wohl kaum eine andere der großen preußischen Figuren hat diese »Kernzeit« preußischer Geschichte länger erlebt und begleitet als Alexander von Humboldt.

Früh schon stieg der junge Wissenschaftler und Verfasser der *Florae Fribergensis specimen* (1793) und der *Ansichten der Natur* (1808) zu einer nicht nur nationalen, sondern auch internationalen Berühmtheit auf und avancierte in der ersten Hälfte des 19. Jahrhunderts zu dem weltweit fraglos meistgeachteten und meistbeachteten Gelehrten des deutschsprachigen Raumes. Anders jedoch als bei seinem Bruder Wilhelm, dem großen Staatsmann und Diplomaten, Gelehrten und Sprachforscher, und anders als bei dem nicht aus Preußen stammenden Georg Wilhelm Friedrich Hegel, der in Berlin gleichsam zum »Staatsphilosophen« wurde, siedelten sich jene Dinge, für die Alexander von Humboldt berühmt wurde, im wesentlichen außerhalb Preußens an. Es waren die großen Forschungsreisen – allen voran die von 1799 bis 1804 durchgeführte »Reise in die Äquinoktial-Gegenden des Neuen Kontinents« –, aber auch die vielfältigen Aktivitäten und Veröffentlichungen während seiner von 1804 bis 1827 reichenden Pariser Jahre, die den Preußen zum international gefeierten Gelehrten der ersten Jahrhunderthälfte machten.

Daß Humboldt sein – wie er oft formulierte – »vielbewegtes Leben«[19] jahrzehntelang in Preußen, vor allem in Berlin und Potsdam, zubrachte, daß er dem preußischen König und dessen Hof nicht nur nahestand, sondern ihm als Kammerherr bis an sein Lebensende diente, trat angesichts der Vielzahl seiner Reisen, der Niederschrift des größten Teiles seines Reisewerkes in französischer Sprache sowie der weitgespannten Beziehungen dieses Nomaden der Wissenschaft nur allzu schnell in den Hintergrund. Daß Alexander von Humboldt Preußen in Frankreich im diplomatischen Dienst jahrzehntelang so klug vertrat, daß er vom Berliner Volksmund nicht als »Gesandter« – dies war der preußische Botschafter –, sondern als »Geschickter« bezeichnet wurde, geriet ebenso in Vergessenheit wie die Tatsache, daß sein Begräbnis zu einem Staatsakt wurde, bei dem ihm nicht nur eine ungeheure Menschenmenge die letzte Ehre erwies, sondern ihn auch der preußische Prinzregent Wilhelm, der spätere König und Kaiser Wilhelm I., mit seiner Anwesenheit ehrte.[20]

Doch blieb der Name Alexander von Humboldts – und dafür gibt es zweifellos gute Gründe – nicht in erster Linie mit Preußen verbunden. Nicht allein seine wissenschaftlichen Reisen nach Amerika und nach Asien, sondern auch sein hohes Maß an gelebter Internationalität und sein zwischen verschiedenen kulturellen Traditionen angesiedelter Lebensstil machten ihn früh, lange vor den vielen chauvinistischen Anfeindungen am preußischen Königshof, zur Inkarnation eines weltoffenen Preußentums, das in das Bild eines eng verstandenen territorialisierten Preußenstolzes nicht passen wollte. Demgegenüber verkörperte der weltgewandte und vielsprachige Berliner ein anderes Preußen, das es als verschüttete, in die gängigen Klischees nicht passende Tradition erst wieder zu entdecken und kritisch ins öffentliche Bewußtsein zu heben gilt.

Ein früher und zugleich schmerzlicher Beleg für beobachtbare Ausschließungsmechanismen stammt aus der Feder seines eigenen Bruders Wilhelm, der zum damaligen Zeitpunkt preußischer Gesandter in London war und seiner Frau Caroline anläßlich des Besuchs seines Bruders in der englischen Hauptstadt am 3. Dezember 1817 mitteilte:

»Alexander ist gestern früh abgereist. Er schien sich diesmal mehr zu gefallen …

Obgleich anfangs Alexanders Ankunft mir hier etwas zu früh kam, so hatte es sich gegen das Ende so gemacht, daß wir sehr angenehm miteinander waren und uns nicht störten. [...] Er hat versprochen, gegen das Frühjahr wiederzukommen, und sein Weggehen hat mir leid getan. Außer der persönlichen Zuneigung bringt er auch immer Bewegung ins Leben. Aber wahr bleibt dabei immer, daß einem leid tut, wie er aufgehört hat, deutsch zu sein und bis in alle Kleinigkeiten pariserisch geworden ist. Auch die Berg hat das gefunden, und was am schlimmsten ist, auch bei Lesung seines Buches. Hierin ist nun jetzt nichts mehr zu ändern. Überhaupt ist es wunderbar, wie alles in ihm auf dies Talent der Äußerung in einer gewissen gegebenen Art geht. So spricht er merkwürdig gut Englisch, und alle, mit denen er hier gesprochen, bemerkten es, dennoch kann ich Dir versichern, daß, wenn ich zufällig etwas mit ihm las, er sehr oft bekannte Worte und Wendungen nicht verstand. Er ist sicher eine der merkwürdigsten Naturen, die es jemals gegeben hat.«[21]

Nicht nur anderen wie Frau von Berg, der Freundin der preußischen Königin Luise, sondern auch dem eigenen, in seinen Beobachtungen stets sehr präzisen Bruder kommt Alexanders »Natur« nicht nur »merkwürdig« und »wunderbar«, sondern zugleich auch nicht länger »deutsch« vor. Zeichen dieser Andersartigkeit ist das nach außen Gewandte, die Fähigkeit zur *Äußerung*, die freilich – so wird hier suggeriert – nicht notwendig auf inneren Kenntnissen beruhen muß, wie sich bei gemeinsamer Lektüre englischsprachiger Texte herausgestellt habe. Auch der weitere Fortgang dieses Briefes, in dem Alexander als derjenige erscheint, der auf die Äußerlichkeiten der Vermählung der Kinder seines Bruders achtet und diesen etwa fragt, warum sie denn »keine reichen Partien«[22] gemacht hätten, unterstützt diese These.

Immer wieder wird die Wendung »nach außen«, zum »Äußerlichen«, zu dem als »anders« Empfundenen als auffällig und eher »pariserisch« denn als »deutsch« gedeutet, ein Gegensatz, welcher der Abgrenzung festgefügter nationaler beziehungsweise protonationaler Identitäten entspricht, wie sie bis weit ins 20. Jahrhundert hinein die Grenzziehungen zwischen französischem *esprit* und deutschem *Geist*, zwischen romanischer Oberflächlichkeit und germanischer Tiefe charakterisieren sollte. Innerlichkeit und Tiefe des Deutschen (und a fortiori Preußischen) versus Äußerlichkeit und Oberflächlichkeit des Französischen zeichnen sich selbst innerfamiliär als »merkwürdige« Merkmale einer Ab- und Ausgrenzung ab.

Auf diesen allzu simplen, aber bis heute nur schwer aus der Welt zu schaffenden und wirkmächtigen Binarismus läßt sich letztlich auch die klare Trennung zwischen einer Hinwendung zum »Inneren« und »Eigenen« einerseits und jener Zuwendung zum »Äußeren« und »anderen« andererseits beziehen. *Esprit* und *Conversation* versus Geist und Gespräch bilden für lange Zeit Pole eines deutsch-französischen Gegensatzes, den Alexander von Humboldt als öffentliche Figur zum Ärgernis der Vertreter eines »wahren« Deutschtums offenkundig unterlief.

Aber unterlief ihm dabei nicht ein folgenschwerer Fehler? Rutschte er damit nicht in eine Position, an der – mit den Worten seines Bruders – »nichts mehr zu ändern«[23] war? Nun: Fehlender Gedankentiefe wird man den schnellzüngigen und konversationsgewandten Preußen nicht bezichtigen können, doch zog es ihn immer zur (flinken) Äußerung und zum (kulturell) anderen, wenn auch nie so, daß er darüber die eigene Herkunft, den eigenen Standort aufgegeben hätte. Doch genügte sein ausgeprägtes Interesse am anderen, um ihn in den Augen mancher Zeitgenossen und wesentlich mehr noch im nationalistisch aufgeheizten Europa der zweiten Hälfte des 19. und der ersten Hälfte des 20. Jahrhunderts als einen Menschen erscheinen zu lassen, der eher Weltbürger als Staatsbürger war und sich vielleicht den Interessen der Menschheit oder der Wissenschaft, aber nicht des preußischen Staates verschrieb. Auf die komplizierten Mechanismen einer solchen Ausbürgerung zum Weltbürger wird im folgenden noch zurückzukommen sein.

Nicht unwichtig für die zeitgenössische wie die spätere Rezeption dürfte die Tatsache sein, daß Alexander von Humboldt zwar eine Gesamtschau Neu-Spaniens oder Kubas, nicht aber Preußens verfaßte, daß er wohl eine Vielzahl bisweilen grimmiger, grell ausgeleuchteter Porträts von Zeitgenossen in der Berliner Gesellschaft oder am Potsdamer Hof, aber keine »Wanderungen durch die Mark Brandenburg« hinterließ, die ihn bei aller Kritik noch als einen »Preußen« oder gar als einen »Märker« identifiziert hätten. Stallgeruch haftete ihm nicht an. Nicht zuletzt die kurz nach seinem Tod und ohne sein ausdrückliches Einverständnis erfolgte Veröffentlichung seines Briefwechsels mit Varnhagen von Ense,[24] in welchem Humboldt posthum vor aller Augen mit spitzer Zunge Preußisches und Allzu-Preußisches kommentierte und nicht selten aufspießte, tat ein übriges, um Alexander von Humboldt aus preußischer Perspektive als Problem erscheinen zu lassen. Den Hintergründen und der Hintergründigkeit dieses Problems wollen wir uns aber nun im Spannungsfeld zwischen Preußen, Europa und Amerika zuwenden.

22. *Der Staatsbürger als Weltbürger*

Alexander von Humboldts berufliche Ausbildung, von seinem anfänglichen Studium der Kameralistik an der Viadrina in Frankfurt an der Oder (1787-1788) über seine Ausbildung an der Handelsakademie von J. G. Büsch in Hamburg (1790-1791) bis hin zum Studium an der Bergakademie in Freiberg/Sachsen (1791-1792), prädestinierte den Berliner für eine Tätigkeit im preußischen Staat. Bei seinem Eintritt als Assessor in den preußischen Bergdienst am 6. März 1792 und seiner raschen Beförderung zunächst zum Oberbergmeister, dann zum Bergrat und schließlich zum Oberbergrat (1795) deutete alles auf eine zwar außergewöhnlich rasche, in ihrem Verlauf aber vorbestimmte Karriere im preußischen Staatsdienst hin.

Doch nach dem Tod seiner Mutter am 19. November 1796 und der sich durch das reiche Erbe ergebenden finanziellen Unabhängigkeit beider Humboldt-Brüder kam es zu einer entscheidenden Wende, insoweit Alexander nun definitiv aus dem Staatsdienst, seit der Errichtung Preußens stets Domäne und Versorgung des preußischen Adels in einem, auf eigenen Wunsch und gegen den Willen der sich um ihn bemühenden Minister von Hardenberg und von Heinitz ausschied. Er widmete sich nun ganz der Vorbereitung seiner früh schon erträumten und auf der gemeinsamen Reise mit Georg Forster nach England und Frankreich tränenreich herbeigesehnten großen Forschungsreise, die ihn nach mancherlei Zufällen schließlich nach Amerika und zu internationalem Ruhm führen sollte.

Waren die großen Reisewerke des 18. und des beginnenden 19. Jahrhunderts in aller Regel mit Hilfe staatlicher Unterstützung, ja zumeist im staatlichen Auftrag entstanden und in ihrer Realisierung ohne die Hilfe der jeweiligen Heimatstaaten auch gar nicht vorstellbar gewesen, so handelte es sich bei Humboldts Unternehmung von der Vorbereitung über die Durchführung bis hin zur kostspieligen Publikation der Forschungsergebnisse um ein rein privates Unterfangen. Ja mehr noch: Alexander von Humboldts Amerikareise wurde möglich, gerade *weil* er den preußischen Staatsdienst verließ und sich so eine Bewegungsfreiheit verschaffte, die für ihn anders nicht erreichbar gewesen wäre. Einem Preußen im Staatsdienst hätte der spanische König überdies wohl kaum den Zugang zu seinen Kolonien in Übersee erlaubt, ein unabhängiger Bergbauspezialist aber konnte ihm dienlich erscheinen.

Alle späteren offiziellen Ehrungen, Ernennungen und Auszeichnungen durch den preußischen Staat gelten letztlich einem Privatmann, der bewußt auf eine Karriere im Staatsdienst verzichtet hatte und auch später wohl wissenschaftlichen Akademien unterschiedlicher Breitengrade angehörte, in Preußen aber niemals im besoldeten Dienst staatlicher Institutionen wie der neugegründeten Berliner Universität stand. Die nach der Rückkehr aus Amerika erfolgte finanzielle Absicherung als Kammerherr darf hier zwar nicht vergessen werden, da sie für Humboldts finanzielle »Rückversicherung« gewiß eine wichtige Rolle spielte; sie stand als Gunstbezeigung aber auf einem anderen Blatt und band den längst »pariserisch« gewordenen Humboldt in den beiden folgenden Jahrzehnten noch nicht einmal an einen »Erstwohnsitz« in Berlin.

Doch schon bald nach seiner Rückkehr aus Amerika im August 1804 nach Frankreich machten sich Bruder Wilhelm und Alexanders Schwägerin Caroline große Sorgen um die »Deutschheit« des Weltreisenden.[25] Wohl erst »nach mehrfacher Aufforderung«[26] und der Einsicht in seine notwendig neu zu ordnende finanzielle Situation nach Ende der äußerst kostspieligen Reise fand sich Alexander bereit, dem preußischen König Friedrich Wilhelm III. persönlich zu schreiben. Diplomatisch nicht ungeschickt, teilte der junge Preuße, der sich in Paris niederzulassen und dort sein großangelegtes Reisewerk zu verfassen gedachte, seinem König mit, er beabsichtige durchaus, nach Berlin zurückzukehren und sich dort an die wissenschaftliche Auswertung seiner Reise zu machen.[27] Er listete zunächst die Sammlungen und Geschenke auf, die in Bälde nach Berlin abgehen würden, fügte aber dann hinzu, die lange Gewöhnung an tropische Wärme halte ihn davon ab, im bevorstehenden kalten Winter in seine Heimatstadt zurückzukehren. Überdies gebe er dem Wunsch nach, seinen lange entbehrten Bruder Wilhelm, der sich damals als preußischer Gesandter in Rom aufhielt, zu besuchen.

Alexander von Humboldts Argumentationsstil in diesem für ihn nicht unwichtigen Brief, in dem er – wie später noch so oft – die persönlichen Neigungen mit den öffentlichen Pflichten zu vermitteln, aber nicht zugunsten letzterer zu lösen trachtete, verdient es, zumindest ausschnitthaft angeführt zu werden:

»Nach einer so langen Abwesenheit verspüre ich den lebhaften Wunsch, in mein Vaterland zurückzukehren, um dauerhaft in Berlin zu leben, zugunsten der Wissenschaften, unter dem wohltätigen Schutz einer weisen und väterlichen Regierung, und um mich dem Schutze meiner südamerikanischen Manuskripte und Zeichnungen zu widmen. Doch das natürliche und menschliche Verlangen, nach einer so lang anhaltenden Trennung in Rom meinen Bruder, den einzigen Überlebenden meiner Familie, wiederzusehen, und die wohlbegründete Angst, meine Gesundheit, die an die tropische Wärme gewöhnt ist, durch den unvermittelten Einfluß eines Winters in Norddeutschland vollständig zu ruinieren, flößen mir den Mut zu der Bitte ein, Ihre Majestät mögen geruhen, mir zu erlauben, den Winter, der nun beginnt, in Süditalien zu verbringen.

Kehrt erst die sommerliche Wärme wieder, wird mich nichts daran hindern können, in mein Vaterland zurückzukehren, und vielleicht wird mir dann die Ehre zuteil, Ihrer Majestät persönlich meine Gefühle tiefster Verehrung zum Ausdruck bringen zu können, mit der ich der beflissenste Diener Ihrer Königlichen Majestät bin.«[28]

Auf diese für seine Vorgehensweise typische Art verwirklichte der dem Flunkern nicht ganz abgeneigte Alexander von Humboldt seine italienischen Reisepläne, ohne den preußischen König zu brüskieren, und ging gemeinsam mit Louis Joseph Gay-Lussac und Leopold von Buch, dem er seit dem gemeinsamen Studium an der Bergakademie zu Freiberg freundschaftlich und in der zunehmenden Skepsis gegenüber den neptunistischen Auffassungen ihres Freiberger Lehrers Werner wissenschaftlich verbunden war, seinen eigenen Interessen nach. So kehrte er erst am 16. November 1805, über ein Jahr nach seiner Rückkehr aus Amerika und fast auf den Tag genau neun Jahre nach dem Tod seiner Mutter und dem Verlassen Berlins, in die preußische Hauptstadt zurück.

Aus dem preußischen Staatsbürger war längst ein Weltbürger geworden. Daran änderten weder seine nun offizielle Aufnahme als ordentliches Mitglied in die Akademie der Wissenschaften etwas noch seine kurz nach seiner Ankunft in Berlin erfolgte Ernennung zum Kammerherrn – einstweilen ohne weitere Verpflichtungen und mit stattlichem Gehalt – durch Friedrich Wilhelm III. Bis zu seiner endgültigen Übersiedlung nach Berlin im Jahre 1827 sollte sich Humboldt stets nur kurz in seiner Heimatstadt aufhalten, ohne freilich je den Kontakt zum deutschsprachigen Raum und zu seinem dortigen Publikum zu verlieren.

Alexander von Humboldts Präferenzen lagen in dieser zweiten, zwischen der amerikanischen und der russisch-sibirischen Forschungsreise angesiedelten Epoche seines Lebens, der Zeit intensiver wissenschaftlicher Arbeit und größten wissenschaftlichen Renommees, unverkennbar außerhalb Preußens. Der jüngere der beiden Humboldt-Brüder diente seinem König wohl als wissenschaftliches und geistiges Aushängeschild des zwar aufstrebenden, aber – wie die napoleonische Besatzungszeit gezeigt hatte – stets gefährdeten Staatswesens; er diente ihm aber nicht im traditionellen Sinne in Staat und Armee, wie es noch immer die Sitte des preußischen Adels war, sondern als Symbol weltläufigen und international anerkannten Wissens.

Die weltbürgerlich-kosmopolitische Dimension ebenso des Humboldtschen Lebensstils – die nicht nur seine Familie bekümmerte, sondern nicht selten auch andere Zeitgenossen verdroß – wie auch des Humboldtschen Wissenschaftsstils[29] insgesamt waren tief in der Tradition des 18. Jahrhunderts und ihrer *République des Lettres* verwurzelt. Ihnen kam eine philosophische und ethische Tragweite zu, der sich der Verfasser des *Kosmos* ein Leben lang verpflichtet fühlte.

Alexander von Humboldt wußte sich hier im Einklang mit Bestrebungen, wie sie bereits 1784 in Immanuel Kants »Idee zu einer allgemeinen Geschichte in weltbürgerlicher Absicht« zum Ausdruck kamen, einer Schrift, in der – im Verbund mit anderen aus der Feder Kants – die Idee eines Völkerbundes vorgestellt wurde, der gerade auch den schwächeren Staaten und ihren Staatsangehörigen eine weltbürgerrechtliche Sicherheit geben sollte. Zugleich aber wurde hier eine entsakralisierte heilsgeschichtliche Erwartung deutlich, die Menschheit könnte durch diesen Bund der Völker eine Welt der – sich wechselseitig bekämpfenden – Welten hinter sich lassen, könnte doch

»eine tröstende Aussicht in die Zukunft eröffnet werden, in welcher die Menschengattung in weiter Ferne vorgestellt wird, wie sie sich endlich doch zu dem Zustande empor arbeitet, in welchem alle Keime, die die Natur in sie legte, völlig können entwickelt und ihre Bestimmung hier auf Erden kann erfüllet werden. Eine solche *Rechtfertigung* der Natur – oder besser der *Vorsehung* – ist kein unwichtiger Bewegungsgrund, einen besonderen Gesichtspunkt der Weltbetrachtung zu wählen. Denn was hilft's, die Herrlichkeit und Weisheit der Schöpfung im vernunftlosen Naturreiche zu preisen und der Betrachtung zu empfehlen: wenn der Teil des großen Schauplatzes der obersten Weisheit, der von allem diesen den Zweck enthält, – die Geschichte des menschlichen Geschlechts – ein unaufhörlicher Einwurf dagegen bleiben soll, dessen Anblick uns nötigt, unsere Augen von ihm mit Unwillen wegzuwenden, und, indem wir verzweifeln, jemals darin eine vollendete vernünftige Absicht anzutreffen, uns dahin bringt, sie nur in einer andern Welt zu hoffen?«[30]

Gerade nach den napoleonischen Eroberungskriegen aber hatte im deutschsprachigen Raum ein fundamentaler Klimawechsel stattgefunden, der sich beispielhaft am Positionswechsel Fichtes, aber auch am Orientierungswandel der romantischen Generation nachvollziehen läßt. Die Zeit von Kosmopolitismus und Weltbürgertum im Sinne des 18. Jahrhunderts war fraglos abgelaufen:

»All dies markiert das Ende der Aufklärung *(Enlightenment)* und den Beginn einer neuen Ära, obwohl die frühe deutsche Romantik noch nicht reaktionär und nationalistisch ist. Doch kam diese Wende rasch unter dem Einfluß der französischen Kriegsbemühungen. Napoleons Eroberungen provozierten einen Aufschwung von Nationalismen, und die spätere Romantik war diesbezüglich eine führende Bewegung. [...] Auch die anderen kosmopolitischen Stimmen verstummten. In *Der geschlossene Handelsstaat* (1800) nahm Fichte vieles von dem, was er über kosmopolitische Gesetzgebung geschrieben hatte, zurück und gerierte sich zunehmend nationalistisch. Wieland zog sich nach 1800 aus dem öffentlichen Leben zurück. Er war von Friedrich und August Wilhelm Schlegel verletzt worden, die ihn öffentlich auf Grund seiner Orientierung an der Weltliteratur sowie vorgeblicher Unoriginalität angriffen, und längst hatten ihn die fortgesetzten europäischen Kriegszüge wie der Aufstieg des

Nationalismus desillusioniert. Hegewisch konzentrierte sich auf seine geschichtlichen Schriften. Forster war 1794 verstorben, und Kant starb 1804, nach mehreren Jahren der Demenz.«[31]

Alexander von Humboldt hingegen wandte sich von seiner weltbürgerlichen Grundhaltung, seinem ethisch fundierten Weltbewußtsein nicht ab, sondern versuchte vielmehr, mit seinen Vorstellungen und Forschungen längerfristig auf den Zeitgeist einzuwirken und bei seinen europäischen (und darunter auch preußischen) Zeitgenossen ein Bewußtsein für globale Zusammenhänge zu schaffen. Sein interkulturelles und transdisziplinäres Wissenschaftsverständnis war zutiefst von einem Kosmopolitismus geprägt, der ein anderes, auf einem multipolaren Beziehungsgeflecht von Welthandel und Weltverkehr aufbauendes Moderne-Projekt favorisierte.

Die Propagierung vorrangig nationalstaatlicher oder gar nationalistischer Vorstellungen, ein Denken in engen staatsbürgerlichen Grenzen hingegen waren ihm fremd, ja zuwider. Beginnt an dieser Stelle die Geschichte der langsamen »Ausbürgerung« Humboldts, die sich im deutschsprachigen Raum selbst noch im 20. Jahrhundert über einen so langen Zeitraum erstrecken sollte?

Mit welcher Freude aber zog er über jedwede provinzielle oder nationalistische Kleingeisterei her. Gerne erinnerte er seinen Freund Varnhagen von Ense in einem Brief vom 3. Juni 1839 an die Qualitäten von dessen verstorbener Lebensgefährtin Rahel Varnhagen, die – wie er des öfteren bemerkte – einer vergangenen Epoche angehöre, während doch die Zukunft einer noch weitaus vergangeneren gehören könnte:

»Besonders freut mich die Anerkennung Ihres Talents, Ihrer Darstellungsweise, die Anerkennung des Seelenreichthums, der in Rahel's Briefen (wenigen offenbaret) liegt. Adam Müller's aristokratische Rücken, und die so bäurisch natürlich verliebte, bucklige und deßhalb gewiß etwas unzüchtige Prinzessin gewähren den herrlichsten Kontrast des politischen und menschlichen Unraths. ›Das Vaterland retten, sagt Gentz'ens erster Mensch, heißt den preußischen Adel wieder in seine Rechte einsetzen, ihn unbesteuret zu lassen, damit er, nach einer kurzen Negoziazion, dem Monarchen sein *don gratuit* frei darbringen könne. Dazu muß der Mensch unauflöslich an den Boden gefesselt bleiben.‹ Wie die Montmorency's der Ukermark sich müssen gefreuet haben was nutzlos in ihren armen Seelen lag, in so schulgerechte Dogmen gegossen, in so gebildeter Sprache von einem talentvollen Schriftsteller ausgedrückt zu sehen! An Raum und Zeit ist dieser Kastengeist nicht gebunden. Gespensterartig wird er sich drohend einst wieder zeigen, wenn ich nicht mehr sein werde. [...] Benjamin Constant hat diesen unbeweglichen Erbtheil der Gesinnung sehr hübsch in der Parabel des Schiffbruchs ausgedrückt: ›*Grand Dieu, je ne suis pas assez indiscret pour vous prier de nous sauver tous. Sauvez-moi tout seul.*‹«[32]

Damit ist jenseits einer durchaus zutreffenden Prophezeiung für die Zeit nach seinem Tod nicht nur eine politische, sondern auch eine kulturelle Position markiert, die sich – wie immer bei Humboldt – auch in den für sein Schreiben wie sein Sprechen so charakteristischen Wechseln in der Sprache niederschlägt. Dies belegen zum einen die spitzen Bemerkungen zu Adam Müller, einem der namhaftesten Vertreter einer romantischen Staats- und Gesellschaftslehre und Gegner der Hardenbergschen Reformen, sowie die Moquerie über den zum damaligen Zeitpunkt ebenfalls längst verstorbenen Friedrich von Gentz, einem der sicherlich bekanntesten Wortführer der konservativen und gegen die revolutionären französischen Ideen gerichteten Politik.

Traditionelle Forderungen des preußischen Adels, die noch in Theodor Fontanes Epoche aktuell waren – und von diesem zumeist nicht weniger indigniert zurückgewiesen wurden –, werden zum anderen von den Verweisen auf Rahel Varnhagen und Benjamin Constant gleichsam »gerahmt«: Den monolithischen Ansprüchen der traditionellen Trägerschicht des preußischen Staates wird im übertragenen wie im buchstäblichen Sinne eine kulturelle Vielsprachigkeit entgegengesetzt.

Zusammen mit vielen anderen Passagen, in denen sich Alexander von Humboldt über die Enge Preußens, über Berlin und seine »Weltelephanten«,[33] Potsdam und seinen kleingeistigen Hof mit seiner »kleinlichen Moquerie und Tadelsucht«[34] lustig machte, demonstriert die obige Passage eindrucksvoll, wie sehr dem adligen Weltreisenden ein provinzielles Preußen verhaßt war, in dem die für den Staat konstitutive Allianz zwischen preußischem (Land-)Adel und Königsthron freiheitliche Bestrebungen und Aktivitäten aller Art unterdrückte. Vor diesem Hintergrund wird noch anschaulicher, welche Ziele sich seine Wissenschaft weltweiter Wechselbeziehungen, des Weltbewußtseins, des Austauschs zwischen Kulturen und Kontinenten bei aller zeitbedingten Perspektivierung gesetzt und welcher Zukunftsvision sie sich verschrieben hatte.

23. *Was Preußen und Indianer verbindet, oder: Der kühne Vergleich als Antwort und Impuls einer globalisierten Wissenschaft*

Im 28. Kapitel seiner *Relation historique*, das bekanntlich parallel zum Erscheinen des dritten und letzten Bandes seines Reiseberichts gemeinsam mit den beiden vorangehenden Kapiteln auch als eigenständiges Buch unter dem Titel *Essai politique sur l'île de Cuba*[35] veröffentlicht wurde, erörterte

Alexander von Humboldt die spezifische Problematik der Bevölkerungsdichte auf der größten der Antilleninseln, um sodann in einer für ihn charakteristischen Volte – und einem Wechsel von der ersten Person Plural zur ersten Person Singular – fortzufahren:

»Wir haben oben bereits in Erinnerung gerufen, in welchem Maße die Bevölkerung der Insel Cuba über die Jahrhunderte zahlenmäßig zunehmen dürfte. Aus einem Lande des Nordens stammend, das recht wenig von der Natur begünstigt ist, will ich daran erinnern, daß die größtenteils sandige Mark Brandenburg unter einer Verwaltung, die den Fortschritten der landwirtschaftlichen Anbaumethoden *(industrie agricole)* günstig gesonnen ist, auf einer Fläche, die dreimal kleiner ist als die Insel Cuba, eine fast doppelt so große Bevölkerung ernährt. Die äußerste Ungleichheit in der Verteilung der Bevölkerung, das Fehlen von Bewohnern an einem großen Teil der Küsten und die enorme Entwicklung dieser letzteren machen die militärische Verteidigung der gesamten Insel unmöglich. Man kann weder die Landung eines Feindes noch den ungesetzlichen Schleichhandel unterbinden.«[36]

Der hier beobachtbare Übergang in die erste Person Singular, der sogleich wieder zugunsten einer distanzierteren Darstellungsweise zurückgenommen wird, gibt im Sinne einer kurzen autobiographischen Markierung den Blick auf die Herkunft des Reisenden an einer Stelle des Reiseberichts frei, an der man dies wohl am wenigsten erwartet hätte: zwischen Äußerungen zur Bevölkerungsverteilung und zu den militärischen Verteidigungsmöglichkeiten der spanischen Inselkolonie. Doch jenseits der autobiographischen Bedeutung des brandenburgisch-kubanischen Kontrapunkts verdeutlicht diese Passage nicht nur – und dies ist für Humboldts Schreiben keineswegs nebensächlich – Herkunft und Blickwinkel des europäischen Reisenden, sondern zugleich das Bestreben, die verschiedensten von ihm beobachteten Phänomene miteinander in Verbindung zu setzen.

Wie die Metapher provoziert der Vergleich eine gedankliche Bewegung, solange er nicht darauf abzielt, durch Vergleichen gleichzumachen. Die in der obigen Passage skizzierte Bewegung erscheint auf den ersten Blick jedoch als allzu kühn. Denn die durchaus eingetroffene Prophezeiung Humboldts, die Bevölkerung Kubas werde zahlenmäßig wachsen, ohne daß die Ernährung einer vergrößerten Einwohnerzahl notwendig an natürliche Grenzen stoßen müßte, wird vom vergleichenden Hinweis auf die Mark Brandenburg nur unzureichend abgesichert. Alexander von Humboldt wußte selbst nur zu genau, wie unterschiedlich die naturräumlichen, geomorphologischen, klimatischen, aber auch wirtschaftlichen und politischen Voraussetzungen der Mark Brandenburg einerseits und der spanischen Tropeninsel andererseits waren. Daran änderte auch die implizite Kritik an den Kolonialverhältnissen nichts, die eine (im Vergleich zur preußischen Regierung) der Entwicklung der Landwirtschaft weit weniger günstige Politik betrieb. Warum also dieser gewagte Vergleich?

Was an dieser Stelle und einer Vielzahl ähnlicher Passagen vor allem ins Auge fällt, ist das beständige Bestreben Humboldts, möglichst alles mit allem durch Vergleich in Beziehung (und in Bewegung) zu setzen. Nun besagt aber ein französisches Sprichwort weise: *comparaison n'est pas raison* – Vernunft ist im Vergleich also nicht notwendig verbürgt. Dies scheint auch hier der Fall zu sein, trägt es zur wissenschaftlichen Erforschung Kubas und zur Abschätzung seiner langfristigen Entwicklungschancen doch wenig bei, wenn seine randtropische, kolonial auf Export ins Mutterland ausgerichtete, zunehmend als Monokultur strukturierte und mit Sklavenarbeit betriebene Landwirtschaft mit einer auf ungünstigen, sprichwörtlich mit Sumpf und Sand durchsetzten Böden in kühl-gemäßigten Breiten unter der Feudalherrschaft des preußischen Landadels betriebenen Versorgungslandwirtschaft eines unabhängigen Staates verglichen wird.

Und doch erfüllen die scheinbar willkürlichen Vergleiche, die weitaus seltener als die zahlreichen wohlfundierten Komparationen im Gesamtwerk Alexander von Humboldts sind, eine wichtige, wenngleich bislang nicht erkannte Funktion. Denn sie sind nicht vorrangig der Ausdruck einer wild ins Kraut schießenden Vergleichssucht, nicht der unkontrollierbare Überschuß einer auf weltweitem Vergleich beruhenden wissenschaftlichen Methode, sondern ein rhetorisch-literarisches Mittel, um auch das auf den ersten Blick miteinander Unvergleichbare miteinander in Beziehung zu setzen.

Mit anderen Worten: Wie bei der kühnen Metapher im Bereich der Rhetorik ist der kühne Vergleich im Bereich einer gesellschaftlich verankerten Wissenschaft in der Lage, mit dem Mittel der Überraschung Denkverbindungen herzustellen, die zunächst als abwegig erscheinen können, ja sogar müssen. Der Effekt des kühnen Vergleichs richtet sich also weder auf dessen Inhalt noch auf das *tertium comparationis*, sondern zielt auf die weltweite *Vergleichbarkeit* als solche ab, auf die Notwendigkeit also, innerhalb eines bestimmten Landes beobachtete Phänomene nicht als isolierte, in diesem Falle allein auf die Insel Kuba bezogene Wissensbestände zu verstehen, sondern mit anderem Wissen – und insbesondere jenem des eigenen Lebensbereichs – in Verbindung zu setzen.

Auch wenn hier nicht über eine gewisse strukturelle »Vergleichswut« in der Humboldtschen Wissenschaft hinweggetäuscht werden soll: Der kühne Vergleich zielt auf die Aktivierung der Leserschaft und beabsichtigt, diese selbst zum ständig vergleichenden Denken zu provozieren. Das Fremde soll durch die Kategorien des Eigenen bewußt verfremdet, das Eigene durch jene des Fremden so verändert werden, daß eine Art Außenblick auf das Eigene entsteht. Eigenes und Fremdes sind nicht klar voneinander geschieden: Alles ist vielmehr mit allem verbunden.

Aber sind Preußen und Kuba wirklich miteinander vergleichbar? Stellen wir die Beantwortung dieser Frage für einen Augenblick noch zurück. Wo im literarischen Text die Metapher die Kraft besitzt, unterschiedlichste Elemente miteinander in Beziehung zu setzen und gerade aus deren Differenz die Spannung des eigenen Textes wie der dadurch ausgelösten Denkbewegung zu beziehen, da sorgt der kühne Vergleich ähnlich überraschend, bisweilen sogar überfallartig für ein Weltbild, einen wissenschaftlichen Kosmos, in dem es nichts Isoliertes mehr gibt. Der kühne Vergleich ist Antwort und mehr noch Impuls einer globalisierten und zugleich globalisierenden Wissenschaft.

Dies läßt sich anhand einer Vielzahl von Beispielen aus dem Humboldtschen Gesamtwerk belegen. Bleiben wir noch für einen Augenblick beim Problem der Bevölkerungsentwicklung. Im vierten Kapitel des zweiten Buches seines *Essai politique sur le royaume de la Nouvelle-Espagne* beschäftigt sich Humboldt mit der 1793 im Vizekönigreich Neu-Spanien, dem künftigen Mexiko, durchgeführten Volkszählung und versucht, ausgehend von ihren Ergebnissen Prognosen für die weitere Bevölkerungsentwicklung dieser kurz vor ihrer politischen Unabhängigkeit stehenden spanischen Kolonie zu erstellen. Der preußische Forscher diskutiert dabei den unterschiedlich hohen Geburtenüberschuß in bestimmten Regionen und Bevölkerungsgruppen Neu-Spaniens in Zusammenhang mit weltweiten Entwicklungen:

»Jene Teile Europas, in denen der Landbau erst sehr spät, in der zweiten Hälfte des vergangenen Jahrhunderts, begonnen hat, bilden höchst frappierende Beispiele für diesen Geburtenüberschuß. Im westlichen Preußen gab es 1784 bei einer Bevölkerung von 560000 Einwohnern 27134 Geburten und 15669 Sterbefälle. Diese Zahlen geben ein Verhältnis zwischen Geburtenzahl und Sterbefällen von 36:20 oder 180:100 an, ein Zahlenverhältnis, das fast ebenso vorteilhaft ist wie das der indianischen Dörfer im zentralen Hochland von Mexico. 1806 zählte man im Russischen Reich 1361134 Geburten und 818433 Todesfälle. Dieselben Ursachen bringen überall dieselben Wirkungen hervor. Je neuer der Landbau eines Landes ist, desto leichter ist die Subsistenz auf einem Boden, der neu gerodet ist, und um so rascher sind auch die Fortschritte der Bevölkerung.«[37]

Im Gegensatz zum obigen Beispiel haben wir es hier mit einem durch umfangreiches statistisches Zahlenmaterial gestützten und argumentativ gut vor- und nachbereiteten Vergleich zu tun, in dessen Zentrum gleichwohl die Vergleichbarkeit zwischen der Bevölkerungsentwicklung indianischer Hochlanddörfer und westpreußischer Tieflandflecken steht. Liegen die miteinander verglichenen Gegenstände auch in vielerlei Hinsicht gewiß nicht weniger weit auseinander, als die kubanische und die brandenburgische Landwirtschaft dies bis zum heutigen Tage tun, so zielt dieser Vergleich doch gerade nicht auf Überraschung, sondern auf ein Denken, in dem Entwicklungen weltweit miteinander in Beziehung gesetzt und allgemeine und allgemeingültige Regeln und Gesetzmäßigkeiten daraus abgeleitet werden sollen. Wenn denn weltweit dieselben Ursachen dieselben Folgen zeitigen, dann muß es auch möglich sein, nicht nur die Bevölkerungsentwicklung des mexikanischen Hochlands mit jener der westlich der Weichsel gelegenen preußischen Besitzungen zu vergleichen, sondern auch die Entwicklung westpreußischer Dörfer mit jener bestimmter Indianerdörfer.

Die Suche nach allgemeingültigen Gesetzmäßigkeiten steht hier im Vordergrund, verändert aber zumindest potentiell den Blick auf das so vertraute Eigene: Kaum jemand wäre im damaligen Preußen auf die Idee gekommen, auf der Ebene der landwirtschaftlichen Versorgungsmöglichkeiten wie des Geburtenüberschusses Parallelen zwischen Westpreußen und Neu-Spanien, zwischen Pommern und Anáhuac zu ziehen. Doch Humboldt weiß sich hier in einer globalen, die lokalen Kirchtürme und Sterberegister hinter sich lassenden Denktradition, wie sie in der Frage des Bevölkerungswachstums Thomas Robert Malthus in seinen wenige Jahre zuvor erschienenen *Essays on the principles of population* begründet hatte, einer Schrift, die noch heute vieldiskutiert ist und schon für Humboldt ein »Werk der politischen Ökonomie darstellt, das zu den tiefschürfendsten zählt, die jemals veröffentlicht wurden«.[38] Malthus' eigentlich *An essay on the principle of population* genannter Klassiker war 1798, also kurz vor Humboldts Aufbruch nach Amerika und ein knappes Jahrzehnt vor der Niederschrift des *Essai politique sur le royaume de la Nouvelle-Espagne*, erschienen. Die Parallelen zu der von Malthus aufgestellten Gesetzmäßigkeit in der Progression des Bevölkerungswachstums und der mit der Zeit nachlassenden Fruchtbarkeit der Böden sind evident.

Der argumentativ eingebettete Vergleich ist weniger Impuls als Antwort einer in globalen Entwicklungen denkenden Wissenschaft, die auf Weltbewußtsein beruht und bei ihrem Lesepublikum zugleich Weltbewußtsein anzuregen sucht. In diesem Kontext siedelt sich Alexander von Humboldts Schreibstrategie des kühnen Vergleichs an.

Gegen Ende des ersten Bandes seines *Politischen Versuchs über das Königreich Neu-Spanien* kommt Alexander von Humboldt noch einmal, aber gleichwohl überraschend auf einen Vergleich zwischen den Verhältnissen im Norden des spanischen Kolonialreichs in Amerika und bestimmten Königreichen im nördlichen Europa zurück. Mit gesellschaftskritischer und fortschrittsskeptischer Geste weist er nun auf die Lage der abhängigen indianischen Bevölkerung und der Bauern in Neu-Spanien beziehungsweise im späteren Mexiko hin. Humboldt macht dabei auf die Tatsache aufmerksam, daß man in der bisherigen Geschichtsschreibung viel über die Geschichte der »großen politischen Umwälzungen« (*grandes révolutions politiques*[39]), über »Kriege, Eroberungen und andere Geißeln, welche die Menschheit heimsuchen«,[40] nur wenig aber über »das beklagenswerte Schicksal der ärmsten und zahlreichsten Klasse der Gesellschaft«[41] erfahren könne. Dieser Forderung nach einer Geschichte der ausgebeuteten Gesellschaftsschichten, nach einer Mentalitätsgeschichte und einer Geschichte der Alltagskultur *avant la lettre* fügt er dann hinzu:

»Es gibt nur einen sehr kleinen Teil Europas, wo der Bauer frei die Frucht seiner Arbeit genießen kann, und diese bürgerliche Freiheit ist – wie wir einzuräumen genötigt sind – nicht so sehr das Resultat einer fortgeschrittenen Zivilisation als vielmehr die Wirkung jener gewalttätigen Krisen, in deren Verlauf eine Klasse oder ein Stand von den Zwistigkeiten der anderen profitiert hat. Eine wahre Vervollkommnung der gesellschaftlichen Institutionen hängt zweifellos von der Aufklärung und der geistigen Entwicklung ab; aber die Verkettung der Mechanismen, die einen Staat bewegen, ist eine solche, daß in einem Teil der Nation diese Entfaltung höchst beeindruckende Fortschritte machen kann, ohne daß die Situation dieser letztgenannten Klassen dadurch glücklicher würde. Nahezu der gesamte Norden Europas bestätigt uns diese traurige Erfahrung: Es gibt dort Länder, in denen der Bauer trotz der hochgelobten Zivilisation der oberen Klassen der Gesellschaft noch heute in derselben Erniedrigung lebt, unter der er bereits drei oder vier Jahrhunderte zuvor schmachtete. Wir würden vielleicht das Schicksal der

Indianer als glücklicher empfinden, würden wir sie mit jenem der Bauern von Kurland, von Rußland und eines großen Teils des nördlichen Deutschland vergleichen.«[42]

In dieser aufschlußreichen Bemerkung wird nicht mehr nur die Landwirtschaft oder die Bevölkerungsentwicklung, sondern die gesellschaftliche Lage der nordeuropäischen Bauernschaft mit der indianischen Lage verglichen, ein Vergleich, dessen Überraschungseffekt zweifellos eine gesellschaftskritische Stoßkraft entwickelt, insoweit sie auf gesellschaftlichen Sprengstoff nicht nur in der fernen Kolonialwelt Amerikas, sondern in der nahen, vertrauten Feudalwelt Europas unmißverständlich aufmerksam macht. Die erste Person Plural signalisiert hier keine distanzierte Beobachterposition, sondern eine implizite *europäische* Leserschaft, die sicherlich nicht von selbst auf den Gedanken verfallen wäre, die Leibeigenen Europas mit den Indianern der amerikanischen Hemisphäre zu vergleichen.

Die Kühnheit des Vergleichs funktioniert wie eine Blitzlichtaufnahme, die ein grelles Licht auf ein europäisches Selbstverständnis wirft, das im Selbstbewußtsein einer »fortgeschrittenen Zivilisation« derlei Dinge niemals miteinander zu vergleichen unternommen hätte. Und doch wird eine neue Dimension des Eigenen belichtet. Der weltweite Vergleich entbindet hier eine politische, mehr noch: eine *kosmopolitische* Dimension im Sinne einer Kosmopolitik, die gesellschaftliche Probleme weltweit nicht länger voneinander isoliert zu betrachten gewillt ist. Mechanismen politischer, gesellschaftlicher oder wirtschaftlicher Unterdrückung – seien sie kolonialer, postkolonialer oder nichtkolonialer Provenienz – werden von Humboldts Kosmopolitik in einem weltweiten Maßstab wahrgenommen und in seinen Veröffentlichungen sichtbar gebrandmarkt. Alexander von Humboldt hatte noch längst nicht aufgehört, für den »noch unvollendeten Freiheitstempel« – wie einst als junger Mann im revolutionären Paris – Sand zu karren.[43]

Die Horizonte der von Humboldt untersuchten Phänomene und Wechselwirkungen sind globalen Zuschnitts. Insoweit ist Amerika, ist das Los der Indianer auch für Preußen, für das Schicksal der unter der Knute des preußischen Adels lebenden Bauernschaft von Bedeutung. Nach dem napoleonischen Sturm hatte eine Gruppe umstrittener, aber zielstrebig vorgehender und entschlossener Reformer vom Schlage eines Heinrich Friedrich Karl Freiherr vom und zum Stein oder eines Karl August Fürst von Hardenberg in Preußen erst wenige Jahre zuvor die Bauernbefreiung ins Werk gesetzt, so daß ab dem Martini-Tag des Jahres 1810 – gegen den Widerstand weiter Teile des preußischen Landadels – offiziell alle Gutsuntertänigkeit aufhörte. Alexander von Humboldt stellte seinen Vergleich folglich vor einem sehr konkreten gesellschaftspolitischen Hintergrund an, in dem er selbst unverkennbar Position bezog.

So setzt die Humboldtsche Wissenschaft als Weltwissenschaft mit Hilfe des Vergleichs – und speziell des kühnen Vergleichs – ein Weltbewußtsein in Gang, das den Weltbürger nicht in einem kosmopolitischen Nirgendwo beläßt, sondern zu einem Staatsbürger macht, der aus dem Blickwinkel einer Kosmopolitik die Verhältnisse nicht zuletzt in seinem eigenen Staatswesen betrachtet. So konnte aus dem Weltbürger ein doppelt nützlicher Staatsbürger werden. Daß Kolonialmächte wie England oder Portugal dem preußischen Reisenden den Zutritt zu ihren Kolonien verwehrten und der russische Zar mit Humboldt vereinbaren ließ, daß eine Genehmigung seiner Reise durch sein Reich nur dann erfolgen könne, wenn Humboldt sich auf die Beschreibung der »toten Natur« beschränkte,[44] wird vor diesem Hintergrund verständlich. Alexander von Humboldt mußte nicht wenigen – sei es in der Alten oder in der Neuen Welt – geradezu notwendig als gefährliches Subjekt erscheinen.

24. *Der Weltbürger als Staatsbürger*

Nach dem Zusammenbruch des sogenannten »Dritten Reichs« veröffentlichte der zunächst in die Türkei und dann in die USA emigrierte Romanist Leo Spitzer im Jahre 1946 in der von Werner Krauss, Karl Jaspers, Dolf Sternberger und Alfred Weber herausgegebenen ersten Nummer der Zeitschrift *Die Wandlung* unter dem Titel »Das Eigene und das Fremde. Über Philologie und Nationalismus« einen Beitrag, der eine kritische Durchsicht der Entwicklung einzelner Nationalphilologien, aber auch unter dem Eindruck der deutschen Katastrophe eine schonungslose Bestandsaufnahme des deutschen Geisteslebens zu unternehmen suchte:

»Es ist ja eine paradoxe Folge der lutherischen Innerweltlichkeit des deutschen Menschen, der sich um Politik nicht kümmerte, daß sein Weltsinn nur in dem Verständnis des Weitentfernten sich betätigt, daß er das Nah-Umgebende nicht kritisch distanziert aufnehmen konnte: der Deutsche überwand die Kleinstaaterei nicht innerlich mit der Reichsgründung, sondern übertrug gleichsam das Duodezformat seines politischen Denkens auf das neue Reich. In Weimar hatte man weltbürgerlich gedacht, in Berlin dachte man engnationalistisch. Welche geistige Enge eines mit seiner Behörde zufriedenen Staatsbeamten verrät nicht die Naivität des weltumspannenden Hegel, die Erfüllung des Weltgeistes in dem Preußen seiner Tage sehen zu wollen!«[45]

Der hier von Leo Spitzer aufgezeigte Kontrast zwischen der lokalen Weltbürgerlichkeit Weimars und der weltumspannenden Enge Berlins mußte Alexander von Humboldt geradezu notwendig in eine Auseinandersetzung mit Hegel treiben, konnte er dessen Vorstellungen von der Weltgeschichte und vom Wirken des Weltgeistes doch nicht teilnahmslos oder achselzuckend gegenüberstehen. Zwar dürfte das Humboldt bisweilen zugeschriebene und auf Hegel gemünzte Diktum, demzufolge jene Weltanschauung die gefährlichste sei, die von Philosophen stamme, welche die Welt nie angeschaut hätten, apokryph sein. Doch zeigt uns der Briefwechsel mit Varnhagen von Ense eine Reihe aufschlußreicher Reaktionen Humboldts bei seiner intensiven Auseinandersetzung mit der Hegelschen Philosophie. So lesen wir etwa in einem Brief vom 30. Mai 1837 an den Freund:

»Hegel's geschichtliche Studien werden mich besonders interessiren, weil ich bisher ein wildes Vorurtheil gegen die Ansicht hege, daß die Völker, ein jedes, etwas repräsentiren müssen; daß alles geschehen sei, »damit erfüllet werde« was der Philosoph verheißt. Ich werde aufmerksam lesen, und gern von meinem Vorurtheile zurückkommen.«[46]

Zwei Tage später aber berichtete Humboldt bereits dem Freunde von seiner Hegel-Lektüre, ein »abstraktes Behaupten rein falscher Thatsachen und Ansichten über Amerika und die indische Welt« wirke auf ihn »freiheitraubend und beängstigend«.[47] Hier wird deutlicher, was Humboldt gegen Hegel hegt. Ohne an dieser Stelle auf weitere, oftmals verzweifelt spöttische Bemerkungen Humboldts über die jeder direkten Erfahrung bare Fabulierkunst des großen Philosophen eingehen zu können, läßt sich doch dem Schweizer Schriftsteller Hugo Loetscher insgesamt beipflichten, der den Gegensatz zwischen Humboldt und Hegel so zu fassen versuchte:

»Während Alexander von Humboldt an die Auswertung seiner Reise und an die Rehabilitierung eines Kontinentes ging, sass in Deutschland ein Gelehrter wie Hegel in der Stube und brauchte die Diskriminierung Amerikas, um eine Fuge in seinem System zu leimen.«[48]

Gewiß lassen sich die Positionen Hegels und Humboldts jenem jahrhundertelangen Streit zuordnen, der gelehrte Vertreter beider Kontinente in ihrer Bewertung der »Neuen Welt«[49] entzweite und dessen Folgen sich bis heute in der Ausgestaltung einer Vielzahl von Heterostereotypen, von Klischees über die Bewohner Amerikas und ihren Kontinent, niederschlagen. Mit Hegel und Humboldt setzte sich die »Berliner Debatte« gleichsam subkutan, aber nicht weniger folgenreich und großflächig wirksam, fort. Zugleich aber war all dies weit mehr als ein Streit »nur« über die Neue Welt im geographischen Sinne: Beider Ansichten stehen vielmehr symptomatisch für die völlig unterschiedliche Konzeption der neuen Welt, die es erst noch zu schaffen galt.

Denn die Positionen Hegels und Humboldts gehen weit über die Dimensionen eines lokalen, säkularen Gelehrtenstreites hinaus und lassen sich als Entwürfe zweier sehr unterschiedlicher Projekte der Moderne begreifen, die darin übereinstimmen, daß sie gleichermaßen weltumspannend zu sein vorgeben und die Moderne von europäischer Warte aus entwerfen. Doch während Hegels geschichtliche Teleologie in grundlegender Weise auf Ausschlußmechanismen basiert, die das kulturell Fremde unverkennbar zugunsten des Eigenen ausblenden oder für unterlegen erklären, wurzelt Humboldts Projekt in einer Tradition des Kosmopolitismus, die im heutigen Sinne natur-, kultur- und geisteswissenschaftliche Aspekte zusammendenkt, auf eigener Erfahrung beruht und integrative Mechanismen entwickelt, die das Eigene mit dem Fremden vermitteln und – wenn auch nach europäischem Vorbild – eine multipolare Entwicklung der Weltgesellschaft ermöglichen sollen.

Vor dem Hintergrund der nationalistischen europäischen

Großmacht- und Kolonialpolitik aber war bereits im 19. Jahrhundert unübersehbar geworden, daß das Humboldtsche Moderne-Projekt zwar eine gangbare Alternative zur Machtzentrierung in Europa bot, längst aber schon auf verlorenem Posten stand. Es blieb bis heute minoritär, ja, geriet gänzlich in Vergessenheit. Alexander von Humboldt selbst wurde nachträglich »diszipliniert« – also auf verschiedene Disziplinen aufgeteilt –, auf die Maße eines »Naturwissenschaftlers« oder eines »Geographen« gestutzt; sein Werk wurde zum Steinbruch degradiert, aus dem sich bestenfalls noch das Bildungsbürgertum einzelne Fragmente herausbrechen konnte. Die komplexe Einheit des vielverbundenen Humboldtschen Kosmos wurde aufgelöst: Von Humboldt blieb zumindest in Deutschland außerhalb kleiner Gelehrtenzirkel bestenfalls noch das Bild eines mutigen Forschers und Abenteurers, der den Casiquiare »entdeckt« und den Chimborazo »bestiegen« habe. Nichts, was in irgendeiner Weise »staatstragend« hätte wirken können.

Die interkulturell und transdisziplinär ausgerichtete Humboldtsche Wissenschaft aber basierte auf einem relationalen, unterschiedlichste Wissensbestände und Logiken miteinander in Beziehung setzenden Denken, in dem ein Projekt der Moderne Gestalt annahm, das einer Kosmopolitik im soeben umschriebenen Sinne verpflichtet blieb. Das Humboldtsche Weltbewußtsein bildete die Grundlage einer neuen Wissenskonfiguration, die quer zur auch von Humboldt als notwendig erachteten Spezialisierung unterschiedlichste Wissensbestände miteinander verknüpfen sollte. Gerade heute kann sie für den aktuellen Wissenschaftsbetrieb und die hochspezialisierten Wissenschaftsstrukturen zu einem kritischen Bezugspunkt für transdisziplinäre Ansätze werden, die Mensch und Natur, Wissen und Gesellschaft nicht auseinanderdividieren.

Nach seiner Übersiedlung von Paris über London nach

Berlin im Jahre 1827, die seiner Reisetätigkeit – wie nicht nur die 1829 durchgeführte russisch-sibirische Forschungsreise belegt – keineswegs ein Ende bereitete, versuchte der Weltbürger Humboldt als Staatsbürger und gleichsam ungekrönter König der Wissenschaften *in* Preußen gesellschaftlich wirksam zu werden. Noch im selben Jahr dokumentierten seine sogenannten »Kosmos-Vorlesungen« an der Universität und – in noch weiterem Rahmen – seine »Kosmos-Vorträge« im damals größten Berliner Saal der Singakademie erfolgreich den Versuch, mit seinem Wissen unterschiedlichste gesellschaftliche Gruppen zu erreichen und sein Wissen konkret fruchtbar werden zu lassen.

Dieses weitgespannte Projekt eines gesellschaftlichen Zugänglich-Machens von Wissen zugunsten einer sich rudimentär abzeichnenden Wissensgesellschaft ist sicherlich ein Paradebeispiel dafür, wie der Weltbürger sich als Staatsbürger in die Weiterentwicklung und Verbesserung der Gesellschaft seines Heimatlandes einbringen und gesellschaftlich wirken wollte. Sein Freiheitstempel, dies wußte Humboldt, war noch unvollendet. Sein Vorhaben zielte auf eine Popularisierung und Demokratisierung des Wissens, auf eine relationale, soziale Probleme in Preußen mit weltweiten Entwicklungen, gutsherrschaftliche Verhältnisse mit Kolonialstrukturen vergleichende Sichtweise des Eigenen im Dialog mit dem anderen ab. Die Bildung möglichst breiter Schichten der Bevölkerung lag ihm, der schon als junger Mann 1794 im preußischen Staatsdienst ohne vorherige Rücksprache mit seinem Ministerium für den Unterricht der ihm anvertrauten Bergleute gesorgt und im fränkischen Preußen auf eigene Kosten eine »freie Bergschule« gegründet hatte, sehr am Herzen.

So betonte er noch Jahrzehnte später anläßlich der Verleihung der Ehrenbürgerschaft durch die Stadt Potsdam – die ihren Ehrenbürger allzu lange vergessen hat – am 21. Oktober 1849, diesen Bildungsbestrebungen sei sein »ganzes langes, vielbewegtes Leben gewidmet gewesen«.[50] Und er fügte an die Adresse der Stadtverordneten gerichtet nicht ohne mahnenden Unterton hinzu:

»Sie haben, Ihrer würdig, neben der pflegenden Sorgfalt für das materielle Wohl, von höheren Ansichten geleitet, Ihre theilnehmende Achtung auch für die Bestrebungen darthun wollen, die mit den Fortschritten des Wissens, der Volkserziehung und der Allgemeinen Bildung des Menschen zusammenhängen.«[51]

Als Alexander von Humboldt für die ihm erwiesene Ehre dankte, war der Achtzigjährige bereits mit der Niederschrift des dritten Bandes seines *Kosmos* beschäftigt und konnte neben seiner wissenschaftlichen und schriftstellerischen Tätigkeit auch auf ein langes politisches Wirken in Preußen zurückblicken. Als Intellektueller *avant la lettre* war er stets bestrebt gewesen, die Wissenschaft nicht aus ihrer gesellschaftlichen Verantwortung, die weltbürgerliche Dimension nicht aus ihrer staatsbürgerlichen Funktion zu entlassen. Preußen und Amerika, Brandenburg und die Welt: Das waren für ihn nicht voneinander getrennte Bezirke, die bestenfalls punktuell und mit leicht folkloristischem Unterton miteinander in Verbindung standen, sondern Teile *eines* Kosmos, dessen Gesetze zum Nutzen der gesamten Menschheit – und nicht nur Preußens oder eines ganz bestimmten Weltgeistes – untersucht, beschrieben und gesellschaftlich wirksam vermittelt werden sollten.

So heißt es – im offenkundigen Bewußtsein der Doppelgesichtigkeit des preußischen Staates,[52] in dessen Modernität das eklatant Vormoderne stets präsent blieb – in den »Einleitenden Betrachtungen über die Verschiedenartigkeit des Naturgenusses und eine wissenschaftliche Ergründung der Weltgesetze« im ersten Band des *Kosmos*:

»Vervollkommnung des Landbaus durch freie Hände und in Grundstücken von minderem Umfang, Aufblühen der Manufacturen, von einengendem Zunftzwange befreit, Vervielfältigung der Handelsverhältnisse, und ungehindertes Fortschreiten in der geistigen Cultur der Menschheit, wie in den bürgerlichen Einrichtungen, stehen (das ernste Bild der neuen Weltgeschichte dringt diesen Glauben auch dem Widerstrebendsten auf) in gegenseitigem, dauernd wirksamem Verkehr mit einander.«[53]

Der Verfasser des *Kosmos* verkörperte einen integralen und zugleich fundamentalen Bestandteil Preußens, auch wenn sich dieser im weiteren geschichtlichen Verlauf bis zum Untergang in der nationalen Katastrophe nicht durchzusetzen vermochte. Preußen auf Militarismus und damit auf seine schwarze Legende, gleichsam seine *leyenda negra*, zu reduzieren ist längst nicht mehr ernsthaft möglich; dazu bedürfte es des Verweises auf Humboldt nicht.

Alexander von Humboldt scheint in dieser Geschichte aber noch immer kaum mehr als eine Fußnote (wert) zu sein. Bemerkenswert ist, daß er wie in vielen anderen Darstellungen Preußens auch bei Sebastian Haffner nur als Ikone vorkommt – in Form einer doppelseitigen Abbildung von Eduard Hildebrandts bekannter Repräsentation des Gelehrten in seinem Arbeitszimmer, verbunden mit dem knappen Kommentar: »Der 87jährige Naturforscher Alexander von Humboldt in seiner Bibliothek im Jahr 1856.«[54] Naturforscher und Ikone, bestenfalls randlich vermerkt: In der Geschichte Preußens war Alexander von Humboldt bislang höchstens eine schmuckvolle Marginalie – auch dies eine Folge seiner Marginalisierung im Zeichen von Provinzialismus, Nationalismus und eurozentrischem Überlegenheitsdenken, wie es schon in der längst vergessenen »Berliner Debatte« zum Ausdruck kam.

Doch das Bild Preußens verändert sich, wenn wir es nicht länger auf Preußen und Deutschland oder bestenfalls einen Teil der mitteleuropäischen Geschichte verengen. Hier wird der Republikaner am Königshof, der Weltreisende in der kleinen Residenzstadt, der »bis in alle Kleinigkeiten pariserisch«[55] gewordene Berliner, der zum Ausgangspunkt für die Lateinamerika-Forschung nicht nur speziell im berlin-brandenburgischen Raum wurde, zugleich zum Ausgangspunkt einer sich verändernden Sichtweise Preußens und der Geschichte Deutschlands.

Denn Alexander von Humboldts gesamtes Schaffen, sein wissenschaftlich-schriftstellerischer Kosmos des Wissens und der Wissenschaften, sucht aus der (nach der sogenannten »Entdeckung« Amerikas durch Columbus) zweiten Phase beschleunigter Globalisierung in der Neuzeit, aus jener räumlichen, kolonialen und wissenschaftlichen Expansion Europas in der zweiten Hälfte des 18. Jahrhunderts, die philosophischen Konsequenzen zu ziehen. Er entwickelte dabei Vorstellungen und Einsichten, die in der dritten Phase, jener des letzten Drittels des 19. Jahrhunderts, weitgehend in den Hintergrund gedrängt wurden, die aber für unsere aktuelle vierte Phase beschleunigter Globalisierung, die wesentlich von den elektronischen Medien mitgetragen und geprägt wird, ohne sich allerdings auf diese mediale Dimension zu beschränken, von unschätzbarem Wert sind. Es geht darum, die relationale Logik der Humboldtschen Wissenschaft wie des Humboldtschen Moderne-Projekts kritisch aufzunehmen und aus historischer Perspektive mit Blick auf die Erfordernisse des 21. Jahrhunderts insbesondere im Spannungsfeld zwischen Europa und Amerika weiterzuentwickeln.[56]

Es kann nicht darum gehen, Alexander von Humboldt mehr als dreihundert Jahre nach der eigentlichen Gründung des preußischen Staates und mehr als hundertdreißig Jahre nach dessen Untergang nachträglich in einen Paradepreußen zu verwandeln, wohl aber, von seiner Figur ausgehend ein erweitertes, nicht allein auf »deutsche Schicksalsfragen« reduziertes Preußenbild zu entwerfen. Der sprach- und weltgewandte Intellektuelle hatte keineswegs aufgehört, »deutsch zu sein«;[57] doch hatte sich der preußische Weltbürger – und dies scheint mir für unser Jahrhundert zukunftsweisend zu sein, gegen allen Zeitgeist und auch gegen den heimischen Weltgeist – vehement geweigert, *nur* deutsch zu sein.

Figur 4

»Die Tropenwelt ist mein Element«: Verzückung, Verrückung und die hemisphärischen Konstruktionen einer Neuen Welt

25. *Ein euphorisches Verhältnis zu Wissen und Wissenschaft*

In einem seiner ersten Lebenszeichen aus Amerika, einem auf »Cumaná in Südamerika, d. 16. Jul. 1799«[1] datierten Brief, schrieb Alexander von Humboldt an seinen Bruder Wilhelm:

»Welche Bäume! Kokospalmen, 50 bis 60 Fuß hoch! Poinciana pulcherrima, mit Fuß hohem Strauße der prachtvollsten hochrothen Blüthen; Pisange, und eine Schaar von Bäumen mit ungeheuren Blättern und handgroßen wohlriechenden Blüthen, von denen wir nichts kennen. Denke nur, daß das Land so unbekannt ist, daß ein neues Genus welches Mutis (s. *Cavanilles iconus*, *tom.* 4) erst vor 2 Jahren publizirte, ein 60 Fuß hoher weitschattiger Baum ist. Wir waren so glücklich, diese prachtvolle Pflanze (sie hatte zolllange Staubfäden) gestern schon zu finden. Wie groß also die Zahl kleinerer Pflanzen, die der Beobachtung noch entzogen sind? Und welche Farben der Vögel, der Fische, selbst der Krebse (himmelblau und gelb)! Wie die Narren laufen wir bis itzt umher; in den ersten drei Tagen können wir nichts bestimmen, da man immer einen Gegenstand wegwirft, um einen andern zu ergreifen. Bonpland versichert, daß er von Sinnen kommen werde, wenn die Wunder nicht bald aufhören. Aber schöner noch als diese Wunder im Einzelnen, ist der Eindruck, den das Ganze dieser kraftvollen, üppigen und doch dabei so leichten, erheiternden, milden Pflanzennatur macht. Ich fühle es, daß ich hier sehr glücklich sein werde und daß diese Eindrücke mich auch künftig noch oft erheitern werden.«[2]

Kaum eine andere Passage im umfangreichen Schaffen Alexander von Humboldts gibt mit vergleichbarer Dichte und Intensität jenem Glücksgefühl Ausdruck, das der junge Europäer kurz nach seiner Ankunft in den Regionen, die er bald als »Südamerika«, bald als »Amerika«[3] bezeichnete, in Worte zu fassen versuchte. Die den gesamten Brief durchziehende Semantik des Glücks ist in ihren verschiedenartigen Einfärbungen allgegenwärtig und schließt jenes »Glück«, das man beim Durchbrechen der Blockade englischer Kriegsschiffe und im weiteren Verlauf der gesamten Seereise gehabt habe – während der er »viel auf dem Wege gearbeitet«[4] –, ebenso mit ein wie das persönliche Erleben des eigenen und des mit seinem französischen Reisegefährten Aimé Bonpland geteilten Glückes. Wie die Reise seit dem 4. Juli, als er »zum erstenmal das ganze südliche Kreuz vollkommen deutlich«[5] erblickte, unter einem guten, der ganzen Unternehmung günstigen Stern zu stehen schien, erzeugte auch die Erfahrung des Neuen in der »Neuen Welt« bei den beiden europäischen Reisenden ein intensives, mit euphorischer Unruhe gepaartes Glücksgefühl. Alexander von Humboldt war am Ziel seines großen, in vielen Jugendbriefen geäußerten Traumes angekommen: Endlich hatte er – wie einst der mit ihm befreundete Georg Forster – die »Alte Welt« auf einer Reise in außereuropäische Regionen verlassen können. Und doch stand er erst am Beginn seines amerikanischen Abenteuers und jenes neuen Diskurses über die Neue Welt, den er in den folgenden Jahren und Jahrzehnten entwickeln und auf immer komplexere Weise ausgestalten sollte.

Das im Brief an Wilhelm von Humboldt zum Ausdruck gebrachte Glücksempfinden war ganz offenkundig von der wissenschaftlichen Dimension der Forschungsreise nicht zu trennen. Die Verzückung, für die Humboldt in seinem Brief nach immer neuen Worten suchte, war das Ergebnis einer Verrückung, einer Delokalisierung, in der die beiden Europäer wie Verrückte, wie »Narren«[6] umherlaufen und sich auf kein einziges Untersuchungsobjekt konzentrieren können. Ein Staunen angesichts der »Wunder«,[7] die nicht aufhören wollen, hat sich ihrer bemächtigt, vergleichbar mit jenem topischen Staunen, das die europäischen Seefahrer und »Entdecker« bei den ersten Reisen des Columbus ergriff. Stephen Greenblatt hat das sich daraus ergebende Dilemma für das europäische Wissen und die europäische Wissenschaft herausgearbeitet:

»*Nil admirari*, so lehrte die Maxime der Alten. Aber angesichts der Neuen Welt erschien das klassische Vorbild reifer und ausgewogener Unvoreingenommenheit ebenso unangemessen wie unmöglich. Kolumbus' Reise war der Beginn eines Jahrhunderts des Staunens. Die europäische Kultur erlebte so etwas wie den »Überraschungsreflex«, den wir bei kleinen Kindern beobachten können: aufgesperrte Augen, ausgestreckte Arme, angehaltener Atem, der ganze Körper für einen Augenblick verkrampft.«[8]

Das mit dem Staunen einhergehende Gefühl der Ver*wunder*ung angesichts der vielen Wunder, die sich vor den europäischen Augen aufzutun scheinen, besitzt freilich von der ersten Landung in einer tropischen Welt der Fülle an eine Dimension, die nach dem Besitz von Wissen strebt und eine neue Welt mit dem alten Wissen und dem Wissen der Alten reduktionistisch in Verbindung zu bringen versucht.[9] Ist Alexander von Humboldt also nur ein neuer, ein »zweiter

Columbus«, als der er im weiteren Verlauf seiner Rezeptionsgeschichte so oft bezeichnet wurde?[10] Wiederholt er nur einfach die Gesten und *res gestae*, welche die großen Entdekker vorgegeben und vorgelebt hatten? Sind Humboldt und Bonpland damit noch immer in jenem Dilemma gefangen, das die Wahrnehmung des anderen in der abendländischen Kultur ins Zwielicht von kolonialer Expansion und imperial(istisch)em Blick rückt?

Gewiß hat Alexander von Humboldt, der im spanischsprachigen Raum, wie bereits erwähnt, dank seiner aus einer Hugenottenfamilie stammenden Mutter den Nachnamen Humboldt y Colomb getragen hätte, die Anspielungen auf Cristóbal Colón nicht nur in seinem Reisebericht, sondern in seinem gesamten Œuvre bis zu seinem Lebensende vervielfacht. Und doch wäre es vorschnell, würden wir neben der Be*wunder*ung des Columbus bei Humboldt nicht auch die kritische Reflexion und die (selbst)ironische Distanz erkennen, die Entdecker über Entdecker zum Sprechen bringt und zugleich voneinander abtrennt. So ist auch der »Überraschungsreflex«, von dem Stephen Greenblatt mit Blick auf Columbus und den »Beginn eines Jahrhunderts des Staunens«[11] sprach, bei Alexander von Humboldt stets ein immer schon inszenierter, ein gleichsam reflektierter Reflex, der die Reaktionen des Adressaten und Lesers mit ins Kalkül zieht. Die Schilderung der größten Abenteuer und die (gerade im Vergleich mit anderen Briefen deutlich werdende) gezielte Dramatisierung der Gefahren für Leib und Leben der Reisenden reservierte Alexander gerne für die Briefe an den Bruder: Alexander von Humboldts Schreiben ist sich stets seiner jeweils gewählten Adressaten und Leser höchst bewußt.

Doch blieb der noch nicht Dreißigjährige in seinem ersten amerikanischen Brief an den älteren Bruder, der diesen Ende Oktober 1799 in Spanien erreichte, keineswegs bei der Darstellung des Staunens und des Glücksempfindens stehen.

Denn die Erfahrung der Delokalisierung und Verrückung, der äußeren wie der inneren Bewegung angesichts der Größe und der Farben jener Gegenstände, die sich dem deutsch-französischen Forscherteam entgegenstellen, aufdrängen und entziehen, wird sogleich mit dem Versuch gekoppelt, diese Delokalisierung mit Hilfe des Rückgriffs auf eine auch in Amerika selbst ausgeübte Wissenschaft und damit an eine *scientific community* in der Neuen Welt selbst zu relokalisieren.

Der Verweis auf die Forschungen des berühmten, seit 1760 in Neu-Granada arbeitenden spanischen Botanikers José Celestino Mutis, den Humboldt mit hohem Aufwand und nicht geringerer Werbewirkung später in der vizeköniglichen Hauptstadt Bogotá besuchen sollte, um mit dieser für die Aufklärung in Neu-Granada zentralen Figur sein »Heu«[12] (also seine bisherigen Pflanzensammlungen) zu vergleichen, blendet jene Technik der Humboldtschen Forschungsreise ein, die für die Humboldtsche Wissenschaftspraxis von fundamentaler Bedeutung war: nicht nur eine Reise zu dem zu Erforschenden, sondern auch zu den dortigen Forschern und ihren Ergebnissen, nicht nur zu den Reichtümern der Natur, sondern auch zu jenen der Archive und Bibliotheken des spanischen Kolonialreichs durchzuführen.

Auch später wird Humboldt – wie etwa in seinen *Vues des Cordillères et Monumens des Peuples Indigènes* – nicht nur die abendländische Wissenstradition, sondern auch die Vertreter der kreolischen Eliten, der mestizischen Autoren und der indigenen Kulturen zu Wort kommen lassen. Anders als bei Buffon oder de Pauw, Raynal oder Robertson ist die Neue Welt in den Schriften des preußischen Gelehrten nicht nur das sich den europäischen Augen darbietende Forschungsobjekt: Sie beginnt sich auch als ein Forschungssubjekt abzuzeichnen, das in einen die Kontinente übergreifenden – wenn auch immer noch asymmetrischen – Dialog einbezogen ist.

Vom ersten Tag seines Aufenthaltes auf dem amerikanischen Kontinent an wird das Bestreben Alexander von Humboldts erkennbar, das vor der Reise von ihm Recherchierte und Vorgewußte ebenso wie sein auf der Reise gesammeltes Erfahrungswissen mit Wissensbeständen zusammenzuführen, die am Ort der Reise selbst vorhanden waren oder produziert wurden. Für sein Denken – und dies zeichnet sich bereits gleich zu Beginn seiner Reise in Amerika ab – ist folglich entscheidend, Wissensbestände unterschiedlichster Herkunft aufeinander zu beziehen und in einen wechselseitigen Austausch zu bringen.

Nicht anders verhält es sich mit den »Wundern«, die für ihn nur in einer ersten Phase der Untersuchung als einzelne Phänomene betrachtet werden sollten, in der Folge aber auf den »Eindruck« zu beziehen sind, den »das Ganze dieser kraftvollen, üppigen und doch dabei so leichten, erheiternden, milden Pflanzennatur macht«.[13] Das auf den ersten Blick so »Außer-Ordentliche« wird damit relational eingebunden in ein Ganzes, in eine Gesamtordnung, innerhalb deren die Einzelphänomene in ihrer Signifikanz und Funktionalität zugleich wahrgenommen und verstanden werden müssen. Die Humboldtsche Vernetzungswissenschaft zielt auf den Gesamteindruck und läßt sich als eine relationale Wissenschaftspraxis verstehen, die unterschiedlichste Wissensbestände und Disziplinen quert.

Dies geht keineswegs mit einer Tilgung der Spezifik von ihm untersuchter Phänomene einher: Humboldt ist nicht daran gelegen, die von ihm beobachtete Differenz im Rahmen eines Gesamtbildes wieder auszulöschen. Schon in seinem Brief vom 16. Juli 1799 versuchte er, in einem ersten Schritt deutlich zwischen den Beobachtungsgegenständen europäischer und amerikanischer Provenienz zu unterscheiden. So betonte er nicht nur den »Zauber« der von ihm erstmals erfahrenen Tropennatur, sondern auch die Tatsache, daß die beiden europäischen Forscher »seit gestern auch noch nicht ein einziges Pflanzen- oder Thierprodukt aus Europa gesehen«[14] hätten. Das Beobachtete wird von Humboldt stets auf den Beobachter zurückbezogen und mit seinen jeweiligen Beobachtungsbedingungen, mit seiner Herkunft, seinem Vorwissen, seinen Vergleichspunkten, ja seinen jeweiligen Gemütszuständen in Beziehung gesetzt.

So sind Bonpland und Humboldt als *Europäer* in Cumaná »in dem göttlichsten und vollsten Lande«: »Wunderbare Pflanzen, Zitteraale, Tiger, Armadille, Affen, Papageien, und viele viele echte halbwilde Indianer, eine sehr schöne und interessante Menschenrasse«.[15] Zweifellos erscheinen in diesem Inventar des Wunderbaren, das ganz nebenbei einige der wichtigsten Erzählkerne des späteren Humboldtschen Reiseberichts noch vor dem eigentlichen Reisebeginn »vorwegnimmt«, »halbwilde Indianer« als interessante Forschungsobjekte gleichsam als ein Teil der Natur. Warf Humboldt also doch noch einen kolonialen Blick auf die Neue Welt?

Über die Existenz bestimmter Restbestände kolonialer Darstellungsformen gerade in den *frühen* Schriften und Zeugnissen Alexander von Humboldts sollte man sich nicht hinwegtäuschen. Doch gerade die spontanen Mitschriften und Einträge der Reisetagebücher lassen deutlich einen Lernprozeß erkennen: Der europäische Blick wird sich zunehmend seiner selbst bewußt und beginnt, die im Gegensatz zu de Pauw, Raynal oder Robertson durchgeführte Reise in die Äquinoktial-Gegenden des Neuen Kontinents für die kritische Infragestellung der eigenen Fokussierung zu nutzen.

Ich habe die obige Stelle daher bewußt angeführt, um auf diesen durch die Reiseerfahrung und das eigene Erleben selbst ausgelösten Lernprozeß und zugleich auf die Tatsache aufmerksam machen zu können, daß Humboldt in seinen später veröffentlichten Schriften nicht nur die präkolumbischen Hochkulturen – wie etwa in seinen *Vues des Cordillères* – zu Wort kommen läßt, sondern auch die zeitgenössischen indianischen Bevölkerungsgruppen in ihrer jeweils unterschiedlichen Position innerhalb der Kolonialgesellschaften zu verorten sucht. So wird er nicht nur sehr früh in Carlos del Pino einen indianischen Führer und Gesprächspartner finden, der ihn auf weiten Teilen seiner Reise durch das heutige Venezuela begleiten sollte, sondern von Beginn an immer wieder die Lage ethnisch, kulturell oder sozial marginalisierter Gruppen und die jeweiligen Möglichkeiten diskutieren, wie die unterschiedlichsten (indianischen, mestizischen, schwarzen, mulattischen usw.) Bevölkerungssegmente in eine künftig gemeinsame gesellschaftliche Entwicklung integriert werden könnten.

Dabei rückten im Brief vom 16. Juli 1799 nicht nur die schwarzen Sklaven, sondern auch die »Kupferindianer« ins Blickfeld, die »außerhalb der Stadt« und damit am Rande der kolonialspanischen Gesellschaft lebten.[16] Humboldts Darstellung indigener Bevölkerungsgruppen entbehrt gerade in den frühen Briefen und Reisemitschriften zwar nicht der Ambivalenz, zeigen sich in seinen Äußerungen doch bisweilen Versatzstücke eines europäisch-kolonialistischen Indianerbildes. Daß er zugleich aber immer wieder auf die geschichtlichen Ursprünge und politischen Bedingungen ebenso dieses Bildes wie der Marginalisierung indigener Bevölkerungsgruppen in Amerika aufmerksam machte, die Kulturgeschichte der unterschiedlichen indianischen Völker in für seine Zeit höchst umfassender Weise untersuchte und stets die Barbarei der europäischen Zivilisation gerade hinsichtlich deren Verbrechen an der indianischen wie der schwarzen Bevölkerung geißelte, darf darüber nicht aus dem Blick geraten.[17] Humboldts Denken enthält die Widersprüche der Moderne – etwa das Einfließen kolonialistischer Praktiken in die modernen Wissenschaften im Okzident –, legt zugleich aber auch nachhaltigsten Widerspruch ein gegen eine allein an den Interessen Europas und seiner Bevölkerung ausgerichtete Moderne.

Glückszustand und Euphorie des europäischen wissenschaftlichen Subjekts sind im Brief vom 16. Juli 1799 zweifellos an die sinnliche Erfahrung einer anderen, nichteuropäischen Welt geknüpft, eine Erfahrung, die den französischen Reisegefährten nach eigener, von Humboldt referierter Aussage geradezu »von Sinnen kommen«[18] ließ. Den Forschern eröffnen sich hier ungeheure Betätigungsfelder, die mit der relativen Unbekanntheit sowie der kolonialspanischen Abschottung dieser weiten und nur schwer gegen einen möglichen Angreifer zu verteidigenden Regionen zusammenhängen.

Die Euphorie der Wissenschaftler richtet sich auf dieses »Neue« im Sinne eines noch zu Erforschenden. So bietet sich aus europäischer Perspektive die Neue Welt – als gegenüber der Alten Welt wissenschaftlich weitaus weniger erforschter Teil des Planeten – als »neu« an, hält sie doch allein im Bereich der Pflanzenwelt eine noch unabschätzbare Zahl bislang unerforschter Gewächse bereit. Hieran entzündet sich Humboldts Euphorie, sein Glücksgefühl angesichts einer ganzen Welt, die es für die Wissenschaften noch zu »entdekken« galt. Es ist die Fülle eines durch die »Verrückung« in greifbare Nähe gerückten Wissens, das den von Humboldt dargestellten und bewußt in Szene gesetzten Zustand der Euphorie auslöst.

Auf diese Weise wird der Neue Kontinent – und insbesondere dessen Tropenregion – zum Ort einer euphorisch betriebenen Wissenschaft, die in der Humboldtschen Wissenschaftspraxis stets eine mobile, auf der Feldforschung aufbauende Wissenschaft sein sollte. Wie Humboldt auf der Überfahrt von Tenerife an die Küste von Cumaná wie in einem beweglichen Labor unablässig Messungen und Untersuchungen vorgenommen hatte, um die von der Fregatte *Pizarro* durchquerten Meeresregionen möglichst umfassend in seine irdischen wie astronomischen (und damit auch kosmischen) Forschungen einbeziehen zu können, so zeichnen sich in diesem ersten amerikanischen Brief an Wilhelm von Humboldt auch bereits künftige Reisewege an den Orinoco oder nach Kuba ab, die Humboldts und Bonplands tatsächlichen Reiseverlauf bereits grob abstecken.

Waren beide Forscher aber noch während der ersten drei Tage wie die »Narren« umhergelaufen, die wissenschaftlich »nichts bestimmen« können, da sie ständig ihre Gegenstände unkoordiniert ergreifen, um sie sogleich wieder mit anderen zu vertauschen, galt es nun, dieses euphorisierte, unkontrollierte Hin und Her in eine geordnete, wissenschaftlich unablässig überprüfte und gemessene Bewegung zu überführen. Bald schon beginnt das Forschungsprogramm einer im Aufbau befindlichen Humboldtschen Wissenschaft zu greifen. Eine so verstandene mobile Wissenschaft läßt die Bewegung ihrer Forschersubjekte freilich in einem doppelten Sinne als Motion und als Emotion – als Bewegung im Raum der Forschungsobjekte und als innere Bewegung der Forschersubjekte – fruchtbar werden. Humboldts Wissenschaftspraxis in Amerika ist die einer euphorischen Wissenschaft in dem Sinne, daß sie bei allen Messungen und Untersuchungen, bei allen Vergleichen und Verweisen das Staunen im Angesicht ihrer Gegenstände nicht verlernt hat.

26. Wissenschaftliche Tropen oder Eine neue Welt (in) der Wissenschaft

In einem weiteren, auf den 21. September 1801 datierten und mit genauen Längen- und Breitenangaben versehenen Brief berichtete der mittlerweile in Contreras bei Ibagua angekommene Alexander seinem Bruder Wilhelm vom bisherigen Verlauf sowie vielen Ergebnissen und Erlebnissen seiner Reise. Dabei stellte er seinem über zwei Jahre nach dem eingangs zitierten Brief verfaßten Zwischenbericht eine sehr persönliche Überlegung voran:

»Ich bin äußerst glücklich, meine Gesundheit ist so gut als sie vorher nie war; mein Muth ist unerschütterlich; meine Pläne gelingen mir; und wo ich hinkomme, werde ich mit zuvorkommender Gefälligkeit aufgenommen. Ich habe mich bereits dergestalt an die neue Welt, die mich umgiebt, gewöhnt, an die Tropen-Vegetation, die Farbe des Himmels, die Stellungen der Gestirne, den Anblick der Indianer, daß Europa meiner Einbildungskraft manchmal nur wie ein Land vorschwebt, das ich in meiner Kindheit sah. Ich sehne mich darum indeß nicht weniger dahin zurück, und denke, im Herbst 1804 wieder bei Euch zu sein.«[19]

Die zu diesem Zeitpunkt erstaunlich präzise Planung seiner Rückkehr nach Europa mag zeigen, daß sich die Forschungsreise von Humboldt und Bonpland in ihrer hermeneutischen Bewegungsstruktur ganz selbstverständlich in jene Kreisstruktur einschreibt, die mit der ersten Fahrt des Christoph Columbus gleichsam archetypisch vorgezeichnet worden war. Wie für den Genuesen war für den Preußen Europa nicht nur Ausgangs-, sondern Zielort der gesamten Reise, da sich für beide nur in Europa das eigentliche Ziel, die (wissenschaftliche, politische oder soziale) Erfüllung des gesamten Vorhabens, erreichen und verwirklichen ließ. An dieser Rückkehr nach Europa und insbesondere in die wissenschaftliche Metropole Paris hielt Humboldt ebenso unerschütterlich fest wie an seinen ungeheuer weitläufigen und anstrengenden amerikanischen Reiseplänen, welche die Voraussetzung für seine mobile Vernetzungswissenschaft bildeten.

Gleichwohl zeigt diese Passage, daß im asymmetrischen Spannungsfeld zwischen Europa und Amerika, zwischen östlicher und westlicher Hemisphäre, keineswegs allein die Alte Welt zum Sehnsuchtsort geworden ist. Denn Amerika ist für Alexander von Humboldt – sechsundzwanzig Monate nach seinem Brief aus Cumaná und noch vor seinen Besteigungsversuchen des Chimborazo und anderer Bergriesen der amerikanischen Kordilleren – zum Schauplatz seines Glücks (im Sinne eines anhaltenden Glücksgefühls wie der notwendigen Fortüne beim Gelingen seiner Pläne) geworden. Zum Zeichen dieses Glücks wird ihm sein nach eigener Aussage hervorragender Gesundheitszustand, fühle er sich doch gesünder denn jemals zuvor.

Die Welt der amerikanischen Tropen steht für Humboldt im Schnittpunkt zweier unterschiedlicher hemisphärischer Konstruktionen, stehen sich in seinem Denken und in seiner literarisch-wissenschaftlichen Darstellungsweise doch nicht allein die östliche und die westliche, sondern auch die nördliche und die südliche Hemisphäre gegenüber. In diesem Sinne steht die Reise des – wie er oft betonte – im Kometenjahr 1769 Geborenen im Zeichen nicht nur eines guten Sterns, sondern mehr noch eines ganzen Sternenhimmels. So heißt es in der *Relation historique* mit Blick auf die Überfahrt von der Alten in die Neue Welt:

»Seit unserem Eintritt in die heiße Zone wurden wir nicht müde, in jeder Nacht die Schönheit des südlichen Himmels zu bewundern, an dem, je weiter wir nach Süden vorrückten, immer neue Sternbilder vor unseren Blicken aufstiegen. Ein sonderbares, ganz unbekanntes Gefühl wird in einem rege, wenn man bei der Annäherung an den Äquator und namentlich beim Übergang aus der einen Halbkugel in die andere sieht, wie die Sterne, die man von frühester Kindheit an gekannt, immer tiefer hinabrücken und endlich verschwinden. Nichts mahnt den Reisenden so lebhaft an die ungeheure Entfernung seiner Heimat als der Anblick eines neuen Himmels.«[20]

Erneut wird die Er-Fahrung der Neuen Welt nicht nur mit der räumlichen Distanz von der Heimat, sondern auch mit dem Zurücklassen einer alten Welt der Kindheit verbunden, wobei das »Neue« dieser Welt hier zugleich in einen kosmischen Zusammenhang gerückt wird. Als *genießende* Wissenschaft ist die *Humboldtian Science* stets autobiographisch unterfüttert und entbindet ihre ästhetische Dimension aus einer (planmäßigen) Delokalisierung, wie sie in dieser Passage aus einer sich im Raum verändernden, zwischen östlicher und westlicher, nördlicher und südlicher Halbkugel bewegenden Perspektivik beim Blick in den Sternenhimmel literarisch eindrucksvoll vorgeführt wird. Die raum-zeitliche Herkunft des Reisenden wird markiert, zugleich aber in eine Beobachterperspektive umkodiert, für die sich die Konstellationen verändert haben: Nicht nur in einem planetarischen, sondern auch in einem kosmischen Sinne ist für den europäischen Reisenden die Welt der amerikanischen Tropen neu.

Alexander von Humboldts tropenzentrische, in einem zweifachen hemisphärischen Koordinatensystem verankerte Sichtweise dessen, was für ihn diese ihn umgebende Neue Welt darstellt, wird auch in vielen anderen Briefen schon früh – selbst in ihrer Rückbindung an das eigene Körperempfinden – deutlich. So lesen wir in einem Brief vom 21. Februar 1801 aus Havanna an seinen Freund, den Botaniker Karl Ludwig Willdenow:

»Meine Gesundheit und Fröhlichkeit hat trotz des ewigen Wechsels von Nässe, Hitze und Gebirgskälte [...] sichtbar zugenommen, seitdem ich Spanien verließ. Die Tropenwelt ist mein Element, und ich bin nie so ununterbrochen gesund gewesen als in den letzten 2 Jahren.«[21]

Humboldts komplexe Repräsentation der Neuen Welt beinhaltet sowohl eine tellurische als auch eine kosmische Dimension, schließt in vertikaler Reihung die Pflanzenwelt der Tropen ebenso ein wie die Farbe des Himmels und die Konstellationen der Sternbilder, begreift den »Anblick der Indianer« wie die zuvorkommende »Gefälligkeit« aller Bewohner dieses Kontinents gegenüber dem europäischen Reisenden.[22] Europa rückt demgegenüber in eine Distanz, die nicht nur räumlicher, sondern zeitlicher Natur ist, und wird als Kontinent zu einem »Land«[23] umgedeutet, dem beide Reisende als gemeinsamem Herkunftsort entstammen.

Die eigene »Verwandlung« zum Europäer, die Alexander von Humboldt im ersten, auf 1815 datierten Band seiner *Relation historique* ebenfalls aus einer Bewegung heraus signalisieren wird, indem er den Lichtschein »einer Fischerhütte von Sisarga« an der spanischen Atlantikküste – »das letzte, was uns von der Küste Europas zu Gesicht kam«[24] – zum letzten Zeichen der »Küste des Heimatlandes«[25] *(pays natal)* umkodiert, wird im Brief vom 21. September 1801 bereits vorweggenommen. Alexander von Humboldt bereist *als Europäer* die Neue Welt; doch zugleich wird ihm diese Welt zum eigenen Element, an dessen Peripherie die alte Welt einer Kindheit in Berlin, in Preußen eigentümlich verschwimmt. Beginnt hier schon jener Prozeß, der Alexander später in den Augen seines Bruders Wilhelm als ein Mensch erscheinen ließ, der »aufgehört hat, deutsch zu sein«?[26]

Neu ist Alexander von Humboldt die Neue Welt nicht etwa, weil sie – wie es die vorherrschenden zeitgenössischen Theorien noch in der zweiten Hälfte des 18. Jahrhunderts wollten – geologisch jüngeren Datums und später aus den Wassern emporgestiegen wäre, so daß auf ihr alle Entwicklung und alles Leben im Verhältnis zur Alten Welt neueren Datums sein müßten. Humboldts wissenschaftliche Tropen von der Tropenwelt sind andere. Denn neu ist ihm diese Welt – und im Begriff »Welt« überschneiden sich bei Humboldt (wie noch zu zeigen sein wird) stets eine kosmische, eine planetarische und eine abstrakt philosophische Bedeutungsebene – deshalb, weil sie in einer euphorischen, seinen Geist wie seinen Körper gleichermaßen erfassenden Bewegung an die Stelle einer längst entrückten alten Welt als Zeichen einer *Vita Nova* getreten ist: wie ein neues Leben, das sich in einer geradezu unbegrenzten Bewegungsfreiheit im Schnittpunkt aller Hemisphären zu entfalten sucht. Diese für ihn neue, erst durch die Reise entstandene Welt aber ist ihm ein *Mundus Novus*, der von der Pflanzenwelt bis zum Himmelszelt, von der Bevölkerung bis zu deren Umgangsformen reicht. Es ist *diese* Welt, mit der sich sein Lebensglück – auch im Sinne (s)eines glückenden Lebens – verbindet.

Wie sehr diese auf den ersten Blick so persönliche und subjektive Sichtweise einer »neuen Welt« mit den zeitgenössischen Debatten um den amerikanischen Kontinent verbunden ist und sich daher in einer Auseinandersetzung situiert, die Antonello Gerbi als die *Disputa del Nuovo Mondo* bezeichnete,[27] mag ein Brief Alexander von Humboldts vom 22. April 1803 aus Mexiko an ebenjenen Antonio José Cavanilles zeigen, dessen wissenschaftliche Publikation Humboldt im eingangs zitierten Brief vom 16. Juli 1799 bereits erwähnt hatte. Darin berichtete er dem damaligen Direktor des Botanischen Gartens in Madrid in seinem in spanischer Sprache verfaßten Schreiben nicht nur von einigen äußerst strapaziösen Etappen, in deren Verlauf Bonpland und er sich stets bester Gesundheit erfreut hätten (»wir sind stets kräftig und robust geblieben«[28]), sondern machte den berühmten spanischen Wissenschaftler in diesem Zusammenhang auch auf die verbreiteten Vorurteile vieler Europäer aufmerksam:

»Viele Europäer haben den Einfluß dieser Klimate auf den Geist übertrieben und behauptet, es sei unmöglich, geistige Arbeit hierzulande zu verrichten; aber wir müssen das Gegenteil veröffentlichen und aus eigener Erfahrung betonen, daß wir uns niemals kraftvoller gefühlt haben als bei der Betrachtung der Schönheit und der Großartigkeit, mit der sich hier die Natur präsentiert. Ihre Größe, ihre unendlichen und neuen Erzeugnisse elektrisierten uns gleichsam, sie erfüllten uns mit Freude und machten uns unverwundbar. So arbeiteten wir drei Stunden lang dem glühenden Sonnenlicht von Acapulco und Guayaquil ausgesetzt, ohne ein fühlbares Unwohlsein zu bemerken; so betraten wir die eisigen Schneezonen der Anden; und so durchliefen wir voller Freude die Wüsten, die dichten Wälder, die Küstengebiete und sumpfigen Flächen.«[29]

Auch wenn die erste Person Plural angesichts der Tatsache, daß der Gesundheitszustand Aimé Bonplands während der Reise mehrfach zu ernster Besorgnis Anlaß gab, wohl nur für Alexander von Humboldt selbst gelten kann, so ist die Stoßrichtung des preußischen Forschers vor dem Hintergrund der in Figur 2 erläuterten »Berliner Debatte« doch unverkennbar. Der Verfasser der *Versuche über die gereizte Muskel- und Nervenfaser* bezieht hier vehement Stellung gegen jeglichen Versuch, eine Inferiorität der Neuen Welt mit dem Hinweis auf ein Klima zu begründen, das der geistigen Arbeit, dem *tra-*

bajo intelectual, abträglich oder gar schädlich wäre. Dagegen führt er jahrelange wissenschaftliche Aktivitäten in den unterschiedlichsten Klima- und Landschaftszonen Amerikas ins Feld, so daß die eigene Erfahrung *(experiencia propia)* eindeutig belege, daß derlei Vorurteile angesichts einer großartigen Natur gänzlich fehl am Platze seien.

Die von Humboldt verwandte Rhetorik und Metaphorik, die Schönheiten der Neuen Welt hätten die Reisenden förmlich elektrisiert, mit Freude erfüllt und sie gänzlich unverwundbar *(invulnerables)* gemacht, mag aus zeitlicher Distanz als übertrieben erscheinen; ihr Ziel aber war es, der in Europa noch lange Zeit anhaltenden und von Humboldt auch in den nachfolgenden Jahrzehnten immer wieder bekämpften Inferiorisierung Amerikas mit dem Verweis auf eigene, in den Äquinoktial-Gegenden des Neuen Kontinents gemachte Erfahrungen massiv entgegenzutreten.

Denn Humboldt hatte die Berührung mit der »Neuen Welt« in der Tat elektrisiert und in einen Spannungszustand versetzt, der nicht nur aus seiner Korrespondenz und seinen Tagebüchern, aus seinen nicht selten gewagten Exkursionen und rastlosen Untersuchungen, sondern auch aus vielen seiner Veröffentlichungen spricht. Die von 1799 bis 1804 durchgeführte *Reise in die Äquinoktial-Gegenden des Neuen Kontinents* markierte für Humboldt nicht nur einen neuen Lebensabschnitt, sondern eröffnete ihm eine *Vita Nova*, ein neues Leben, das aufs engste mit der neuen Welt (in) der Wissenschaft und seinem euphorischen Verhältnis zum Wissen zusammenhing. Das Erleben, die eigene Erfahrung der Tropenwelt ließ unter Humboldts Feder neue Tropen entstehen, die noch weit entfernt sind von Claude Lévi-Strauss' *Tristes Tropiques*.[30]

27. Mundus Novus *und hemisphärische Ganzheit*

Nur vor dem Hintergrund dieser Reiseerfahrung und der damit in Zusammenhang stehenden Entfaltung eines Lebenswissens, das Alexander von Humboldt in seinen Werken mit Hilfe einer Vielzahl narrativer beziehungsweise literarischer Verfahren als Erlebenswissen an seine Leserschaft weiterzugeben versuchte, werden die semantische Intensität und epistemologische Komplexität des von ihm entfalteten neuen, geschichtlich fundierten Diskurses über die Neue Welt verständlich. Gleichviel, ob sich Humboldt aus ozeanographischer oder klimatologischer, geologischer oder geomorphologischer, pflanzengeographischer oder anthropologischer, altamerikanistischer oder kulturgeschichtlicher, historiographischer oder politischer, literarischer oder kunstgeschichtlicher Perspektive dem amerikanischen Kontinent annäherte: Stets geschah dies über eine jahrzehntelange transdisziplinäre Auseinandersetzung hinweg leidenschaftlich und im Bewußtsein, einen Beitrag dazu leisten zu wollen, Amerika einen gleichberechtigten Status innerhalb der künftigen multipolaren Weltentwicklung zu erstreiten.

Dies aber beinhaltete, daß Alexander von Humboldt den amerikanischen Kontinent in dessen Vielgestaltigkeit und Differenziertheit stets als eine hemisphärische Einheit wahrnahm. Zur Bezeichnung dieser Einheit – die für ihn immer eine Vielheit in sich barg – gab er in seinen Schriften neben dem Begriff der »Neuen Welt« *(nouveau monde)* vor allem jenen des »Neuen Kontinents« *(nouveau continent)* den Vorzug.

Mit Blick auf Christoph Columbus und Amerigo Vespucci hat Alexander von Humboldt in seinem in fünf Bänden in französischer Sprache publizierten und bis heute faszinierenden *Examen critique* die Ansicht vertreten, daß keiner der beiden Seefahrer »jemals den Gedanken an die Entdekkung eines neuen Festlandes gehegt«[31] habe: »Beide waren gleichmäßig bis zu ihrem Tode der festen Ueberzeugung, verschiedene Punkte des Festlandes von Asien berührt zu haben [...], wie aus ihren Zeugnissen auf das Bestimmteste hervorgeht.«[32]

War Columbus sicherlich fest davon überzeugt, seinen Plan, die an Gewürzen und anderen Gütern reichen Teile Asiens auf dem Westwege zu erreichen, in die Tat umgesetzt zu haben, so stellen sich bei Amerigo Vespucci – der anders als der genuesische Seefahrer nicht im Zentrum des Humboldtschen *Examen critique* stand – die Sachverhalte doch wesentlich komplexer und widersprüchlicher dar. Denn der Florentiner Vespucci sprach in seinem berühmten, rasch in vielen Abschriften und Übersetzungen in Europa zirkulierenden Brief von 1503 an Lorenzo di Pierfrancesco de'Medici in der Tat von einem *Mundus Novus*, den er aufgefunden habe und in der Folge beschreiben wolle:

»In den letzten Tagen habe ich Euch ausführlich von meiner Rückreise aus jenen neuen Regionen *(ab novis illis regionibus)* berichtet, die wir mit der Flotte, auf Kosten und im Auftrag des durchlauchtigsten Königs von Portugal (woher ich Euch nun schreibe) erkundeten und entdeckten und die man als eine neue Welt bezeichnen könnte *(novum mundum appellare licet)*, wo doch die Alten von diesen Gebieten keine Kenntnis besaßen und deren Existenz allen, die davon hören, völlig neu *(novissima res)* ist. Denn in der Tat übersteigt dies die Vorstellungen der Menschen unserer Antike *(opinionem nostrorum antiquorum excedit)* bei weitem, insofern der Großteil von ihnen meinte, es gäbe überhaupt kein Festland südlich des Äquators, sondern nur noch das Meer, welches sie Atlantik nannten; und selbst wenn einige wenige behaupteten, daß dort Festland läge, so erklärten sie doch mit vielen

Argumenten, daß dieses Land nicht bewohnbar wäre. Daß aber diese ihre Vorstellung falsch ist und der Wahrheit in keiner Weise entspricht, hat diese meine letzte Seefahrt bewiesen, da ich in jenen südlichen Breiten einen Kontinent fand, der mit Völkern und Tieren dichter besiedelt ist als unser Europa oder Asien und Afrika, und darüber hinaus ein Klima, das gemäßigter und angenehmer ist als in irgendeiner anderen uns bekannten Weltgegend, wie Ihr weiter unten noch hören werdet. Dort werde ich in aller Kürze die Hauptpunkte der Ereignisse und alle berichtenswerten Dinge, die ich in dieser neuen Welt *(in hoc novo mundo)* gesehen oder gehört habe, zu Papier bringen.«[33]

Wie auch immer man den Authentizitätsgrad der wenigen auf uns überkommenen Briefe und Schriften des Amerigo Vespucci einschätzen mag: Unstrittig ist doch, daß mit seinem Brief die Existenz eines *Mundus Novus* behauptet und damit diskursiv geschaffen wurde. Dabei muß uns in diesem Zusammenhang nicht interessieren, auf Grund welcher wohlbekannten Irrtümer und Mißverständnisse der junge Geograph und Kartograph Martin Waldseemüller im Jahre 1507 in seiner *Cosmographiae universalis introductio* den Vornamen des Florentiner Reisenden als Benennung für den von diesem diskursiv in die Welt gesetzten »neuen Kontinent« vorschlug und in seine Weltkarte übertrug. Denn unverkennbar ist die Tatsache, daß Vespucci die von ihm dargestellten »neuen Regionen« beziehungsweise diese »neue Welt« deshalb als »neu« bezeichnete, weil von diesem Kontinent in der abendländischen Antike keine Kenntnis und keinerlei Vorstellung bestanden habe. Als »neu« wurde dieser *Mundus Novus* in der angeführten Passage folglich insofern bezeichnet, als er noch kein integrativer Bestandteil des abendländischen Wissens gewesen sei, so daß ihm daher aus *europäischer* Perspektive im Vergleich mit anderen, dem

Abendland bereits bekannten Weltgegenden die Charakterisierung als *novus* zugesprochen werden durfte.

Die diskursive Scheidung zwischen »Alter« und »Neuer« Welt steht damit zwar nicht in einem unmittelbaren Zusammenhang mit dem Vorhaben des Columbus, Indien, China und das Cipango des Marco Polo aus vorrangig wirtschaftlichen und geostrategischen, daneben aber auch politischen und christlich-theologischen Gründen auf dem Westwege zu erreichen; sie ist jedoch aufs engste mit der kolonialen Expansion Europas und somit der ersten Phase beschleunigter Globalisierung verbunden.

Die jahrzehntelange Auseinandersetzung Alexander von Humboldts mit dieser aus seiner Sicht für die Entwicklung der Menschheit so folgenreichen Phase gipfelte im *Examen critique*, das gleichzeitig einen vorläufigen Abschluß seines amerikanischen Reisewerkes bildete. Schon vom ersten Satz seiner auf Berlin, im November 1833 datierten »Vorrede« stellte sich dieser Prozeß aus übergreifendem historischem Blickwinkel als eine planvolle weltgeschichtliche Entwicklung dar:

»Die Jahrhunderte, in denen sich die Lebendigkeit der geistigen Bewegung offenbart, bieten dem Beobachter den unterscheidenden Charakter einer unabänderlichen Tendenz zu einem vorgesteckten Ziele dar.«[34]

Dabei erschien ihm das in seiner Untersuchung zentral gestellte 15. Jahrhundert als eine entscheidende Scharnierphase ebenso für die Länder des Abendlands wie für die weitere geschichtliche Entwicklung, die in der zweiten Hälfte des 18. Jahrhunderts zu jener zweiten Phase beschleunigter Globalisierung führen sollte, auf deren Problemhorizont sein gesamtes amerikanistisches Werk eine Antwort darstellte:

»Das 15. Jahrhundert, mit dem ich mich vorzugsweise in diesem Werke auseinandersetzen werde, bietet ein Interesse dar, das nur ein Höhepunkt in der Skala des Zeitenfortschritts der menschlichen Vernunft in Anspruch zu nehmen imstande ist. In der Mitte zwischen zwei voneinander verschiedenen Arten der Zivilisation sehen wir in ihm gleichsam eine Zwischenwelt, die zugleich dem Mittelalter und der neueren Zeit *(temps modernes)* angehört. Das 15. Jahrhundert ist das Zeitalter hervorstechender Entdeckungen im Raume, neuer Wege, die den Verbindungen der Völker dargeboten wurden, früherer Wahrnehmungen einer natürlichen Erdbeschreibung, die alle Breiten- und Längengrade umfaßte.«[35]

Diese Zwischenwelt des 15. Jahrhunderts mit ihren Entdekkungen, ihren neu eröffneten Wegen und ihrer sich präzisierenden Erdbeschreibung ordnete Humboldt freilich in eine umfassendere Entwicklung ein, innerhalb welcher der »Zustand unserer europäischen Civilisation« auf »Griechenland, als den ersten Ausgangspunkt«[36] zurückgeführt wird. So läßt sich das *Examen critique* als die sorgfältige Untersuchung jener abendländischen Expansionsbewegung begreifen, die Alexander von Humboldt im zweiten Band seines *Kosmos* mit dem Begriff des *Weltbewußtseins* belegte, das sich aus der spezifischen Land-Meer-Verteilung des östlichen Mittelmeerraumes und den dort sich entwickelnden Verbindungen zwischen den Völkern und Kulturen in zunehmendem Maße – wenn auch keineswegs gleichmäßig – herausgebildet habe.[37] Innerhalb dieser vom Abendland ausgehenden Entwicklung siedelte er noch sein eigenes Unternehmen, seine eigene Reise an, die sich selbstverständlich nicht weniger als die Fahrten des 15. und 16. Jahrhunderts als eine planvolle, nicht dem Zufall geschuldete (wenn auch vom Zufall nicht unabhängige) Unternehmung verstand.

Mit seiner Rede von den »Entdeckungen auf der westlichen Halbkugel«[38] fokussierte Alexander von Humboldt jene Region des Planeten, die – jenseits anderer Gebiete, welche ebenfalls zum Aufmarschgebiet europäischer Expansionsbestrebungen wurden – er selbst auf seiner Reise durch die Inselwelt und Festlandssäume der Karibik, durch Teile Südamerikas (vom heutigen Venezuela über Columbien und Ecuador bis nach Peru) wie Nordamerikas (Mexiko und die Vereinigten Staaten) besuchte.

Humboldt wußte wie kaum ein anderer seiner Zeitgenossen sehr genau, in welchem Maße die Benennungen der westlichen Hemisphäre und ihrer Teile den verschiedenartigsten Mißverständnissen und Zufällen ausgesetzt waren und – wir dürfen hinzusetzen: bis zum heutigen Tage – auch blieben. So zeichnete er auf der Grundlage einer Vielzahl historischer wie zeitgenössischer Dokumente und Quellen die Namensgeschichte Amerikas nach, verfolgte die Spuren anderer Benennungen und betonte immer wieder, wie prekär diese europäischen Taufakte von Anfang an gewesen seien:

»Uebrigens ist es mit dem Namen der Antilleninseln gegangen, wie mit dem von Amerika; der erstere wurde, wie wir gesehen haben, im Jahre 1493 von Anghiera vorgeschlagen, der letztere 1507 von Ylacomylus [i. e. Waldseemüller], und bei beiden war mehr als ein Jahrhundert erforderlich, ehe der Gebrauch allgemein verbreitet war. Christoph Columbus faßt nie die Gesammtmasse der von ihm entdeckten *Inseln von Indien* unter eine gemeinschaftliche Benennung zusammen. [...] Auf den Karten des Juan de la Cosa und Ribero findet sich keine Spur von dem Namen der Antillen.«[39]

Ohne an dieser Stelle der Begeisterung Alexander von Humboldts nachgeben zu können, der in der Folge eine beeindruckende Vielzahl von Bezeichnungen allein für den Bereich der Antillen beziehungsweise der Karibik auflistete und diskutierte, sei doch zumindest festgehalten, daß es dem preußischen Gelehrten darum ging, die westliche Hemisphäre zugleich als eine Gesamtheit und als eine höchst differenzierte Vielheit zu begreifen und darzustellen. Dies galt jedoch nicht allein für die Zeit nach der sogenannten »Entdeckung«, sondern gerade auch für die präkolumbische Zeit, in der die naturräumliche Differenzierung einer nicht geringeren kultur- und sprachräumlichen Vielgestaltigkeit gegenüberstand: So hielt Humboldt gleich zu Beginn seiner *Ansichten der Kordilleren und Monumente der eingeborenen Völker Amerikas* fest:

»Die amerikanische Rasse, in der Zahl die kleinste von allen, bewohnt indessen den weitesten Raum auf dem Globus. Sie breitet sich über die beiden Hemisphären aus, vom 68. Grad nördlicher bis zum 55. Grad südlicher Breite. Sie ist die einzige von allen Rassen, welche sich gleichermaßen in den heißen Ebenen nahe des Ozeans wie auf dem Rücken der Berge niedergelassen hat, bis in Höhen hinauf, die den Pic von Teneriffa um 200 Toisen übersteigen.

Die Zahl der Sprachen, welche die vielfältigen eingeborenen Volksstämme voneinander unterscheiden, erscheint auf dem neuen Kontinent noch beträchtlicher als in Afrika, wo es, nach den neuen Forschungen der Herren Seetzen und Vater, über 140 davon gibt. [...] Diese einheitliche Tendenz der Idiome kündet wenn nicht von einem gemeinschaftlichen Ursprung, doch von einer äußersten Analogie in den geistigen Anlagen der amerikanischen Völker von Grönland bis in die Magellanschen Gegenden.«[40]

Die Mannigfaltigkeit der Sprachen der über den gesamten Kontinent verstreuten und insgesamt in recht geringem Maße im wechselseitigen Austausch stehenden indigenen Bevölkerung zeigt, in welchem Maße das sich über die südliche wie die nördliche Halbkugel erstreckende Amerika für Humboldt ein Kontinent größter Heterogenität war, zugleich aber in seinen Gemeinsamkeiten nur aus einer hemisphärischen Sichtweise heraus wissenschaftlich untersucht werden konnte. Die Ereignisse nach der *Conquista* verstärkten – wie wir sahen – nach Humboldts Auffassung diese fundamentale, sich durch die Geschichte des Kontinents ziehende Heterogenität noch weiter. Damit stellt sich die Frage, mit Hilfe welcher diskursiven und begrifflichen Strukturierungen und Modellierungen Alexander von Humboldt sein so geartetes Verständnis dieser Neuen Welt gestaltete.

28. Plurale Welt und hemisphärische Wissenschaft

Bei der semantischen Untersuchung von Weltbegriffen lassen sich zumindest drei verschiedene Bedeutungsebenen und -zusammenhänge voneinander unterscheiden: eine wie bei »Weltall« *kosmische*, eine wie bei »Welthandel« *planetarische* sowie eine wie bei »Weltanschauung« *philosophisch-abstrakte* Dimension.[41] Charakteristisch für Alexander von Humboldts zahlreiche Weltbegriffe ist die Tatsache, daß sich in seinen Verwendungen die kosmischen, planetarischen und abstrakten Bedeutungsebenen überschneiden und miteinander verbinden. So beinhaltet sein Begriff »Weltbewußtsein« eine kosmische, Himmel und Erde zusammendenkende Dimension, meint zugleich aber auch einen expansiven Prozeß planetarischer »Durchdringung«, ohne deswegen die abstrakte, von den spatio-temporalen Kontexten abgezogene Bedeutungsebene zu vernachlässigen.

Zugleich sind Humboldts Weltbegriffe stets empirisch fundiert und implizieren eine erfahrungswissenschaftliche Rückbindbarkeit. Anders als in der zeitgenössischen Philosophie wie etwa bei Hegel ist der Begriff der Weltanschauung bei Humboldt stets durch eine eigene konkrete und überprüfbare Anschauung verankert. Und da er sehr bewußt die verschiedenen Bedeutungsebenen miteinander zu verbinden suchte, lehnte er auch als Untertitel für seinen *Kosmos*, die *Summa* seiner lebenslangen wissenschaftlichen Arbeit, den Begriff »Erdbeschreibung« (wie er ihn auch in der bereits zitierten Passage seines *Examen critique* verwandte) entrüstet ab und entschied sich für jenen der »Weltbeschreibung«, der sich keineswegs nur auf die zweite, die planetarische Isotopie beschränkte. So erläuterte er eine für ihn wichtige Differenzierung in seinem Brief vom 27. Oktober 1834 an seinen Freund Varnhagen von Ense:

»Ich wünschte das Wort Kosmos hinzuzufügen, ja die Menschheit zu zwingen das Buch so zu nennen, um zu verhindern, daß man nicht H.'s physische Erdbeschreibung sage, was denn das Ding in die Klasse der Mittersacher'schen Schriften werfen würde. Weltbeschreibung (nach Weltgeschichte geformt) würde man als ungebräuchliches Wort immer mit Erdbeschreibung verwechseln.«[42]

Gewiß ließe sich sagen, daß die eigentliche Leistung des Begriffs »Welt« weniger im logisch-begrifflichen als im anschaulich-imaginativen Bereich liegt.[43] Doch kam es Humboldt nicht zuletzt auf die stets auf eine Gesamtheit, auf ein Ganzes zielende und eine Erfahrung von Totalität implizierende Semantik des Weltbegriffes an, selbst wenn sich dieser – wie in der Wendung »Neue Welt« – auf einen Teil des Planeten bezog.

Dabei war die Welt für Alexander von Humboldt – der Etymologie dieses Begriffs entsprechend[44] – stets menschhaltig, während der Mensch für ihn umgekehrt immer weltbildend wirkte. Zweifellos siedeln sich Humboldts Weltbegriffe innerhalb einer Phase des Verblassens jenes theologischen Bezugsrahmens an, der ehedem für die Weltsemantik maßgeblich gewesen war.[45] Doch läßt sich bei Humboldt keineswegs eine semantische Reduktion auf das Irdische und Anthropologisch-Profane beobachten, sondern vielmehr der aufschlußreiche Versuch nachzeichnen, eine neue Komplexität des Weltbegriffs zu schaffen.

Zu dieser Komplexität zählt auch die Pluralität der Welten, eine Pluralität, die stets im Zeichen der Differenz des Vielgestaltigen, der Einheit des Zusammengehörenden und der Existenz der *einen* Welt in der Vielheit steht. Ebendiese vielschichtige, plurale Semantik kommt auch der Verwendung des Begriffs der »Neuen Welt« bei Alexander von Humboldt zu, eine Polysemie, in der auch – wie wir bereits sahen – die autobiographische Dimension eigener Welt-Erfahrung nicht fehlen durfte.

Die Spezifik und Differenzqualität der Neuen Welt ist zum einen ihrer geologischen, topographischen und allgemein naturräumlichen Diversität, zum anderen aber ihrer damit in Verbindung stehenden kulturräumlichen und (welt)geschichtlichen Entwicklung geschuldet. Gerade in dem von Humboldt sehr häufig verwendeten Begriff des »Neuen Kontinents« scheint etymologisch bereits das »Zusammenhängende« jener verschiedenen Teile auf, die gleichsam für eine naturräumliche Binnendifferenzierung sorgen.

Anders als Asien, Afrika und Europa, die als Kontinente der »Alten Welt« durch Landbrücken miteinander verbunden sind und in diesem Sinne zusammenhängen, zeichnet sich der »Neue Kontinent« in der Gegenwart durch seine Abgeschlossenheit, durch seine relative »Insularität« aus, die seit jeher als natur- *und* kulturräumlich wichtiges Faktum wirkte. *Continens* ist der »Neue Kontinent« also nur insoweit, als seine verschiedenen subkontinentalen Teile eine gemeinsame Landmasse bilden, für die sich erst im Verlauf des 16. Jahrhunderts dann ein *gemeinsamer* und damit den

Zusammenhang hervorhebender Name herauszubilden begann – ein Vorgang, dem sich Humboldt in seinem *Examen critique* aufmerksam widmete.

Zu der sich hieraus ergebenden naturräumlichen Binnengliederung gesellt sich bei Alexander von Humboldt eine kulturräumliche Differenzierung, die sich aus den von Nordwesten her kommenden vorgeschichtlichen Einwanderungsströmen später als »indianisch« benannter Bevölkerungsgruppen und den von Osten her vorgetragenen Erkundungs-, Eroberungs- und Kolonisierungsschüben europäischer Soldaten und Siedler speist. So betonte der Gelehrte in seinem *Examen critique*:

»[...] ich wünsche vielmehr die Aufmerksamkeit des Lesers auf den eigenthümlichen Charakter hinzulenken, welcher den verschiedenen Theilen von Amerika durch die mannigfachen Abstufungen von Barbarei und mehr oder minder vorgeschrittener Civilisation aufgedrückt worden ist, durch welche sich die Eingeborenen zur Zeit der ersten Niederlassung der spanischen, portugiesischen oder englischen Kolonien unterschieden. [...] Die Eingeborenen verdienen in dem politischen Gemälde desjenigen Theiles der Neuen Welt, welcher Europa gegenüberliegt, jetzt so gut als gar keine Berücksichtigung. [...] Nicht so verhielt es sich mit den Bergvölkern der Anden und den Bewohnern des Küstenstriches, welcher Asien, dem Mittelpunkte der ältesten Civilisation des Menschengeschlechtes, gegenüberliegt.«[46]

Aus diesen und den zuvor genannten, sehr unterschiedlichen natur- und vor allem kulturräumlichen Faktoren setzt sich bei Humboldt das (die verschiedenen Teile der Hemisphäre wechselseitig kontrastierende) komplexe Bild zusammen, das seinen neuen Diskurs über Amerika prägt. Es gelte, zwischen »Jägervölkern« und »Ackerbau treibenden Nationen«, die »alterthümliche politische Institutionen und eine einheimische, in hohem Grade ausgebildete Gesetzgebung darboten«, klar zu unterscheiden, um den »unauslöschlichen Charakter« zu begreifen, der sich »selbst bis auf die neueste Zeit den verschiedenen Theilen des unabhängigen Amerika« aufgedrückt habe.[47]

Den so verschiedenartigen Entwicklungen der indigenen Kulturen hat Humboldt ein vielgestaltiges, durch die Komplexität seiner intermedialen Schrift-Bild-Beziehungen wie durch die dynamische Relationalität zwischen den unterschiedlichsten Textfragmenten bis heute beeindruckendes Werk gewidmet. Es erschien zwischen 1810 und 1813 unter dem Titel *Vues des Cordillères et Monumens des Peuples Indigènes de l'Amérique* und stellt so etwas wie die »Ansichten der Kultur«[48] innerhalb seines gewaltigen Œuvre dar.

Ohne an dieser Stelle detailliert auf diese im Jahre 2004 in deutscher Erstausgabe erschienene »Geburtsurkunde« der Altamerikanistik eingehen zu können, sei im Anschluß an die bereits angeführte Passage darauf hingewiesen, daß Humboldt stets eine hemisphärische, den gesamten Kontinent erfassende Relationalität entwickelte, die es ihm erlaubte, sehr unterschiedlich verlaufene kulturelle Entwicklungen im kontinentalen Maßstab miteinander in Beziehung zu setzen. Neben diesem kontinentalen, eine westliche von einer östlichen Halbkugel trennenden Hemisphärenbegriff bezog er jedoch zugleich eine Unterscheidung zwischen Süd- und Nordhalbkugel mit ein, die ihm – wie wir mit Blick auf die herausgehobene Stellung der Tropen sahen – ein doppeltes hemisphärisches Koordinatensystem eröffnete.

Auf diese Weise konnte neben eine interne, den gesamten amerikanischen Kontinent umfassende Relationalität eine externe Relationalität treten, innerhalb deren amerikanische Phänomene mit Erscheinungen unterschiedlichster Regionen unseres Planeten weltumspannend in Verbindung gesetzt werden können. Dieses doppelte, interne und externe Netzwerk schafft die Grundlage für eine hemisphärische Betrachtungsweise, die den amerikanischen Kontinent in den Mittelpunkt rückt, ohne der Gefahr zu unterliegen, ihn von weltumspannenden Entwicklungen abzukoppeln und zu isolieren.

So war es nur folgerichtig, daß sich Humboldts hemisphärischer Blick im kulturellen Bereich keineswegs auf die präkolumbischen Kulturen oder die Erfassung der unterschiedlichen kulturellen Bedingungen beschränkte, auf welche die europäischen Konquistadoren und Siedler in der Neuen Welt stießen. Gleich zu Beginn des 26. Kapitels im dritten Band von Humboldts zwischen November 1814 und April 1831 erschienenen *Relation historique* findet sich eine lange Passage, die uns einen zeitlich anders gelagerten Einblick in die hemisphärischen Konstruktionen des preußischen Gelehrten erlaubt. Dort lesen wir:

»Seit ich auseinandergesetzt, welch unermeßliche Hilfsmittel den Völkern des gedoppelten Amerika *(peuples des deux Amériques)* durch ihre Lage an sich und durch ihren Handelsverkehr mit Europa und Asien in Aussicht stünden, sobald sie der Segnungen einer vernünftigen Freiheit genössen, hat eine der großen Umwälzungen, welche von Zeit zu Zeit das Menschengeschlecht aufrütteln, die gesellschaftlichen Zustände in den von mir durchreisten gewaltigen Ländern umgewandelt. Gegenwärtig teilen sich, so kann man wohl sagen, drei Völker europäischer Abkunft das Festland der Neuen Welt *(Nouveau-Monde)*: das eine, das mächtigste, ist germanischer Rasse, die beiden anderen gehören nach Sprache, Literatur und Sitten dem lateinischen Europa an. Die Teile der alten Welt *(ancien monde)*, die am weitesten nach Westen vorspringen, die iberische Halbinsel und die britannischen Inseln, sind auch diejenigen, deren Kolonien die bedeutendste Ausdehnung haben; aber ein viertausend Meilen langer, nur von Nachkommen von Spaniern und Portugiesen bewohnter Küstenbereich legt Zeugnis dafür ab, wie hoch sich die Völker der Halbinsel im fünfzehnten und sechzehnten Jahrhundert durch ihre Unternehmungen zur See über die anderen seefahrenden Völker emporgeschwungen hatten. Die Verbreitung ihrer Sprachen von Kalifornien bis an den Rio de la Plata, auf dem Rücken der Kordilleren wie in den Urwäldern am Amazonenstrom ist ein Denkmal nationalen Ruhms, das alle politischen Revolutionen überdauern wird.«[49]

In diesen Ausführungen liegt der Fokus Humboldts vor dem Hintergrund historischer Entwicklungen *de longue durée* auf den neueren und neuesten politischen und kulturellen Entwicklungen. Seit der Veröffentlichung des ersten Bandes der *Relation historique* hatte sich in den spanischen Kolonien Amerikas die politische Unabhängigkeitsbewegung der *Independencia* allen Schwierigkeiten zum Trotz durchgesetzt und eine neue Phase gesellschaftlicher Entfaltung möglich gemacht. Innerhalb dieses Kontexts werden die Völker des »gedoppelten Amerika« zugleich als Gesamtheit und in ihrer Differenz erfaßt, wobei es höchst aufschlußreich ist, daß die geographische Unterscheidung zwischen Südamerika und Nordamerika (als Grenze gibt Humboldt zumeist den Isthmus von Panama an, wodurch Mittelamerika dem nordamerikanischen Subkontinent zugeschlagen wird) und die astronomische Unterscheidung zwischen Nordhalbkugel und Südhalbkugel weder untereinander noch mit der vorwiegend ethnisch-kulturellen Differenzierung zwischen Völkern germanischer oder romanischer Herkunft übereinstimmen.

Die von Humboldt eingeblendete Rede von den beiden Amerikas ist insoweit bemerkenswert, als er mit den in

Amerika ansässig gewordenen Völkern der *Europe latine* gleichsam die erst später, um die Mitte des 19. Jahrhunderts geprägte Bezeichnung Lateinamerika *(Amérique latine)* vorwegnimmt. Die zunächst als Zweiteilung eingeführte Binnendifferenzierung wird nicht nur weiter ausdifferenziert, weil sich das vom lateinischen Europa geprägte Amerika in von Spaniern und Portugiesen – sowie im weiteren Verlauf von Franzosen – erobertes beziehungsweise kolonisiertes Land aufteilt, sondern weil Humboldt wenige Zeilen später neben den weniger ins Gewicht fallenden holländischen und dänischen Besitzungen zwei weitere Völker erwähnt, »welche auf das Geschick der andern Halbkugel *(l'autre hémisphère)* Einfluß nehmen können«: »einerseits die Ansiedler slawischer Abkunft, die von der Halbinsel Alaska bis nach Kalifornien Niederlassungen aufzubauen suchen, andererseits die freien Afrikaner auf Haiti, welche wahr gemacht haben, was der Mailänder Reisende Benzoni schon im Jahre 1545 vorausgesagt«.[50]

Die Berücksichtigung der slawischen Siedler an der amerikanischen Westküste ließe sich innerhalb des gesamten Entwurfs Alexander von Humboldts durchaus mit jener berühmten Einteilung Europas in Verbindung bringen, die Germaine de Staël ihren »Observations générales« gleich zu Beginn von *De l'Allemagne* voranstellte:

»Man kann den Ursprung der Hauptnationen Europas auf drei verschiedene große Rassen zurückführen: die lateinische Rasse, die germanische Rasse und die slawische Rasse. Italiener, Franzosen und Spanier haben von den Römern ihre Zivilisation und ihre Sprache erhalten; Deutsche, Schweizer, Engländer, Schweden, Dänen und Holländer sind teutonische Völker; und schließlich nehmen unter den Slawen die Polen und Russen den ersten Rang ein. Die Nationen, deren geistige Kultur lateinischen Ursprungs ist, sind seit älteren

Zeiten zivilisiert als die anderen; sie haben zumeist von den Römern Geschicklichkeit und Klugheit für die Geschäfte dieser Welt ererbt.«[51]

Damit kommen zusätzlich zum sehr differenziert betrachteten indianischen Amerika neben den germanisch beziehungsweise lateinisch sowie slawisch geprägten Regionen vor dem Hintergrund der 1804 abgeschlossenen haitianischen Revolution noch die ehemaligen Sklaven der vormals französischen Zuckerkolonie Saint-Domingue als künftige geschichts- und weltgestaltende Kraft in Amerika hinzu. Es geschieht, was sich in Humboldts Schriften so häufig beobachten läßt: Aus den zunächst so klaren Einteilungen erwachsen zusätzliche Unterscheidungen, die sich nicht in die zuvor dargelegten Grenzziehungen einfügen wollen, sondern proliferieren und sich auf immer komplexere Weise überlagern.

Kaum aber ist dies erfolgt, so öffnet Humboldt die Perspektive ein weiteres Mal und entfaltet – nach einem kurzen Ausblick auf die künftig sehr positive Bevölkerungsentwicklung auf dem Neuen Kontinent – das Bild Amerikas innerhalb einer sich herausbildenden Weltgesellschaft, die für die Völker beider Welten zweifellos multipolaren Zuschnitts sein werde:

»Gewiß ist infolge der großen Umwälzungen, denen die menschlichen Gesellschaften unterliegen, das Gesamtvermögen, und damit das gemeinschaftliche Erbgut der Zivilisation, unter die Völker beider Welten ungleich verteilt; aber allgemach stellt sich das Gleichgewicht wieder her, und es ist ein verderbliches, ja ich möchte sagen gottloses Vorurteil zu meinen, es sei ein Unheil für das alte Europa, wenn auf irgendeinem andern Teil unseres Planeten der öffentliche Wohlstand gedeiht. Die Unabhängigkeit der Kolonien wird nicht zu ihrer

Isolierung führen, sie werden vielmehr dadurch den Völkern von alter Kultur nähergebracht werden.«[52]

29. *Widersprüche, Webfehler und Wechselwirkungen*

Noch in seiner auf »Paris, im Februar 1812«[53] datierten »Einleitung« zu seiner *Reise in die Äquinoktial-Gegenden des Neuen Kontinents* hatte Alexander von Humboldt nicht zuletzt auch unter Einbeziehung der vom zeitgenössischen Publikum in einem Reisebericht erwarteten Gegenstände eine klare Trennungslinie zwischen den Hemisphären, zwischen »Alter« und »Neuer« Welt gezogen:

»Ich fühle wohl, wie sehr ein Amerikareisender gegenüber denen im Nachteil ist, die Griechenland, Ägypten, die Ufer des Euphrat oder die Südseeinseln beschreiben. In der alten Welt sind es die Völker und die Abstufungen ihrer Zivilisation, die dem Gemälde seinen Hauptcharakter geben; in der neuen hingegen verschwindet gleichsam der Mensch mit seinen Produkten inmitten einer wilden und gigantischen Natur. Die menschliche Gattung bietet hier nur einige Überbleibsel eingeborener, kulturell wenig fortgeschrittener Horden oder jene Einförmigkeit der Sitten und Institutionen, die von europäischen Kolonisten an diese fernen Gestade verpflanzt worden sind.«[54]

Der schroffe Gegensatz zwischen einer Welt der Kultur und einer Welt der Natur eröffnet gleichsam jene Reisebewegung, welcher das Lesepublikum bis zur Veröffentlichung der letzten Lieferung des dritten Bandes im April 1831 über nahezu zwei Jahrzehnte folgen sollte. Auch am Ende seiner nur wenig später verfaßten und ebenfalls auf Paris im April 1813 datierten »Einleitung« in die *Ansichten der Kordilleren* wird Humboldt mancher Widersprüche zum Trotz den Meridian der Kulturen der Welt durch das antike Griechenland ziehen.[55] Gerade in diesem Buch aber gab Humboldt seiner Leserschaft eine Vielzahl von Belegen dafür an die Hand, wie vielfältig jene »Monumente der eingeborenen Völker Amerikas« waren, die der preußische Gelehrte auf seinen Wegen durch die verschiedensten Regionen Amerikas sowie die Bibliotheken und Archive der Alten wie der Neuen Welt sorgfältig untersucht hatte.

Was mag Humboldt bewogen haben, in zwei sehr zeitnah entstandenen Einleitungen zu Bänden, die jeweils wichtige Bestandteile seines amerikanischen Reisewerkes darstellten, eher einander entgegengesetzte Standpunkte einzunehmen? Griff er in seinem Reisebericht auf die bekannte Zurechnung des amerikanischen Kontinents zum »Reich der Natur« zurück, das neben Europäern und Kreolen nur »einige Überbleibsel eingeborener, kulturell wenig fortgeschrittener Horden«[56] bevölkerten, so wandte er sich in seinen *Ansichten der Kordilleren* vehement gegen das zum damaligen Zeitpunkt noch immer weitverbreitete Vorurteil, es handle sich bei Amerika um einen vor der »Entdeckung« gleichsam kultur- und geschichtslosen Kontinent:

»Ein Volk, das seine Feste nach der Bewegung der Gestirne richtete und seinen Kalender in ein öffentliches Monument gravierte, hatte wahrscheinlich eine höhere Zivilisationsstufe erreicht als die, welche Pauw, Raynal und selbst Robertson, der klügste der Geschichtsschreiber Amerikas, ihm zuwiesen. Diese Autoren sahen jeden Zustand des Menschen als barbarisch an, der sich von dem Typus von Kultur entfernt, den sie sich nach ihren systematischen Ideen gebildet haben. Diese scharfen Unterscheidungen zwischen barbarischen und zivilisierten Nationen können wir nicht gelten lassen.«[57]

Die Widersprüche zwischen beiden Passagen sind eklatant, haben aber zweifellos mit der Tatsache zu tun, daß Alexander von Humboldt in der Einleitung zu seinem Reisebericht zunächst ein gängiges Klischee aufgriff, um dann im weiteren Verlauf seiner *Relation historique* ein wesentlich komplexeres Porträt des Kontinents zu entwerfen. So darf man die am Eingang des Reiseberichts beobachtbare starre Gegensätzlichkeit zwischen den beiden Welten im Denken Humboldts sehr wohl hinterfragen, zumal sich in die oben angeführte Darstellung ein für Humboldts systematisierende Auflistungen nicht selten charakteristischer »Webfehler« eingeschlichen hat.

Denn die vermeintlich so klare Einteilung wird durch die Hinzufügung der keineswegs altweltlichen Südseeinseln – die durch die Reiseberichte eines Louis-Antoine de Bougainville, eines Georg Forster oder eines James Cook berühmt geworden waren – durchaus hintergründig aufgebrochen. Es sind die kleinen, scheinbar unlogischen Abweichungen, die vermeintlich nebensächlichen Webfehler, mit Hilfe deren es Humboldt gelingt, seinen Vorstellungen jenen Schematismus und jene Starrheit zu nehmen, die er den »systematischen Ideen«[58] der Raynal, de Pauw oder Robertson vorwarf. Denn Humboldt zeigte sich nicht nur in den *Vues des Cordillères*, sondern ebenso in der *Relation historique* sehr wohl in der Lage, Alte und Neue Welt nicht mehr in Relationen der Gegensätzlichkeit, sondern der Komplementarität und Interdependenz vorzuführen. Im übrigen wußte er wie kaum ein anderer seiner Zeitgenossen kulturelle Zeugnisse dafür anzuführen, die jenseits der vergänglichen Spuren von Jägervölkern und anderer nomadisierender Stämme die Blüte indigener Kulturen eindrucksvoll belegen konnten.

Vergleichbare Widersprüche finden sich auch auf anderen Ebenen. Was Humboldt im ersten Band seines Reiseberichts als »Einförmigkeit« brandmarkte und mit Blick auf die gewaltige Verbreitung des Spanischen im dritten Band wiederum als die Zeiten überdauerndes »Denkmal nationalen Ruhms«[59] pries, stellte er in anderen Schriften gerne als ein wichtiges Element für die Erleichterung einer Nationalgrenzen überspannenden Kommunikation dar, das schon bald der künftigen Entwicklung der spanischsprachigen Welt zugute kommen werde. Bereits in seinem amerikanischen Reisetagebuch hielt er fest, daß unter allen europäischen Sprachen das Spanische außerhalb Europas »von der größten Menschenzahl gesprochen« werde.[60] Selbst das Arabische und das Chinesische seien nicht »über einen so *ungeheuren Flächenraum* von Nueva Galicia und California bis Cap Horn, Philippinen, Molukken, ausgebreitet«; und rechne man das Portugiesische, das dem Kastilischen näherstehe als das Katalanische oder Valencianische, hinzu, so dürfe man »ganz Ostindien, Persien und die asiat[ische] Inselwelt, in der das Portugiesische als Handels- und Geschäftssprache ist, mit zum Gebiet der span[ischen] Sprache zählen«.[61] Dem Spanischen noch am nächsten komme allein das Englische, das seinerseits über »den größten Theil von Nordamerika und die westindischen Inseln, Bengalen und Orissa, die Küste von Madras« verbreitet sei.[62] Gerade für das Spanische aber seien unter veränderten politischen Vorzeichen hervorragende Entwicklungsmöglichkeiten absehbar:

»Wenn die spanische Nation einst politische Freiheit und intellektuelle Bildung erhält, wird diese Verbreitung der Sprache der Nation einen großen Vorzug vor allen anderen Europäern geben. In Süd-Amerika wird dies besonders auffallend werden. Was in Mexiko gedruckt wird, kann in Caracas, Lima, Buenos Aires und Manila gelesen werden. Welche Leichtigkeit in [der] Verbreitung von Ideen und Empfindungen!«[63]

Bereits in dieser Einlassung seines Tagebuches entwarf Alexander von Humboldt auf seinem Weg nach Bogotá am Río Magdalena dieses Bild der weltweiten Verbreitung der auf dem Neuen Kontinent gesprochenen europäischen Sprachen, wobei er in dieser »Kartierung« eines Sprachenatlas zum einen den Gegensatz zwischen Nord- und Südamerika – und damit zwischen den »beiden Amerikas« – betonte, zugleich aber die hemisphärischen Grenzen weit überschritt. Für Humboldts Denk- und Schreibweise ist es charakteristisch, daß auch seine Auflistung der Regionen beziehungsweise Hauptstädte Südamerikas keineswegs konsistent ist, sondern einer durchgängigen Logik zuwiderläuft. Zum einen gehört Mexiko geographisch keineswegs – auch nicht im Sinne der Humboldtschen Einteilungen – zum südamerikanischen Subkontinent, und zum anderen weist Manila – ähnlich wie die Südseeinseln in der bereits zuvor behandelten Auflistung von Orten der »Alten Welt« – über die Grenzen sowohl Südamerikas wie des gesamten amerikanischen Kontinents hinaus. Auch hier also stoßen wir auf Webfehler.

Diese oft beobachtbare Inkonsistenz Humboldtscher Reihungen mag auf den ersten Blick wie ein Lapsus erscheinen. Die Häufigkeit derartiger »Versehen« sollte uns freilich dafür sensibel machen, daß es Humboldt ganz offensichtlich jenseits erstarrter systematischer Ideen um die ständig neue Perspektivierung nur auf den ersten Blick einfacher Grenzziehungen ging. Denn nur das Überschreiten und Unterspülen von Grenzen hat bei Humboldt System: Ständig erscheinen neue Beziehungen und Verbindungen, immer wieder wechseln die Begriffe und die Perspektiven, die Einbeziehung anderer Phänomene eröffnet laufend neue Zusammenhänge, die zunächst nicht in den Vordergrund gerückt worden waren.

So entsteht eine Multiperspektivität und eine damit einhergehende Mobilität, die durch ständige Verschiebungen und Überlappungen zwischen verschiedenen Räumen nicht die Grenzen und die mit ihnen zusammenhängenden Territorien, wohl aber die Relationen zwischen einzelnen Regionen und die mit diesen verbundenen Kommunikations- und Austauschmöglichkeiten in den Blickpunkt rücken. Auf diese Weise wird die interne Relationalität auf der hemisphärischen Ebene in ihrer Vielfalt herausgearbeitet und die amerikanische Hemisphäre zugleich auf eine externe, die kontinentalen Grenzen Amerikas überschreitende Relationalität bezogen, wie Humboldt dies etwa am Beispiel der Sprachen als Kommunikationsmittel *par excellence* vorführte.[64] Auch und gerade die hemisphärischen Konstruktionen der Neuen Welt sind bei Humboldt von globalen Wechselwirkungen durchzogen.

Diese Vervielfachung der Perspektiven und die damit verbundene Multiplikation von Bezugssystemen intensiviert ein hemisphärisches Verständnis, gerade weil sich dieses auf transareale und transkontinentale, die amerikanische Hemisphäre überschreitende Relationen hin öffnet. Wir könnten daher von einer hemisphärischen Fundierung einer transarealen Wissenschaft von Amerika sprechen.

Alexander von Humboldt ging es weniger um Territorien und Zustände als um Relationen, Wege und Dynamiken. Für sein Denken charakteristisch ist eine Bemerkung gleich zu Beginn des »Ersten Abschnitts« seines *Examen critique*, in welchem er »Ueber die Ursachen, welche die Entdeckung der Neuen Welt vorbereitet und herbeigeführt haben«, reflektiert:

»Alles was zur Bewegung anregt, möge die bewegende Kraft sein welche sie wolle, Irrthümer, unbestimmte Muthmaßungen, instinktmäßige Divinationen, auf Thatsachen gegründete Schlußfolgen, führt zur Erweiterung des Ideenkreises, zur Auffindung neuer Wege für die Macht der Intelligenz.«[65]

Wir haben gesehen, daß Humboldt nicht nur im Bereich der europäischen Entdeckungs- und Expansionsgeschichte dynamische Prozesse in den Vordergrund rückt. Es zeichnet den empirisch, auf eigene Erfahrungen gegründeten neuen Amerika-Diskurs Alexander von Humboldts aus, daß er die unterschiedlichsten Phänomene und Untersuchungsgegenstände weder in ihrer »Amerikanizität« isoliert und festschreibt noch im Allgemeinen und Weltumspannenden zum Verschwinden bringt. Zwischen einer stillgestellten Differenz und einer gleichmacherischen Entdifferenzierung entwickelte er auf der Ebene seiner wissenschaftlichen Epistemologie wie seiner literarästhetischen Darstellungsweise Verfahren, welche die von ihm entfalteten Beziehungsgeflechte als relationale und zugleich mobile, dynamische Gefüge hervortreten ließen.

Alexander von Humboldt versuchte, von seiner europäischen Warte und von einem beständig aktualisierten Forschungsstand aus, nicht nur die abendländischen mit den nichtabendländischen Erscheinungen, sondern auch letztere untereinander in einen weltumspannenden und die transarealen Dynamiken berücksichtigenden Dialog einzubeziehen. Diese Beziehungen wurden – wie schon die literarische beziehungsweise ästhetische Form der *Vues des Cordillères* zeigt – nicht als kontinuierliche denkbar, sondern sind von Diskontinuitäten, Brüchen und Hybridisierungsprozessen jeder Art durchdrungen.

Die Delokalisierung von Wissen ist aus transarealer Sicht jeglicher Entwicklung in Amerika eingeschrieben, gleichviel, ob wir mit Blick auf die amerikanische Hemisphäre die interne oder die externe – und dabei keineswegs immer über Europa vermittelte – Relationalität in den Vordergrund rükken. Die kulturellen Entwicklungen in Amerika erscheinen wie ein Netzwerk von Delokalisierungen, das die Migrationen und Wege des Wissens vektoriell in sich aufgenommen hat. In Humboldts Denken und Forschen sind unter den kulturräumlichen die naturräumlichen und unter neuen noch immer die jeweils älteren Grenzziehungen erkennbar, so daß sich unterschiedlichste gebrochene Grenzflächen ergeben, welche die Spuren der bisweilen gegenläufigen, bisweilen sich aber auch wechselseitig verstärkenden Strukturen der präkolumbischen und kolonialen wie der jeweils aktuellen Entwicklungen bestimmen. Humboldts Ziel war keine wie auch immer geartete »Regionalforschung« oder »Regionalwissenschaft«, sondern ein relationales, die komplexen Wechselwirkungen, Homologien und Analogien zwischen verschiedenen Kulturen erfassendes Verstehen dynamischer Phänomene weltweit: eine Vernetzungswissenschaft, die Bewegungen und Brechungen ihre besondere Aufmerksamkeit schenkt.

Wir haben eingangs die Auswirkungen und Konsequenzen einer Delokalisierung und Verrückung der beiden europäischen Forschersubjekte in Amerika und die sich daraus ableitende Erzeugung einer euphorischen, belebenden Wissenschaftspraxis kennengelernt. Diese Delokalisierung gab Alexander von Humboldt freilich insofern an sein Lesepublikum weiter, als er bei der Darstellung in der Neuen Welt angesiedelter Phänomene oftmals völlig überraschende Beziehungen zu vergleichbaren Phänomenen weltweit herstellte. Der Vergleich der Sklaverei in der Neuen mit der Leibeigenschaft in der Alten Welt mußte seinen Lesern ebenso in der Alten wie in der Neuen Welt zu denken geben.

Die in vielen seiner Werke beobachtbare Humboldtsche Technik der Delokalisierung von Wissensbeständen führt folglich zu Überraschungseffekten, die über die Erfahrung von Verwunderung und Verblüffung Neuperspektivierungen des jeweils »Eigenen« erzeugen: Denn dieses erscheint plötzlich in einem ungewohnten, neuen Licht. Man könnte hier mit einiger Berechtigung den Vergleich mit den literarischen Verfahren des Verfremdungseffekts oder der Entautomatisierung von Wahrnehmungsgewohnheiten ziehen.

Untersuchen wir abschließend die Verwendung des Begriffs »Hemisphäre« in den fünf Bänden von Humboldts zwischen 1845 und 1862 erschienenem *Kosmos*, so läßt sich der Anlage dieser »physischen Weltbeschreibung« entsprechend gleich zu Beginn mit Blick auf Amerika eine Ausweitung des Hemisphärenbegriffs ins Kosmische feststellen. Dabei erlaubt die andine Tropenwelt eine vergleichzeitigende Zusammenschau, wie Humboldt sie Jahrzehnte zuvor in seinem *Tableau physique des Andes* unternommen hatte:

»In der tiefgefurchten Andeskette von Neu-Granada und Quito ist es dem Menschen gegeben, alle Gestalten der Pflanzen und alle Gestirne des Himmels gleichzeitig zu schauen. Ein Blick umfaßt Heliconien, hochgefiederte Palmen, Bambusen, und über diesen Formen der Tropenwelt: Eichenwälder, Mespilus-Arten und Dolden-Gewächse, wie in unserer deutschen Heimath; ein Blick umfaßt das südliche Kreuz, die Magelhanischen Wolken und die leitenden Sterne des Bären, die um den Nordpol kreisen. Dort öffnen der Erde Schooß und beide Hemisphären des Himmels den ganzen Reichthum ihrer Erscheinungen und verschiedenartigen Gebilde; dort sind die Klimate, wie die durch sie bestimmten Pflanzen-Zonen schichtenweise über einander gelagert; dort die Gesetze abnehmender Wärme, dem aufmerksamen Beobachter verständlich, mit ewigen Zügen in die Felsenwände der Andeskette, am Abhange des Gebirges, eingegraben.«[66]

Im weiteren Verlauf des *Kosmos* dient Humboldt der Hemisphärenbegriff in der uns bereits bekannten Weise zur Abgrenzung einer südlichen von einer nördlichen wie einer westlichen von einer östlichen Hemisphäre. Kommt die Unterscheidung zwischen Nord- und Südhalbkugel vor allem dort zum Tragen, wo es im astronomischen Sinne um Sternbilder oder Nebelflecken und Nebelsterne[67] am sichtbaren Himmel sowie – auf der planetarischen Ebene – um die Land-Wasser-Verteilung,[68] den Erdmagnetismus[69] oder andere Naturerscheinungen wie etwa der Lichtstärke[70] oder die Erdabplattung[71] geht, so bleibt die Abgrenzung zwischen einer westlichen und einer östlichen Hemisphäre zumeist (wenn auch keineswegs durchgängig) den kulturellen, historischen Erscheinungen und insbesondere der europäischen Entdekkungsgeschichte[72] vorbehalten. Auch Verbindungen zwischen beiden Unterteilungen sind möglich, verweist Humboldt doch auf die ebenso natur- wie kulturgeschichtlich relevante Tatsache, daß die südliche und die westliche Hemisphäre »die wasserreichsten Regionen der ganzen Erdoberfläche«[73] darstellen.

Gerade aus hemisphärischer Sicht aber kam dem amerikanischen Kontinent bereits seit seiner »Entdeckung« durch die Europäer eine Besonderheit insofern zu, als man in dieser enormen Landmasse schon früh, aber vergeblich nach einer west-östlichen Durchfahrt suchte, denn:

»Man konnte sich nicht an die Idee gewöhnen, daß das Festland undurchbrochen sich von so hohen Breiten der südlichen bis zu hohen Breiten der nördlichen Hemisphäre meridianartig ausdehne.«[74]

Amerika erscheint aus dieser Sicht – wie sich formulieren ließe – als der hemisphärische Kontinent *par excellence*. Stets aber blieb dieser Kontinent im Humboldtschen Amerikadiskurs in transareale Beziehungsgeflechte eingebunden. Die Wissenschafts- und Schreibpraxis Alexander von Humboldts kann uns mit ihren nicht selten bis heute überraschenden Wendungen und Zusammenhängen eindrucksvoll vor Augen führen, daß Erscheinungsformen der Mannigfaltigkeit und Heterogenität in Amerika stets einer hemisphärischen Betrachtungsweise bedürfen, erhält das Einzelphänomen – wie Humboldt bereits im eingangs zitierten Brief vom 16. Juli 1799 schrieb – doch erst in einer die unterschiedlichsten Wissensbereiche miteinander verbindenden Gesamtschau seine vielperspektivische Bedeutung. Daraus – und dies ist gerade für unser Denken im 21. Jahrhundert von größter Bedeutung – ergab sich die Einsicht, daß Ordnungen (gerade auch auf der Ebene der Weltkulturen) nicht länger nur als statische Systeme, sondern vielmehr als Formen einer beweglichen, mobilen Vielverbundenheit vorstellbar sind und gedacht werden können.

Figur 5

»Der Mangel an Ordnung«: Die Ordnung der Weltkulturen in den Ansichten eines Mobile

30. Ein neuer Diskurs über die Neue Welt

Mit seinen auf Paris im April 1813 datierten und bereits in Figur 1 in ihrem historischen Kontext diskutierten Ausführungen in der Einleitung zu seinen *Vues des Cordillères et Monumens des Peuples Indigènes de l'Amérique* bezog Alexander von Humboldt von Beginn an klar und deutlich Stellung innerhalb einer jahrhundertelangen Debatte, die als »Disput um die Neue Welt« bekannt geworden ist.[1] In dieser Auseinandersetzung, die im Grunde bereits mit der sogenannten Entdeckung und Eroberung Amerikas begann, aber im Verlauf des 18. Jahrhunderts in den Schriften von Buffon, de Pauw, Raynal und vielen anderen an Schärfe gewann und die mit Hegel sehr zum Leidwesen Humboldts auch in die philosophischen Debatten des 19. Jahrhunderts Eingang fand, erschien die Neue Welt als ein weitgehend geschichtsloser Kontinent, der auch im geologischen Sinne einen »neuen«, erst seit kurzem aus den Wassermassen der großen Tieflandflüsse emporgestiegenen Kontinent darstelle, welcher von kulturlosen Völkerschaften ohne nennenswerte Vergangenheit und ohne wirkliche Zukunft durchstreift werde.

Mit seiner Berufung auf Francisco Javier Clavijero und dessen *Geschichte des alten Mexiko* stellte Humboldt seine eigenen, in sieben Lieferungen zwischen 1810 und 1813 in Paris erschienenen und in zwei Bänden veröffentlichten *An-*

sichten der Kordilleren[2] in den Kontext eines kritischen Umgangs mit dem fundamentalen Vorwurf der Inferiorität, der den Amerika-Diskurs der genannten (und vieler weiterer) Autoren charakterisierte, die mit der größten Selbstverständlichkeit Urteile über die Neue Welt fällten, ohne diese jemals selbst besucht zu haben. Doch sei eine *révolution heureuse* in der Sichtweise Amerikas und der außereuropäischen Kulturen wie ihrer jeweiligen Entwicklung eingetreten, die Humboldt in der Epochenschwelle zum 19. Jahrhundert situiert. Diese »glückliche Revolution« aber ist im mentalitätsgeschichtlich um 1800 beobachtbaren Bedeutungswandel kultureller Differenz von keinem anderen Autor nachhaltiger und folgenreicher betrieben worden als von jenem Alexander von Humboldt, der nach seiner von 1799 bis 1804 gemeinsam mit Aimé Bonpland durchgeführten *Reise in die Äquinoktial-Gegenden des Neuen Kontinents* ein gewaltiges Reisewerk schuf, das zwischen 1805 und 1838 in 30 reich ausgestatteten Großfolianten und zahlreichen kleineren Ausgaben und Übersetzungen erschien.

Innerhalb dieses gewaltigen Reisewerks, das eine ungeheure und international breitgestreute Publikations- und Übersetzungstätigkeit in Gang setzte, die man in all ihren Verästelungen anhand einer sorgfältigen Bibliographie nachvollziehen kann,[3] nehmen die *Vues des Cordillères* zweifellos eine Sonderstellung ein. Alexander von Humboldt, der im Verlaufe seines langen Lebens während eines Zeitraums von nahezu 70 Jahren Bücher veröffentlichte, wählte für alle seine Buchprojekte jeweils höchst verschiedenartige Schreibweisen, Präsentations- und Repräsentationsformen. Wie in seinem 1808 veröffentlichten ersten Band der *Ansichten der Natur* entschied sich Humboldt in seinen *Ansichten der Kordilleren und Monumente der eingeborenen Völker Amerikas* für eine fragmentarische und die unterschiedlichen Textbausteine stark vernetzende Schreibweise, die man mit guten

Gründen als rhizomatisch beschreiben kann. Anders als in seinen auf deutsch veröffentlichten *Ansichten der Natur* gab Humboldt seinen in französischer Sprache abgefaßten *Vues des Cordillères* eine Vielzahl künstlerisch oftmals höchst anspruchsvoller und im übrigen kostspieliger *Planches* mit, so daß ein komplexes Ensemble von 69 Bildtafeln und 62 Textteilen entstand, das im Verein mit einer komplizierten paratextuellen Ausstattung wohl als das ästhetisch radikalste Buchprojekt Alexander von Humboldts angesehen werden darf.

Bevor jedoch auf die außerordentlich vielschichtige, polyseme und polyphone Anlage dieses Bandes eingegangen werden kann, soll die Grundlegung eines neuen Diskurses über die Neue Welt näher untersucht werden. Dies mag uns bei der Erörterung der Frage helfen, in welcher Weise der von Humboldt entfaltete Amerika-Diskurs innovativ, ja revolutionär war und eine neue Ordnung der Kulturen der Welt entwarf.

Die *Ansichten der Kordilleren* beginnen mit einer »Introduction«, die in ihrer gesamten argumentativen Anlage auf eine Entkräftung der in der Literatur des 18. Jahrhunderts verbreiteten These von einer »verspäteten« und letztlich »inferioren« Entwicklung Amerikas abzielt. Daher verwies Humboldt in seiner konsequenten Argumentation zunächst auf die geologische »Gleichaltrigkeit« von »Alter« und »Neuer« Welt, indem er die Geologie aus einer transkontinentalen, gleichsam planetarischen Perspektive darstellte, um jeder erdgeschichtlichen Spekulation buchstäblich den Boden zu entziehen:

»Untersucht man die geologische Beschaffenheit Amerikas aufmerksam, bedenkt man das Gleichgewicht der über die Erdoberfläche verteilten Flüssigkeiten, kann keinesfalls angenommen werden, daß der neue Kontinent später aus den

Fluten hervorgetreten ist als der alte. Es ist dort die gleiche Abfolge von Gesteinsschichten zu beobachten wie in unserer Hemisphäre, und es ist wahrscheinlich, daß in den Bergen Perus Granit, Glimmerschiefer oder die verschiedenen Gips- und Sandsteinformationen in den gleichen Epochen ihren Ursprung haben wie die entsprechenden Gesteine der Schweizer Alpen. Der gesamte Globus scheint die gleichen Katastrophen erlitten zu haben.«[4]

Auf dieser Grundlage betonte Humboldt sodann die für ihn unbestreitbare und in der Abfolge der einzelnen Textbausteine immer wieder aufgenommene anthropologische Äquivalenz: »Nichts beweist, daß der Mensch in Amerika viel später erschienen sei als auf den anderen Kontinenten.«[5] So entwickelte der preußische Gelehrte auf der Grundlage einer vergleichbaren – wenn auch in einigen Punkten differenten – Entwicklung von Geologie, aber auch Pflanzen- und Tierwelt seine Sichtweise der Menschen in Amerika, indem er zunächst nach der indigenen Bevölkerung, ihrer Verteilung, ihren Migrationen und den kulturellen – und dabei zunächst sprachlichen – Charakteristika ihres Lebens fragte. Er betonte, die »amerikanische Rasse« sei zwar bezüglich der Bevölkerungszahl »die kleinste von allen«, bewohne aber »den weitesten Raum auf dem Globus«, breite sich über beide Hemisphären aus und sei die einzige, die sich »gleichermaßen in den heißen Ebenen nahe des Ozeans wie auf dem Rücken der Berge niedergelassen« habe.[6] An den Übergang von der natur- zur kulturräumlichen Analyse schließt Humboldt sprachgeographische wie sprachphilosophische Überlegungen[7] im weltweiten Horizont an:

»Die Zahl der Sprachen, welche die vielfältigen eingeborenen Volksstämme voneinander unterscheiden, erscheint auf dem neuen Kontinent noch beträchtlicher als in Afrika, wo es, nach den neuen Forschungen der Herren Seetzen und Vater, über 140 davon gibt. [...] Die Bodenbeschaffenheit, die Kraft der Vegetation, die Furcht der Bergvölker in den Tropen, sich der Hitze der Ebenen auszusetzen, stehen dem Austausch entgegen und tragen dadurch zur erstaunlichen Mannigfaltigkeit der amerikanischen Sprachen bei. [...] Dringt man weiter vor in das Labyrinth der amerikanischen Idiome, erkennt man, daß einige geeignet sind, zu Familien zusammengestellt zu werden, während sehr viele andere isoliert bleiben, wie das Baskische unter den europäischen Sprachen und das Japanische unter den asiatischen. [...] Diese einheitliche Tendenz der Idiome kündet wenn nicht von einem gemeinschaftlichen Ursprung, doch von einer äußersten Analogie in den geistigen Anlagen der amerikanischen Völker von Grönland bis in die Magellanschen Gegenden.«[8]

Die in der Folge entfaltete Untersuchung unterschiedlichster Phänomene, Forschungsgegenstände und Entwicklungen wird stets eingebunden in ein Netzwerk doppelter Bezüglichkeit, indem zum einen die Beziehungen innerhalb der amerikanischen Hemisphäre herausgearbeitet, diese zum anderen aber transkontinental und *transareal* in weltumspannende Zusammenhänge eingeordnet werden. So erscheint der amerikanische Kontinent durch eine orographisch und klimatologisch höchst unterschiedliche Lebenssituation und einen damit zusammenhängenden relativ geringen Austausch zwischen den einzelnen kleingekammerten Räumen und verschiedenartigen Kulturen gekennzeichnet, was im Sinne Humboldts zur großen Mannigfaltigkeit getrennt sich entwickelnder Sprachen geführt habe. Intensive und lang anhaltende Kommunikation zwischen unterschiedlichen Räumen und Kulturen pflegt Humboldt umgekehrt als Voraussetzung einer (weltweit) zunehmenden kulturellen Homogenisierung zu deuten. Der auf einer starken naturräumlichen

Differenzierung beruhende eingeschränkte Austausch zwischen den Völkern Amerikas erscheint dem Verfasser der *Vues* daher im Umkehrschluß als wesentlicher Faktor für das von ihm konstatierte hohe Maß an kultureller und insbesondere sprachlicher Heterogenität in der amerikanischen Hemisphäre.

Dieses Beispiel zeigt nicht nur, wie sehr Humboldts Argumentationen wie stets die *dynamischen Wechselwirkungen* zwischen natürlichen und anthropogenen Faktoren betont. Es macht auch deutlich, daß der amerikanische Kontinent für den preußischen Gelehrten der Kontinent einer im übrigen nicht nur sprachlich extrem ausdifferenzierten Eigenentwicklung ist, so daß es zwar schwerfalle, aber nicht unmöglich sei, in diesem »Labyrinth der amerikanischen Idiome«[9] die (kulturelle) Einheit in der Vielheit zu erkennen.

Dies bringt aber keineswegs eine Beschränkung des Analysefokus auf eine interne, gleichsam inneramerikanische Relationalität mit sich. Charakteristisch für Humboldts Vorgehensweise ist der transareale Vergleich mit Studien, die in anderen Regionen der Welt angestellt wurden. Dadurch gelingt es Humboldt, das für eine bestimmte Region Spezifische herauszuarbeiten und mit Prozessen in Verbindung zu bringen, die für die ganze Menschheit von Bedeutung sind, ohne daß die Gefahr bestünde, die Vielzahl unterschiedlicher kultureller Entwicklungen und differenzierter Informationen in einer einzigen großen Menschheitsgeschichte – oder gar im Hegelschen Weltgeist – aufzulösen.

Zugleich wirft Alexander von Humboldt sehr wohl ein (Karten-)Netz über die Kulturen der Welt aus, bei dem der kulturelle Meridian durch die griechisch-abendländische Antike und deren »unnachahmliche Vorbilder«[10] läuft. Diese am Ende seiner »Einleitung« nochmals signalisierte Ausrichtung am Abendland – oder genauer noch: an dem sehr spezifischen Bild, das man sich zum damaligen Zeitpunkt insbesondere in Deutschland und Frankreich von der griechischen Antike machte – beruht dabei auf einem Freiheitsbegriff und einer Vorstellung des Individuums, wie sie den Universalismus der Ideale der Französischen Revolution nicht weniger prägen als die Antikesicht der deutschen Klassik. Von einem derartigen Freiheitsbegriff aber grenzt Humboldt die großen amerikanischen Kulturen ab:

»Die kompliziertesten politischen Institutionen der Geschichte der menschlichen Gesellschaft hatten den Keim der individuellen Freiheit erstickt; und der Gründer des Reichs von Cuzco, der sich schmeichelte, die Menschen zum Glücklichsein zwingen zu können, hatte sie in den Zustand bloßer Maschinen versetzt. Die peruanische Theokratie war wohl weniger drückend als die Herrschaft der mexikanischen Könige; doch die eine wie die andere haben dazu beigetragen, den Monumenten, dem Kult und der Mythologie zweier Bergvölker jenen düsteren, dunklen Charakter zu verleihen, der im Gegensatz zu den Künsten und den süßen Fiktionen der Völker Griechenlands steht.«[11]

Die kulturvergleichende Perspektivik Humboldts ist *transareal*, das Verständnis der Kulturen selbst aber *interkulturell* geprägt. Es geht folglich explizit vom Blickwinkel einer ganz bestimmten Kultur, den kulturellen Traditionssträngen des Abendlandes – in der für Humboldt charakteristischen Pendelbewegung zwischen deutschen und französischen Referenzsystemen um 1800 –, aus. Humboldts *Ansichten der Kordilleren und Monumente der eingeborenen Völker Amerikas* signalisieren bereits in ihrem Titel die Absicht ihres Verfassers, Amerika nicht länger als ein geschichtsloses, von kulturlosen Nomadenvölkern durchzogenes »Reich der Natur« zu begreifen, sondern in kritischem Bezug zu Clavijeros Geschichte des »antiken« Mexiko eine Sichtweise der *Wech-*

selwirkungen von Natur und Kultur auf dem amerikanischen Kontinent zu entfalten, die in weltweite Zusammenhänge eingebettet ist und Amerika nicht als das radikal andere kulturell ausbürgert. Dieser neue Diskurs über die Neue Welt, den es in der Folge noch näher zu untersuchen gilt, beinhaltet jenseits dieser fundamentalen Veränderungen zugleich aber ein Festhalten an einer abendländischen Zentrierung, die freilich gerade dadurch, daß sie sich selbst thematisiert, auch selbstreflexiv und selbstkritisch gewendet werden kann. Innerhalb dieses transareal fundierten interkulturellen – und eben nicht transkulturellen, da nicht von verschiedenen kulturellen Positionen aus die Phänomene beleuchtenden – Standpunkts entfaltet Humboldt (s)eine neue Ordnung der Weltkulturen *(civilisations)*, die stets von einem dynamischen Verständnis globaler Wechselwirkungen aus beleuchtet werden.

31. Der Mangel an Ordnung und die lebendige Ordnung des Diskurses

Die *Vues des Cordillères* waren zunächst als der *Atlas pittoresque* des eigentlichen Reiseberichts der Humboldtschen Amerikareise geplant. Doch anders als die *Relation historique*, die eine trotz zahlreicher Digressionen, »Exkursionen« und Pendelbewegungen insgesamt dem Reiseverlauf folgende Struktur besitzt, verfügen die *Vues* über keine itinerarische Anordnung. Von der ersten bis zur letzten Bildtafel wird dies selbst bei flüchtiger Betrachtung offenkundig, setzen die *Ansichten der Kordilleren* doch geographisch mit der Betrachtung (alt)mexikanischer Gegenstände (die Humboldt 1803-1804 in Mexiko kennenlernte) und konkret mit einer Darstellung der Wassergöttin Chalchiuhtlicue ein und enden mit einer Darstellung des von ihm 1799 besuchten

Drachenbaums von Orotava, den Humboldt zu Beginn seiner Reise vor der Überfahrt nach Amerika auf den Kanaren besichtigt und beschrieben hatte.

Zweckmäßig wäre eine geographische Anordnung – wie Humboldt in seiner »Introduction« einräumte – sehr wohl gewesen, doch habe die über Italien, Frankreich und Deutschland verstreute aufwendige künstlerische Produktion der *Planches* eine solche Anordnungsweise unmöglich gemacht.[12] Im übrigen aber sei »der Mangel an Ordnung *(défaut d'ordre)*, der in gewissem Maße durch den Vorzug der Abwechslung ausgeglichen wird, in den Beschreibungen eines Pittoresken Atlas weniger tadelnswert als in einer systematischen Abhandlung *(discours soutenu)*«.[13]

Alexander von Humboldt entschied sich mithin weder für ein von ihm ursprünglich geplantes reines Illustrationswerk, einen *Atlas pittoresque*, noch für eine Darstellungsform, die einem »durchgängigen Diskurs« verpflichtet gewesen wäre, sondern knüpfte an seine *Ideen zu einer Geographie der Pflanzen nebst einem Naturgemälde der Tropenländer* an, deren französischsprachige Erstausgabe im Jahre 1807 erschienen war. Dort aber hatte Humboldt bereits die *inter*mediale (also unterschiedliche Medien unmittelbar aufeinander beziehende) wie die *trans*mediale (verschiedene Medien querende, immer neu miteinander verschränkende) Dimension seiner Wissenschaft entwickelt und anhand der von ihm dargestellten Naturphänomene eindrucksvoll vor Augen geführt.

Dies galt es nun, auf den Bereich der Kultur beziehungsweise der verschiedenen *civilisations* zu übertragen. Dabei sticht zunächst die bedeutsame Tatsache ins Auge, daß die inter- und transmediale Anlage seiner reich mit 69 Bildtafeln bestückten *Vues des Cordillères et Monumens des Peuples Indigènes de l'Amérique* eine unverkennbare Ästhetisierung ebenso der Gebirgslandschaften der Kordilleren wie auch der von ihm dargestellten kulturellen Monumente mit sich brachte. Kunst und Wissenschaft durchdringen sich in diesem in formaler Hinsicht zweifellos gewagtesten Buchprojekt Alexander von Humboldts auf intensivste Weise. Damit aber treten Naturgemälde und Kulturgemälde in eine intensive Wechselbeziehung ein, die gerade durch den *défaut d'ordre*, das Fehlen einer »eigentlichen« Ordnung des Diskurses, betont wird. Denn der Mangel an Ordnung ist keine Unordnung: Die *An-Ordnung* der Tafeln und Textteile ist nicht etwa »unordentlich«, sondern entfaltet eine grundsätzlich *andere Ordnung*.

In den *Vues des Cordillères* läßt sich weder eine geographische noch eine itinerarische, weder eine chronologische noch eine historische, weder eine thematische noch eine kulturspezifische Anordnung erkennen, die als durchgängiges Prinzip gedient hätte. Humboldt war sich dieser Tatsache sehr wohl bewußt und versuchte, einer an Ordnungssystemen orientierten Leserschaft zumindest ein – im übrigen mit zahlreichen Webfehlern behaftetes – Verzeichnis nach dargestellten Gegenständen an die Hand zu geben. Eine eigentliche Ordnung war darin gewiß nicht zu erkennen, zumal Humboldt diesem von ihm gebotenen Verzeichnis ja gerade *nicht* gefolgt war.

Diese scheinbare »Unordnung« wirkte zweifellos abschreckend. Als Beleg hierfür kann die Rezeptionsgeschichte der *Vues des Cordillères* im deutschsprachigen Raum gelten, wo Humboldts Werke freilich bis in die Gegenwart hinein nicht selten erheblich gekürzt und in mit zahlreichen Übersetzungsfehlern behafteten Ausgaben erschienen.[14]

Innerhalb dieser eher unrühmlichen, wenn auch seit einigen Jahren vermehrt ins Bewußtsein getretenen Editionsgeschichte nehmen die *Vues* eine eher traurige Spitzenstellung ein. Sie erschienen zwar bereits seit 1810 in Tübingen bei Cotta unter dem Titel *Pittoreske Ansichten der Cordilleren und Monumente amerikanischer Völker*, doch beschränkte sich diese nicht als Übersetzung gekennzeichnete und mit dem Namen des Übersetzers nicht versehene Ausgabe auf das kurze Vorwort und die Texte zu den ersten 22 Bildtafeln. Diese Ausgabe blieb ein Torso, der der deutschsprachigen Leserschaft keinen wirklichen Eindruck von diesem so wichtigen Werk vermitteln konnte. Neben Teilauszügen aus dieser Ausgabe wurde lediglich noch eine leicht redigierte Fassung in die bei Johann Georg Cotta erschienene Stuttgarter Werkausgabe von 1889 aufgenommen. Dort heißt es im »Vorwort des Herausgebers« zwar, daß dieses »dem großen Publikum am wenigsten bekannt[e]« Werk »das höchste Interesse« verdiene, da es »das Hauptgewicht auf den damals, wie selbst heute in Deutschland wenig gepflegten Wissenszweig der amerikanischen Altertumskunde« lege.[15] Gleichwohl wird der Leserschaft vorgegaukelt, es handle sich lediglich um insgesamt 22 Kupfertafeln, deren Abdruck im übrigen verzichtbar sei, da man »auch ohne Atlasbeigabe« den »epochemachenden Wert« dieser ursprünglich in französischer Sprache verfaßten Schrift erkennen könne.[16] Aus gutem Grunde wurde betont, »jeder kritische Kommentar des Textes« sei unterlassen[17] und nur »in diskretester Weise leise Veränderungen angebracht« worden.[18]

Damit aber war Alexander von Humboldts komplexestes Werk nachhaltig zerstört: Eine eigentliche Wirkungsgeschichte konnte von dieser deutschsprachigen Ausgabe nicht ausgehen. Man bediente sich in der Folge allenfalls des französischen Originals als eines Steinbruchs, aus dem die unterschiedlichsten Bildtafeln herausgebrochen und außerhalb jeglichen Kontexts und Verständnishorizonts verwendet werden konnten. So geriet die Geschichte der *Vues des Cordillères* im deutschsprachigen Raum zum pittoresken Monument eines fundamentalen Unverständnisses gegenüber Humboldts Ansichten.

Die ungeheure materielle, thematische, geographische, historische und vor allem kulturelle Heterogenität der von Humboldts *Ansichten der Kordilleren* ins Feld geführten (und aus der eigenen Feldforschung bezogenen) Zeugnisse und Dokumente, Analysen und Reflexionen zwingt dazu, Unterschiedlichstes und auf den ersten Blick weit Auseinanderliegendes zusammenzudenken. In seinem knappen Vorwort betonte Humboldt, die von ihm ins Auge gefaßte »Annäherung *(rapprochement)* zwischen den Kunstwerken *(ouvrages de l'art)* Mexikos sowie Perus und jenen der Alten Welt *(Ancien Monde)*«[19] sei für seine Forschungen in vielerlei Hinsicht von Interesse.

Aufschlußreich ist in dieser Passage zum einen, daß Humboldt hier von *Kunst*werken und nicht – wie wenige Zeilen zuvor mit Blick auf unterschiedlichste Regionen der Welt – von *monumens historiques* spricht, die ein bloß geschichtliches Interesse besäßen.[20] Die Vieldeutigkeit des Titelbegriffs *monumen* als Zeugnis, Dokument, Denkmal und Kunstwerk mag bereits verdeutlichen, daß sich Humboldt sehr bewußt dieser Polysemie bediente, zumal er zugleich hervorhob, wie fremd ihm jegliches Systemdenken *(tout esprit de système)* sei.[21]

Zum anderen wird deutlich, wie sehr die Untersuchung der (alt)amerikanischen Kulturen eingebettet ist in ein transareales, verschiedene kulturelle *Areas* querendes Studium der Weltkulturen, das sich immer wieder einer keineswegs als linear gedachten Geschichte der Menschheit versichert. Dabei beschränkte sich Humboldt in den Textteilen seiner *Vues* keineswegs – wie er behauptete – »auf eine knappe Beschreibung der auf den Stichen dargestellten Gegenstände«,[22] sondern fügte den meisten Textteilen ausführliche Überlegungen bei, die den Beziehungen und Bewegungen zwischen den verschiedenen Kulturen und ihren kulturellen Phänomenen einen hohen, ja entscheidenden Stellenwert beimaßen. Alexander von Humboldts neue Ordnung des Diskurses beruht auf der

Bewegung, auf einer sich zwischen unterschiedlichsten Phänomenen einstellenden Mobilität, die zwingend auch sein Lesepublikum erfaßt.

Damit sind wir auf das fundamentale Charakteristikum der neuen und andersartigen Ordnung des Diskurses bei Alexander von Humboldt gestoßen. Es handelt sich um einen Diskurs, der – ungeachtet aller Ausrichtungen seines kulturellen *mapping* am Vorbild der abendländischen Antike – genügend Offenheit besitzt, die Ordnung der Weltkulturen nicht als ein festgefügtes System, sondern als eine in Bewegung befindliche Relationalität aufzufassen. Man könnte folglich mit guten Gründen behaupten, daß der Humboldtsche Kosmos nicht nur eine festgefügte, von Ordnung und Schönheit durchdrungene Konstellation ist, sondern das Element der Unruhe und Bewegung – und damit die Dimension des Chaos – in seine *lebendige* und mit Leben erfüllte Strukturierung mit einbezieht.

Fassen wir Leben im Sinne von Friedrich Cramer als eine Dynamik auf der Grenze des Kosmos zum Chaos – gleichsam zwischen Ordnung und Zerfall – auf, dann können wir begreifen, daß die für viele Zeitgenossen Humboldts, aber auch für lange Phasen der sich anschließenden Rezeptionsgeschichte so befremdliche, da »chaotisch« wirkende Anlage der *Vues des Cordillères* als ein »Netzwerksystem« gedacht werden darf, »für das der Charakter der fundamentalen Komplexität gilt«,[23] in welcher die Struktur des Lebendigen zu ihrem Ausdruck kommt. Diese neue, lebendige Ordnung des Humboldtschen Diskurses läßt sich leicht mit der Tatsache verbinden, daß der Verfasser der erstmals 1795 in Friedrich Schillers *Horen* abgedruckten Erzählung »Die Lebenskraft oder der rhodische Genius« auch nach der Aufgabe seiner Vorstellung von der Lebenskraft verbissener und kreativer denn je »dem Leben auf der Spur«[24] blieb. Denn Alexander von Humboldts Wissenschaft läßt sich ganz im

Sinne von griechisch *bios* als eine vollgültige, nicht auf die semantischen Reduktionen eines biowissenschaftlich-medizinischen Lebensbegriffs eingeengte *Lebenswissenschaft* verstehen.[25]

32. Poetik des Fragments und reiseliterarische Dimensionen

Alexander von Humboldt hat sich verschiedentlich in seinen Schriften, vor allem aber auch in seiner Korrespondenz über sein Schreiben und die von ihm entwickelten Schreibformen geäußert. Darin kommt nicht nur seine doppelte Ausrichtung an literarischen wie an wissenschaftlichen Schreibmodellen deutscher wie französischer Provenienz sowie die Betonung eines Schreibens zum Ausdruck, das durch eine Vielzahl von Reisen seiner Gegenstände selbst ansichtig werden muß. Immer wieder finden sich auch Hinweise auf das, was man als eine Poetik des Humboldtschen Fragments bezeichnen könnte.

So schrieb der mit der Niederschrift des ersten Bandes seines *Kosmos* Beschäftigte am 28. April 1841 an Varnhagen von Ense, es gehe ihm um ein »Schweben über den Dingen, die wir 1841 wissen«.[26] Damit betonte er nicht nur die Vorläufigkeit allen Wissens (auf die im letzten Teil dieser Figur zurückzukommen sein wird), sondern hob hervor, es sei ihm »sonnenklar«,[27] daß ein solches Werk nicht zu vollenden sein würde. Die »einzelnen Fragmente« aber sollten so konstruiert sein, daß seine künftige Leserschaft »in jedem Fragmente etwas Abgeschlossenes« habe.[28]

Das auf die Darstellung einer Totalität abzielende Schreiben Humboldts bedient sich mithin des Fragments im Sinne eines in sich abgeschlossenen *modèle réduit*, das separat gelesen werden kann und alle grundlegenden Elemente des gesamten Werkes enthält. Im Rückgriff auf naturwissenschaftlich-mathematische Erklärungsmodelle könnte man hier auch von einer auf Verfahren der Selbstähnlichkeit beruhenden *fraktalen* Schreibweise sprechen.

Was für Humboldts eher linear angeordnete *écriture* des *Kosmos* gilt, ist in noch wesentlich stärkerem Maße für seine *Vues des Cordillères* gültig, werden dort doch durch bewußt angestrebte *Wechselwirkungen* zwischen Bildtexten und Textbildern zusätzlich inter- und transmediale Beziehungsgeflechte zwischen den einzelnen »Stücken« erzeugt. Auch wenn sich – wie wir bereits sahen – die Anordnung dieses Buches weder nach durchgängigen geographischen, chronologischen, historischen oder thematischen Prinzipien richtet und ganz bewußt den Ablauf der Reise mißachtet, so handelt es sich bei den *Ansichten der Kordilleren* doch noch immer um einen Text, anhand dessen sich verschiedene reiseliterarische Dimensionen voneinander unterscheiden lassen.[29]

Denn Humboldt hat diese verschiedenen Dimensionen seiner *Vues des Cordillères* äußerst sorgfältig gestaltet und auf sehr komplexe Weise miteinander verwoben:

Bezüglich der *beiden ersten* Dimensionen des Raumes wurde bereits die nichtitinerarische Struktur dieses Textes hervorgehoben, die eine offene Sequenz diskontinuierlicher Bewegungen suggeriert. Die Anlage des Bandes basiert folglich auf einem ständigen Hin- und Herspringen zwischen einzelnen Phasen, Orten und Phänomenen der Reise Humboldts und Bonplands, so daß sich anders als im traditionellen Reisebericht eine »unstete«, gleichsam nomadische Bewegung einstellt, der das Lesepublikum ganz bewußt ausgesetzt wird. Die nichtchronologische Anordnung führt auf der Darstellungsebene zu einer Vergleichzeitigung der an verschiedenen Orten und zu verschiedenen Zeiten beobachteten Gegenstände und erleichtert deren Vernetzung untereinander wie mit anderen Beobachtungen weltweit. Denn Humboldts *Ansichten der Kordilleren und Monumente der eingeborenen Völker Amerikas* beschränken sich – wie dies auch für die meisten Teile seines amerikanischen Reisewerkes gilt – weder auf die Natur der Anden noch auf die *civilisations* der Völker des amerikanischen Kontinents.

Die *dritte* Dimension spielt in allen Schriften des gelernten Bergbaufachmanns Humboldt, der etwas von Steigerplänen und Grubenanlagen unter der Erdoberfläche verstand, eine herausragende Rolle. Eine Fülle von Bergbesteigungen rhythmisiert nicht nur die Humboldtsche Reise, sondern auch diesen Text, wenn sich auch zwischen Teide und Chimborazo, Vesuv, Cotopaxi und Rucupichincha nur eine vielfach gebrochene Reiseroute erkennen läßt. Charakteristisch für Humboldts Denk- und Schreibweise ist hierbei das »Aufeinanderstapeln« verschiedener von ihm bestiegener Vulkane, um die Höhe des gefürchteten Cotopaxi hervorzuheben, übersteige dessen Gipfel doch »die Höhe, die der Vesuv hätte, wenn er auf dem Gipfel des Pics von Teneriffa stünde, um achthundert Meter«.[30]

Von der Pflanzengeographie mit ihren Höhenstufen bis zur Landschaftsmalerei mit ihren übersteilten Hangneigungen, von der Klimatologie mit den von Humboldt beobachteten Temperaturgradienten bis zur literarischen Ästhetisierung der amerikanischen Gebirgswelt bündeln sich unterschiedlichste Kraftlinien des Humboldtschen Denkens in der dritten Dimension. Dabei reflektiert Humboldt immer wieder die Tatsache, daß die indigenen Völker auf den unterschiedlichsten Höhenstufen – an den Küsten, im Tiefland wie im Gebirge und Hochgebirge – leben und höchst verschiedenartige kulturelle Formen hervorgebracht haben.

So verknüpft die dritte Dimension natur- und kulturräumliche, natur- und kulturwissenschaftlich relevante Aspekte auf besonders plastische Weise. Die Präsenz des Teide – den

Humboldt während seines kurzen, aber eindrucksvollen Aufenthalts auf Teneriffa bestieg – in einem »eigentlich« Amerika gewidmeten Werk rechtfertigt sich gerade durch die Tatsache, daß der junge Gelehrte hier während seines Aufstiegs neben den vulkanologischen Erscheinungen und den ästhetischen Effekten einer »erhabenen« Position zum ersten Male die komplexe Verklammerung von Natur und Kultur in der dritten Dimension erfassen und untersuchen konnte.

Ein raum-zeitliches Überlagerungsverfahren charakterisiert auch die *vierte* Dimension: die Zeit. Die diskontinuierliche, der Chrono-Logik entzogene Zeitstruktur beinhaltet keineswegs eine Enthistorisierung aller beobachteten und dargestellten Phänomene, sondern zwingt paradoxerweise zu einer stärkeren histor(iograph)ischen Schärfung und Modellierung alles Dargestellten. Die weitgehende Entbindung von der – in der Reiseliteratur so beherrschenden – Eigen-Zeitlichkeit des Reiseverlaufs erlaubt es, die doppelte Zeitlichkeit von Menschheitsgeschichte und Erdgeschichte zum eigentlichen, Natur und Mensch stets aufeinander beziehenden Bezugsrahmen zu machen. Dabei ist Humboldt unentwegt bemüht, die temporalen Abläufe unterschiedlichster Kulturentwicklungen immer wieder zu klären und zugleich aufeinander zu beziehen, betrachtete er die in Amerika entfalteten indigenen Kulturen doch als ebenso in die Ordnung der Weltkulturen einzubeziehende Entwicklungen wie jene der Ägypter und Etrusker, der Inder und Chinesen, der Griechen und Römer.

Die Einsicht in die Teilhabe Amerikas an derselben Erd- und Menschheitsgeschichte verleitete Humboldt gleichwohl nicht dazu, den Differenzcharakter Amerikas und seiner Bewohner gegenüber anderen Regionen der Welt zu vernachlässigen. Gewiß ist die in den *Ansichten der Kordilleren* beobachtbare Planetarisierung der Menschheitsgeschichte in ihrer Ambivalenz vom europäisch universalisierenden Blick des Reisenden geprägt. Dies schließt jedoch die Historisierung der eigenen Beobachterposition und zugleich den Hinweis auf die Eigen-Zeitlichkeit und Vorläufigkeit der vorgestellten Überlegungen mit ein. Humboldt begreift sich nicht als Fluchtpunkt, sondern als Vertreter einer Durchgangsphase innerhalb eines sich weiter beschleunigenden Geschichtsverlaufs, der seiner heilsgeschichtlich-christlichen Bedeutungen verlustig gegangen ist.

Nach den vier Dimensionen von Raum und Zeit bildet die soziale Dimension in den *Vues des Cordillères* als *fünfte* Isotopie eine weitere wichtige Beschreibungsebene. Das gesellschaftliche Erfahrungsspektrum des Reisenden in den zwar miteinander vergleichbaren, aber doch unterschiedlichen kolonialspanischen Vizekönigreichen reicht von den einheimischen Führern und den Trägern *(cargueros)* auf dem Rücken der Anden und den verschiedenen indigenen Gruppen in den Gebirgen oder Tiefländern der heutigen Staaten Venezuela, Kolumbien, Ecuador, Peru und Mexiko, die die großen Mehrheiten der Kolonialgesellschaften ausmachen, bis hinauf in die höchsten Spitzen von Klerus, Verwaltung und Regierung – Kontakte, die dem Reisenden zusammen mit der vom spanischen Hof gewährten Unterstützung den Zugang zu Archiven, Bibliotheken und Dokumentensammlungen verschiedenster Art eröffneten.

Eine Sonderstellung nehmen die jeweiligen geistigen und wissenschaftlichen Eliten ein, deren Werke und Aktivitäten er von Beginn an – wie der frühe Verweis auf Clavijero zeigte – immer wieder hervorhob. Humboldt darf dank der ungeheuren Ausdehnung seiner amerikanischen Reise als einer der wenigen gelten, die an der Wende zum 19. Jahrhundert die jeweiligen spätkolonialen Gesellschaften und ihre Eliten in den verschiedenen Hauptstädten aus eigener Kenntnis vergleichen und miteinander in Beziehung setzen konnten. Denn diese waren nicht untereinander, sondern in der Regel nur mit dem spanischen Mutterland verbunden, so daß ein wirklicher Austausch zwischen den Hauptstädten Amerikas kaum stattfand.

Alexander von Humboldt konnte den Wissenszuwachs, der sich im ausgehenden 18. Jahrhundert in den verschiedenen kolonialspanischen Hauptstädten wie in den Metropolen Europas entfaltet hatte, für sein Reisewerk und in besonderem Maße für seine *Vues des Cordillères et Monumens des Peuples Indigènes de l'Amérique* nutzen. Die ständige Reisetätigkeit Humboldts auch nach Abschluß seiner Amerikareise ermöglichte ihm durch den Besuch unterschiedlichster Archive, Museen und Sammlungen der Neuen wie der Alten Welt eine weitaus umfangreichere Kenntnis der Zeugnisse altamerikanischer Kunst und Kultur:

»Meine Reisen in verschiedene Teile von Amerika und Europa haben mir den Vorzug verschafft, eine größere Zahl mexikanischer Handschriften zu untersuchen, als Zoëga, Clavijero, Gama, der Abbé Hervás, der scharfsinnige Verfasser der *Lettere Americane*, Graf Rinaldo Carli, und andere Gelehrte, die nach Boturini über diese Monumente der alten Zivilisation Amerikas geschrieben haben, dies konnten.«[31]

Dem gesellschaftlichen Aufriß des damaligen spanischen Kolonialreichs konnte Humboldt nicht zuletzt auf Grund der Forschungen jener Wissenseliten, die wenige Jahre später zur entscheidenden Trägerschicht für die Unabhängigkeitsbewegung werden sollten, eine historische Tiefenschärfe verleihen, indem er die von ihm in Amerika und Europa analysierten Bilderhandschriften auf Spuren und Zeugnisse sozialer Differenzierung in den indigenen Gesellschaften durchsuchte. Nicht nur den Herrschergenealogien und der Herrschergeschichte, sondern auch den Sozialstrukturen galt in den 62 sehr unterschiedlich langen Essays, Abhandlungen und Kommentaren seiner *Vues des Cordillères* immer wieder seine Aufmerksamkeit, wobei auch hier die Funktion von Wissenseliten – insbesondere des indianischen Klerus beziehungsweise der Priesterklasse – von besonderer Bedeutung für ihn war.

In seinen Untersuchungen der Codices, der altamerikanischen Architektur oder anderer »Monumente« ist die Frage nach der sozialen Differenzierung in den indigenen Gesellschaften des süd-, mittel- und nordamerikanischen Raumes stets gegenwärtig. Auch auf diesem Gebiet war er darum bemüht, die Differenzen zwischen den so verschiedenartigen Gesellschaften und Kulturen in Amerika nicht zu überdekken, sondern basierend auf den Möglichkeiten und Beschränktheiten seiner Zeit sowohl mit Blick auf eine interne als auch externe Relationalität hemisphärisch herauszuarbeiten. Auf diese Weise entstand gleichsam *zwischen* den Fragmenten ein differenziertes Bild mit großer historischer Plastizität.

Der Beschäftigung mit den amerikanischen Völkern und ihren Eliten entnahm Humboldt auch sein eigenes Wissen über eine Vielzahl von Mythen, die er in seinen Texten gerne »nacherzählte«. Die *sechste* Dimension von Fiktion und Imagination spielt folglich auf der Ebene der behandelten Gegenstände – vom Gründungsmythos der Stadt Tenochtitlán, dem heutigen Mexiko-Stadt, bis zum Mythos von Bochica im heutigen Kolumbien – eine wichtige Rolle. Humboldt war sich nicht nur der Nachhaltigkeit des visuellen Eindrucks bewußt, er wußte auch um die verlebendigende Kraft des Erzählens. Sie erprobte er ebenso am Beispiel indigener Mythen wie an den narrativen Fragmenten eines Reiseberichts, der zum damaligen Zeitpunkt noch nicht vorlag, sondern unter dem Titel *Relation historique* erst zwischen November 1814 und April 1831 erscheinen sollte.

Immer wieder rhythmisieren Fragmente reiseliterarischen Erzählens oder Entwürfe menschheitsgeschichtlicher Entwicklungen den wissenschaftlichen Duktus der Abhandlungen, so daß sich bei welcher Leserichtung auch immer zwischen den Fragmenten narrative Sequenzen herstellen. Auch in dieser Hinsicht ergänzten die über die *Ansichten der Kordilleren* verstreuten Erzählfragmente jene philosophischen Erörterungen und Berichte von einzelnen Etappen seiner Amerikareise, die er in den *Ansichten der Natur* (1808) kunstvoll ausgearbeitet hatte. Die Funktion von Welterklärungsmodellen erfüllen diese Fragmente einer »großen Erzählung« im Sinne Lyotards ohne jeden Zweifel. Dabei legen die der Feder Humboldts entspringenden Bruchstücke eines *grand récit* freilich größten Wert darauf, anders als die »Träumereien« *(rêveries)* der indigenen Priester und Weisen empirisch untermauert und faktengestützt zu sein. Dies gilt nicht zuletzt für Humboldts Re-Präsentationen indigener Mythen.

Mythos und Logos gehen auch in den *Ansichten der Kordilleren* Hand in Hand. Wie in den Mythen der Indianer spielt auch bei Humboldt die Metaphorik etwa der Verwandtschaftsbeziehungen eine gewichtige Rolle. So schloß er sich in seinen Ausführungen zum *Codex Mendoza* auch begeistert den von ihm ansonsten nicht unkritisch betrachteten Ausführungen Palins an, »daß es ein schöner und fruchtbarer Gedanke sei, alle Völker der Erde als einer einzigen Familie zugehörig zu betrachten, und in den chinesischen, ägyptischen, persischen und amerikanischen Symbolen den Typus einer Zeichensprache zu erkennen, die sozusagen der gesamten Gattung gemeinsam ist und das natürliche Produkt der geistigen Fähigkeiten des Menschen darstellt.«[32]

Wie sehr diese Rede von der »großen Familie der Menschen« ein uralter abendländischer Mythos ist, dessen Funktionalität darin besteht, unter der maximalen Verschiedenartigkeit ethischer, sozialer oder kultureller Ausprägungen stets die Einheit, ja die »Essenz« des Menschlichen schlechthin zu behaupten, hat Roland Barthes in einer seiner berühmtesten *Mythologies* (1957) gezeigt:

»Dieser Mythos funktioniert in zwei Zeiten: zunächst bekräftigt man die Unterschiede der menschlichen Morphologien, man unterstreicht den Exotismus, hebt die Unendlichkeit der Variationen der Art hervor, die Verschiedenheit der Hautfarben, der Schädelformen und der Gebräuche, man »babelisiert« nach Belieben das Bild von der Welt. Dann gewinnt man auf magische Weise aus diesem Pluralismus eine Einheit: der Mensch wird geboren, arbeitet, lacht und stirbt überall auf die gleiche Weise [...].«[33]

Dem Vorwurf des französischen Mythenkritikers, es gehe in diesem Mythos letztlich immer darum, eine komplexe Geschichte in Natur umzuwandeln und damit zu enthistorisieren, entgeht Alexander von Humboldt zum Teil zumindest dadurch, daß es ihm gerade um die Geschichtsgebundenheit kultureller Differenz und deren faktengestützte Analyse zu tun ist. Er zielt eben nicht darauf ab, totalisierend und totalitär zugleich »das herzustellen, was es nicht gibt, nämlich so etwas wie eine Spezies Mensch«.[34]

Gleichwohl lassen sich auch in Humboldts (amerikanistischem) Diskurs die Spuren und die Funktionsweisen eines abendländischen Denkens in Stammbäumen immer wieder erkennen. Denn jenseits aller emanzipatorischen Zielsetzung Humboldts werden die einzelnen Mitglieder dieser Familie(ngeschichte) doch unterschiedlich in ein Entwicklungsspektrum eingeordnet, das von der Barbarei bis zur Zivilisation reicht. Humboldts Position ist bezüglich dieser von ihm selbst angewandten Klassifikationen jedoch ambivalent. Denn im »Disput um die Neue Welt« hatte er gelernt, welch verheerende Wirkung derartige Ausgrenzungsmechanismen abendländischer Provenienz zeitigen und wie sehr sie den Blick auf die kulturellen Leistungen der amerikanischen Völker verstellen:

»Ein Volk, das seine Feste nach der Bewegung der Gestirne richtete und seinen Kalender in ein öffentliches Monument gravierte, hatte wahrscheinlich eine höhere Zivilisationsstufe erreicht als die, welche Pauw, Raynal und selbst Robertson, der klügste der Geschichtsschreiber Amerikas, ihm zuwiesen. Diese Autoren sahen jeden Zustand des Menschen als barbarisch an, der sich von dem Typus von Kultur entfernt, den sie sich nach ihren systematischen Ideen gebildet haben. Diese scharfen Unterscheidungen zwischen barbarischen und zivilisierten Nationen können wir nicht gelten lassen.«[35]

Humboldts Verdienst mag überdies darin gesehen werden, nicht in der Tradition der *leyenda negra* bei einer sterilen Verdammung der im Verlauf der spanischen *Conquista* verübten Greueltaten stehengeblieben zu sein. Gewiß: Alexander von Humboldt beschäftigte sich sehr wohl und auch wiederholt mit den Grausamkeiten, die von den Spaniern an der indigenen Bevölkerung verübt wurden. So heißt es etwa am Ende von Humboldts Beschäftigung mit den »Epochen der Natur gemäß der aztekischen Mythologie« (Tafel XXVI):

»Von Blatt 68 bis 93 enthält das Manuskript Kopien von Hieroglyphen-Gemälden, die nach der Eroberung angefertigt wurden; darauf sieht man an Bäumen aufgehängte Eingeborene, die Kreuze in der Hand halten; Cortés' Soldaten zu Pferde, die ein Dorf in Brand setzen; Mönche, die unglückliche Indianer taufen, während man sie gerade ins Wasser wirft, um sie zu töten. An diesen Stücken erkennt man die Ankunft der Europäer in der neuen Welt *(nouveau monde)*.«[36]

Die Schärfe dieser knappen Äußerungen ist für Alexander von Humboldts Position charakteristisch. Doch jenseits dieser längst topisch gewordenen Klage wies er immer auch auf die Barbarei der Zivilisation selbst, auf das Barbarische in der abendländischen *civilisation* allgemein hin. Denn das so sanft erscheinende, auf einen langen zivilisatorischen Prozeß zurückblickende Christentum – so wußte Humboldt – vertrug sich zu seiner Zeit sehr gut mit der Kolonialisierung, ja mit der Versklavung eines beträchtlichen Teiles der Menschheit. Von diesen Implikationen des zivilisatorischen Prozesses aber distanzierte sich Humboldt und versuchte stets, den Mythos der abendländischen Zivilisation zivilisationskritisch zu reflektieren. Diese Einsicht bildet eine wichtige Grundlage für die von ihm perspektivierte und in Bewegung gesetzte Ordnung der Kulturen der Welt.

Die *siebte* Dimension betrifft den literarischen Raum, den ein Text durch den Einbau von Zitaten und direkter und versteckter Verweise auf Schriften anderer Autoren herstellt. Alle Beschränkung auf das Nationale, aber auch auf das Europäische war Humboldt in seinem Bemühen um eine Entprovinzialisierung gerade auch des Denkens im deutschsprachigen Raum fremd. Dabei konstruierte Alexander von Humboldt in seinen *Vues des Cordillères* einen vielgestaltigen und hochdifferenzierten Raum, der sich nicht nur als Bibliothek des anderen und über das andere, sondern auch als eine »Andere Bibliothek« im vollen Wortsinne begreifen läßt.

Humboldt konzipierte seine Schrift im Dialog mit anderen Gelehrten und verstand sich selbst als einen Teil der damaligen internationalen »Gelehrtenrepublik«, der europäischen *République des lettres*, mit ihren so leidenschaftlich geführten Debatten. So fehlen Verweise auf die großen Protagonisten des »Disputs um die Neue Welt« im allgemeinen oder der »Berliner Debatte« im besonderen ebensowenig wie Hinweise auf zeitgenössische Forschungsarbeiten über außereuropäische Kulturen und Sprachen, wie sie von Adelung, Amiot, Blumenbach, Denon, Krusenstern, La Condamine, Lafitau, Palin, Friedrich Schlegel, de Sacy, Thévenot, Vater, Visconti oder Warburton vorgelegt wurden. Die gelehrten und nur auf den ersten Blick überraschend zahlreichen Verweise auf Autoren der Antike wie Apollonius, Aristophanes, Aristoteles, Cicero, Eratosthenes, Herodot, Hesiod, Homer, Origenes, Platon, Plinius, Plutarch, Polybius, Ptolemäus, Seneca, Strabo, Sueton, Vergil oder Vitruv dürfen dabei ebensowenig fehlen wie zahlreiche Hinweise auf wissenschaftliche Untersuchungen in den Bereichen von Anatomie, Arithmetik, Astronomie, Botanik, Geologie, Geomorphologie, Geschichtswissenschaft, Mathematik, Mineralogie, Philosophie, Sprachgeschichte oder Zoologie.

Zur Geschichte Amerikas und seiner Eroberung durch die Spanier greift Humboldt ebenso auf die Berichte von Konquistadoren wie Cortés, Bernal Díaz del Castillo oder Ximénez de Quesada zurück wie auf Schriften spanischer und kolonialspanischer Geschichtsschreiber, Missionare und Reisender wie Acosta, Alzate, Benavente, Clavijero, Duquesne, León y Gama, López de Gómara, Olmos, Piedrahita, Sahagún, Sigüenza y Góngora, Torquemada oder Ulloa. Von großer Wichtigkeit für Humboldts eigene Forschungen waren im übrigen die Veröffentlichungen und die Überreste der langjährigen Sammeltätigkeit von Lorenzo Boturini Benaduci, eines italienischen Reisenden, dessen Sammlung altamerikanischer Zeugnisse von den spanischen Kolonialbehörden Jahrzehnte vor Humboldts Ankunft in Neu-Spanien absichtsvoll aufgelöst, verstreut und teilweise vernichtet worden war.[37]

Humboldt versuchte aber nicht nur, den Stand der europäischen wie auch der in den Kolonien selbst vorangetriebenen Forschungen in seinen *Ansichten der Kordilleren* zu reflektieren, sondern bezog bewußt auch Autoren mit ein, die in Europa zuvor entweder kein Gehör gefunden hatten oder als weithin unglaubwürdig verunglimpft und aus dem Wahrnehmungsbereich der europäischen Debatten über Amerika ausgeschieden worden waren. Hierzu zählen ebenso der heute längst berühmte Mestize Garcilaso de la Vega el Inca wie die indigenen Autoren Alva Ixtlilxochitl, Chimalpain oder Nezahualcóyotl, jener Dichter auf dem Königsthron, von dem es in dem von Humboldt noch in Mexiko verfaßten »Tableau chronologique de l'histoire du Mexique« (das er in die Endnoten seiner *Ansichten der Kordilleren* einmontierte) bewundernd heißt:

»Unter der Herrschaft des Axayacatl starb Nezahualcóyotl, König von Acolhuacán oder Texcoco, der durch seine Bildung und durch die Weisheit seiner Gesetzgebung gleichermaßen denkwürdig ist. Dieser König von Texcoco hatte in aztekischer Sprache sechzig Hymnen zu Ehren des Höchsten Wesens verfaßt, des weiteren eine Elegie über die Zerstörung der Stadt Azcapotzalco und eine andere über die Unbeständigkeit menschlicher Größe, wie sie das Schicksal des Tyrannen Tezozomoc bewies. Der Großneffe des Nezahualcóyotl, getauft auf den Namen Fernando de Alva Ixtlilxochitl, hat einen Teil dieser Verse ins Spanische übersetzt, und der Ritter Boturini besaß das Original zweier seiner Hymnen, die fünfzig Jahre vor der Eroberung verfaßt und zur Zeit von Cortés in römischen Buchstaben auf *metl*-Papier geschrieben wurden. Ich habe diese Hymnen unter den Überresten der Sammlung von Boturini im Palast des Vizekönigs zu México vergeblich gesucht. Recht bemerkenswert ist noch, daß der berühmte Botaniker Hernández von vielen der Pflanzen- und Tierzeichnungen Gebrauch gemacht hat, mit denen der König Nezahualcóyotl sein Haus in Texcoco von aztekischen Malern hatte verzieren lassen.«[38]

Diese Ausführungen mögen belegen, wie sehr sich Alexander von Humboldt bereits während seines Aufenthalts in Neu-Spanien darum bemühte, in den Archiven des Vizekönigreichs Spuren der amerikanischen Kulturen zu sichern und zumindest teilweise zugänglich zu machen. Folglich kommen in seinen *Vues des Cordillères* die unterschiedlichsten indigenen Quellen und Dokumente, darunter insbesondere die verschiedenen Codices, immer wieder selbst zu Wort (und Bild). An dieser Stelle werden Humboldts *Ansichten* zu einer kommentierten Anthologie von Bilderhandschriften und anderer nichtalphabetischer Schriftdokumente, die – wie der preußische Gelehrte absichtsvoll festhielt – von so einflußreichen und gebildeten europäischen Philosophen und Gelehrten wie Fontenelle, Bailly oder Dupuis teilweise für Zeugnisse der ägyptischen Kunst gehalten worden waren.[39]

Humboldts neuer Diskurs über die Neue Welt verzichtete nicht auf jene Autoren, die traditionell den europäischen Diskurs über außereuropäische Gegenstände zu legitimieren pflegten. Zugleich aber machte er eine neue, eine andere Bibliothek zugänglich, in der die bisherigen Objekte der kolonialen Expansion Europas zu Subjekten werden konnten, durch deren Zeugnisse bis heute eine *andere* Sichtweise der *Conquista* und damit der ersten Phase einer von Europa ausgehenden beschleunigten Globalisierung lesbar wird. Humboldt trug wesentlich dazu bei, daß die »Sichtweise der Besiegten« begann, Gestalt anzunehmen, und die weitere kulturelle Entwicklung in den spanischen Kolonien wie in der postkolonialen Zeit als Prozeß komplexer und zugleich globaler Wechselwirkungen begriffen werden konnte. Die Öffnung der in den *Vues des Cordillères* aufgestellten Bibliothek auf außereuropäische Autoren und nichtokzidentale Schriftsysteme jenseits der Alphabetschrift war kühn und programmatisch. Sie zeigte, in welch erstaunlichem Maße sich in Humboldts Schaffen selbst jene *révolution heureuse* abzeichnete, von welcher er in der »Introduction« seiner *Vues* gesprochen hatte.

33. *Auf dem Weg zu einem Museum der Kulturen der Welt*

Eine *achte* Dimension reiseliterarischen Schreibens betrifft die gattungsspezifischen Züge, die ein bestimmtes Werk prägen oder auszeichnen. Die *Vues des Cordillères* verlaufen in dieser Hinsicht quer zu den verschiedensten Gattungstraditionen: sie sind einzigartig – und doch nicht ohne Vor-Bilder.

Humboldts bilder-schriftliches Buch läßt sich zunächst als eine Sammlung, eine Kollektion begreifen, die sich aus unterschiedlichen Serien von Einzelstücken zusammensetzt. Der preußische Gelehrte wußte von der schon bald nach der Eroberung im 16. Jahrhundert von Bernardino de Sahagún angelegten Sammlung altamerikanischer Kulturzeugnisse, wußte von der Arbeit des großen neuspanischen Sammlers Carlos de Sigüenza y Góngora im 17. Jahrhundert und bewunderte die aufopferungsvolle Forschungs- und Sammlungstätigkeit des bereits erwähnten Lorenzo Boturini im 18. Jahrhundert. Er hatte sich schon während seines Aufenthalts in Neu-Spanien darum bemüht, die Spuren dieser Sammlungen in Bibliotheken und Archiven weiterzuverfolgen, und hatte bei der Auflösung der Kollektion von Antonio de León y Gama selbst das Glück, einige ursprünglich aus Boturinis Bibliothek und Sammlung stammende Stücke erwerben zu können.

Boturini hatte mit seinem *Museo histórico indiano* die wohl umfangreichste Sammlung indigener Kunst und zugleich die Grundlagen ihrer wissenschaftlichen Erforschung geschaffen.[40] Mit seinen *Vues des Cordillères* schrieb sich

Humboldt in diese »amerikanistische« Linie ein, die von Sahagún über Sigüenza y Góngora und Boturini bis hin zu León y Gama und der für ihn besonders wichtigen *Geschichte des alten Mexiko* von Francisco Javier Clavijero reicht. Doch modifizierte er diese Traditionslinie insofern, als es ihm anders als dem Autor der *Storia di Messico*, der als Jesuit aus Neu-Spanien nach Italien vertrieben wurde, nicht um eine zusammenhängende geschichtliche Darstellung, einen *discours soutenu*, sondern um ein eigentliches Museum ging, in dem die einzelnen Stücke und Werke aus vielen verschiedenen Perspektiven *(Vues)* und unabhängig voneinander betrachtet und kommentiert werden sollten.

Die Exponate dieses imaginären Museums basieren auf einem vielverbundenen Zusammenspiel von Bildtext und Schriftbild sowie auf zahlreichen Übergängen zwischen Bilderschriften und Bildinschriften, wobei die Bildtafeln weder die beigefügten Texte noch jene die entsprechenden Abbildungen lediglich »illustrieren« sollten. Bild und Schrift sind als hybride Gebilde wissenschaftlich-künstlerische Ikonotexte: Versucht man, sie voneinander so zu trennen, wie dies in der ersten deutschen Teilübersetzung geschah, geht der größte Teil ihrer Bedeutungsvielfalt verloren.

Zwischen den unterschiedlichen Tafeln wie zwischen den verschiedenen Texten stellen sich neue Bezüge her, die sich ihrerseits wieder in Serien und Unterserien gliedern lassen. Aktive Leserinnen und Leser sind hier gefragt, denn diese *Ansichten* bieten unterschiedlichste Leserichtungen und Parcours an. Die Besucher dieses imaginären Museums können etwa den Zeugnissen der europäischen Landschaftsmalerei oder den Darstellungen indigener Bilderhandschriften folgen, oder aber sie werden den Forschungen zu unterschiedlichen Kalendersteinen oder den Schilderungen erstaunlicher Naturphänomene den Vorzug geben: Wie in einem Museum stellen sich vielfältigste Relationen zwischen den einzelnen

Exponaten her, die von den beigefügten Texten wiederum in gänzlich andere Beziehungsgeflechte eingebunden werden.

Alexander von Humboldts Bild-Text wird auf diese Weise zum interaktiven Mobile, das seine Beobachter zu immer neuen Stellungswechseln auffordert, ja zwingt. Nichts ist wirklich abgeschlossen in dieser offenen Ordnung des Wissens. Auch wenn die Zahl der Ausstellungsgegenstände begrenzt ist, so ist doch die Vielfalt der Bezüge, so sind doch die Möglichkeiten der Besucher, sich in diesem von keiner kolonialen Macht mehr zu zerstörenden Museum zu bewegen und eigene Lesewege zu wählen, nahezu unbegrenzt. Die von Humboldt angestrebte Verbindung von sinnlicher Erfahrung und intellektueller Klarheit, von wissenschaftlicher Fundierung und ästhetischem Genuß verlangt nach einem hohen Grad an künstlerischer Gestaltung, handelt es sich doch um ein Buchprojekt, das in seiner Vielgestaltigkeit als offenes (Kunst-)Werk der Wissenschaft einzigartig ist.

Dieses nichtmuseale Museum Alexander von Humboldts verweist auf eine zeitgleich entstandene Passage seines *Politischen Versuchs über das Königreich Neu-Spanien*, also jenen Teil Amerikas, dem mit über 40 Tafeln und Texten der größte Teil der *Ansichten der Kordilleren* gewidmet ist. Von Mexiko-Stadt, der eine herausragende Bedeutung innerhalb der *Vues* zukommt und deren Hauptplatz, dem Zócalo, bereits die dritte Bildtafel gewidmet ist, heißt es im *Essai politique*:

»Keine von allen Städten des neuen Kontinents, selbst die der Vereinigten Staaten nicht ausgenommen, ist im Besitz so großer und fest gegründeter wissenschaftlicher Anstalten wie die Hauptstadt von Mexiko. Ich nenne hier nur die Bergschule, welche unter dem gelehrten d'Elhuyar steht und auf die wir beim Berg- und Hüttenwesen wieder zurückkommen werden, den Botanischen Garten, die Maler- und Bildhauer-Akademie. Letztere führt den Titel *Academia de los [sic] nobles artes de Mexico* und verdankt ihr Dasein dem Patriotismus mehrerer mexikanischer Privatleute und der Protektion des Ministers Gálvez. Die Regierung hat ihr ein geräumiges Gebäude angewiesen, worin sich eine weit schönere und vollständigere Sammlung von Gipsabgüssen befindet, als man sie irgendwo in Deutschland antrifft. Man erstaunt darüber, wie der Apoll von Belvédère, die Gruppe des Laokoon und andere noch kolossalere Statuen über Gebirgswege, welche wenigstens so eng sind wie die des St. Gotthard, gebracht werden konnten, und ist nicht minder überrascht, die Meisterwerke des Altertums unter der heißen Zone und auf einem Plateau vereinigt zu sehen, welches noch höher liegt als das Kloster auf dem Großen St. Bernhard. Diese Sammlung von Gipsabgüssen hat den König nahe an 200 000 Francs gekostet. Im Akademie-Gebäude oder vielmehr in einem der dazugehörigen Höfe sollte man die Reste mexikanischer Bildhauerei, die kolossalen Statuen von Basalt und Porphyr, welche mit aztekischen Hieroglyphen bedeckt sind und manche Ähnlichkeit mit dem Stil der Ägypter und Hindus haben, gesammelt aufstellen; denn es wäre gewiß merkwürdig *(curieux)*, diese Monumente der ersten Kultur unserer Gattung, diese Werke eines halb barbarischen Volkes, das die mexikanischen Anden bewohnte, neben den schönen Formen zu sehen, welche unter Griechenlands und Italiens Himmel geboren wurden.«[41]

In einem Atemzug nennt Humboldt hier die Wissenschaften und die Künste, die Gebirgslandschaften und Klimate Europas und Amerikas, die europäischen und die außereuropäischen Kunstwerke, um sie alle an einem privilegierten Ort wie in einem Brennspiegel zusammenlaufen zu lassen und ihre Wechselwirkungen neugierig zu beobachten. Zwischen Natur und Kultur, Alter und Neuer Welt, abendländischer und amerikanischer Antike bewegt sich der Reisende, der die unterschiedlichsten Bereiche des Wissens quert, im Bereich der Kunst freilich an dem bereits signalisierten abendländischen Meridian festhaltend. Vor unseren Augen jedoch entwirft er ein imaginäres Museum der Weltkulturen, das es seinen Besuchern erlaubt, nicht im geschlossenen, sondern im offenen Raum der Innenhöfe zwischen den Welten, zwischen den Zeiten und Räumen einen eigenen Weg, einen eigenen Parcours zu finden.

Die Ordnung der *civilisations* scheint – ganz wie in Goethes Sichtweise der Weltliteratur – in ihrer okzidental bestimmten Hierarchie bestätigt; und doch scheint zugleich etwas Neues auf, eine Sensibilität für das Hybride, für eine Relationalität, die zusammenschaut und zusammendenkt, was auf den ersten Blick nicht zusammengehören will. Die Wege, welche die europäischen Gipsabgüsse genommen haben, stellen Deplazierungen dar, die schon in ihrer naturräumlichen Außer-Ordentlichkeit herausgestellt werden. Vor allem aber ermöglichen sie völlig neue Beziehungs- und Bedeutungsgeflechte. Sie erzeugen weltweite Wechselwirkungen, die zuvor undenkbar gewesen wären.

Humboldts imaginäres Museum trennt nicht die Kulturen der Welt voneinander, sondern führt sie – wie etwa die europäische Landschaftsmalerei außereuropäischer Naturszenen und die aztekischen Bilderhandschriften von europäischen Invasoren – prononciert zusammen, so wie seine transareale Wissenschaft niemals allein bei ihren amerikanischen Gegenständen verharrt, sondern diese mit Objekten anderer Weltregionen verknüpft. Der privilegierte Ort für diese Verknüpfung aber scheint für Humboldt in der Neuen Welt, in Mexiko zu liegen.

Es ist daher an der Zeit, nach der *neunten* und vorerst letzten Dimension des Humboldtschen Œuvres, nach der Gestaltung des kulturellen Raumes, nach der Ordnung der Weltkulturen zu fragen. Die bereits mehrfach erkennbare relationale Logik, die in ihrer wuchernden Rhizomatik in Humboldts Denken und Schreiben möglichst alles mit allem zu verbinden sucht, zieht die unterschiedlichsten Objekte und Phänomene in ihren Sog. Wie Lorenzo Boturini verstand Humboldt die amerikanischen Kulturen als integralen Bestandteil der Menschheitsgeschichte; doch anders als der italienische Reisende beschränkte er sich nicht auf ein »indianisches historisches Museum«, sondern öffnete die von ihm untersuchten Räume auf die Kulturen der Welt. »Alles ist Wechselwirkung.«[42] – Diese Grundüberzeugung Alexander von Humboldts gilt nicht allein für das Reich der Natur, sondern gerade für die Beziehungsgeflechte zwischen Natur und Kultur wie für die weltweiten Wechselwirkungen zwischen den unterschiedlichsten Zivilisationen.

So entsprechen Humboldts *Ansichten der Natur* jene »Ansichten der Kultur«, als welche die *Vues des Cordillères et Monumens des Peuples Indigènes de l'Amérique* auch verstanden werden dürfen, zeigen sie doch eine historisch-kulturelle Tiefenschärfe auf, die nicht nur von vielen Vertretern der französischen Aufklärung, sondern von europäischen Autoren bis weit ins 19. Jahrhundert hinein immer wieder geleugnet worden war. Der von der Französischen Revolution faszinierte, von ihrer Terreur freilich abgestoßene Alexander von Humboldt vollzieht hier eine »glückliche Revolution«, die ein Forum für das Kommende ist, eine unblutige *révolution heureuse*, die jedoch bis in unsere Tage noch immer mit Provinzialismen jeglicher Couleur zu kämpfen hat.

Für das globale und zugleich globalisierende Denken Alexander von Humboldts waren Begriffe wie Welthandel und Weltverkehr, Weltgeschichte und Weltbeschreibung Schlüsselbegriffe, denen er nicht von ungefähr in seinem *Kosmos* später seine Prägung des Begriffes »Weltbewußtsein« an die Seite stellen sollte. Sein Kosmopolitismus ist zutiefst europäisch geprägt und zugleich offen für den Dialog mit den außereuropäischen Kulturen. Sein Ziel war keine wie auch immer geartete Regionalforschung, sondern ein relationales, die Wechselwirkungen, Migrationen und Transmigrationen zwischen verschiedenen Zivilisationen erfassendes Verstehen kultureller Phänomene weltweit.

Wenn Humboldt in seinen *Vues des Cordillères* den aztekischen Kalenderstein (Tafel XXIII) mit ägyptischen, tartarischen, abendländisch-antiken, tibetanischen oder japanischen Zeitvorstellungen und -zyklen in Verbindung und damit im eigentlichen Sinne in Bewegung setzt, so ist seine vergleichende Methode kein Selbstzweck: *comparaison n'est pas raison,* Vergleichen und Verstehen sind nicht dasselbe. Der Autor des *Kosmos* versuchte, von seiner abendländischen Warte und von einem beständig aktualisierten Forschungsstand aus nicht allein die abendländischen mit den nichtabendländischen Kulturen, sondern auch letztere untereinander in einen weltweiten Dialog einzubeziehen. Auf diese Weise erfahren wir am Beispiel unterschiedlichster Kalendersysteme nicht nur etwas über die Relativität von Zeitvorstellungen. Wir begreifen zugleich, daß in diesem Humboldtschen Buch par excellence ein Vermeiden von Sprüngen und Brüchen, ein Ausblenden der Erfahrung von Diskontinuität und Heterogenität unmöglich ist. Wie aber hätte Humboldt dann über die Ordnung der Weltkulturen einen *discours soutenu* schaffen können?

Eine Repräsentation der amerikanischen Kulturen im Beziehungsgeflecht der Kulturen der Welt mußte auf das Fragment, mußte auf das Diskontinuierliche abzielen, wollte sie nicht Gefahr laufen, in einer Schleifung aller kulturellen Differenz und in einer weltweiten Homogenisierung zur immer gleichen Menschheitsfamilie zu enden.

Just an dieser Stelle schlägt die universalistische und zugleich differenziert historisierende Kulturtheorie Humboldts performativ um in eine Leseerfahrung, die in ihrer ständigen Vorführung und Einforderung einer beunruhigenden Relationalität die Dynamik kreativer Neugier und nicht zuletzt die ästhetisch höchst wirksame Erfahrung der Überraschung und mehr noch des Staunens freisetzt. Auf der Ebene wissenschaftlicher Performativität tritt in Humboldts *Vues* an die Stelle des *discours soutenu* daher notwendig der *discours discontinu* und die Multiperspektivität von Ansichten, die sich stets aus der Mobilität von Beobachter und Beobachtetem bilden. Wissenschaft als Mobile. Eine wissenschaftliche Offenheit jenseits des Systemdenkens und das Bewußtsein für die Vorläufigkeit aller Einsichten werden in kaum einem anderen Werk Humboldts so eindrücklich vor Augen geführt wie in den *Vues des Cordillères*.

34. *Vorläufige Einsichten in die Ansichten der Kultur*

In seiner ausführlichen, geradezu ein Buch im Buch bildenden Beschäftigung mit dem im Jahre 1790 auf dem Hauptplatz der Hauptstadt Neu-Spaniens gefundenen mexikanischen Kalenderstein betonte Alexander von Humboldt die Vorläufigkeit allen Wissens und die Notwendigkeit, die über die Neue wie die Alte Welt verstreuten Quellen und Dokumente möglichst sorgfältig zusammenzutragen und auszuwerten:

»Ob diese Auffassung zutrifft, wird erst zu beurteilen sein, wenn man eine größere Zahl mexikanischer Malereien in Europa und Amerika geprüft haben wird; denn, ich kann es gar nicht oft genug wiederholen, alles, was wir bis heute über den früheren Zustand der Völker des neuen Kontinents erfahren haben, ist nichts im Vergleich zu den Erkenntnissen, die man eines Tages über diesen Gegenstand gewinnen wird, wenn es die Materialien zu versammeln gelingt, die in beiden Welten verstreut sind und Jahrhunderte des Unwissens und der Barbarei überlebt haben.«[43]

Die von Humboldt in diesen Überlegungen skizzierte Bewegung wissenschaftlicher Arbeit ist analog zu jenen Bewegungen, welche die Kunstwerke Europas und Amerikas in einem imaginären Museum der Weltkulturen im Innenhof der Akademie der Schönen Künste in Mexiko-Stadt versammeln. Erkenntnisprozesse setzen bei Humboldt Bewegungen – gerade auch in materieller, topographischer Hinsicht – voraus. Sein ganzes Denken und Forschen ist auf das Mobile, auf das alles miteinander verbindende und zusammenführende Reisen gegründet.

Bei allem Bemühen um eine möglichst sorgfältige und vollständige Sichtung und Sammlung aller relevanten Daten und Informationen blieb sich Humboldt jedoch stets der Tatsache bewußt, daß das von ihm geknüpfte weltweite Netzwerk des Wissens nicht nur aus den unterschiedlichsten Verbindungen und Relationen, sondern auch aus hinsichtlich ihrer Größe kaum abschätzbaren Lücken bestand, deren Konsequenzen für den Wissensstand der Zukunft sicherlich nicht auszuloten waren.

Dabei ging Humboldt – wie die obige Passage, aber auch viele andere Stellen zeigen – keineswegs von einem kontinuierlichen Zuwachs an Wissen, sondern auch von Zeiten des Vergessens, ja der Vernichtung umfangreicher Wissensbestände aus. Noch im zweiten Band seines *Kosmos* betonte er die Vorläufigkeit jeglichen Wissens- und Forschungsstandes und warnte damit zugleich vor jeder Überschätzung der Kenntnisse der jeweils eigenen Zeit:

»Durch den Glanz neuer Entdeckungen angeregt, mit Hoffnungen genährt, deren Täuschung oft spät erst eintritt, wähnt jedes Zeitalter dem Culminationspunkte im Erkennen und Verstehen der Natur nahe gelangt zu sein. Ich bezweifle, daß bei ernstem Nachdenken ein solcher Glaube den Genuß der Gegenwart wahrhaft erhöhe. Belebender und der Idee von der großen Bestimmung unseres Geschlechtes angemessener ist die Ueberzeugung, daß der eroberte Besitz nur ein sehr unbeträchtlicher Theil von dem ist, was bei fortschreitender Thätigkeit und gemeinsamer Ausbildung die freie Menschheit in den kommenden Jahrhunderten erringen wird. Jedes Erforschte ist nur eine Stufe zu etwas Höherem in dem verhängnißvollen Laufe der Dinge.«[44]

Die Offenheit aller Verstehensprozesse und die Unabgeschlossenheit aller Wege des Wissens prägen Humboldts Wissenschaftsbegriff ebenso zum Zeitpunkt der Abfassung seines ab 1845 erscheinenden *Kosmos* wie zur Zeit der ab 1810 einsetzenden Publikation seiner *Vues des Cordillères*. Der Wissensstand des wissenschaftlichen Subjekts und seiner Epoche wird stets als Übergangsstadium innerhalb einer Entwicklung verstanden, die für Humboldt im Zeichen der Freiheit – und zwar einer im »verhängnißvollen Laufe der Dinge« erkämpften Freiheit – zu stehen hatte.

Die logische Konsequenz daraus ist, daß auch die Ordnung der Weltkulturen, die Humboldt mit seinen Fragmenten, mit seinen Exponaten wie in einem Innenhof seines gesamten Schriftgebäudes versammelte, stets nur eine vorläufige, keineswegs für alle Zukunft gültig festgelegte sein konnte. Seine Ansichten der Kultur situierten sich nicht umsonst fernab von jeglichem »Systemdenken«, weit entfernt von jeglichem *esprit de système*[45]. Nicht von ungefähr mokierte sich Humboldt köstlich, aber nicht ohne eine gewisse Bitterkeit über die Ansichten von »de Pauw und einiger anderer ebenfalls systematischer Schriftsteller *(écrivains également systématiques)*«, keines der indianischen Völker sei in der Lage, in der eigenen Sprache über die Zahl drei hinaus zu zählen.[46] Er wußte es nicht nur besser, sondern ahnte auch, wie schwierig es letztlich sein würde, seine Zeitgenossen, aber auch die Nachwelt von derart irrigen und zugleich rassistischen Vorstellungen abzubringen.[47]

Erwecken einige Passagen gerade auch zu den ersten Tafeln den Eindruck, Humboldt wäre ausschließlich am historisch-dokumentarischen Charakter der von ihm untersuchten »Monumente« der indigenen Völker Amerikas interessiert, wobei er diesen Gegenständen zugleich jeglichen Kunstcharakter absprechen würde, so lassen sich leicht dazu in Widerspruch stehende Überlegungen gerade auch im weiteren Fortgang der *Vues* finden, die belegen, daß er die indigenen *monumens* nicht aus dem Bereich der Künste ausgebürgert wissen wollte. So betont Humboldt etwa in seiner Diskussion der Möglichkeiten inkaischer Architektur (Tafel LXIII), daß »der Hauptzweck *(but principal)* dieses Werkes darin besteht, eine genaue Vorstellung vom Zustand der Künste bei den zivilisierten Völkern Amerikas *(une idée exacte des arts chez les peuples civilisés de l'Amérique)* zu geben«.[48] Es gehört zu den Charakteristika der Humboldtschen Wissenschaft, daß der preußische Gelehrte und Schriftsteller immer wieder scheinbar eindeutige Aussagen an anderer Stelle durch dazu im Widerspruch oder gar in selbstkritischer Distanz stehende Passagen relativiert oder – wie in den *Vues des Cordillères* – ausführlich aus Stellungnahmen zitiert, die sich mit seinen eigenen Positionen kritisch, ja bisweilen unverkennbar ablehnend auseinandersetzen.

Auf diese Weise entsteht ein offenes, neue Untersuchungsergebnisse und Einsichten möglichst rasch einbeziehendes Forschungs- und Diskussionsklima, in dem Wissen nicht als statischer Besitz eines einzelnen, sondern als dynamischer Prozeß einer Gemeinschaft verstanden wird. Die Vielzahl unterschiedlicher Perspektivierungen und Ansichten der dargestellten Gegenstände wird ständig durch neue Einsichten angereichert, die durch eigene Untersuchungen oder die Forschungen anderer erzielt wurden.

Dabei stellt Humboldt mit Vorliebe transareale Verbindungen zu neueren Forschungen über andere Regionen der Welt her. So verweist er bei der Diskussion möglicher Motive für die Anlage von Erdpyramiden und Erdhügeln in beiden Amerikas *(deux Amériques)* auf neuere Forschungen von Lord Macartney in China, könne doch ein »in Ostasien geltender Brauch [...] einiges Licht auf diese wichtige Frage werfen«.[49]

Symptomatisch für Humboldts Vorgehensweise ist aber auch der Beginn seiner Erläuterungen zur aztekischen Bilderhandschrift in der Königlichen Bibliothek zu Dresden (Tafel XLV):

»Nach ebendiesem Prinzip, daß die Monumente sich wechselseitig erklären und daß man, um die Geschichte eines Volkes gründlich zu vertiefen, die Gesamtheit der Werke vor Augen haben muß, denen es seinen Charakter aufgeprägt hat, habe ich mich entschieden, auf den Tafeln XLV bis XLVIII Fragmente stechen zu lassen, die den mexikanischen Handschriften von Dresden und Wien entnommen sind. Die erste dieser Handschriften war mir noch gänzlich unbekannt, als mit dem Druck dieser Seiten begonnen wurde. Es ist nicht einfach, ein Verzeichnis aller Hieroglyphen-Gemälde zu erstellen, die der Zerstörung entgangen sind, von der sie während der Entdeckung Amerikas durch den mönchischen Fanatismus und die stumpfsinnige Unbekümmertheit der ersten Eroberer bedroht waren.[50] Ein Altertumsforscher, der gelehrte Forschungen über die Künste, die Mythologie und das häusliche Leben der Griechen und der Römer angestellt hat, Herr Böttiger, hat mich den *Codex mexicanus* der königlichen Bibliothek zu Dresden entdecken lassen; er hat jüngst in einem Werk darüber geschrieben, das ausführlichste Kenntnisse über die Malerei sowohl der barbarischen Völker als auch der Hindus, der Perser, der Chinesen, der Ägypter und der Griechen enthält.«[51]

Humboldts Vorgehensweise zielt auf eine möglichst umfassende Relationierung bestimmter kultureller Artefakte sowohl innerhalb des jeweiligen kulturellen Systems als auch weltweit mit anderen Kulturen. Der Aufbau von Netzwerken sowohl innerhalb einer Disziplin als auch jenseits disziplinärer Grenzen und die Schnelligkeit, mit welcher auf diesem Wege eingeholte Informationen von Humboldt jeweils in die eigenen Veröffentlichungen integriert werden, verdeutlicht die raschen Zuwächse von Wissensbeständen wie auch die Formen des Austauschs innerhalb des Humboldtschen Korrespondenten- und Kollegenkreises. Humboldt selbst überspielt dabei die raschen Veränderungen seines (veröffentlichten) Wissensstandes keineswegs, sondern unterstreicht vielmehr den Charakter seines Buches als eines *work in progress*, das den jeweils aktuellsten Forschungs- und Reflexionsstand wiederzugeben versucht. Auch auf dieser Ebene ist alles in Bewegung und voller Dynamik.

Die wiederholte Betonung, ja geradezu Inszenierung der Vorläufigkeit und Unabgeschlossenheit aller Forschungsergebnisse ist bei Humboldt zweifellos ein Zeichen intellektueller Redlichkeit. Darüber hinaus aber ist sie nicht zufälliger, sondern programmatischer Natur. Humboldt gibt seiner Leserschaft Einblicke in die Entstehung von Wissensbeständen, liefert gleichsam Momentaufnahmen wissenschaftlicher Erkenntnisprozesse, wie sie sich innerhalb einer weltweiten Gemeinschaft – insbesondere einer *scientific community*, die an die Stelle der *République des Lettres* tritt – vollziehen.

Auf diese Weise werden nicht nur die Gegenstände des Wissens historisch eingeordnet, sondern die Wissensprozesse selbst in ihrer Entwicklung *verzeitlicht* und in ihrer Unabschließbarkeit dargestellt. Die Ergebnisse des eigenen Forschens sind selbst in einen ergebnisoffenen und indefiniten Entwicklungsprozeß eingebunden, reflektieren also zeitbedingte Erkenntnisstufen, so daß – wie Humboldt in einem bereits angeführten Brief des Jahres 1841 an Varnhagen von Ense schrieb – selbst aus einer erhöhten, sich nicht in Details verlierenden Beobachterperspektive stets nur ein »Schweben über den Dingen, die wir 1841 wissen«,[52] möglich ist. Wir könnten folglich von einem Schweben über einer sich rasch verändernden Welt und einem sich nicht weniger schnell aktualisierenden Wissen über die Welt und ihre Kulturen sprechen. Humboldts Ansichten setzen ihre Offenheit gegenüber neuen Einsichten – und darunter auch Einsichten in eigene Fehler[53] – bewußt in Szene.

Dies gilt gerade auch für seine Ansichten der Kultur, die *Vues des Cordillères*. Wie die Fußnote in der oben angeführten Passage zeigt, existiert innerhalb dieser *Vues* ein dichtes internes Verweissystem, das in vielerlei Hinsicht ständig wechselnde Leserichtungen einer sprunghaften, diskontinuierlichen Lesart vorgibt und die unterschiedlichen Wissensfragmente möglichst stark miteinander zu vernetzen sucht. Es ist keineswegs zufällig, daß die letzte der *Notes*[54] auf die beiden ersten Bildtafeln verweist, mit denen Humboldt seine *Ansichten* eröffnete: Hier wird nicht nur der Kreis des gesamten Textparcours geschlossen, dem Leser wird vielmehr eine erneute Lektüre des ihm bereits bekannten Werkes mit Einsichten in neue Zusammenhänge anempfohlen.

Unter der Oberfläche der in Tafel III dargestellten »grande place de Mexico«, unter dem Pflaster des *Zócalo* vor der großen Kathedrale von Mexiko-Stadt also, lagen mehrere der von Humboldt in diesen Ansichten der Kultur untersuchten aztekischen Monumente begraben. Gleichsam unter der Oberfläche des Bandes werden die Zeugnisse der aztekischen Kultur und Kunst wieder zusammengeführt und bilden interne Verweissysteme, die etwa den Kalenderstein der Azteken mit der Statue der Göttin Coatlicue oder der auf Tafel XXIX dargestellten aztekischen »Statue aus Basaltporphyr« verbinden.

Neben dieser internen (oder *ko*textuellen) Relationalität, welche die einzelnen Fundstücke in eine Sammlung und mehr noch in ein Museum integriert, stößt man häufig aber auch auf eine externe (oder intratextuelle) Relationalität, die Humboldts *Vues des Cordillères* in den Kontext seines gewaltigen, damals im Entstehen begriffenen Reisewerkes integriert. Dabei finden sich explizite Verweise auf bereits erschienene oder kurz vor der Veröffentlichung stehende Bände – wie etwa den *Politischen Versuch über das Vizekönigreich Neu-Spanien* – ebenso wie Hinweise auf künftige Veröffentlichungen, die Humboldt – wie das Beispiel des Fragment gebliebenen Reiseberichts, der *Relation historique*, zeigt – zu Lebzeiten nicht mehr abschließen sollte. Gerade diese intratextuelle Dimension macht deutlich, in welchem Maße Humboldts so verschiedenartig konzipierte Buchprojekte auf ein Gesamtwerk hin ausgerichtet sind, das sich als *work in progress* wie ein Gewebe in Bewegung in ständiger Fortschreibung befindet.

Die Humboldtsche Wissenschaft wie das Humboldtsche Schreiben sind in einer kontinuierlichen Pendelbewegung zwischen Auseinander-Setzen und Zusammen-Denken begriffen. Die mit einer verwirrenden Vielzahl an Details argumentierenden Analysen Humboldts, welche die zergliedernde Scheidekunst seiner Auseinander-Setzungen darstellen, werden stets durch die überraschende Kombinatorik eines Zusammen-Denkens komplettiert, das gerade kein Zusammenschreiben ist, sondern den Versuch darstellt, ein ethisch fundiertes und an der in Entstehung begriffenen Wissensgesellschaft seiner Zeit ausgerichtetes Wissen gesellschaftsfähig zu machen und gesellschaftlich fruchtbar werden zu lassen.

Auseinander-Setzen und Zusammen-Denken implizieren stets ein Auseinander-Denken und Zusammen-Setzen, das auf der epistemologischen Ebene transdisziplinär und transregional ausgerichtet ist, auf der Ebene des Schreibens aber einen fragmentarischen, hybriden Charakter besitzt, der in Humboldts Denk- und Schreibbewegungen bisweilen aus heutiger Sicht einen gewissen dekonstruktiven, in jedem Falle aber selbstreflexiven und selbstkritischen Charme besitzt.

Dies mag erklären, warum die Ordnung der Weltkulturen bei Alexander von Humboldt am kulturellen Meridian der abendländischen Antike ausgerichtet bleibt und *zugleich* eine multipolare und dialogisch gegenüber künftigen Einsichten und Ergebnissen offene Strukturierung darstellt. Diese Offenheit liefert ihm nicht nur die Grundlage dafür, jenseits seines stets empirisch fundierten, aber auch die Polemik nicht scheuenden Kampfes gegen den zu seiner Zeit in Europa vorherrschenden Inferioritätsdiskurs über die indianisch oder iberisch geprägte Neue Welt einen neuartigen, auf eigener Beobachtung basierenden Amerikadiskurs zu schaffen und zu entfalten. Sie läßt ihn auch anhand vieler Detailbeobachtungen jene Entwicklungen erkennen, für die ihm nicht anders als seinen Zeitgenossen noch keine (kulturwissenschaftliche) Begrifflichkeit zu Gebote steht. So heißt es in seinen Überlegungen zur »Kleidung der Indianer von Michoacán« (Tafeln LII und LIII):

»Ich hatte für Ihre Majestät, die Königin von Preußen, eine mit viel Verstand hergestellte Gruppe dieser indianischen Figuren mitgebracht. Diese Fürstin, die einen aufgeklärten Sinn für die Künste mit außerordentlicher Charaktergröße verband, ließ diejenigen der Figuren zeichnen, welche unter dem Transport am wenigsten gelitten hatten. Diese Zeichnungen stellen die Tafeln LII und LIII vor; bei der sorgfältigen Betrachtung staunt man über die wunderliche Mischung *(mélange bizarre)* der alten indianischen Tracht mit der von den spanischen Kolonisten eingeführten Kleidung.«[55]

Es ist dieses mit Überraschung gepaarte Staunen, das Humboldts Aufmerksamkeit auf die »Asynchronie« der Beziehungen zwischen gesellschaftlicher und künstlerischer Entwicklung in Asien und Europa lenkt. Auch hier sind es immer wieder die weltweiten Wechselwirkungen, die dadurch in den Horizont der Humboldtschen Überlegungen gerückt werden – gerade auch dort, wo der abendländische Meridian sichtbar wird:

»Man mag überrascht sein, bei einem Volk, dessen politisches Leben seit Jahrhunderten von einem gewissen Zivilisationsgrad kündete und bei dem Götzenanbetung, astrologischer Aberglaube und der Wunsch, Ereignisse im Gedächtnis zu bewahren, eine große Zahl von Idolen wie von Steinskulpturen und historischen Gemälden hervorbrachten, die nachahmenden Künste in einem solchen Zustand der Barbarei zu finden. Indes darf man nicht vergessen, daß einige Nationen, die auf der Bühne der Welt eine Rolle gespielt haben, hauptsächlich die Völker Zentral- und Ostasiens, mit denen die Bewohner Mexicos durch recht enge Bande verknüpft scheinen, den gleichen Kontrast zwischen sozialer Vervollkommnung und Kindheitszustand in den Künsten erkennen lassen.«[56]

Diese auf Wechselwirkungen bedachte Horizonterweiterung bewahrt ihn auch davor, den aus dem Abendland bekannten Prozeß der Zivilisation mit seiner Abfolge vom Menschenopfer über Tieropfer zu Brand- und Ernteopfer leichtfertig auf die Entwicklung der Azteken zu übertragen, die er im

Anschluß an Francisco Javier Clavijeros *Geschichte des alten Mexiko* untersuchte.[57]

So mag die hybride Kleiderordnung der Indianer von Michoacán zumindest andeuten, in welchem Maße die Ordnung der Kulturen dieser Welt im Sinne Alexander von Humboldts als ein mobiler, dynamischer und unterschiedlichste Elemente miteinander verbindender Prozeß zu begreifen ist. Gerade Humboldts Ansichten der amerikanischen Kulturen bieten genügend Raum für neue Einsichten und Perspektivierungen dessen, was die abendländische Zivilisation und ihre Barbarei auszeichnet:

»Sehen wir nicht auch in weniger entfernten Zeiten die barbarischen Auswirkungen religiöser Intoleranz, inmitten einer der großen Zivilisationen der Menschheit, in einer Zeit, da Charakter und Sitten allgemein sanfter werden? Wie verschieden die Völker im Fortschritt ihrer Kultur auch sein mögen, Fanatismus und Eigennutz behalten stets ihre unheilvolle Macht. Die Nachwelt wird Mühe haben zu begreifen, daß es im zivilisierten Europa, unter dem Einfluß einer Religion, die dem Wesen ihrer Prinzipien nach die Freiheit begünstigt und die heiligen Rechte der Menschheit proklamiert, Gesetze gibt, welche die Sklaverei der Schwarzen billigen, welche es den Kolonisten erlauben, Kinder aus den Armen ihrer Mütter zu reißen, um sie in einem fernen Land zu verkaufen. Diese Betrachtungen beweisen uns, und dies ist kein tröstliches Ergebnis, daß ganze Nationen schnell fortschreiten können auf dem Weg zur Zivilisation, ohne daß die politischen Institutionen und die Formen ihres Kults ihre alte Barbarei gänzlich verlieren.«[58]

Diese von Humboldt herausgearbeitete Gleichzeitigkeit des Ungleichzeitigen macht deutlich, daß die abendländische Zivilisation innerhalb der Ordnung der Kulturen der Welt sich der Unabgeschlossenheit und Vorläufigkeit ihres eigenen zivilisatorischen Prozesses stets (welt)bewußt bleiben muß, will sie aus dem Fortbestehen des Barbarischen in ihr selbst die richtigen Schlüsse und die notwendigen Lehren ziehen. Alexander von Humboldts Projekt einer anderen, den anderen mit einschließenden Moderne aber ist in der aufschlußreichen Rezeptionsgeschichte seiner Schriften – und auch dies ist kein tröstliches Ergebnis – über lange Zeit ungewollt oder absichtsvoll verschüttet worden.

Figur 6

»Von großem Mißtrauen erfüllt«: Von Surrogaten und Extrakten des amerikanischen Reisewerks im deutschsprachigen Raum

35. *Wer liest noch Humboldt?*

In der internationalen Fachliteratur zu Alexander von Humboldt war es bis in die neunziger Jahre des 20. Jahrhunderts zu einer Gewohnheit geworden, das Vergessen zu beklagen, dem der preußische Weltreisende im jeweils eigenen Land beziehungsweise Sprachraum, sehr zum Unterschied zu anderen Ländern und Kulturräumen, anheimgefallen sei. So machte der Philosoph Adolf Meyer-Abich 1967 auf die mangelnde Bedeutung aufmerksam, welche Alexander von Humboldt in der deutschen Geistesgeschichte zuerkannt werde, wohingegen er in Amerika und insbesondere in der »spanischen Welt« »bis in unsere Tage eine lebendig weiterwirkende Tradition«[1] darstelle, eine Position, die der Historiker Horst Pietschmann 1987 in ähnlicher Form wiederholte;[2] der mexikanische Anthropologe und Philosoph Jaime Labastida wiederum sprach 1975 für sein Land von einer Rezeption unter falschen Vorzeichen, deren Folge unter anderem darin bestehe, daß der illustre Reisende in Mexiko »bislang mehr bewundert als gelesen«[3] werde und trotz seines Ruhmes letztlich ein Unbekannter geblieben sei – ganz im Gegensatz zu Europa und insbesondere Frankreich; doch klagte auch der französische Historiker und Reiseliteraturforscher Charles Minguet 1969 über die Unbekanntheit Humboldts bei seinen Landsleuten, wo allenfalls Wilhelm, nicht aber seinem Bruder Alexander jene wissenschaftliche wie geistesgeschichtliche Bedeutung beigemessen werde, wie sie *beiden* wiederum in Deutschland ganz selbstverständlich zuerkannt werde.[4]

Das Erstaunliche an diesem Phänomen ist nun zum einen, daß Alexander von Humboldt gerade in den drei genannten Sprach- und Kulturräumen bereits seit seiner Forschungsreise in die Neue Welt ein hohes Prestige genoß: In Frankreich, wo er jahrzehntelang an seinem Reisewerk arbeitete, erwarb er sich den Ruf, »der größte Gelehrte des Jahrhunderts« und »der Aristoteles der Moderne« zu sein;[5] in Mexiko, wo er durch seinen *Essai politique sur le Royaume de la Nouvelle-Espagne* stark auf das nationale Selbstverständnis und die Unabhängigkeit von Spanien einwirkte, wurde er (als einziger Ausländer) kurz nach seinem Tod, im Juni 1859, von Benito Juárez zum »Benemérito de la Patria« erklärt;[6] und in Deutschland, wo er schon bald nach seiner Rückkehr als »zweiter Entdecker Amerikas« gefeiert wurde,[7] verehrte man in ihm *die* wissenschaftliche Autorität seiner Zeit.

Zum anderen ist es nicht weniger erstaunlich, daß bislang (zumeist ungeprüft) immer wieder eine Behauptung ausgesprochen wurde, die spätestens 1830, also noch zu Lebzeiten des Naturforschers, vom Verfasser einer hier zu besprechenden Bearbeitung formuliert worden war. Dieser nämlich hatte Humboldt zu jenen

»hochverdienten Schriftstellern [gezählt], deren Ruhm weiter als ihre Werke verbreitet ist; und die das Schicksal haben, viel genannt, viel gelobt, und wenig gekannt zu sein. Die Werke des Herrn von Humboldt sind wohl nur einer kleinen Anzahl Sterblicher zugänglich, und diejenigen, denen das Glück die Zugänglichkeit zuwirft, sind selten die, welche es zu gebrauchen wissen.«[8]

Genaugenommen warf Wimmer damit gleich zwei Probleme der Humboldt-Rezeption auf, die ich gerne, wenn auch nicht aus der Perspektive des evangelischen Predigers aus Oberschützen, näher untersuchen möchte. Zum einen soll im folgenden der Frage nachgegangen werden, warum Humboldts Name wie die Titel einzelner Bände seines Reisewerkes überall wohl bekannt waren, sein *Corpus Americanum* aber dennoch nur eine im Vergleich zu seinen *Ansichten der Natur* oder zum *Kosmos* eher begrenzte Wirkung entfaltete. Und zum anderen soll die Frage nach dem Lesepublikum gestellt werden, waren es laut Wimmer (und damit um 1830) doch nicht nur zu wenige, sondern fatalerweise auch noch die falschen Leser, die Alexander von Humboldts Werke erreichten.

Nur hin und wieder tauchte bisher in der Humboldt-Forschung die vage Vermutung auf, daß das allenthalben konstatierte (wenn auch nur jeweils auf den eigenen Raum bezogene) Problem in der Vermittlung von Alexanders Œuvre selbst begründet liegen könnte.[9] Genauere Untersuchungen der zahlreichen Übersetzungen und Bearbeitungen von Schriften Alexander von Humboldts – sieht man von deren zuverlässiger bibliographischer Erfassung einmal ab[10] – unterblieben.

Die nachfolgenden Überlegungen versuchen, die wegen der Fülle des zu untersuchenden Materials höchst umfangreiche Aufgabenstellung in zweifacher Weise zu begrenzen. Zum einen erfolgt eine Beschränkung auf den deutschen Sprachraum, wenn auch vor dem Hintergrund der eingangs erwähnten ausländischen Stimmen, die auf eine ähnliche Problematik schließen lassen, der ein oder andere Hinweis auf vergleichbare Phänomene in anderen Ländern nicht unterbleiben darf; und zum anderen gilt das hauptsächliche Interesse der Vermittlung des eigentlichen narrativen Kernstücks des amerikanischen Reisewerks, Humboldts *Relation historique*. Diese beiden räumlichen wie inhaltlichen Einschränkungen sollen es im Gegenzug erlauben, wenn auch gewiß nicht alle, so doch besonders charakteristische Beispiele aus dieser spannenden Rezeptionsgeschichte des *Opus Americanum* vertieft zu behandeln.[11]

Der Problematik von Übersetzungen war sich Alexander von Humboldt durchaus bewußt. In einer Vielzahl von Passagen kam er in seinem Reisewerk auf Übersetzungsphänomene zu sprechen. Keine dieser Stellen scheint mir aber ein anschaulicheres (wenn auch sicherlich in ganz anderem Zusammenhang formuliertes) Modell – eine wahre *mise en abyme* des späteren Schicksals von Humboldts eigenem Reisebericht in deutscher Übersetzung und Bearbeitung – zu bieten als jene Passage, in der er auf Verständigungsprobleme bei der Expedition von Clark und Lewis aufmerksam machte:

»Um sich mit den Chapunish-Indianern unterhalten zu können, sprach Kapitän Clark *Englisch* mit einem der Seinen; dieser übersetzte die Frage für Chabaneau ins *Französische*; Chabaneau übersetzte sie seiner Frau, einer Indianerin, ins *Minetarru*; seine Frau übersetzte sie einem Gefangenen ins *Shosshonee*, und der Gefangene übersetzte sie ins *Chapunish*. Man darf wohl befürchten, daß der Sinn der Frage durch fünf aufeinander folgende Übersetzungen ein wenig verändert wurde.«[12]

Wie sehr der Blick auf Humboldts differenzierte Darstellungen des amerikanischen Kontinents bis zum heutigen Tag durch eine derartige Kette »sukzessiver Übersetzungen« verstellt wird, soll nun in einem ersten Schritt näher untersucht werden.

36. Der amerikanische Reisebericht und seine ersten Bearbeitungen, Übersetzungen und Fälschungen

Wie konnte es überhaupt im deutschsprachigen Raum zum Problem der Übersetzung des Reisewerkes kommen? Humboldt war schließlich ein deutschsprachiger Gelehrter und Schriftsteller, der in den *pré-textes* seines Amerikawerkes, das heißt in seinen Reisetagebüchern, zwar auf die französische, spanische und lateinische Sprache zurückgegriffen, sich aber in einem nicht unbeträchtlichen Maße auch der deutschen Sprache bedient hatte.[13]

Warum erschien dann das amerikanische Reisewerk, und mit ihm die *Relation historique*, in französischer Sprache? Hierfür waren mehrere Gründe ausschlaggebend. Anders als das Deutsche war das Französische eine während der zweiten Phase beschleunigter Globalisierung im eigentlichen Sinne globalisierte europäische Sprache, die auch weit über die Grenzen der europäischen *République des Lettres* hinaus gesprochen oder zumindest doch gelesen wurde. Paris war längst zur großen europäischen Drehscheibe für die Zirkulation des Wissens über die außereuropäische Welt geworden.[14] Und Humboldt fand in Paris buchhändlerische beziehungsweise verlagstechnische Voraussetzungen für die Veröffentlichung seines höchst kostspieligen und daher verlegerisch riskanten dreißigbändigen Reisewerkes, wie er sie in Deutschland nicht angetroffen hätte.[15]

Darüber hinaus war die französische Hauptstadt, die Humboldt schon früh faszinierte, neben London das eigentliche europäische Zentrum für wissenschaftliche Aktivitäten und – anders als Berlin – über die zur Verfügung stehenden Bibliotheken und Privatsammlungen hinaus eine höchst komplexe Landschaft von zum Teil sehr prestigeträchtigen wissenschaftlichen Institutionen und Einrichtungen. Alexander von Humboldt konnte in Paris zudem auf viele wissenschaftlich renommierte und einflußreiche Freunde zählen, die ihn bei seinem immensen Forschungsvorhaben kompetent unterstützten. All dies trug zu Humboldts Entschluß bei, in der Sprache zu schreiben, »die um mich her gesprochen wird, weil Leben allein das Wort belebt«.[16] Die Wahl der Wissenschaftssprache Französisch, für die sein Bruder Wilhelm volles Verständnis aufbrachte,[17] ließ Alexander von Humboldt hoffen, auch von einer Leserschaft in anderen romanischen und außerromanischen Ländern (insbesondere in den Amerikas) gelesen zu werden, die eine deutschsprachige Publikation nur schwerlich hätten konsultieren können.

Ein für die Wirkungsgeschichte[18] des amerikanischen Reisewerkes gleichfalls zentraler Faktor war die Tatsache, daß Humboldts kostspieliges Reisewerk nicht nur mindestens einen Verleger in den Bankrott führte und seinen Verfasser um einen Großteil seines Vermögens brachte, sondern in den Anschaffungskosten derart unerschwinglich war, daß Humboldt mit ansehen mußte, wie selbst dem preußischen König die Kosten einer Anschaffung der vollständigen Ausgabe für seine Privatbibliothek allzu hoch wurden. Nicht einmal Humboldt selbst besaß, wie sich nach seinem Tode herausstellte, ein vollständiges Exemplar seines umfangreichen *Opus Americanum.* Die große (Folio- und Quart-)Ausgabe des Reisewerks kostete ungebunden 9574 Francs oder 2553 Taler, eine Summe, die angesichts der 1200 Kupferstiche und Herstellungskosten in Höhe von 780000 Francs verständlich wird.[19] Im selben Brief an Berghaus aus dem Jahre 1830, in welchem er des Königs finanzielle Zurückhaltung erwähnte, stellte Humboldt resignierend fest: »Leider, leider! meine Bücher stiften nicht den Nutzen, der mir vorgeschwebt hat, als ich an ihre Bearbeitung und Herausgabe ging; sie sind zu theuer!«[20]

Es kam hinzu, daß Humboldts eigentlicher Reisebericht,

der auf ein breiteres Publikum zielte, keine Darstellung des gesamten Reiseverlaufs lieferte, sondern mit dem Ende des dritten Bandes beziehungsweise mit der Ankunft im heutigen Kolumbien abbrach. Nur ein Drittel der gesamten Reise erschien daher in einer zusammenhängenden Darstellung: Die *Relation historique* blieb – wie die meisten Buchprojekte des Preußen – unvollendet.[21]

Bedenkt man nun die wirkungsvolle internationale *Publicity*,[22] die Alexander von Humboldt schon während seiner Reise geschickt betrieb (und die ihn aufgrund seiner Bekanntheit ebenso vor einer Gefangennahme durch ein englisches Kriegsschiff vor der heute venezolanischen Küste beschützte, wie sie in Lissabon den Befehl der Gefangennahme, sollte der Reisende die portugiesischen Besitzungen betreten, auslöste), so läßt sich die Enttäuschung seines Lesepublikums begreifen. Gerade die deutschsprachige Leserschaft, die nicht zuletzt durch die literarisch einflußreiche *Reise um die Welt* Georg Forsters geradezu in eine »Südseetrunkenheit« gestürzt worden war,[23] hatte sich von Humboldt wie ehedem vom Begleiter Cooks eine rasche Veröffentlichung des Reiseberichts erwartet. Diese hochgesteckten Erwartungen konnte auch der 1808 zuerst erschienene erste Band der *Ansichten der Natur*[24] nicht befriedigen, in welchem Humboldt zwar mit großem Erfolg beim Publikum in einzelnen Essays seine literarischen Qualitäten unter Beweis zu stellen vermochte, nicht aber den lange ersehnten literarischen Reisebericht vorlegte. Humboldt spannte sein Lesepublikum nicht nur bei dieser Gelegenheit auf die Folter.

So kann es nicht verwundern, daß früh schon einzelne Verleger und Herausgeber eine Chance witterten, in diese Lücke zu stoßen. Eine erste Phase der Adaptation des Reiseberichts begann. Bereits Anfang 1805, also nur wenige Monate nach Humboldts Rückkehr aus Amerika und lange vor Erscheinen der *Ansichten der Natur*, begann in Hamburg ein zunächst zweibändiges, später sechsbändiges Werk unter dem verräterischen Titel *Alexander von Humboldts Reisen um die Welt und durch das Innere von Südamerika* zu erscheinen,[25] dessen Verfasser Friedrich Wilhelm von Schütz ein »interessantes Lesebuch für die Jugend« vorzulegen behauptete. Es handelte sich wohl um die erste »Piratenausgabe« von Humboldts Werk, nicht aber um den ersten eigentlichen Bericht von der amerikanischen Reise in Buchform.

Der mit Humboldt befreundete J.-C. de Lamétherie ließ im November 1804 in französischer Sprache einen ersten Bericht der Reise abdrucken, der unter dem Titel *Notice d'un voyage aux tropiques*[26] in Paris erschien und bereits Anfang 1805 in deutscher Übersetzung unter dem Titel *Reise der Herren v. Humboldt und Bonpland nach den Wendekreisen*[27] veröffentlicht wurde. Der Originaltext, dessen deutsche Übersetzung – auch eine niederländische ist bekannt – mehrfach wiederabgedruckt wurde, ging unter anderem auf Vorträge zurück, die Alexander von Humboldt bereits drei Wochen nach seiner Rückkehr nach Paris und wenige Tage nach seinem fünfunddreißigsten Geburtstag ab dem 17. September 1804 am *Institut de France* gehalten hatte.[28] In der Vorrede des in Erfurt gedruckten und gerade einmal 76 Seiten umfassenden Bändchens stand zu lesen:

»Noch nie hat die Unternehmung eines Reisenden eine größere Sensation und noch nie ein lebhafteres Verlangen nach der Erscheinung seines Tagebuches erregt als die des Herrn von Humboldt.«[29]

Diese Einschätzung dürfte kaum übertrieben gewesen sein: Das Publikumsinteresse nicht nur in Frankreich, sondern gerade auch im deutschsprachigen Raum war riesengroß. Verräterisch an der Hamburger Ausgabe von Humboldts *Reisen um die Welt und durch das Innere von Südamerika* aber war bereits ihr Titel, und dies insoweit, als er nicht nur dem eigentlichen Reiseverlauf widersprach – eine Erscheinung, auf die noch zurückzukommen sein wird –, sondern sich fraglos aus verkaufsstrategischen Überlegungen an den erwähnten Bestseller, an Forsters *Reise um die Welt*, anlehnte. Diese »Bearbeitung« von Humboldts Reise basierte auf bereits veröffentlichten Materialien und vor allem auf den Zeugnissen von Alexander von Humboldts breitgestreuter Öffentlichkeitsarbeit und war, wie Löwenberg verärgert formulierte, nichts weiter als ein »elendes Machwerk, das [...] der gespannten Erwartung des Publikums geboten wurde«.[30]

Diese Orientierung am Publikumsgeschmack aber war symptomatisch. Genaue Daten über den Erfolg des Werkes sind mir zwar nicht bekannt; doch scheint nicht nur Löwenbergs grimmiger Hinweis darauf zu deuten, daß die Kalkulation des Hamburger Verlegers und seines im Hintergrund bleibenden Kompilators Friedrich Wilhelm von Schütz aufging. Denn Humboldt selbst sah sich noch 1814 genötigt, sich bereits auf der zweiten Seite seines Reisewerks von dieser Publikation nachdrücklich zu distanzieren und jede Kenntnis derselben zu bestreiten:

»Dieser Bericht, der in meinem Namen verfaßt ist, wurde, wie es scheint, nach Nachrichten, die in Zeitungen veröffentlicht wurden, sowie nach isolierten Vorträgen niedergeschrieben, die ich in der Ersten Klasse des *Institut* vorgetragen habe. Um die Aufmerksamkeit des Publikums zu erregen, glaubte der Kompilator, einer Reise in einige Gebiete des neuen Kontinents den anziehenderen Titel Reise um die Welt geben zu können.«[31]

Über diese »Piraterien« hinaus scheinen im 19. Jahrhundert verschiedene weitere »Bearbeitungen« dieser »Bearbeitung«, eines Surrogats im eigentlichen Sinne, in Umlauf gewesen zu sein.[32]

Das Interesse von Publikum und Verlegern am Reisebericht blieb in Deutschland Humboldts Unternehmen treu – doch auch verlegerischer Eigennutz und verschiedenerlei Ungeschicklichkeiten. Denn schon bald nach dem Erscheinen des ersten Bandes der französischen *Relation historique* begann Johann Friedrich Cotta mit der Veröffentlichung einer ersten Übersetzung ins Deutsche, die schließlich zu einer umfangreichen Ausgabe[33] anschwoll und *bis heute* die einzige vollständige Übersetzung des gesamten Reiseberichts in deutscher Sprache darstellt. Humboldt jedoch stand ihr ablehnend gegenüber. Warum?

Der entscheidende Grund ist wohl darin zu sehen, daß diese Übersetzung – für die nach Ansicht Humboldts die ihm freundschaftlich verbundene Witwe Georg Forsters, Therese Heyne-Forster-Huber, verantwortlich zeichnete – pikanterweise nicht als solche gekennzeichnet war: Auf dem Titelblatt wurde weder auf die Tatsache, daß es sich um eine Übersetzung handelte, noch auf deren vermeintliche Urheberin aufmerksam gemacht. Das deutsche Publikum, das beispielsweise Cottas Ausgabe der *Ideen zu einer Geographie der Pflanzen* (1807) oder der *Ansichten der Natur* (1808) kannte, sollte ganz bewußt hinters Licht geführt und zu der Annahme verleitet werden, daß dieser neuerlich bei Cotta aufgelegte Text, dessen Übersetzungsrechte Humboldt Cotta schon am 9. September 1809 angeboten hatte, aus der Feder Alexander von Humboldts selbst stamme. Gerade dies aber war nicht der Fall, ja, Humboldt scheint von J. F. Cotta nicht einmal zuvor von der geplanten Übersetzung in Kenntnis gesetzt worden zu sein.[34] Kein Zweifel: Auch hier dominierten verlegerische Überlegungen und Profitaussichten. Und noch 1840 protestierte Humboldt in einem Brief vom 20. Januar an Cottas Sohn dagegen, daß offenkundig keinerlei Absprache stattgefunden hatte. Noch Jahrzehnte später also betonte der bereits mit der Niederschrift seines *Kosmos* Beschäftigte, diese erste Übersetzung »nie auch nur unaufgeschlagen« gesehen und nur »durch andere« davon »gehört« zu haben.[35]

Alexander von Humboldt konnte nicht wissen, daß nach heutigem Kenntnisstand F. G. Gmelin den ersten Band und Paulus Usteri die Bände 2 bis 6.1 übersetzt hatten.[36] An Humboldts Verärgerung hätte ein solches Wissen aber wohl kaum etwas geändert. Das große Verdienst dieser Übersetzung – ihre Vollständigkeit – wurde von der bedauernswerten Tatsache überdeckt, daß die Ausgabe unter einer Vielzahl gravierender inhaltlicher Mängel und Übersetzungsfehler sowie unter erheblichen stilistischen Unzulänglichkeiten litt. 1860 ließ Georg von Cotta, in einem Brief recht ungeschickt seinen Vater verteidigend, durchblicken, daß dieser sich nicht einmal die Mühe gemacht hatte, das Manuskript dieser ersten deutschen Übersetzung des Reiseberichts zu lesen. Die ersten Bearbeitungen und Übersetzungsversuche des amerikanischen Reiseberichts standen wahrlich unter keinem guten Stern.

Aufgrund von Humboldts persönlicher Beziehung sowohl zu Johann Friedrich Cotta als auch zu Therese Huber mußte sich der preußische Forschungsreisende bis zum Tod der beiden[37] in Verschwiegenheit üben. Danach machte er allerdings um so deutlicher seinem angestauten Ärger Luft. So schrieb er in dem bereits erwähnten Brief vom 20. Januar 1840 an Georg von Cotta:

»Eben weil ich eine große Wichtigkeit auf meinen Styl lege, mir selbst eine gewisse Lebendigkeit und Anmuth in Naturbeschreibungen zutraue, ist es mir ein Groll gewesen, mich von anderen in die Sprache übersetzt zu lesen, in der ich das gute und schlechte am lebhaftesten fühle.«[38]

Daß Humboldt die Übersetzung anfänglich ignorierte und später dann schroff ablehnte, trug neben den vorhandenen und für jedermann sichtbaren sprachlichen Ungeschicklichkeiten sicherlich dazu bei, daß dieser ersten Übersetzung des Reiseberichts nur ein mäßiger Erfolg beschieden war: sie ist heute längst in Vergessenheit geraten.[39]

Kaum war jedoch diese erste deutsche Ausgabe des Reiseberichts erschienen, so fanden sich schon ihre ersten Bearbeiter ein – auch dies wiederum ein Hinweis auf das noch unvermindert große Interesse des deutschsprachigen Publikums.[40] Unter einer Vielzahl von Bearbeitungen scheint mir in mehrfacher Hinsicht eine Publikation bemerkenswert, die in vier Bändchen 1830 in Wien (in der Reihe »Bibliothek naturhistorischer Reisen für die reifere Jugend«) erschien.[41] Sie wies – wie zu zeigen sein wird – bestimmte charakteristische Muster der Anverwandlung von Humboldts Reisewerk auf und stellte gleichzeitig die erste Adaptation dar, die Ziel und Zielpublikum genau benannte. Denn ihr Verfasser, der evangelische Prediger Wimmer, schrieb nach eigenem Bekunden für Leser zwischen 15 und 24 Jahren, die er »von den verderblichen Romanen [etwa Walter Scotts], die nur die Phantasie erhitzen, abzuziehen« suchte.[42]

Die Bearbeitung von Humboldts Werk, welche »im Einverständniß mit dem Freiherrn von Cotta, als rechtmäßigem Verleger, unternommen wurde«,[43] diente als einflußreiches Erziehungsmittel für ein gottgefälliges Leben und gegen den Einfluß »schlechter Literatur«. Vor dem Hintergrund eines so verstandenen *prodesse et delectare* schien Wimmer »nur der unterhaltende Theil der Arbeiten des größten lebenden Naturschauers aufgenommen werden«[44] zu können. Die naturwissenschaftlichen Passagen von Humboldts Reisewerk wurden folglich sehr stark gekürzt. Nur dort, wo sich eigene naturkundliche Interessen des Predigers aus Siebenbürgen mit Humboldts Untersuchungen (etwa beim Vulkanismus) deckten, blieben gewisse Reste bestehen, wobei sich der Bearbeiter nicht scheute, Alexander von Humboldts Ansichten des öfteren zu verwerfen und seine eigenen Thesen aufzustellen.[45]

Dabei erhielt der »Reisebericht« eine neue Erzählerfigur, die nach einem Ausschnitt aus Humboldts Einleitung in der ersten Person mit dem Beginn der Fahrt nun selbst die Aufgabe des Erzählens übernahm und fortan von Alexander und seinem Begleiter nur mehr in der dritten Person sprach: »Nun ihr Winde, seyd fein höflich, beunruhigt unsre Reisenden nicht, und blaset schön sanft in die lieben Segel, daß ihnen kein Leid geschehe.«[46] Die Einführung einer neuen narrativen Instanz, die Humboldts französisches Original in Text und Bewußtsein des Lesers völlig auslöschte und allein die Übersetzung Gmelins beziehungsweise Usteris gleichsam als untergeordneten Intertext gelten ließ,[47] bildete die Grundlage für eine stark ideologisierte und ideologisierende »Lektüre«. Denn der neue Ich-Erzähler, ausreichend mit Autorität ausgestattet, um Humboldt seiner Bewunderung ungeachtet explizit oder implizit korrigieren zu können, übte nicht nur eine Art moralischer Zensur aus, sondern schob dem preußischen Forschungsreisenden, für den Leser selbstverständlich nicht erkennbar, eigene Wertungen unter. So fiel nicht nur bei der Ankunft in Santa Cruz de Tenerife der von Alexander humorvoll geschilderte Auftritt der *Capitana*, die die Organisation sexueller Bedürfnisbefriedigung der Seeleute mit den Erfordernissen seemännischer Disziplin zu verbinden hatte, ebenso selbstverständlich wie stillschweigend einem Eingriff des Bearbeiters zum Opfer;[48] gerade die Rolle der Kirche[49] in den spanischen Kolonien wurde entgegen der sehr viel kritischeren Position des Preußen nun gänzlich positiv dargestellt.[50]

Die moralisierenden, ideologisierenden und aktualisierenden Einschübe[51] des evangelischen Predigers schufen ein völlig neues Werk, in dem sich Passagen aus der Übersetzung von 1815 ff. wie Fremdkörper ausnahmen.[52] Die völlige Zerstörung der narrativen Strukturen des Originals[53] und der Aufbau gänzlich andersgearteter Erzählmuster schufen einen Text, der nur noch in groben Zügen mit Humboldts Beobachtungen und seinen philosophischen wie (wissenschafts) theoretischen Vorstellungen zu tun hatte.[54] Dieser Text war nicht mehr nur durch eine Übersetzung vom Original getrennt, sondern entwickelte unter beständiger Berufung auf den »großen Reisenden« zum ersten Mal einen gleichsam parasitären Charakter, der Humboldts Intertext nach Belieben kontextualisierte und manipulierte. Dies sollte bei weitem nicht das einzige Mal in der langen und verzweigten Editionsgeschichte Alexander von Humboldts bleiben.

Legte Wimmers Werk – und mit ihm andere deutschsprachige Bearbeitungen – eindeutig den Akzent auf die *philosophischen*[55] und »allgemein bildenden« Aspekte zuungunsten spezifisch wissenschaftlicher Erläuterungen und Statistiken in Humboldts Reisewerk, so darf an dieser Stelle in Ermangelung eines Beispiels aus dem deutschen Sprachraum auf eine fremdsprachige Adaptation hingewiesen werden, die charakteristischerweise gerade die *pragmatische* Dimension von Humboldts Werk betonte.[56]

Im Jahre 1856 erschien eine nordamerikanische Ausgabe von Humboldts *Essai politique sur l'île de Cuba*, der ursprünglich als 28. Kapitel einen integralen Bestandteil des dritten Bandes der *Relation historique* gebildet hatte und erst nachträglich von Humboldt, parallel zu seinem *Essai politique sur le Royaume de la Nouvelle-Espagne*, separat publiziert worden war.[57] Es handelte sich bei dieser Publikation gleichzeitig um eine Übersetzung und eine Bearbeitung. John S. Thrasher, der für beides verantwortlich zeichnete, gab seine Ausgabe implizit als eine *complete version* aus, eine Behauptung, die ebenso falsch war wie die Tatsache bemerkenswert, daß der lange Zeit auf Kuba lebende US-Amerikaner nicht aus dem französischen Original,[58] sondern aus einer (im übrigen keineswegs textgetreuen) spanischen Übertragung von Bustamante übersetzte.[59]

Auch Thrasher hob die Autorität des preußischen Gelehrten hervor, dessen Werk noch immer die beste Publikation zum Thema Kuba darstelle. Und wie Wimmer visierte auch er ein präzise bestimmtes Zielpublikum, hier die nordamerikanische Leserschaft, an. An dessen Interessen sich zu orientieren gab der Bearbeiter vor, als er die Anordnung von Humboldts Werk nach Gutdünken veränderte, bestimmte Passagen wegließ, eigene (allerdings als solche gekennzeichnete) Beobachtungen einflocht oder das statistische Zahlenmaterial des preußischen Forschungsreisenden durch neuere Angaben und Untersuchungen ergänzte. Doch Thrashers Übersetzung war weitaus mehr als eine Bearbeitung: Sie war eine Fälschung.

Denn alle Eingriffe und Veränderungen gehorchten den Intentionen Thrashers, wie dieser sie in seiner Einleitung zu Papier brachte und wie sie dem zeitgeschichtlichen Kontext seiner Publikation entsprachen. Washingtons Pläne, baldmöglichst Spanien die Insel Kuba abzukaufen, machten zur »Information« der hierauf einzustimmenden nordamerikanischen Bevölkerung eine Lancierung von Literatur über die Karibikinsel notwendig.[60] Dieser Propagandafunktion, dieser Rechtfertigung und Legitimation des nordamerikanischen Anspruchs auf Kuba entsprach *The Island of Cuba, by Alexander Humboldt*, in vollem Maße. Es ging nicht um eine Textausgabe, sondern um eine politisch ambitionierte Verfälschung und Vereinnahmung.

In seinem einleitenden Essay hob der Übersetzer und Herausgeber daher nicht von ungefähr die enorme geostrategische Bedeutung Kubas für die USA, die politischen Gefahren aufgrund der Einmischung Englands sowie die wirtschaftlichen Erfolgsaussichten im Falle einer Eingliederung Kubas in die Union hervor. Thrasher plädierte hierbei für eine US-Politik der Stärke gegenüber Spanien, da dieses Land auf Grund seiner maurischen Vergangenheit so orientalisch geworden sei, daß es nur auf Gewalt reagiere.[61] Darüber hinaus ließ Thrasher keinen Zweifel an seiner positiven Einschätzung der Sklaverei auf Kuba wie in den Südstaaten der USA, trage sie doch lediglich der gottgegebenen Einteilung in überlegene und unterlegene Rassen zum Vorteil aller Rechnung. Jeglichen Reformversuch der Sklaverei durch die spanischen Kolonialbehörden lehnte er scharf ab, verwies mahnend auf die Beispiele »schwarzer Barbarei« auf Haiti und Jamaica und stellte die USA als einzige Macht dar, die Kuba noch vor einem drohenden Rassenkrieg und dessen Ursachen, den »blutdürstigen Lehren europäischer Philanthropie«, retten könne.[62]

Thrasher ging hierbei so weit, seine rassistische, auf machtpolitischen, ökonomischen, sozialen und anthropologischen Argumenten ruhende Verteidigung der Sklaverei mit dem Namen Alexander von Humboldts zu verbinden.[63] Dies war ihm freilich nur dadurch möglich, daß er in seiner folgenreichen Bearbeitung des *Essai politique* mit Ausnahme einiger kleinerer Bemerkungen all jene Ausführungen, in denen sich Humboldt unmißverständlich gegen die Sklaverei auf Kuba wie auch in den Südstaaten der USA aussprach, ersatzlos entfernte. Durch Umstellungen innerhalb der Anordnung der Textteile versuchte er, mißtrauisch gewordene Leser zu verwirren und an einem genauen Textvergleich zu hindern. Seiner Schere fiel, selbstverständlich ohne jeden Hinweis an das Lesepublikum, insbesondere jene lange Passage zum Opfer, in der Humboldt seine ausführlichen statistischen Untersuchungen beendete und zu einer jener grundlegenden philosophischen Erörterungen ausholte, mit denen er jeweils ein bestimmtes Thema von einer übergeordneten Ebene aus abzuschließen pflegte.[64]

Die *pragmatisch* ausgerichtete US-amerikanische Bearbeitung Humboldts nutzte also vor allem die verwertbaren Daten, Fakten und Statistiken des Originals und sparte dabei genau jenen philosophischen Diskurs aus, den die meisten deutschsprachigen Bearbeitungen zu jenem Zeitpunkt hervorhoben. Mit all dem, was für ihn nach Philanthropie roch, machte Thrasher nicht viel Federlesens. Zugleich lag dieser verfälschenden Bearbeitung eine starke, am Zielpublikum ausgerichtete Ideologisierung zugrunde, fühlte sich Thrasher doch seiner politisch-ideologischen Position mit einer klar zum Ausdruck gebrachten Zielsetzung verpflichtet: »der konsequenten Konsolidierung der Macht der USA *(American power)* auf diesem Kontinent und ihrem Einfluß auf der gesamten Welt«.[65]

Auch in dieser *pragmatisch* vorgehenden Auswahl kam folglich eine ideologische Funktionalisierung zum Ausdruck, deren Gründe Humboldt sofort durchschaute und gegen die er öffentlich und vehement vorging. Sein offener Protestbrief vom Juli 1856 in der *Spenerschen Zeitung* richtete sich dabei nicht so sehr gegen die neokoloniale Zielsetzung dieser nordamerikanischen Publikation als gegen die Verfälschung seiner unmißverständlich gegen die Sklaverei gerichteten Überzeugungen. Er begrüßte zwar die Einfügung neuen Zahlenmaterials, protestierte aber energisch gegen die unkommentierte Streichung seiner Verurteilung der Sklaverei, des siebten Kapitels der ihm bekannten spanischen Übersetzung, dem er explizit eine weit größere Wichtigkeit als all seinen astronomischen und statistischen Untersuchungen zuerkannte.

Alexander von Humboldt ließ sein Schreiben selbstverständlich auch in den USA einrücken. Die Veröffentlichung von Humboldts Protestschreiben im *New York Daily Times* erzwang eine recht ungeschickte Verteidigung Thrashers in seinem bereits erwähnten offenen Brief, in dem er seine Haltung mit der falschen Behauptung zu begründen suchte, es handle sich bei den weggelassenen Passagen um einen separaten Essay Humboldts über die Sklaverei. Die ausgelassenen Passagen wurden im übrigen von nordamerikanischen Abolitionisten im *New York Herald* und im *Courrier des Etats-Unis* nachträglich veröffentlicht: auch dies selbstverständlich im Sinne einer diesmal umgekehrten Funktionalisierung Humboldts.[66]

Wie sehr die Frage der Sklaverei, gegen die sich der Autor der *Ansichten der Natur* und des *Politischen Versuchs über die Insel Cuba* immer wieder mit aller wünschenswerten Deutlichkeit – wie auch im vorliegenden Band gezeigt – aussprach, den preußischen Gelehrten auch noch im Alter bewegte, ist unter anderem den Briefen seiner letzten Jahre an Varnhagen von Ense zu entnehmen.[67] All dies hat jedoch nicht verhindern können, daß diese hochgradig entstellende und verfälschende »Übersetzung« immer wieder – und auch noch in neuester Zeit[68] – in den USA als authentischer Beitrag Alexander von Humboldts veröffentlicht wurde. Gerade aus der Perspektive der *Cultural Studies* wird Humboldt immer wieder gerne zur Zielscheibe kritischer Studien, die *The Island of Cuba* offenkundig allein im englischsprachigen Original lesen.[69]

Wie in den deutschsprachigen Ländern[70] beruhte auch in den USA der Anreiz für eine solche Funktionalisierung hauptsächlich auf dem großen Prestige, den Humboldts Name besaß.[71] In der Tat bestand die von einem evangelischen Prediger aus Oberschützen signalisierte Gefahr, daß Alexander von Humboldt, »viel genannt, viel gelobt, und wenig gekannt«,[72] nicht selten auch noch die falschen Leser und Übersetzer fand.

37. Die Übersetzung Hermann Hauffs und ihre Bearbeitungen

Eine zweite, im Grunde bis in die Gegenwart andauernde Phase der Wirkungsgeschichte der *Relation historique* begann mit der bis ins Jahr 1839 zurückgehenden Initiative des jungen Cotta und seinem Auftrag an Hermann Hauff, eine Neuübersetzung des Humboldtschen Reiseberichts in Angriff zu nehmen.[73] Der von Humboldt mit wohlwollenden Worten[74] bedachte Bruder des Dichters Wilhelm Hauff legte seine Übersetzung in vier Bänden 1859-60 vor unter dem Titel *Alexander von Humboldt's Reise in die Aequinoctial-Gegenden des neuen Continents. In deutscher Bearbeitung von Hermann Hauff. Nach der Anordnung und unter Mitwirkung des Verfassers. Einzige von A. v. Humboldt anerkannte Ausgabe in deutscher Sprache.*[75] Sie wurde rasch zur einflußreichsten Übersetzung des amerikanischen Reiseberichts im deutschsprachigen Raum.

Wenige Wochen vor seinem Tode am 6. Mai 1859 hatte Humboldt noch ein Vorwort für diese Ausgabe schreiben können. Die kurze Einleitung, auf den 26. März 1859 datiert, ließ keinen Zweifel an Humboldts grundsätzlichem Festhalten an einer vollständigen Ausgabe: »Einem wissenschaftlichen Reisenden kann es wohl nicht verargt werden, wenn er eine vollständige Uebersetzung seiner Arbeiten jeder auch noch so geschmackvollen Abkürzung derselben vorzieht.«[76] Aus diesem Satz sprach versteckt die schlimme Erfahrung der früheren »Bearbeitungen« seines Werkes. Noch in seinem *Kosmos* pflegte er allein seine Originalausgaben zu zitieren, da er – wie er zu Beginn seines Werkes klarstellte – »in Beziehung auf die Sorgfalt der Übersetzer von großem Mißtrauen erfüllt« sei.[77] Zugleich signalisierte Humboldt aber in Hinblick auf das Zielpublikum sein Einverständnis[78] mit den Plänen von Verleger und Übersetzer, »einen etwas *abgekürzten Text der Reise in die Tropen-Gegenden des Neuen Continents* darzubieten«.[79] Ziel sollte es nun nach Humboldt sein, sein Werk »einem größeren Kreise gebildeter Leser, die bisher mehr mit der Natur als mit scientifischem Wissen befreundet waren«, zugänglich zu machen.[80]

Die angestrebte Öffnung des Reisewerks für ein größeres Publikum erreichte die neue Übersetzung zweifellos. Die vollmundige Ankündigung des Titelblatts aber trog: Weder konnte Humboldt an der Ausgabe »mitwirken« (so fehlen die im Vorwort angekündigten Berichtigungen wissenschaftlicher Art), noch konnte er die Übersetzung in ihrer Gesamtheit überhaupt kennen (geschweige denn wirklich »anerkennen«), wurde die Hauffsche Ausgabe doch erst nach seinem Tode veröffentlicht. Gleichwohl erlaubten es die Behauptungen des Titelblatts ihrem Herausgeber, zunächst einmal gegen die »völlig unbrauchbare«, »nichtswürdige« und von Humboldt verachtete Übersetzung sowie »verschiedene deutsche Auszüge und Bearbeitungen der Reisebeschreibung [...], die bequemerweise nur jene Uebersetzung zu Grunde legten, und aus ihr zahllose Sprachsünden, Mißverständnisse und Irrthümer herübernahmen«, zu polemisieren.[81] Er nannte Humboldts Reisebeschreibung »ein der höheren Literatur angehörendes Werk, ein eigentliches Kunstwerk«,[82] dessen künstlerische Form es zu wahren gelte, und verwies darauf, mit dem Verfasser übereingekommen zu sein, »das Buch als literarisches Produkt möglichst unversehrt zu erhalten, nirgends auszugsweise zu verfahren, sondern im Ganzen überall dem Texte treu zu bleiben und nur die kürzeren und längeren streng wissenschaftlichen Excurse und Abhandlungen [...] abzulösen«.[83]

Hauffs Polemik trug Früchte. Die deutsche Erstübersetzung geriet in völlige Vergessenheit, jede weitere Bearbeitung des Reisewerks basierte in Zukunft allein auf der Hauffschen

Übertragung. Wie aber löste diese ihre Versprechungen selbst ein? Wahrte sie die von Hauff zu Recht so genannte künstlerische Form des Reiseberichts?

Humboldts Ableben gab Verleger wie Herausgeber freie Hand. Bereits die für das Verständnis von Vorbereitung, Entwicklung und Ablauf der Forschungsreise so wichtige Einleitung des preußischen Gelehrten fiel der Schere des Herausgebers, möglicherweise aber auch des Verlegers, zum Opfer. Die bei Humboldts Veröffentlichungen so substanzreichen Fußnoten wurden größtenteils ausgelassen, die Kapitel- und Bucheinteilungen teilweise völlig verändert, ohne ein Wort der Erläuterung die beiden letzten Kapitel ganz gestrichen: Humboldts Reisebericht endete nun im Hafen von Havanna und nicht mehr an der Karibikküste Kolumbiens. Dem zeitgenössischen Leser, dem das kostspielige französische Original nur in den seltensten Fällen zur Verfügung stand, wurde gleichwohl Vollständigkeit suggeriert.

Diese aber konnte Hauffs Übersetzung und Ausgabe nicht bieten. Allein der Umfang seiner stilistisch ansprechenden Übertragung hätte einem unvoreingenommenen Leser zu denken geben müssen.[84] Hauff veränderte nicht nur die Einteilung des gesamten Reiseberichts: Er verzichtete vielmehr wiederholt auf die Humboldt so wichtigen weltweiten Vergleiche der lateinamerikanischen Phänomene und ließ mitunter ganze Passagen, teilweise von über 250 Seiten, kommentarlos weg, wenn er sie für weniger wichtig erachtete. Mit Hilfe kurzer Überleitungen aus eigener Feder versuchte er, allzu große Gedankensprünge zu vermeiden. Hinzu kam eine Vielzahl von Übersetzungsfehlern und Ungenauigkeiten. Teilweise handelte es sich hierbei um Fehler, für die man entweder eine erstaunliche Nachlässigkeit oder die Arbeit eines anonym gebliebenen Hilfsübersetzers verantwortlich machen könnte.[85]

Doch gab es auch eine Reihe von Fehlern, die eher weltanschauliche Motive nahelegten. Betonte Humboldt immer wieder die europäische Perspektive seiner Überlegungen, so verschleierte Hauff, etwa im 2. Kapitel, diese Perspektivierung, indem er mehrfach das Wörtchen »européen« unübersetzt ließ; sprach Humboldt an einer anderen Stelle von »europäischen Sklavenhaltern«,[86] so wurden diese in Hauffs Übersetzung zu Spaniern, zog Humboldt einen Vergleich zwischen der Abhängigkeit der Indianer und der »barbarie de *nos* institutions féodales«, so sprach Hauff lediglich von der »Barbarei *des* Feudalsystems«.[87] Zu Beginn meiner Arbeit an der Neuherausgabe von Humboldts Reisebericht glaubte ich noch an Zufälle, mußte bald aber den systematischen Charakter dieser kleinen, aber folgenreichen Eingriffe zur Kenntnis nehmen.

Alexander von Humboldts unvollendet gebliebener Reisebericht erschien auf diese Weise über vier Jahrzehnte später in einer deutschen Ausgabe, die nicht nur nicht textgetreu, sondern fragmentarisch und entstellend war. Warum aber konnte sie sich während mehr als hundert Jahren im deutschen Sprachraum ebenso konkurrenz- wie widerspruchslos durchsetzen?

Mehrere Gründe waren hierfür ausschlaggebend. Die höchst öffentlichkeitswirksame Annoncierung dieser Übersetzung, deren Original ja nur in einigen Bibliotheken zur Verfügung stand, war weithin erfolgreich: Sie wurde bereits anhand des Titelblatts und Hauffs Polemik deutlich. Darüber hinaus waren die sichtbaren Mängel der Arbeit von Hauffs Vorgängern nicht dazu geeignet, einen Übersetzungsvergleich – handelte es sich zudem noch um zwei Übersetzungen aus demselben Verlag – anzuregen. Der vielleicht entscheidende Grund aber lag in der Zielsetzung und Verwirklichung einer Übersetzung, die weniger die naturwissenschaftlichen Aspekte des Textes als vielmehr dessen spezifisch literarische und philosophische Qualität hervorheben wollte. Nicht mehr – wie noch Humboldt meinte – die Heranführung eines größeren Publikums an ästhetisch aufbereitetes »scientifisches« Wissen stand im Vordergrund; die *literarische* Ausgestaltung war nunmehr das alleinige Ziel Hermann Hauffs.

Auf diesem Gebiet lagen auch die Stärken seiner neuen Übersetzung, deren große Verdienste keineswegs geschmälert seien. Hauff brachte den Reisebericht dem deutschen Publikum fraglos näher. Die spezifisch literarischen Qualitäten seines Textes sind offenkundig und noch heute beeindruckend. Hermann Hauff (1800-1865) war als Nachfolger seines Bruders Wilhelm in der Redaktion des Cottaschen *Morgenblattes*, das unter seiner Leitung zu einer der einflußreichsten und beliebtesten belletristischen Zeitschriften des deutschen Sprachraums wurde, ein stilistisch fraglos erfahrener Mann. Sein an Humboldts Ausdrucksweise in der deutschen Sprache orientierter Stil und seine Gabe, die Humboldtsche Metaphorik zwar nicht immer präzise, aber doch sehr wirkungsvoll nachzubilden, ließen seine Übersetzung zu einer so angenehmen Lektüre werden, daß die deutschen Leser das französische Original schon bald nicht mehr vermißten. Man vergaß es gerne über dem so wohlklingenden und beruhigenden Titelblatt der Hauffschen Übersetzung. Dies sollte Folgen haben.

Denn die alles andere als textgetreue *Übersetzung und* (so darf man getrost hinzufügen) *Bearbeitung* Hermann Hauffs[88] wurde selbst wiederum zur unhinterfragten Grundlage für weitere, noch stärker gekürzte Bearbeitungen – und dies bis in die neueste Zeit. Genau das, was Hauff den Bearbeitern der von Humboldt nicht anerkannten deutschen Erstausgabe vorgeworfen hatte, wurde zur Regel bei einer Vielzahl von Bearbeitungen seiner eigenen Übertragung: Hermann Hauffs Ausgabe nahm die Stelle des Originals ein. Die literarischen Qualitäten, aber auch die von ihm verursachten

Eingriffe, Veränderungen und Fehler wurden selbstverständlich tradiert.

Ein aussagekräftiges Beispiel aus dieser Kette von Bearbeitungen ist ein 1911 erschienenes Bändchen mit dem Titel *Auf dem Orinoko.*[89] Es umfaßte auf insgesamt 117 Seiten ausschließlich die Orinoco-Fahrt Alexanders und rückte einen Teil des Reiseverlaufs in den Mittelpunkt, der in der *Relation historique* ursprünglich 635 großformatige Seiten, damit aber nur 21 Prozent der gesamten Reisebeschreibung eingenommen hatte. Zweifellos stellte dieser Reiseabschnitt einen der Höhepunkte von Humboldts Fahrt dar: Denn durch die – freilich immer wieder durch Exkurse unterbrochene – Verwendung des Tagebuchschemas hatte Humboldt selbst diesem Abschnitt literarisch einen Sonderstatus innerhalb der *Relation historique* eingeräumt. Aber er war gewiß nicht von jener alles andere überragenden Bedeutung, die ihm in der Folge zuerkannt werden sollte.

Der Herausgeber des Bändchens wählte die »Erzählung«, die »mit Humboldts eigenen Worten«[90] erfolge, nach dem Kriterium der Ereignishaftigkeit aus. Fast alle wissenschaftlichen oder naturhistorischen Bemerkungen wurden getilgt, die philosophischen Einschübe Humboldts auf ein Mindestmaß reduziert. Was übrigblieb, war eine Kette entlang des Tagebuchschemas aufgereihter Ereignisse, die den Abenteuercharakter der Reise akzentuierten:[91] Es wimmelte in dieser Ausgabe nur so von gefährlichen Situationen, von menschenfressenden Indianern, von Krokodilen, Raubkatzen, Schlangen und Fledermäusen, welche die Reisenden ein ums andere Mal in Lebensgefahr brachten. Sicherlich »existierte« all dies in Humboldts Original; nur waren jetzt die Gewichte so stark verschoben, daß man kaum mehr als ein unvollständiges Skelett des ursprünglichen Textes erkennen konnte.

Die in der Geschichte der Humboldt-Editionen längst

selbstverständlich gewordene stillschweigende Streichung kürzerer und längerer Passagen, das Ignorieren von Humboldts Kapiteleinteilungen und die Einführung eigener Kapitelüberschriften, das Einfügen nicht als solcher gekennzeichneter Erklärungen und die Umstellung bestimmter Passagen stellten Eingriffe dar, die gewiß für den Leser nicht mehr so deutlich erkennbar waren wie noch zu Zeiten der Bearbeitung Wimmers. Doch die unmerkliche Einführung einer Textinstanz, die sich hinter der Behauptung verschanzt, es handle sich um »Humboldts eigene Worte«, läßt dennoch, nur subtiler als noch bei Wimmer,[92] den Prozeß einer *Intertextualisierung* von Humboldts eigenem Werk erkennen: Humboldt, obschon als Autor des Textes angegeben, ist in Wirklichkeit längst seiner Autorschaft verlustig gegangen; sein eigenes Werk dient nur noch als (manipulierbarer) Bezugstext. Schon der Beginn von Gansbergs Bearbeitung, der die ersten vier Monate von Humboldts Aufenthalt in Südamerika auf gerade einer halben Seite (wohlgemerkt: »in Humboldts Worten«) abhandelt, legt hiervon ein beredtes Zeugnis ab.

Wir können in Gansbergs Publikation Charakteristika eines dritten Typus von Bearbeitungen erkennen, dem es nicht so sehr um die Akzentuierung eines *philosophischen* oder *pragmatischen* Aspekts, sondern vielmehr vorrangig um eine *Narrativisierung* von Humboldts Reisewerk (unter im doppelten Sinne abenteuerlichen Vorzeichen) zu tun war. Ließ sich bei den beiden anderen Bearbeitungstypen eine politisch-ideologische Komponente unschwer nachweisen, so ist eine solche bei diesem Typ auf den ersten Blick nicht auszumachen. Gerade hierin liegt freilich ihre eigene ideologische Konkretisation von Humboldts Intertext verborgen, werden Alexander von Humboldts weltanschauliche wie wissenschaftstheoretische Ansichten, seine so häufig zu beobachtenden »philosophischen Rahmungen«, doch zumeist kurzerhand aus dem Text ausgeblendet. Diese »allgemeinen

Ansichten« aber bildeten in Humboldts Sinne das Rückgrat seines Reiseberichts: Ihm ging es niemals um vereinzelte Beobachtungen oder eine Anreihung von empirischen Details, sondern immer um ein Aufzeigen der »inneren Zusammenhänge« und Wechselwirkungen sowie einen Einbau des Beobachteten in übergeordnete Prozesse und Gesichtspunkte. Gerade hierin also, in der scheinbaren Entideologisierung von Humboldts Intertext, in einer Beschränkung auf »Fakten« und »Ereignisse«, wird der ideologische Aspekt dieses Typs von Bearbeitungen deutlich. Denn Alexander von Humboldts Kosmos wird auf diese Weise in seine Einzelteile zerlegt und vollständig zerstört.

Die 1911 publizierte Bearbeitung ist nur eine unter mehreren desselben Typs. 1927 erschien bei Brockhaus, charakteristischerweise in der Reihe »Reisen und Abenteuer«, ein Bändchen, das auf 127 Textseiten die gesamte Reise von der Abfahrt von den Kanaren bis zur Landung im Hafen von Havanna bot,[93] auch hier selbstverständlich in Humboldts »eigenen Worten« in der Übersetzung von Hauff. Der Herausgeber Paul Alfred Merbach, der im Vorwort Humboldts Deutschtum, sein Wesen als »der repräsentative Deutsche«,[94] mehrfach betonte, wollte »das im besten Sinn des Wortes Abenteuerliche dieses ungeheuer erfüllten Lebens [...] zum schärfsten Ausdruck« bringen, wobei »natürlich Wert und Wesen des Werkes völlig unberührt« bleiben sollten.[95] Gab er auch das Zielpublikum dieses Bändchens nirgends direkt an, so ist sein abschließendes Zitat aus der Bearbeitung des evangelischen Predigers Wimmer doch ein Hinweis auf ein eher jugendliches Publikum. Es zeigt aber auch, wie präsent manche fast ein Jahrhundert zurückliegenden Bearbeitungen des Humboldtschen Textes im deutschsprachigen Raum waren.

Die Version Merbachs zeichnet sich durch eine noch größere »Straffung« des Textes aus, mußte schließlich nicht nur die erneut zentral gesetzte Orinoco-Fahrt, sondern der gesamte Aufenthalt in den Kolonien bis zur Ankunft in Havanna dargestellt werden. Gegenüber Gansbergs Ausgabe fällt allerdings eine geringere Konzentration abenteuerlicher beziehungsweise gefährlicher Situationen auf,[96] die Merbach schwächer dosierte, um dem Werk eine etwas ruhigere, durch die Auswahl bestimmter Passagen sogar melancholische Grundstimmung zu geben.[97] Ein Vergleich der Orinoco-Fahrt, wie sie in beiden Bearbeitungen dargestellt wird, führt vor Augen, wie sehr der jeweilige Herausgeber durch Kapiteleinteilungen, selbstverfaßte Übergänge und vor allem durch seine Selektion ganz verschiedene Texte »Humboldts« ins Werk setzen konnte. Die *Relation historique* war gänzlich verschwunden, Hauffs Übersetzung und Bearbeitung war der alleinige Bezugstext oder, um es krasser zu sagen, der Steinbruch, aus dem die jeweils gewünschten Bausteine nach Gutdünken herausgebrochen werden konnten.

Das Interesse des deutschen Publikums an Alexander von Humboldt begann seit den siebziger Jahren des 19. Jahrhunderts unverkennbar zu erlahmen. Dies lag nicht nur daran, daß Darwins wissenschaftliches Werk und insbesondere das in Humboldts Todesjahr 1859 erschienene *On the Origin of Species by means of natural selection* die Humboldtschen Arbeiten in den Hintergrund drängten. Noch wichtiger war die Tatsache, daß ein Mittler zwischen Deutschland und Frankreich, wie es Alexander von Humboldt unbestreitbar gewesen war, in den Jahrzehnten wiederholter militärischer Konfrontation nicht opportun war.[98] Erst nach dem Zusammenbruch des Dritten Reiches begann in beiden deutschen Staaten wieder eine systematische Beschäftigung mit dem preußischen Forschungsreisenden. Dabei wurde das Humboldt-Gedenkjahr 1959 mit seinen vielfältigen Aktivitäten in der Deutschen Demokratischen Republik wie in der Bundesrepublik Deutschland zum Ausgangspunkt einer gewissen »Humboldt-Renaissance«.[99]

Aus Anlaß dieses Gedenkjahres erschien, einmal mehr im Verlage Brockhaus (West), der von Cotta die Pflege des Humboldtschen Œuvre gleichsam übernommen hatte, eine Neubearbeitung des Reiseberichts, die für die zahlreichen Bearbeitungen der folgenden Jahre von großer Wichtigkeit werden sollte. Die von Adalbert Plott bearbeitete und von Adolf Meyer-Abich mit einem Vorwort versehene und herausgegebene Publikation war so erfolgreich, daß sie die Wirkungsgeschichte Humboldts im deutschsprachigen Raum seit den 60er Jahren entscheidend mitprägte.[100]

Handelte es sich aber wirklich um eine so »vorzügliche neue Ausgabe«, wie ihr Herausgeber an anderer Stelle[101] kundtat? Auch hier ist Vorsicht gegenüber allzu werbewirksamen Aussagen geboten. Gewiß stellte allein schon der Umfang von 344 eng gedruckten Seiten gegenüber den zuletzt veröffentlichten Reisebearbeitungen eine Verbesserung dar;[102] doch angesichts des knapp 2000 Seiten umfassenden Originals handelte es sich auch hier um einen noch immer reichlich knapp bemessenen Auszug. Gewiß hatte Adalbert Plott bei seiner Neubearbeitung bestimmte Passagen stilistisch überarbeitet; doch diese Arbeit beruhte ausschließlich auf der Ausgabe und auf den editorischen Prinzipien Hermann Hauffs, die Plott freilich noch »viel enger faßte«, vertrat er ja die Ansicht, es könne »vieles von den Exkursen und Abhandlungen [...] ohne Nachteil noch weggelassen werden«.[103]

Betrachtet man die Auswahlkriterien des Textes, der einmal mehr ohne jeden konkreten Hinweis auf Kürzungen oder Veränderungen dem Leser dargeboten wurde, so läßt sich die Ausgabe von 1958 innerhalb des beschriebenen Dreiecks von Bearbeitungstypen auf der Mitte einer Linie zwischen einer *philosophisch* und einer *narrativ* orientierten Editionsweise anordnen. Das Ziel war eindeutig eine stärker philosophisch-literarische Rezeption des Reiseberichts

Alexander von Humboldts, ohne die Kontexte und Konzeptionen der Humboldtschen Wissenschaft noch zu berücksichtigen.

Allein der Haupttitel dieser Bearbeitung hätte allerdings schon zu Vorsicht mahnen müssen. »Vom Orinoco zum Amazonas« verstärkte die längst zur Tradition gewordene Akzentuierung der Orinoco-Fahrt zuungunsten anderer Abschnitte innerhalb des Reiseberichts und fügte gleichzeitig eine Linearität hinzu, die nicht nur in Gegensatz zum eigentlichen Reiseverlauf stand, sondern auch noch grob falsch war: Humboldt erreichte nur den oberen Teil eines Nebenflusses des Amazonas, nicht aber den Amazonas selbst.[104] Gewiß war dies nichts Neues: An Titeln, die dem Reiseverlauf widersprechen, hatte es – wie die bisherige Geschichte der Bearbeitungen zeigen konnte – von Beginn an nicht gemangelt.

Gleichwohl machte diese Ausgabe und mit ihr auch ihr Titel Schule. Übrigens nicht nur in Deutschland. Eine in Spanien 1962 erschienene Ausgabe des Reiseberichts griff nicht etwa auf die französischsprachige *Relation historique* zurück, sondern bediente sich der inzwischen erschienenen zweiten Ausgabe, deren unveränderten Titel sie übernahm: *Del Orinoco al Amazonas*.[105] Damit war einmal mehr Alexander von Humboldts Reisebeschreibung auf der Grundlage einer Übersetzung übersetzt worden. Selbst im romanischen Nachbarland schien die Existenz eines französischen Originals vergessen zu sein.

Für den deutschsprachigen Raum läßt sich sagen, daß bis in die neunziger Jahre alle späteren Bearbeitungen entweder unkritisch auf die Übersetzung und Bearbeitung Hauffs oder – was weitaus häufiger war – direkt auf die zuerst 1958 erschienene Edition zurückgriffen. Auch hier scheint vielen Verlegern und Herausgebern nicht mehr bewußt gewesen zu sein, daß jemals ein französischsprachiges Original existierte. Selbst nach der dankenswerten Publikation dieses Originals durch Hanno Beck bei Brockhaus im Jahre 1970 scheint, wenn überhaupt, nur wenigen Bearbeitern der Gedanke gekommen zu sein, auf diese seither wieder zugängliche Originalfassung zurückzugreifen: Zu sehr waren die angeführten werbewirksamen Sprüche ins Bewußtsein von Leserschaft wie Bearbeitern gedrungen.

Es hätte wenig Sinn, die einzelnen Glieder der Kette von Bearbeitungen, die sich sowohl in der BRD[106] als auch in der DDR[107] an Hauff oder Plott/Meyer-Abich anschlossen, im einzelnen zu untersuchen und zu bestimmen, auf welche Weise jede Ausgabe in Fortführung der Hauffschen Tradition ihren eigenen, wenn auch nur wenig von anderen verschiedenen Ort zwischen philosophischer und narrativer Akzentuierung ansteuerte. Wesentlich interessanter scheint es mir da, anhand eines Textbeispiels präzise zu analysieren, wie grundlegend Alexander von Humboldts Text bis in die neueste Zeit hinein verändert worden ist.

In der so erfolgreichen Ausgabe der *Südamerikanischen Reise* finden wir unter dem Kapitel »Körperbeschaffenheit und Sitten der Chaymas« die folgenden Sätze:

»Alle Zahlenverhältnisse fassen die Chaymas außerordentlich schwer. Ich habe nicht einen gesehen, den man * sagen lassen konnte, er sei achtzehn oder aber sechzig Jahre alt. In der Chaymassprache zählen dieselben Menschen nicht über fünf oder sechs.«[108]

Vergessen wir einen Augenblick lang die Tatsache, daß es sich bei dieser Passage um eine Übersetzung handelt, und konzentrieren uns auf die Auswahlmechanismen, so dürfen wir zunächst festhalten, daß es sich – im Sinne der früheren Bearbeiter – ausnahmslos um »Humboldts eigene Worte« handelt. Nichts wurde hinzugefügt. Ein Vergleich dieser so harmlos aussehenden deskriptiven Passage mit dem französischen Original, mit der Hauffschen Übersetzung und mit der Ausgabe von Plott/Meyer-Abich ergibt jedoch einen erschreckenden Befund, der die ganze Problematik der hier exemplarisch aufgezeigten Humboldt-Surrogate aufzeigt.

Die folgende Passage gibt das französische Original wieder; von einer Fußnote einmal abgesehen wurde sie in diesem Falle von Hauff komplett übersetzt. Die Auswahl der Ausgabe von 1958 ist durch Kursivschrift, die oben zitierte zusätzlich durch Unterstreichung hervorgehoben:

»*Les Chaymas ont une extrême difficulté à saisir tout ce qui tient à des rapports numériques. Je n'en ai pas trouvé un seul à qui l'on n'eût fait dire qu'il avoit 18 ou 60 ans.* M. Marsden a observé la même chose chez les Malais de Sumatra, quoiqu'ils aient plus de cinq siècles de civilisation. *La langue chaymas renferme des mots qui expriment des nombres assez grands, mais peu d'Indiens savent les employer; et comme, par leurs rapports avec les missionnaires, ils en ont senti la nécessité, les plus intelligens comptent, en castillan, avec un air qui annonce un grand effort d'esprit, jusqu'à 30 ou 50. Les mêmes hommes ne comptent, en langue chaymas, pas au-delà de 5 ou 6.* Il est naturel qu'ils emploient de préférence les mots d'une langue dans laquelle on leur a enseigné la série des unités et des dixaines. Depuis que les savans de l'Europe n'ont pas dédaigné d'étudier la structure des idiomes de l'Amérique, comme on étudie la structure des langues sémitiques, du grec et du latin, on n'attribue plus à l'imperfection du langage ce qui appartient à la grossièreté des peuples. On reconnoît que presque partout les idiomes offrent plus de richesses, des nuances plus fines qu'on ne devroit le supposer, d'après l'état d'inculture des peuples qui les parlent. Je suis loin de vouloir placer sur une même ligne les langues du Nouveau-Monde avec les plus belles langues de l'Asie et de l'Europe; mais aucune de celles-ci n'a un système de numération plus net, plus régulier et plus simple que le qquichua et l'aztèque, qui étoient parlés dans les grands empires du Couzco et d'Anahuac. Or, seroit-il permis de dire que, dans les villages où elles se sont conservées parmi les pauvres laboureurs de race péruvienne ou mexicaine, on trouve des individus qui ne savent pas nombrer au-delà. L'opinion bizarre que tant de peuples américains comptent seulement jusqu'à 5, 10 ou 20, a été répandue par des voyageurs qui ignoroient que, selon le génie des différens idiomes, les hommes s'arrêtent, sous tous les climats, à des groupes de 5, 10 ou 20 unités (c'est-à-dire aux doigts d'une main, de deux mains; des mains et des pieds), et que 6, 13 ou 20 sont diversement exprimés par cinq un, dix trois, et pied dix? Diroit-on que les nombres des Européens ne vont pas au-delà de dix, parce que nous nous arrêtons après avoir formé un groupe de dix unités?«[109]

Fassen wir das Ergebnis dieses Textvergleichs in der gebotenen Kürze zusammen. Hatte Hermann Hauff 1859-60 lediglich auf eine Fußnote verzichtet, so fehlte bei Plott/Meyer-Abich 1958 bereits Humboldts grundlegende wissenschaftliche Erläuterung des von ihm konstatierten Sachverhalts. Schwierigkeiten der Chaymas-Indianer erschienen auf diese Weise als singuläres Phänomen, die Indianer selbst als etwas minderbemittelt, gelänge es ihnen doch nur mit Mühe, auf 30 oder 50 (wohlgemerkt: in einer fremden Sprache) zu zählen.

Die zitierte Passage aus der *Südamerikanischen Reise* von 1979 (bzw. 1967) ging jedoch noch einen Schritt weiter. Sie griff nicht nur ganz offensichtlich auf die Ausgabe von Plott/Meyer-Abich zurück (und vergaß nebenbei wohl aus Nachlässigkeit ein »nicht«, dessen Platz ich mit einem Asterisk markierte), sondern »sparte« einen weiteren Satz ein, dessen Wiedergabe nicht für notwendig erachtet wurde. Nun sind nicht mehr nur ganz konkrete Chaymas-Indianer zu Dummen erklärt worden, ihre ganze Sprache und Kultur erscheint nun vielmehr im ungünstigsten Licht, erlaube sie doch nicht einmal ein Zählen über fünf oder sechs hinaus. Damit ist aber genau jene »bizarre Ansicht« *(opinion bizarre)* vertreten, die – wie Humboldt erläuterte – von unwissenden Reisenden über die Unfähigkeit der Indianer, über fünf hinaus zu zählen, verbreitet worden war und gegen die sich seine ganzen Ausführungen richteten. Mit einem *patchwork* aus Humboldts »eigenen Worten« (Hauffs Übersetzung trifft an dieser Stelle keinerlei Schuld) wurde damit ebenjenes eingefleischte europäische Vorurteil wiederholt, gegen welches sich Humboldt *just in dieser Passage* wehrte!

Er tat es mit guten Gründen, war doch nicht nur im sogenannten »Disput um die Neue Welt« im allgemeinen, sondern in der »Berliner Debatte« im besonderen gerade das Unvermögen der Indianer, über drei hinaus zu zählen, immer wieder als Beleg für die Inferiorität der Neuen Welt und ihrer Bewohner angeführt worden.[110] Humboldts ganzes Streben war es gewesen, dieser von Autoren wie Cornelius de Pauw, Raynal oder später auch Hegel – die niemals eine Reise zu den »Wilden« und »Kannibalen« unternommen hatten – vertretenen Inferioritätsthese den Garaus zu machen. Nicht von ungefähr hatte sich Humboldt in seinen *Vues des Cordillères* über die Ansichten von »de Pauw und einiger anderer ebenfalls systematischer Schriftsteller *(écrivains également systématiques)*« ernsthaft lustig gemacht, keines der indianischen Völker sei in der Lage, in der eigenen Sprache über die Zahl drei hinaus zu zählen.[111]

38. Von Surrogaten und Extrakten

Hätte er diese Edition(en) seines amerikanischen Reisewerks gesehen, das Lachen wäre ihm vergangen. Denn so, wie John S. Thrasher ihn noch zu Lebzeiten mit seiner englischsprachigen Entstellung des *Essai politique sur l'île de Cuba* in einen Befürworter der Sklaverei verwandelte, so machten ihn deutschsprachige Teilausgaben seiner *Relation historique* postum zum Vertreter einer rassistischen Inferioritätsthese.

Sind diese Beispiele auch besonders aussagekräftig, so stehen sie doch keineswegs allein. An ihnen wird nicht allein die Sorglosigkeit und Nachlässigkeit, ja Unverantwortlichkeit und Rücksichtslosigkeit von Bearbeitungen bis in die jüngste Gegenwart deutlich; sie zeigen auch auf, in welchem Maße ideologische Restbestände nicht nur hier, sondern an vielen anderen Stellen in die Arbeit zumeist wohlmeinender Bearbeiter und Übersetzer einflossen. Ob diese ideologisierende Verfälschung bewußt oder unbewußt erfolgte, ist in jedem Einzelfalle sicherlich anders zu beantworten. Die hier genannten Beispiele von Texteditionen »Humboldts« zeigen nur in aller Deutlichkeit, auf welchen Textgrundlagen im deutschen Sprachraum die Wirkungsgeschichte von Humboldts *Relation historique* »ruhte«.

Vergessen wir nicht: Schon die frühesten Berichte aus der Neuen Welt wurden im Europa des 16. und 17. Jahrhunderts häufig in fragwürdigen Auszügen und Kompilationen abgedruckt, welche die Wirkung der Originale oft bei weitem übertrafen. Am Ende des 18. Jahrhunderts beruhte die immense Wirkung von Raynals *Histoire des deux Indes* weniger auf ihrem vielbändigen Original als auf einer Vielzahl von Auszügen, die durchaus konträr motiviert dem Leser die immer wieder gleichen Textausschnitte dieser so erfolgreichen Kolonial-Enzyklopädie präsentierten.[112] Aus dieser Perspektive einer Vermittlung von »Wissen« über den amerikanischen Kontinent nimmt sich die Geschichte der Übersetzungen und Bearbeitungen des amerikanischen Reisewerks Alexander von Humboldts keineswegs als Besonderheit aus. Vor dem Hintergrund der Tatsache, daß sich in Humboldts deutschsprachigen Ausgaben, wie von Geisterhand hinzugefügt, seinem Denken völlig entgegengesetzte, aber nur schwer ausrottbare Vorurteile finden lassen, belegen diese Editionen vor allem die dringliche Notwendigkeit, zu den Schriften, zu den Werken Alexander von Humboldts zurückzukehren, um seinem Denken wirklich gerecht werden zu können.

Kein Zweifel: Auch die Wirkung von Humboldts Reisebericht, seiner *Relation historique*, auf die wir uns hier konzentrierten, ging im deutschsprachigen Raum nicht vom Original, sondern von Übersetzungen, Bearbeitungen und Auszügen, wahren Surrogaten und Extrakten, aus. Anlaß hierzu gaben sowohl textexterne wie textinterne Gründe. Nicht nur die von Humboldt gesteuerte *Publicity* der Reise und die dadurch ausgelöste Publikumsnachfrage, die kommerziellen Interessen bestimmter Verlage, die Abfassung des Reisewerks in französischer Sprache, das späte und schleppende Erscheinen der einzelnen Bände und nicht zuletzt der große Umfang des sehr kostspieligen Werkes waren hierfür verantwortlich, sondern auch die literarische Struktur der Reisebeschreibung selbst, vor allem die von Humboldt angewandte fraktale Technik seines Werkes, die mit ihren zahlreichen zwischengeschalteten Exkursen und Digressionen förmlich zur Streichung ganzer Passagen einlud. Zerstört man aber die ästhetische Dimension des Humboldtschen Werkes, so untergräbt man zugleich dessen ethische und epistemologische Fundierung. Denn auch beim Schreiben Alexander von Humboldts war stets alles auf Wechselwirkung berechnet.

Dabei handelte es sich – wie wir sahen – keineswegs allein um Phänomene, die man achselzuckend der Rubrik *traduttore – traditore* zuordnen dürfte. Vielmehr reichte das Spektrum dieser häufig sehr populären Publikationen von Reiseberichten, die noch vor Humboldts eigenem Werk erschienen, über Bearbeitungen von Bearbeitungen sowie Übersetzungen von Übersetzungen bis hin zu Übersetzungen von Bearbeitungen von Übersetzungen, die oft sehr erfolgreich waren und weite Verbreitung fanden. Neben breitgestreuten separaten Publikationen von Teilergebnissen durch Humboldt selbst[113] waren sie es, die im deutschsprachigen Raum Ausstrahlungskraft und Wirkung der *Relation historique* in der breiten Öffentlichkeit, aber auch in erstaunlichem Maße in unterschiedlichen wissenschaftlichen Disziplinen mitprägten.

Warum wurde beispielsweise der literarische Charakter der *Relation historique* so lange übersehen?[114] Man kann an dieser Stelle *eine* Erklärung dieses Phänomens wagen. Die Betonung philosophischer, mehr aber noch narrativer Aspekte, die Hervorhebung des Gefährlichen, Abenteuerlichen, Exotischen führte dazu, daß das Humboldtsche Werk in einer Zeit, die durch eine zunehmende Arbeitsteilung im Bereich des Wissens wie der Wissenschaften geprägt wird, in eine wunderliche Sackgasse geriet. Was Naturwissenschaftlern als zu unwissenschaftlich, Literaturwissenschaftlern als zu unliterarisch und Altamerikanisten oder Geologen als zu generalistisch erschien, wurde aus den verschiedensten Bereichen des Wissens ausgebürgert: Die Gesamtkonzeption der Humboldtschen Wissenschaft verschwand aus dem Horizont und ging vollständig verloren. Wie hätte das Interesse von Philologen durch Ausgaben geweckt werden können, die weniger als zehn Prozent des ursprünglichen Reiseberichts boten und die literarische Struktur des Reisewerks vollständig preisgaben? Derlei Zerstörungen wurden im übrigen nur selten wahrgenommen, hatten sich die »Bearbeitungen« doch längst an die Stelle des Originals gesetzt.

Zu den großen Verdiensten der Hauffschen Ausgabe gehörte es zweifellos, ein größeres deutschsprachiges Publikum erstmals an den Reisebericht herangeführt zu haben. Gleichzeitig aber wurde durch diese Ausgabe und ihre nachfolgenden Bearbeitungen der Weg zu einer wirklichen Auseinandersetzung mit diesem Werk und dem Denken seines Autors versperrt. Denken wir an die zuvor erwähnte Klage eines frühen »Verarbeiters« zurück, so könnten wir sicherlich sagen, daß diese Publikationen vielleicht nicht ein falsches Publikum erreichten, aber durch ihre Verzerrungen einen wichtigen Teil dieses Publikums von der Erkenntnis der eigentlichen Bedeutung der *Relation historique* wie der Wissenschaft jenes Autors fernhielten, der mit guten Gründen als der »Vater der modernen Amerikanistik«[115] bezeichnet werden darf.

Gewiß waren und sind im 20. und 21. wie im 19. Jahrhundert Editionen umfangreicher Werke großer Autoren mit verlegerischen Interessen abzustimmen. Handelt es sich dabei um Ausgaben, die nicht an einem überwiegend wissenschaftlichen Zielpublikum ausgerichtet sind, so müssen bisweilen gangbare Kompromisse gefunden werden. Denn nicht alles, was wissenschaftlich wünschenswert ist, kann von großen Publikumsverlagen eingelöst werden. Das, was wissenschaftlich notwendig ist, aber sehr wohl.

Die bislang dargestellte Geschichte der Bearbeitungen von Humboldts amerikanischem Reisebericht zeigt jedoch, in welch skandalöser Weise diese Interessen, im Verein mit der Unverantwortlichkeit vieler Herausgeber, lange Zeit hindurch dominierten und sich einem wirklichen Verständnis des Humboldtschen Denkens entgegenstellten.

39. Neue Texteditionen und eine neue Öffentlichkeit

Die Lehre, die spätestens in den achtziger Jahren aus der Geschichte der Werkausgaben Alexander von Humboldts im deutschsprachigen Raum gezogen werden konnte, war denkbar einfach: Eine zuverlässige, wissenschaftlich fundierte und für ein breites Lesepublikum zugängliche Textgrundlage der im Original fremdsprachigen Werke Alexander von Humboldts mußte möglichst rasch geschaffen werden.[116] Denn noch 1982 konnte Michi Strausfeld, die wichtige Vermittlerin der lateinamerikanischen Literaturen in den deutschsprachigen Raum, im Rahmen des 1982 in Westberlin durchgeführten *Horizonte-Festivals* mit guten Gründen behaupten: »Der Begründer der amerikanischen Anthropologie, Ethnologie und Archäologie, ›Prometheus der Wissenschaften‹ und Universalgenie, ist in Deutschland ein großer Unbekannter geblieben [...].«[117]

Das Ziel der 1982 erstmals ins Auge gefaßten und im Verlauf der achtziger Jahre dann realisierten neuen deutschsprachigen Ausgabe der *Relation historique* mußte es daher sein, in einem renommierten Publikumsverlag einer möglichst breiten Leserschaft eine philologisch fundierte, zuverlässige Textgrundlage zur Verfügung zu stellen, in der sich die von Humboldt angestrebte Verbindung von Ethik und Ästhetik gerade auch in ihrer künstlerischen Dimension sinnlich nachvollziehbar präsentieren könnte.

Die Herausforderung bestand zum damaligen Zeitpunkt nicht zuletzt darin, für den »illustren Unbekannten« eine neue Leserschaft im deutschsprachigen Raum zu finden, ja, wo nötig zu *erfinden*, war von seiten des Verlags doch noch in einem Schreiben vom 16. Mai 1990 die nicht leicht von der Hand zu weisende Einschätzung geäußert worden, daß »eine breite Leserresonanz kaum zu erwarten« sei. Durch eine editorische und verlegerische Anstrengung, die auf seiten des Verlags durchaus von großem Engagement zeugte, sollten Alexander von Humboldts Schriften wie ihrem Verfasser selbst im deutschsprachigen Raum jene Anerkennung und Bedeutung zuteil werden, die dem großen Gelehrten und Schriftsteller weltweit nicht versagt geblieben waren.

Daß die 1991 im Insel Verlag in zwei Bänden erschienene Edition der *Reise* Humboldts und Bonplands[118] nur der Anfang eines jahrzehntelangen Bemühens sein konnte, um Alexander von Humboldt über die Kreise der Spezialisten in beiden deutschen Staaten hinaus wieder als eine große Gestalt des nicht nur preußischen oder europäischen Geisteslebens in die öffentliche Diskussion zu bringen, war nicht zu bestreiten. Doch eine »Rückkehr« zu Humboldt war nur durch eine geduldige Rückkehr zu seinen Schriften zu bewerkstelligen: Sie sind es, die für die Brillanz seines Denkens und Schreibens einstehen.

Die mit der Ausgabe einhergehende literarische wie epistemologische Neubewertung Alexander von Humboldts, der im deutschsprachigen Raum – anders als im weltweiten Maßstab – während des gesamten 20. Jahrhunderts im Schatten seines Bruders Wilhelm gestanden und nicht selten mit diesem verwechselt worden war, konnte nur durch eine kritische und zugleich fundierte Auseinandersetzung eines möglichst breiten Publikums mit seinen faszinierenden Schriften erfolgen. Erst ein Zugänglichmachen der Humboldtschen Texte konnte die Möglichkeit eröffnen, die Humboldtsche Wissenschaft in ihrer wissenschaftlichen wie (natur) philosophischen Komplexität jenseits von Einzeldisziplinen zu untersuchen und zugleich die während so langer Zeit unterschätzte, ja nicht selten geleugnete schriftstellerische Meisterschaft des Autors des *Kosmos* und der *Ansichten der Natur* in der deutschen wie in der französischen Sprache sichtbar werden zu lassen und auch für ein größeres Publikum nachvollziehbar herauszuarbeiten. Nur auf verläßlicher Textgrundlage konnte es gelingen, Alexander von Humboldt nicht länger als einen zweitrangigen, längst überholten Naturwissenschaftler, als den historisch gewordenen Vertreter einer einzigen Disziplin, der Geographie, oder als das »letzte Universalgenie« mißzuverstehen, sondern durch eine textbezogene Auseinandersetzung in ihm das Unabgegoltene eines transdisziplinären Wissenschaftsverständnisses und einer faszinierenden literarischen Schreibweise zu erkennen. Es galt, den Entdecker, den illustren Unbekannten mit dem großen Namen neu zu entdecken.

Der weitere Verlauf der neunziger Jahre brachte eine Reihe von Veränderungen, die sich insgesamt als günstig für die Beschäftigung mit Alexander von Humboldt erwiesen. Durch die Vereinigung der beiden deutschen Staaten wurden die beiden lange Zeit miteinander rivalisierenden Traditionsstränge der Humboldt-Forschung – eine stark institutionalisierte im Osten und eine deutlich kleinparzelliertere im Westen – miteinander verbunden, wobei mehrere Symposien im Ergebnis belegten, daß die durchaus unterschiedlichen Ansätze in starkem Maße komplementär und wechselseitig verstärkend wirksam werden konnten.[119] Zugleich bot die neue politische Situation und die mit ihr verbundene Frage nach gemeinsamen Traditionen oder – wie man in der Deutschen Demokratischen Republik gesagt hätte – nach einem gemeinsamen »kulturellen Erbe« einen optimalen Resonanzboden für die Rückbesinnung auf die Gestalt Alexander von Humboldts, der als Intellektueller *avant la lettre* und Schriftsteller in der deutschen wie der französischen Sprache sowie als Weltreisender und Wissenschaftler für vielfältige Verbindungen zwischen Deutschland und Frankreich, zwischen Alter und Neuer Welt, zwischen der Spätaufklärung des 18. Jahrhunderts und dem Bildungsgedanken des 19. Jahrhunderts wie kein anderer einstand. Was so lange Zeit als längst historisch geworden galt, wurde nun aus der Perspektive des historischen Gewordenseins neu betrachtet: Die Aktualität des Humboldtschen Denkens und seines Weltbewußtseins rückten zunehmend ins öffentliche Bewußtsein.

Die Entstehung einer neuen Öffentlichkeit für Alexander von Humboldts Denken und Wirken wurde zusätzlich durch eine Reihe verdienstvoller Ausstellungen begünstigt, die aus Anlaß der Zweihundertjahrfeiern der amerikanischen Reise von Frank Holl initiiert in Mexiko, in Kuba[120] sowie 1999/2000 in Berlin und Bonn[121] stattfanden und teilweise von internationalen wissenschaftlichen Symposien[122] begleitet wurden. Diese Abfolge großer und publikumswirksamer Ausstellungen (die vor kurzem in Madrid[123] einen weiteren Höhepunkt erreichte) schärfte gerade auch im deutschsprachigen Raum das Bewußtsein für eine lange Zeit verschüttete Denk- und Wissenschaftstradition, deren nicht nur wissenschaftsgeschichtlich, sondern vor allem politisch-ideologisch motivierte Ausblendung zu der eingangs umschriebenen Situation des zwar weltweit bekannten, aber in Deutschland weitgehend ungelesenen »illustren Unbekannten« geführt hatte. Die Ausstrahlungskraft der Gestalt Alexander von Humboldts wuchs – stärker denn je international vernetzt und gerade mit der spanischsprachigen Welt verbunden – von Jahr zu Jahr mehr.

Damit aber ergaben sich neue Möglichkeiten, den eingeschlagenen Weg wissenschaftlich-philologisch fundierter Editionen in Publikumsverlagen fortzusetzen. So unternahm ich zunächst den Versuch, wie in der deutschsprachigen Ausgabe der *Relation historique* einen weiteren französischsprachigen Text Alexander von Humboldts anzugehen, dem auch im vorliegenden Band eine zentrale Rolle im Mobile und als Mobile des Wissens zukommt.[124] Hans Christoph Buch stellte den Kontakt zu Hans Magnus Enzensberger her, dessen positive Reaktion bereits in den ersten Augusttagen des Jahres 2002 vorlag.[125]

Es klang für Außenstehende kaum glaubhaft, daß Alexander von Humboldts 1810 und 1813 erschienene *Vues des Cordillères et Monumens des Peuples Indigènes de l'Amérique* (die nicht nur im spanisch-, französisch- und englischsprachigen Raum zu den berühmtesten Werken des Gelehrten gezählt werden) in deutscher Sprache bis zu diesem Zeitpunkt erst in wenigen Bruchstücken erschienen waren: Textfragmente, von denen selbstverständlich keinerlei Wirkung hatte ausgehen können.

Während in der Insel-Ausgabe der *Relation historique* auf zwei freilich gekürzte beziehungsweise fehlerhafte Übersetzungen aus dem 19. Jahrhundert – die es gründlich zu überarbeiten galt – zurückgegriffen werden konnte und nur teilweise einzelne Passagen neu übersetzt werden mußten, waren die *Vues des Cordillères* komplett neu ins Deutsche zu übertragen. Hierfür konnte mit Claudia Kalscheuer eine ausgezeichnete Übersetzerin gewonnen werden. Die im Rahmen des noch zu besprechenden »Humboldt-Projekts« in der »Anderen Bibliothek« rechtzeitig zum 235. Geburtstag Alexander von Humboldts am 14. September 2004 erschienene Ausgabe der *Ansichten der Kordilleren und Monumente der eingeborenen Völker Amerikas*[126] folgte den bereits genannten Kriterien einer stets am Original ausgerichteten Texttreue, einer optimalen Lesbarkeit und einer ästhetischen Umsetzung, für die Franz Greno in der »Anderen Bibliothek« verantwortlich zeichnete. Auch in dieser Ausgabe wurde, anfänglichen Widerständen und Gegenvorschlägen zum Trotz, am Humboldtschen Originaltitel festgehalten.

Wie günstig sich das Umfeld für textgetreue Ausgaben von Alexander von Humboldts Œuvre im Vergleich zu den achtziger und frühen neunziger Jahren entwickelt hatte, zeigte nicht nur die rasche Bereitschaft, diesen im deutschen Sprachraum unverständlicherweise weitgehend unbekannten Titel zunächst in die »Andere Bibliothek« aufzunehmen und, so der bald schon den beiden Herausgebern unterbreitete und von diesen gerne akzeptierte Vorschlag, in einer herstellerisch aufwendigeren Edition derselben Reihe vorzulegen. Vielmehr wurde gleichzeitig das Vorhaben angegangen, eine neue, vollständige und nach philologischen Standards erarbeitete Ausgabe des *Kosmos*[127] in einem einzigen Band zu verwirklichen.

So rundete das Projekt, den Humboldtschen »Ur-Kosmos« wiederherzustellen, die Edition im Original französischsprachiger Schriften ab: Der deutsche und der französische Schriftsteller Alexander von Humboldt sollten gleichzeitig zu Wort kommen. Damit konnte zugleich zumindest von deutscher Seite jene Problematik angegangen werden, die die Rezeption Alexander von Humboldts schon früh beeinträchtigt hatte: daß Humboldts französischsprachige Schriften im deutschsprachigen Raum oft geringere, ja bisweilen gar keine Beachtung fanden, während diese Texte eines deutschen Gelehrten umgekehrt in Frankreich gerade in der Epoche deutsch-französischer Auseinandersetzungen immer häufiger übergangen wurden.[128]

Zum editorischen Gesamtvorhaben des »Humboldt-Projekts« zählten neben den *Ansichten der Kordilleren*, der im Mittelpunkt der öffentlichen Aufmerksamkeit stehenden Edition des *Kosmos* sowie des dieser Summa des Humboldtschen Denkens historisch zugeordneten *Physikalischen Atlas* von Heinrich Berghaus[129] auch eine unkommentierte Neuauflage der erstmals 1986 von Franz Greno in der »Anderen Bibliothek« verlegten *Ansichten der Natur*[130] sowie eine Hörbuchfassung des *Kosmos* auf zwei CDs.[131] Die Zahl der in 2004 gedruckten Exemplare lag beim *Kosmos* bei insgesamt 80 000 und bei den *Ansichten der Kordilleren* bei circa 33 000 Exemplaren. Für Alexander von Humboldts (ungekürzte) Schriften wurden damit neue Leserschichten erschlossen.

40. *In Kehlmanns Welt der Surrogate und Extrakte*

Wie stark sich im Verlauf des zurückliegenden Vierteljahrhunderts der Bekanntheitsgrad Alexander von Humboldts in der deutschsprachigen Öffentlichkeit verändert hat, zeigen nicht nur Fernsehumfragen zu den berühmtesten Deutschen, in denen Alexander von Humboldt mittlerweile figuriert, oder Fernsehserien, die über aktuelle Expeditionen berichten und auf Humboldts Namen zurückgreifen. Am deutlichsten vielleicht belegt dies der enorme Erfolg von Daniel Kehlmanns Roman *Die Vermessung der Welt*,[132] der ohne die zuvor skizzierte Entwicklung nicht denkbar gewesen wäre. Es ist daher vor dem Hintergrund der hier skizzierten Geschichte von Surrogaten und Extrakten nicht nur reizvoll, sondern aufschlußreich, sich mit dem großen Erfolg dieses kleinen Romans zu beschäftigen. Worum geht es in *Die Vermessung der Welt*?

»Es geht um die Frage: was heißt Deutschsein? In aller Größe und Komik, die dieses Deutschsein ja auch immer wieder hat. Und diese gleichzeitig auch – gerade im öffentlichen Leben – immer präsente Hysterie. Mein Humboldt ist ein Paradebeispiel eines verdrängenden Hysterikers. Und das andere ist die Frage: Was tut Wissenschaft der Welt an? Niemand könnte mit gutem Gewissen sagen, dass wir Wissenschaft nicht haben wollen. Aber gleichzeitig wurde die Welt durch die Vermessung viel weniger poetisch, auch weniger schön. Und die Gewalt der Wissenschaft bekommt natürlich eine ganz erschrekkende, überhaupt nicht zu Ende gedachte Dimension mit dem, was wir der Welt durch die Kernspaltung antun.«[133]

Mit diesen Worten umschrieb der 1975 in München geborene und in Wien aufgewachsene Schriftsteller Daniel Kehlmann in einem Interview im September 2005 die Zielsetzung seines wenige Tage zuvor erschienenen Bestsellers. Die Publikumsresonanz war gewaltig: Weit über eine Million Exemplare wurden in kurzer Zeit allein im deutschsprachigen Raum abgesetzt; Übersetzungen in 30 Sprachen liegen bereits vor oder sollen geplant sein. Die Kritik jubelte, unzählige Interviews und eine Vielzahl literarischer Ehrungen und Preise folgten. Wenn auch ein Blick in die ausländischen – und insbesondere die spanischsprachigen – Feuilletons zeigt, daß nicht überall die Veröffentlichung des Romans euphorisch begrüßt wurde, so läßt sich doch nicht leugnen, daß die Größe des Erfolgs zumindest im deutschsprachigen Raum kaum zu (v)ermessen war. Ebenso nüchtern wie treffsicher zog Alexander Cammann – als einer der wenigen Feuilletonisten, die sich von der allgemeinen Kehlmann-Hysterie nicht anstecken ließen – ein gutes Jahr später seine persönliche Bilanz:

»Ebendort stößt man auf Kehlmanns monatliche Kolumnen über seine Lieblingsbücher, überall auf seine Dankreden für die auf ihn niederpurzelnden Preise, auf ganzseitige Interviews und Essays – diesem neuen Großschriftsteller kann man nirgendwo entkommen. Die flächendeckende Kehlmannisierung des deutschen Feuilletons dürfte der wichtigste kulturelle Trend des Jahres 2006 gewesen sein.«[134]

Wie läßt sich das »Phänomen Kehlmann« aus etwas größerer Distanz, zwei Jahre nach der Erstveröffentlichung des Romans (um den es heute deutlich stiller geworden ist), erklären?

Im Zentrum des Romans stehen zwei Heroen deutscher Wissenschaft: Carl Friedrich Gauß, der freilich alleine »nicht genug für einen Roman«[135] hergegeben hätte, und Alexander von Humboldt, der Kehlmann auffiel wegen seiner »unfreiwilligen Komik: Wie ein Mann in preußischer Uniform den Orinoko befährt, dabei immer Deutschland mit sich trägt und von einer ganz erstaunlichen Humorlosigkeit ist bei aller Genialität«.[136] Das Erfolgsrezept ist also ein erzähltechnisch robuster Zweitaktmotor: Ein Reisender und ein Daheimgebliebener, ein Medienstar seiner Zeit und ein öffentlichkeitsscheuer, verschrobener Kauz, ein Feldforscher und ein Theoretiker bilden ein Kontrastprogramm, das der Autor virtuos und witzig über 303 Seiten oder – in der Hörbuchfassung – fünf nicht gerade preiswerte CDs abspult. Eine Verfilmung befindet sich in Vorbereitung.

Der junge Autor, der zum Zeitpunkt der Niederschrift seines Romans so alt war wie Alexander von Humboldt bei seinem Aufbruch in die Neue Welt, hat eine Gelehrtensatire vorgelegt, ein Genre, das schon immer bei den Lesern hoch im Kurs stand, um später nur allzu leicht in Vergessenheit zu geraten. Die Vorteile dieser Gattung liegen auf der Hand: Größen der Geschichte werden leicht aufs Menschlich-Allzumenschliche reduziert, Götter der Wissenschaft gehen ihrer Unnahbarkeit verlustig, schwerfällige Theoretiker kommen wunderbar luftig und lustig daher. Man glaubt es dem Autor gerne, daß ihm ein Roman, der so vielen Lesern Freude bereitet, auch beim Schreiben schon Spaß gemacht hat.[137] Sicherlich auch – und dies nicht nur in den zahlreichen Interviews – danach.

Der Erfolgsautor, bei Kritikern wie Lesern dank seiner Fähigkeit beliebt, mit komplexen Gegenständen zwanglos und unterhaltsam zu hantieren, weiß um die Vorzüge des von ihm gewählten Genres. Er nutzt sie vom ersten Satz an, wenn er den »größte[n] Mathematiker des Landes« im September 1828 widerwillig nach Berlin aufbrechen läßt, um der nachdrücklichen Einladung Alexander von Humboldts zum Deutschen Naturforscherkongreß Folge zu leisten. So weit, so historisch.

Gleich jedoch wird das Lesepublikum Zeuge, wie sich »Professor Gauß im Bett«[138] versteckt, an sein Kissen klammert und versucht, durch das Schließen seiner Augen die lästige Wirklichkeit zum Verschwinden zu bringen. Genauso hatten wir uns Gauß zu Haus' immer schon vorgestellt. Der selbstverständlich wirklichkeitsferne Wissenschaftler, der noch in der Hochzeitsnacht mit Formeln ringt, bringt die Wirklichkeit trotz aller Krümmungen des Raumes nicht zum Verschwinden.

Überhaupt diese Wirklichkeit. An ihr arbeiten sich in Kehlmanns Roman die Helden des Wissens ab. Wir sehen – gleichsam in der Rolle der Zuschauer beim Schiffbruch und damit auf der Ebene einer vielerprobten Daseinsmetaphorik[139] – dem ungleichen und sich doch ergänzenden Wissenschaftlerpaar dabei genüßlich zu. Die Welt stellt sich ihnen in den Weg, versperrt sich ihrem Verstehen, läßt alle Wissenschaft und Lehre ins Leere laufen. Doch je mehr sich die Welt den Gelehrten entzieht, um so heftiger versuchen sie, sich mit ihr zu messen, und das heißt in diesem Roman: sie zu vermessen. Kehlmann greift hier mit Blick auf den Verfasser der *Ansichten der Natur* zu einer abgegriffenen Münze, die Friedrich Schiller einst in einem vielzitierten Brief vom 6. August 1797 an Christian Gottfried Körner gegen Alexander von Humboldt in Umlauf gesetzt hatte:

»Über Alexandern habe ich noch kein rechtes Urtheil; ich fürchte aber, trotz aller seiner Talente und seiner rastlosen Thätigkeit wird er in seiner Wissenschaft nie etwas Großes leisten. [...] Es ist der nackte, schneidende Verstand, der die Natur, die immer unfaßlich und in allen ihren Punkten ehrwürdig und unergründlich ist, schamlos ausgemessen haben will und mit einer Frechheit, die ich nicht begreife, seine Formeln, die oft nur leere Worte und immer nur enge Begriffe sind, zu ihrem Maßstabe macht. Kurz, mir scheint er für seinen Gegenstand ein viel zu grobes Organ, und dabei ein viel zu beschränkter Verstandesmensch zu sein.«[140]

Eine ebenso irrige wie abgeschmackte, so oft schon widerlegte Auffassung? Gewiß. Doch der junge Romancier, es deutete sich bereits an, ist selbstbewußt und verspürt keinerlei Angst vor Klischees. Schillers schneidendes und immer wieder kolportiertes Urteil ist bis in den Titel hinein Stichwortgeber für Daniel Kehlmanns fünften Roman. Dabei bleibt der Dichter stets im Hintergrund, so wie er im Roman auch nur »verstohlen« gähnt, als Wilhelm von Humboldt im Kreis der »Klassiker« über die »Vorteile des Blankverses«[141] referiert und räsonniert.

Eben hier aber liegt jener Punkt, von dem aus Daniel Kehlmann die beiden Wissenschaftsheroen aus den Angeln zu heben und einem befreienden Lachen der Literatur auszusetzen sucht. Schillers Zeilen, von denen Humboldt erst Jahrzehnte später erfuhr und die mehr über den Autor des *Wilhelm Tell* als über jenen des *Kosmos* sagen, schwellen in einer Gestik der Überbietung zu einem Roman an, in dem Humboldt wie Gauß ihr Fett – will sagen: ihre Maß-Regelung – abbekommen.

Ein gefundenes Fressen also für einen, der wie Kehlmann zu erzählen versteht. Leicht sei ihm dieses Schreiben gefallen, und viel gelacht habe er dabei. Köstlich in der Tat die Szene, in der Alexander von Humboldt am Orinoco von einem der Ruderer gebeten wird, doch etwas zum besten zu geben. Geschichten könne er keine, so Humboldt, denn er möge das Erzählen nicht. Aber er könne »das schönste deutsche Gedicht vortragen, frei ins Spanische übersetzt«. Wir kennen es alle:

»Oberhalb aller Bergspitzen sei es still, in den Bäumen kein Wind zu fühlen, auch die Vögel seien ruhig, und bald werde man tot sein.

Alle sahen ihn an.

Fertig, sagte Humboldt.«[142]

Diese Passage ist nicht nur köstlich, sie ist auch charakteristisch für Kehlmanns Verfahren. Man nehme das althergebrachte Klischee, dem zufolge Alexander von Humboldt für Literarisches wie für Künstlerisches gänzlich unsensibel gewesen sei, spitze es genüßlich zu und übergehe geflissentlich nicht nur Goethes Respekt vor den erzählerischen Fähigkeiten des Jüngeren der beiden Humboldt-Brüder, sondern auch den heutigen Kenntnisstand. So wird Alexander von Humboldt abgefertigt und fertiggemacht: der Autor des *Kosmos*, ganz einfach ein literarischer Vollidiot. Goethes Gedicht wird hier übersetzt, aber nicht ins Spanische, sondern in eine gänzlich unpoetische, unschöne Sprache: ein Wissenschaftler eben – man hätte es sich ja denken können. Kehlmann hantiert ganz unverkrampft mit Klischees und Stereotypen ebenso auf der Seite der historischen Rezeption wie der gegenwärtigen Gesellschaft. Wir haben es mit Surrogaten und Extrakten zu tun. Schiller hatte also doch recht: nichts als Formeln und leere Worte bei Alexander von Humboldt. Anders als beim Dichter spürest du hier von einer Sprachkunst keinen Hauch: »Die Vöglein schweigen im Walde!«

Daß es sich hier um eine Übersetzungsszene handelt, ist keineswegs ein Zufall. Doch hier wird nicht Goethes Gedicht Opfer einer Humboldtschen Übersetzung, sondern Humboldt zum Opfer eines rastlos in Klischees und Stereotypen jedweder Provenienz übersetzenden Kehlmann. Diese humorvoll und etwas bösartig eingefädelte Szenerie bringt mehr als den *traduttore – traditore* zum Vorschein. Denn die Übersetzungsszene führt im Kern das literarische Verfahren des Autors selbst vor, bei dem es sich um eine Art von Kernspaltung handelt, die nicht ohne Gewalt, ohne Brutalität abläuft. Sehen wir uns dies näher an.

Daniel Kehlmanns neues Buch greift auf das alte, spätestens seit dem letzten Drittel des 19. Jahrhunderts gepflegte und lange Zeit vorherrschende (und daher bis heute diffus beim *deutschsprachigen* Lesepublikum abrufbare) Bild Alexander von Humboldts zurück. Kaum ein Gemeinplatz, der unbesucht bliebe und in Kehlmanns Interviews nicht noch verstärkt, in der für ihn typischen Art pointiert und auf die Spitze getrieben würde. Ein kleiner Auszug, der sich leicht vermehren ließe, mag dies belegen: Humboldts *Kosmos*? »Völlig unlesbar! Ein Albtraumbuch!«[143] Das Menschenbild des stets allein Lebenden? Ganz klar: »er versteht zwar die Menschen nicht, aber er bemüht sich wenigstens, auf sie zuzugehen.«[144] Menschliche Regungen des »Verstandesmenschen«? »Humboldt ist fast unfähig, Gefühle auszudrücken – und wenn überhaupt, dann nur gegenüber Pflanzen und Tieren.«[145] Humboldts Wissenschaft? Kehlmann weiß zu berichten, daß der Weltreisende »ja gar keine wichtige Entdeckung gemacht hat und kein Wissenschaftler ersten Ranges«[146] war. Und überhaupt: »er hat diesen ewigen Vermessungswahn – auch dort, wo es überhaupt nicht nötig ist.«[147] Die Bilanz? »Fertig, sagte Humboldt.«

Gerade mit Blick auf Humboldt hat Kehlmann – wie er in seinen Interviews und Stellungnahmen zu betonen nicht müde wird – intensiv recherchiert, habe er doch »sehr, sehr viel gelesen – was allerdings zu bewältigen war, weil es über Humboldt sehr viele Abhandlungen gibt, die einen Überblick herstellen«.[148] Kein Zweifel: Diese Lektüren waren für Kehlmann höchst ertragreich. Denn es wäre ein leichtes, die vielen von ihm aus der älteren Humboldt-Literatur bezogenen Klischees in ihren jeweiligen Quellen nachzuweisen und aufzuzeigen, in welchem Maße diese Arbeiten und Editionen als Steinbrüche für Episoden, Anekdoten und Einsichten genutzt wurden. *Die Vermessung der Welt* ist die literarische Antwort auf die editorischen Extrakte und Surrogate. *Play it again, Sam.*

Kehlmann hat die über lange Jahrzehnte in der biographischen und editorischen Literatur mitgeschleppten Humboldt-

Splitter neu verdichtet und pfiffig in Romanhandlungen übersetzt. Das war höchst effizient. Denn ein solches Verfahren läßt nicht nur ruckzuck die alten Bilder wiedererstehen, es bedient auch die mehr oder minder verbreiteten Erwartungshaltungen, die sich – wie wir sahen – gerade im deutschsprachigen Raum jahrzehntelang einer nicht nur wissenschaftsgeschichtlich, sondern vor allem politisch bedingten (und repressiven) Ausgrenzung des allzu weltbürgerlichen und frankreichfreundlichen Alexander von Humboldt verdanken. In *diese* Tradition, die schon immer das weltoffene und zutiefst emanzipatorische Humboldtsche Denken zu vernebeln und als »unleserlich« abzutun suchte, schreibt sich Daniel Kehlmanns *Die Vermessung der Welt* ein. Deshalb mußte der kehlmannisierte Humboldt vielen deutschen Leserinnen und Lesern auch so eigenartig vertraut erscheinen.

Im Zentrum dieses sattsam bekannten Abziehbildes, dessen Kehlmann sich bediente, aber steht das Scheitern Alexander von Humboldts und zugleich das Scheitern seiner Art, Wissenschaft zu betreiben. Kein Wort darüber, daß Humboldt immer wieder selbstironisch mit der Vorstellung des Scheiterns gespielt und sein eigenes Scheitern hintergründig inszeniert hat, insofern er betonte, daß er weder den Gipfel des Chimborazo noch die Tiefen der Höhle des Guácharo noch den Abschluß seines gewaltigen Reisewerkes je erreichte. Keine Rede ist von der schriftstellerischen Sensibilität, mit der Humboldt in französischer wie in deutscher Sprache experimentelle Schreib- und Buchformen schuf. Keinerlei Erwähnung der Tatsache, daß Humboldt selbst sich bei aller empirischen Fundierung seiner Forschungen vehement gegen jedwede Wissenschaft wandte, die sich auf ein bloßes Messen und Vermessen, auf ein geduldiges Fliegenbeinzählen beschränkt. Kein Gedanke daran, daß die Humboldtsche Wissenschaft und ihr Verständnis der Moderne etwas mit uns heute noch zu tun haben könnte. Dafür eine

Anthologie gängiger Gemeinplätze, vorzüglich in leichtes, buntes Erzählpapier eingeschlagen.

Für Humboldt gilt, was Kehlmann mit Blick auch auf Gauß sagte: »Im Dienste der Wahrheit musste ich eben hie und da die Richtigkeit manipulieren.«[149] Verbunden mit der Hoffnung, daß durch die schriftstellerische Arbeit »gemeinhin verschwiegene oder übersehene Wahrheiten sichtbar werden«.[150]

Zeigt uns der Autor, im Dienste der Wahrheit, mithin Humboldt und Gauß, wie sie wirklich waren? Daniel Kehlmann hält mit guten Gründen in seinen Interviews immer wieder an dieser Behauptung fest, bildet sie doch auch die Grundlage für seinen Bucherfolg: Nur der Anspruch, die gleichsam »verborgene« Seite beider Wissenschaftler zu zeigen, kann ein großes Lesepublikum dank des Anreizes und der Verlockung gewinnen, anstelle der vermeintlich nur schwer lesbaren und unverständlichen wissenschaftlichen Werke ein noch tieferes Verständnis beider Forscher auf nur wenigen Seiten geboten zu bekommen. Nicht anders hatte man Humboldts zweitausendseitige *Relation historique* einem hungrigen Lesepublikum auf 127 Textseiten angeboten. Ein Schnellkurs in Sachen Humboldt und Gauß, zugleich aus einer überlegenen, der Wissenschaft gegenüber kritisch-ironischen Position: Dies ist die Formel, die werbewirksam im Zentrum des Erfolgsrezepts von *Die Vermessung der Welt* steht. Doch nichts Verborgenes, sondern nur Verbogenes wird offeriert.

Gewiß: Daniel Kehlmann hat – wie er dies auch selbst immer wieder betonte – viel gelesen. In den zahlreichen Interviews wird die Gelehrtensatire mit ihren vielen vergnüglichen Passagen und ihrer flotten Schreibe zu einer Recherche umstilisiert, die sich auf die Suche nach den wissenschaftlichen Zusammenhängen und Hintergründen begeben habe. Die Fiktionalität wird spielerisch so sehr mit scheinbarer Faktizität verquirlt, daß zumindest einem Publikum, das weder mit Gauß noch mit Humboldt vertraut ist, Authentizität vorgegaukelt werden kann. Mag Daniel Kehlmann zweifellos auch viel recherchiert haben: Ausgedehnte Lektüren von Texten aus der Feder Humboldts dürften wohl kaum dabei gewesen sein. Wie denn auch?

Kehlmanns Interviews lassen die anvisierte Leserschaft nicht im Zweifel: Humboldts Schriften seien doch ohnehin allesamt unlesbar! Ein Albtraum! Der Autor ist daher gewitzter vorgegangen und hat Zeit gespart, indem er sich Humboldt gewidmete (und zumeist ältere) Abhandlungen vornahm, die ihm einen schönen Überblick verschafften und mit vielen hübschen Anekdoten aus zweiter und dritter Hand versorgten. Das aber, so möchte man dem Proust-Liebhaber Kehlmann zurufen, ist keine Recherche nach der vergangenen, nach der verlorenen Zeit, sondern nichts anderes als bei der Recherche verlorene Zeit – wenn man in Kehlmanns Welt denn überhaupt von Recherche sprechen will.

41. Nach der Kehlmannisierung

So hat sich die Gelehrtensatire, die mit ihren historischen Figuren lustvoll Schabernack treibt, klammheimlich die Kleider des historischen Romans übergeworfen und mehr noch die Requisiten einer Doppelbiographie ausgeliehen. Wo man soeben noch glaubte, man habe es mit der Fiktion von Wirklichkeit zu tun, suggeriert einem die Stimme des Übersetzers aus der Gauß- und Humboldt-Literatur eindringlich, man habe wahrhaftig vor Augen, wie es wirklich gewesen sei. Eine Suggestion, deren Kraft unbestreitbar und höchst erfolgreich war. Und doch nur wie ein editorisches Surrogat funktioniert.

Nun könnte man sich damit zufriedengeben, daß niemand

einem Autor Glauben schenken muß, der von sich behauptet, eine verborgene Wahrheit aufgedeckt zu haben. Es wäre gewiß schlimm genug, würde ein größerer Teil der Leserschaft – und viele Rezensionen lassen darauf schließen – wirklich glauben, in *Die Vermessung der Welt* einen Blick hinter die Kulissen werfen zu können und dem eigentlichen, dem »wahren« Gelehrten zu begegnen: wie er sich schon in der Eingangsszene an seinem Kissen festhält, um nicht nach Berlin fahren zu müssen. Doch uns beschleicht ein noch schlimmerer Verdacht: Vielleicht glaubt der reale Autor Daniel Kehlmann ja wirklich an das, was er sagt, und hält seinen Roman für eine Untersuchung mit den Mitteln der Literatur?

Warum sollten wir den Autor nicht seinem Wahn überlassen? Immerhin hat uns dieser einen Roman beschert, der vergnüglich und rasch zu konsumieren ist und dank seines rastlosen Exerzierens mit der indirekten Rede ein wahres Exerzitium des Konjunktivs bietet. Überhaupt könnte *Die Vermessung der Welt* künftig weltweit dazu dienen, all jenen, die Deutsch lernen, die Formen der indirekten Rede nahezubringen. Vielleicht könnte dieser Unterhaltungsroman der indirekten Rede – um einer noch größeren Hoffnung Ausdruck zu verleihen – auch dazu beitragen, daß sich ein breiteres Lesepublikum nicht nur mit Carl Friedrich Gauß und Alexander von Humboldt, sondern mit den Wechselwirkungen zwischen Wissenschaft und Literatur intensiver auseinandersetzt. Freilich wäre dabei zu bedenken, daß sich dieser *Bestseller* wohl kaum in einen *Longseller* verwandeln wird – allzusehr setzt er auf die leichte Kost rasch erzielter Effekte – und diese werden wohl kaum sehr lange anhalten.

Die Vermessung der Welt läßt sich aus der rezeptionsgeschichtlichen Perspektive verstehen als das Ergebnis einer intensiven Kannibalisierung von Wissenschaft: Der Roman hat sich eine kleine Bibliothek nicht nur von Humboldt-Verschnitten, sondern auch von älterer Literatur über Humboldt einverleibt, sorgsam nach erzählerisch Verwertbarem durchforstet. Ein derartiges Vorgehen ist legitim, keine Frage. Allerdings sollte uns die Einverleibung so zahlreicher Abhandlungen nicht glauben machen, daß wir zwischen den Buchdeckeln oder in den Interviews etwas Konsistentes – geschweige denn etwas Neues – über Gauß oder Humboldt erfahren könnten. Vielmehr steht zu befürchten, daß manche der Stereotypen, die man doch schon längst verbraucht wähnte, nun wieder fröhlich in der Öffentlichkeit zirkulieren werden.

Die Eigennamen der beiden deutschen Forscher dienten nur dazu, einen biographischen Pakt mit dem Leser zu schließen: Lies mich, denn ich berichte Unerhörtes von beider Leben! Um so wichtiger wäre es daher, der Falle zu entgehen, in die der Autor selbst tappte: Die Namen seiner Figuren mit den Menschen zu verwechseln und am Ende – wie es die Kehlmannschen Interviews dokumentieren – selbst daran zu glauben, der Wahrheit die Ehre gegeben zu haben. Den besten Schutz vor dieser Falle bieten die Werke der Forscher selbst.

Und darin liegt nach der Kehlmannisierung eine wirkliche Hoffnung: daß zumindest ein Teil der Leserschaft Interesse nicht an den hysterischen, sondern an den historischen Figuren entwickelt und sich im Falle Humboldts auf eine Entdekkungsreise durch die Werke eines der großen Autoren und Denker des 19. Jahrhunderts einläßt. Sollte sich diese Hoffnung und nicht die begründete Befürchtung erfüllen, daß es zumindest in der deutschsprachigen Öffentlichkeit bald schon eine flächendeckende Renaissance der abgeschmacktesten Vorurteile und Halbwahrheiten geben könnte, die sich zum Teil schon zu Lebzeiten Humboldts auszuprägen begannen – und die es hier nicht auch noch durch zusätzliche Erwähnung zu befördern gilt –, dann könnte man dem Autor

Kehlmann ein Buch verzeihen, das künftig wohl vorwiegend für rezeptionssoziologische Untersuchungen von einigem Interesse sein könnte.

Wie schnell derartige Romane wieder in Vergessenheit geraten, mag das Schicksal eines Textes zeigen, auf den – vom kehlmannisierten Feuilleton unbemerkt – der Humboldt-Forscher Ingo Schwarz aufmerksam gemacht hat.[151] Denn noch zu Lebzeiten Alexander von Humboldts hatte der heute längst vergessene Eugen Hermann von Dedenroth in seiner Novelle mit dem vielsagenden Titel »Ein Sohn Alexander's von Humboldt oder der Indianer von Maypures« den Verfasser des *Kosmos* zum Helden einer Fiktion gemacht. Unter dem Pseudonym Eugen Hermann hatte der junge Offizier und Autor, der als Literat später durchaus große Erfolge feiern durfte, nicht nur auf einige berühmte Episoden der Amerikareise Humboldts, sondern auch auf manche Gerüchte zurückgegriffen, die Humboldt im südlichen Amerika – und dies mitunter bis heute – einen illegitimen Sohn andichteten. Schon 1858 findet sich folglich jene Rezeptur, die auf der Vermischung von Tatsachen, Lektüreerinnerungen, Gemeinplätzen und Gerüchten basiert, auf der – wenn auch in etwas kunstvollerer Manier – Daniel Kehlmanns Roman beruht. Auch das Kalkül, beim Publikum Interesse dadurch zu erwecken, daß gleichsam ein (bisweilen intimer) Blick hinter die Kulissen des bekannten Gelehrten versprochen wird, teilen von Dedenroth und Kehlmann zweifellos miteinander. Daß Alexander von Humboldt, der für seinen Humor, aber auch seine scharfe Zunge bekannt und gefürchtet war, durchaus empört gegen diese Art literarischer Nachkommenschaft und Effekthascherei vorging, mag nicht uninteressant sein. Doch dürfte wohl vor allem der Einschätzung eines zeitgenössischen Rezensenten zuzustimmen sein, der in Anspielung auf den Namen des Protagonisten der Novelle noch im selben Jahr 1858 betonte, daß dies schlicht »literarischer Humbug« sei[152] – und eben nicht Humboldt.

Hier soll nicht auf mögliche Parallelen zwischen zwei jungen Autoren, die völlig belanglos wären, wohl aber auf literarische und diskursive Textfiliationen aufmerksam gemacht werden, die im Falle von Dedenroths – so steht zu hoffen – Daniel Kehlmann selbst kaum bekannt gewesen sein dürften. Klüger als jede Ausrichtung an einem konkreten literarischen Autor und dessen Intentionen wäre es jedoch, sich den Kehlmannschen Konjunktiv zu eigen zu machen und damit der Literatur ihren Eigen-Sinn, ihr Eigen-Recht zurückzugeben, kurz: die indirekte Rede ihres Spiels.

Hieße das nicht, *Die Vermessung der Welt* vor der Vermessenheit ihres Autors zu schützen? Den literarischen Text und nicht den realen Autor und seine Ansichten ins Zentrum zu rücken? Vielleicht könnte man auf diese Weise am besten einer Vermessung der literarischen Welt durch einen Autor begegnen, der seine Stärke nicht umsonst vorwiegend im konjunktivischen Sprechen hat. Kehlmann selbst wäre damit am meisten gedient, äußerte er sich doch in einem neueren Interview zum Verhältnis von Autor und Werk wie folgt:

»Ich möchte mich schon zur Idee der klassischen Moderne bekennen, dass der Autor völlig hinter das Werk zurücktritt. Natürlich ist das ein Ideal, das nicht zu erfüllen ist, weil es die mediale Welt anders haben will. Aber ich finde die Idee des Autors, der darauf verzichtet, eine öffentliche Person zu sein, sehr schön.«[153]

Halten wir daher fest: *Die Vermessung der Welt* präsentiert uns unfreiwillige Komiker und verdrängende Hysteriker, welche die Namen von Humboldt und Gauß tragen und sich im September 1828 beim Deutschen Naturforscherkongreß trafen – aber nicht in Berlin, sondern in Kehlmanns Welt.

Und die ist – man mag es bedauern oder nicht – weniger eine erfundene als eine vorgefundene, eben eine längst zuvor vermessene Welt, die der junge, talentierte Autor wohlkalkuliert und mit klugem Blick für seinen *Dictionnaire des idées reçues* durchschritt. Vielleicht, so könnte man hoffen, führt ihre Erkundung viele Leser dazu, sich wirklich intensiv und kritisch mit Humboldt und Gauß auseinanderzusetzen und eine Kehlmannisierung von Literatur und Geschichte, von Wissenschaft und Kultur hinter sich zu lassen. Wäre das nicht der schönste Erfolg dieses Buches? Und wäre nicht hierin das eigentliche *Vermögen* der Literatur zu erblicken – jenseits aller Bestsellerlisten?

Bliebe zuletzt noch die im Eingangszitat erwähnte große Frage, worin das Deutschsein dieser drei Deutschen besteht. Meine Antwort: zuvörderst in der Tatsache, daß in dieser Welt (auch) deutsch gesprochen wird. Das Deutschsein von Kehlmanns Roman hingegen liegt auf der Hand: Es betrifft den tendenziell banalisierenden (und sich gerne kritisch gebenden) Umgang mit den eigenen Traditionen, mit dem eigenen historischen Erbe. Hätte man Alexander von Humboldt zu Lebzeiten die Frage nach seinem Deutschsein gestellt, so hätte er sich wohl daran erinnert, daß Wilhelm von Humboldt einst nach einem Besuch des Jüngeren in London in einem Brief vom 3. Dezember 1817 an seine Frau Caroline darüber geklagt hatte, »wie er [Alexander] aufgehört hat, deutsch zu sein und bis in alle Kleinigkeiten pariserisch geworden ist«.[154] Er hätte gewiß schmunzelnd darauf verwiesen, daß er sich als Schriftsteller des Deutschen wie des Französischen gleichermaßen bediente, so wie für ihn Literatur und Wissenschaft einander nicht fremd gegenüberstanden. Am Ende aber hätte er wohl die Frage nach dem Deutschsein komisch und irgendwie hysterisch gefunden – und sehr über derlei Humbug gelacht.

Was bleibt? Der Weg von den Surrogaten und Extrakten

wieder zurück zu Humboldts Schriften. Denn sie werden dazu beitragen, daß sich im deutschsprachigen Raum eine textfundierte und sachbezogene Auseinandersetzung mit Alexander von Humboldts faszinierenden Werken weiter entwickelt. Hatte Kehlmann in einem seiner besseren Kapitel unter dem Titel »Der Berg«[155] den Aufstieg Humboldts und Bonplands in grellen, fast psychedelischen Farben ausgeleuchtet, so versuchte eine neue Textedition, die Reflexion über Humboldts Versuch gebliebenen Versuch, den Gipfel des Chimborazo zu erreichen, im Spiegel und Spiel der Humboldtschen Texte selbst weiterzuführen.[156] Daß das Interesse an Humboldts Schriften stetig und langfristig ansteigt und nicht von einem kurzfristigen »Humboldt-Hype« gesprochen werden kann, dürfte die hier auf wenigen Seiten skizzierte Entwicklung gezeigt haben. Sie bliebe sehr unvollständig, würden nicht auch andere wichtige editorische Vorhaben Erwähnung finden. An erster Stelle sind sicherlich die wissenschaftlichen Editionen der Alexander-von-Humboldt-Forschungsstelle der jetzigen Berlin-Brandenburgischen Akademie der Wissenschaften zu nennen, die durch ihre verdienstvollen Ausgaben etwa der Tagebücher[157] oder der Humboldtschen Korrespondenz[158] vorwiegend im Berliner Akademie Verlag wichtige Zugangsmöglichkeiten zu lange Zeit nur schwer erreichbaren Texten für ein vorwiegend *wissenschaftliches* Zielpublikum geschaffen hat. Des weiteren ist die von Hanno Beck teilweise in Verbindung mit anderen Wissenschaftlern besorgte siebenbändige Studienausgabe zu erwähnen, die in der Darmstädter Wissenschaftlichen Buchgesellschaft erschien.[159] Es gibt folglich gute Gründe, auf ein auch künftig wachsendes Interesse ebenso einer spezialisierten wissenschaftlichen Leserschaft, die den unterschiedlichsten Disziplinen entstammt, wie einer allgemeinen Öffentlichkeit zu zählen: Die Phase der Surrogate und Extrakte ist – darauf deutet heute, nach der Kehlmannisierung, alles hin – endgültig vorüber.

So ist der Verfasser des amerikanischen Reisewerks mittlerweile auch im deutschen Sprachraum zu einem wichtigen Bezugspunkt geworden, wenngleich es sicherlich noch Jahrzehnte und mehrere Forschergenerationen dauern wird, bis seine Bedeutung nicht allein für ein historisch gewordenes, sondern ebenso für ein künftiges Weltbewußtsein – im jeweiligen kritischen Dialog mit neuen, zeitspezifischen Kontexten und Herausforderungen – erkannt sein wird. Doch noch immer gibt es in der Edition Humboldtscher Texte viele Schätze zu heben. Und es ist an der Zeit, Alexander von Humboldts lebendiges Weltbewußtsein zu entdecken – und damit zu einer geistigen Entprovinzialisierung beizutragen, für die dieser Denker der Globalität mit seinen Texten wie kaum ein anderer Europäer einsteht.

Figur 7

»Das wichtigste meines unruhigen Lebens«: Amerika in Asien oder die russisch-sibirische Forschungsreise

42. *Berlin am Kurischen Haff*

In einem Brief vom 29. April 1829 aus Narva berichtet Alexander von Humboldt seinem Bruder Wilhelm in dem für ihn so typischen ironisch-selbstironischen Ton, man sei nun zwar schon sechzehn Tage unterwegs, habe aber immer noch nicht St. Petersburg erreicht. Man genieße vielmehr »alle Gräuel der Winterlandschaft« – »Schnee und Eis, soweit das Auge reicht« – und stecke mit den Kutschen bisweilen so tief fest, »dass man die Vorderräder im Schlamm fast verschwinden sieht«.[1] Die Landschaft freilich habe sich nicht allzusehr verändert: Denn es sei

»die Gegend des Oranienburger Thores, welche sich mit liebenswürdiger Einförmigkeit nun schon 200 Meilen weit gegen N. O. ausdehnt. Das charakteristischste dieser Unnatur, was ich gesehen, ist die Nährung, auf der wir 4-5 Tage lang gelebt, 5 Muscheln und 3 Lichenen gefunden. Wenn Schinkel dort einige Backsteine zusammenkleben liesse, wenn ein Montagsclub, ein Cirkel von kunstliebenden Judendemoiselles und eine Akademie auf jenen mit Gestrüppe bewachsenen Sandsteppen eingerichtet würden, so fehlte nichts, um ein neues Berlin zu bilden, ja, ich würde die neue Schöpfung vorziehen, denn die Sonne habe ich herrlich auf der Nährung sich in das Meer tauchen sehen. Dazu spricht man dort, wie du weisst, rein Sanscrito, lithauisch.«[2]

So also beginnt die große Asienreise, von der Alexander von Humboldt ein halbes Leben lang geträumt und auf die er sich jahrzehntelang vorbereitet hatte. Der Mineraloge Gustav Rose (1798-1873), der Botaniker und Zoologe Christian Gottfried Ehrenberg (1795-1876) und Alexander von Humboldt (1769-1859), begleitet von seinem Diener und Faktotum Johann Seifert (um 1800-1877), waren am 12. April von Berlin aus zu ihrer russisch-sibirischen Reise aufgebrochen, von der sie erst kurz vor Jahresende, am 28. Dezember 1829, wieder in die preußische Hauptstadt zurückkehren sollten.

Sie waren früh im Jahr aufgebrochen, allzu früh, wie sich bald zeigte: Humboldt hatte diese Reise zwar erst im Mai beginnen wollen, doch die Nachricht, daß der russische Zar zu diesem Zeitpunkt bereits St. Petersburg verlassen haben würde, zwang das Forscherteam, sich den Unannehmlichkeiten, Verzögerungen und Gefahren einer Winterreise auszusetzen, um den Monarchen noch erreichen und – gleichsam in eigener diplomatischer Mission – mit ihm über den Verlauf der Reise durch das riesige Russische Reich verhandeln zu können. Und folglich saßen die Reisenden auf ihrem Weg nach St. Petersburg – also noch vor Beginn der eigentlichen Reise – bei Flußüberquerungen und des öfteren unbefahrbaren Straßen ein ums andere Mal fest.

So auch bei dem Versuch, das Kurische Haff an der Spitze der Nehrung zu überqueren, um auf der gegenüberliegenden Seite nach Memel zu gelangen. Hier sah man sich genötigt, sich mehrere Tage lang in einem Wirtshaus an der Spitze der Kurischen Nehrung einzuquartieren, da – wie Gustav Rose nüchtern in seinem Bericht von der Reise festhielt – »das Haff mitten im Eisgange begriffen und die Ueberfahrt nach Memel jetzt unmöglich«[3] war.

Daß die im »Sandkrug« verbrachten Tage und Nächte in Humboldt die Vision von jenem Berlin heraufbeschworen, das er des öfteren als »Sandwüste« bezeichnete, kann dabei nicht überraschen. Der beißende Spott, mit dem er seinem Bruder Wilhelm nach Schloß Tegel – das von keinem anderen als von Schinkel umgestaltet wurde – schrieb und die Ingredienzien aufzählte, deren es bedürfte, um hier ein »neues Berlin« erstehen zu lassen, läßt etwas von der Lust erkennen, mit welcher Alexander die preußische Hauptstadt hinter sich ließ, um sich in das Abenteuer einer weiteren und zugleich letzten transkontinentalen Reise zu stürzen. Die Berlin so stark bestimmende Schinkelsche Architektur, die Herrenrunden und die von den großen Jüdinnen geprägte Salonkultur sowie jene Königlich Preußische Akademie der Wissenschaften, der Alexander nach seiner Rückkehr aus Paris im Mai 1827 höchst erfolgreich neues Leben einzuflößen versuchte, bilden die den Brüdern Humboldt so vertrauten Bestandteile einer Welt, die der jüngere der beiden gleichsam als Abschied von Berlin in die Sandkulisse der Nehrung hineinphantasiert.

Daß er selbst, der nicht nur mit seinen im Winter 1827/28 gehaltenen 61 Kosmos-Vorlesungen und 16 Kosmos-Vorträgen, sondern auch mit seiner umsichtigen Tätigkeit als – wie wir heute sagen würden – internationaler Wissenschaftsmanager, mit seiner beherzten Förderung junger Talente und mit seiner Arbeit zugunsten einer von ihm herbeigesehnten demokratischen Öffnung des Wissenschaftsbetriebs wesentlich zur Dynamisierung der Berliner Wissenschaftslandschaft und zur Herausbildung einer sich langsam entwickelnden Wissensgesellschaft beigetragen hatte, verschwindet hier im Schalk und im Spott eines Menschen, für den der Aufbruch stets wichtiger war als das Ankommen. Auch bei dem fast Sechzigjährigen ist immer jene Antriebskraft zu spüren, die ihn schon bei der Reise mit Georg Forster erfüllte und nach anderen Kontinenten streben ließ.[4]

Wenn Alexander sich in der eingangs zitierten Passage seines Briefes an Wilhelm über die »Unnatur« beklagte, die sich vom Oranienburger Tor an nach Osten ziehe, so darf man darin wohl die »Urfassung« einer vielfach mit dem für ihn stets so typischen Augenzwinkern vorgetragenen Moquerie erkennen, wie sie sich etwa in einem Brief vom 8. März 1834 an Fürst Hermann von Pückler-Muskau niederschlug. Dort hieß es, er müsse die »Unnatur« der Berliner Umgebung verscheuchen, indem er sich in seiner Erinnerung »Palmenwälder« hineinzaubere, wo in Wirklichkeit »verkümmerte Coniferen als Hasenhaide sich bis an die chinesische Gränze in einförmigem Zuge hinziehen«.[5] Der Scherz über den Volkspark in Berlin-Neukölln gefiel ihm so sehr, daß er ihn immer wieder umbildete und – so etwa in einem Brief an August Böckh aus dem Jahre 1840 – auf die knappe Formel brachte: »Ganz Sibirien ist eine Fortsetzung unserer Hasenheide.«[6]

Das Bild eines Berlins, das er später, in einem Brief an C. G. Jacob Jacobi vom 21. November 1840, als »moralische Sandwüste, *geziert* durch Acazien-Sträucher und blühende Kartoffelfelder«,[7] zeichnete, hat Humboldt zweifellos auf seiner gesamten Expedition bis an die chinesische Grenze begleitet. Dabei markiert sein ihm eigentümlicher Humor paradoxerweise aus der ironischen Distanzierung ebenjene intime Nähe, die Alexanders ambivalentes Verhältnis zu seiner Geburtsstadt seit jeher charakterisierte. Auch sein häufig zu beobachtender Spott über die Königlich Preußische Akademie der Wissenschaften, die er in einem bekannten Zitat einmal als ein Siechenhaus und Hospital bezeichnete, in dem die »Kranken besser schliefen als die Gesunden«,[8] signalisiert in erster Linie seine kritische Verbundenheit mit einer Institution, in die er bereits am 4. August 1800 – also noch während seiner großen Reise in die Äquinoktial-Gegenden des Neuen Kontinents – zunächst als außerordentliches Mitglied aufgenommen worden war. Berlin am Kurischen Haff? Die in einer Phase des erzwungenen Stillstands seiner Reise in eine andere Sandwüste phantasierte preußische Hauptstadt deutet ein Denken an, in dem sich jenseits des unmittelbar Sichtbaren stets die Umrisse anderer Orte, anderer Landschaften, anderer Bewegungen abzeichnen. Diese wechselseitigen mobilen Überlagerungen, die für Alexander von Humboldts Vorstellungs- und Denkwelt so bezeichnend sind, weisen voraus auf eine wissenschaftliche Wahrnehmungs- und Präsentationsstruktur, die der gesamten russisch-sibirischen Forschungsreise zu Grunde liegt: Hier ist woanders – *Ici est un autre*.

43. *Asienreise versus Amerikareise*

Daß die Reise Alexander von Humboldts bis an die Grenzen des Russischen Reiches eine ganz andere Forschungsreise war als jene, die ihn zwischen 1799 und 1804 in die spanischen Besitzungen in Amerika und abschließend in die Vereinigten Staaten geführt hatte, ist ebenso evident wie unbestritten. Die Fakten seiner Asienreise sind bekannt. Mit 12 244 Pferden und Halt auf 658 Poststationen überwanden die Forscher im Russischen Reich insgesamt über 18 000 Kilometer, die sie über Moskau, Kasan und Perm, über den Ural und das Altai-Gebirge bis zur chinesischen Grenze führten, von wo aus man über Miask, Orenburg und Astrachan am Kaspischen Meer sowie schließlich erneut über Moskau und St. Petersburg nach Berlin zurückkehrte.[9] Es war eine Reise im Zeichen der großen Entfernungen und der hohen Geschwindigkeit, der staatlichen Überwachung und der Einbindung in eine Infrastruktur, die Humboldt vom Zarenreich – das alles genauestens kontrollierte – zur Verfügung gestellt worden war. Allein die Finanzierung und Hilfe von seiten der russischen Monarchie machte es möglich, eine so gewaltige Reise ins Innere Zentralasiens in einem einzigen langen »Sommer« durchzuführen und rechtzeitig vor dem bald schon herannahenden Winter abzuschließen. Anders als in den spanischen Kolonien Amerikas war Humboldt in Rußland weit weniger Herr seiner Reise und – wie die vielen offiziellen Einladungen zeigen, denen er sich nicht entziehen konnte – seiner selbst.

Lange hatte er auf die von ihm geplante und ersehnte Asienreise warten müssen. In einem Brief vom 11. Juli 1793 findet sich in seinen Schriften die wohl erstmalige Erwähnung des Vorhabens einer sibirischen Reise, die eines Tages einer damals noch eher erträumten als tatsächlich konzipierten Reise in die Neue Welt folgen sollte.[10] Doch die Amerikareise ließ sich auch direkt mit einer Asienreise verbinden, wie der junge Humboldt sehr wohl wußte. Denn bekanntlich war es beim Aufbruch aus Spanien Humboldts und Bonplands Plan gewesen, ihre Reise in die Neue Welt in den Osten, also transpazifisch zunächst nach Asien hin fortzusetzen. Ein erstes Ziel hätten dabei die unter spanischer Herrschaft stehenden Philippinen werden sollen, die explizit in den großzügigen Anordnungen des spanischen Königs für Humboldt und Bonpland genannt worden waren.

Man kann heute nur darüber mutmaßen, welche bahnbrechenden Impulse für die Wissenschaft allein von den Vergleichen zwischen dem Archipel der Karibik (und der von ihm ebenfalls besuchten Kanaren) sowie jenem der Philippinen ausgegangen wären, hätten sich Humboldt und Bonpland nicht unüberwindliche Schwierigkeiten entgegengestellt, die aus vielerlei reisetechnischen wie politischen Gründen eine Rückreise nach Europa über die Vereinigten Staaten von Amerika als dringend angeraten erscheinen ließen. Welche Konsequenzen hätte ein Besuch des asiatischen Archipels der Philippinen beispielsweise für seine Sichtweise des Verhältnisses zwischen Kontinentalmassen und Inselgruppen, aber auch für sein Verständnis von Globalisierungsprozessen, die er stets aufmerksam registrierte, gehabt? So aber wurde sein Blick weniger durch eine archipelische Struktur geprägt, sondern vielmehr vom Innern der großen Kontinente und dort vor allem vom topographischen Verlauf der großen Gebirgszüge und Hochgebirge förmlich angezogen.

Auch wenn ein unmittelbar während derselben Reise stattfindender Vergleich durch die Abänderung der Reisepläne nicht mehr möglich wurde, so blieb Asien doch ebenso während der Amerikareise wie vor allem auch in den Jahrzehnten nach deren Abschluß ein fester Bezugspunkt im weltweiten Koordinatensystem des preußischen Naturforschers. Ohne einen ausgedehnten Besuch Asiens war die Humboldtsche Welt, war der Humboldtsche Kosmos nicht komplett.

Der Verfasser der *Ansichten der Natur* war folglich nach seiner Rückkehr nach Europa keineswegs gewillt, seine asiatischen Reisepläne aufzugeben. Die Asienreise zählte zu jenen Kernvorhaben, die Humboldt mit der größten Hartnäckigkeit verfolgte, wußte er doch, daß ihm nach der so erfolgreich verlaufenen Reise nach Westen nur eine umfangreiche Reise nach Osten jenes empirische Anschauungsmaterial und jenes Erfahrungswissen liefern und vermitteln konnte, das ihn zu einer wirklich globalen Sichtweise der Erdkugel befähigen und berechtigen würde. Die jahrzehntelange Beschäftigung mit asiatischen Themen- und Fragestellungen begleitete nicht nur Humboldts unermüdliche Arbeit an seinem gigantischen amerikanischen Reisewerk, sie erlaubte es ihm auch immer wieder, in seinem dreißigbändigen Werk *Voyage aux Régions équinoxiales du Nouveau Continent* Hinweise auf Entwicklungen und Phänomene in Asien einzubauen. Vergessen wir nicht: Noch Jahre nach dem Abschluß seiner russisch-sibirischen Forschungsreise arbeitete Humboldt am Abschluß seines *Opus Americanum*, eine Überlappung, der sich Humboldt während seiner Reise von 1829 höchst bewußt war.

Alle konkreten Reisepläne Humboldts aber waren zunächst an der allgemeinen politischen Situation, an Kriegen und Auseinandersetzungen oder am Widerstand bestimmter Kolonialmächte, die kritische Äußerungen des weltweit renommierten Preußen fürchten mußten, gescheitert. Würden Humboldts spitze Zunge und seine bisweilen ebenso spitze Feder nicht die Ungerechtigkeiten jeglichen Kolonialsystems aufspießen, so wie er es zuvor mit Blick auf die spanischen Kolonien getan hatte? Humboldt war folglich für keine Kolonialmacht ein gerne gesehener Besucher eigener Besitzungen. Die Verwirklichung seiner Asienreise war in weite Ferne gerückt, Humboldt lief die (Lebens-)Zeit davon.

Daher griff der Forscher und Schriftsteller sofort zu, als sich ihm die Chance einer Expedition ins russische Riesenreich bot. Freilich ließ er an der Tatsache keinen Zweifel, daß die ihm nun zufallende russisch-sibirische Reise nicht identisch sein konnte mit jener Asienreise, wie er sie sich erträumt hatte. So heißt es mit Blick auf Tibet und den Himalaya noch im zweiten, gemeinsam mit den beiden anderen Bänden 1843 in Paris auf französisch veröffentlichten Band seines Werkes über Zentralasien unmißverständlich:

»Die lebhafteste Betrübnis meines Lebens ist es, nicht selbst die Möglichkeit gehabt zu haben, in diese berühmten Regionen vorzudringen, deren Beziehungen zu den Kordilleren der Neuen Welt ich untersuchen wollte. Ich war während der Regierungszeit des Zaren Alexander unter dem Ministerium des Grafen von Roumantzow eingeladen worden, jene Expedition zu begleiten, die sich über Kachghar und Yarkand nach Tubet [sic!] begeben sollte. Die Ausführung dieses weitgesteckten Unternehmens, wurde durch den Krieg, der 1812 ausbrach, verhindert. Keineswegs entmutigt, gab ich mich während mehrerer Jahre dem Studium der persischen Sprache hin in der Hoffnung, über Teheran oder Herat nach

Indien zu gelangen. Umstände, deren Einzelheiten für die Öffentlichkeit ohne jedes Interesse wären, hielten mich notwendig von diesem Wege ab und ließen mich ein Projekt aufgeben, das während langer Zeit meine Einbildungskraft lebhaft beschäftigt hatte. Dies ist das Schicksal des Menschen: Man erreicht das Ende des eigenen Lebens und vergleicht, nicht ohne Traurigkeit, das Wenige, das man hervorgebracht hat, mit all jenem, was man hätte unternehmen wollen, um das Reich der Wissenschaften zu erweitern.«[11]

Wenn genau im Zentrum von Humboldts russischem Reisewerk der Hinweis auf zwei andere, in den Himalaya und nach Indien führende Reisewege steht und diese mit dem Lebensweg des großen Autors verbunden werden, so wird hierdurch nicht nur die gesamte Vorgeschichte der asiatischen Reise, sondern zugleich auch eine gleichsam verdoppelte virtuelle Reiseroute in einen anderen Teil Zentralasiens eingeblendet, auf deren Realisierung sich Alexander von Humboldt eingestellt und vorbereitet hatte. Diese anderen, von ihm nie realisierten Routen tauchen in *Asie Centrale* immer wieder in Form von Verweisen, Vergleichen und Verbindungen auf. Doch der Verfasser dieser 1843 gedruckten Zeilen weiß sehr wohl, daß er zu einer Reise in die – wie man ein knappes halbes Jahrhundert nach Humboldts Besteigungsversuch des Chimborazo schon wußte – höchstgelegenen Gebiete der Erde nicht mehr würde aufbrechen können. Gleichwohl – oder ebendeshalb – unternimmt er es, durch die massive Einbeziehung anderer Reisen in sein Reisewerk ein Gesamtbild Zentralasiens zu entwerfen und damit das »Reich der Wissenschaften«, *le domaine des sciences*, zu vergrößern.

Immerhin war es ihm vergönnt, 1829 nach ebenjenem nördlichen Asien aufzubrechen, das schon Herodot – wie Humboldt betonte – als eine »continuation de l'Europe«[12]

begriff, womit der griechische »Vater der Geschichte« wohl jener Wendung Vorschub leistete, mit welcher der auf Schloß Tegel Aufgewachsene scherzhaft ganz Sibirien als eine Fortsetzung der Berliner Hasenheide kategorisierte. Humboldt nutzte entschlossen die einzige sich ihm zu diesem Zeitpunkt noch bietende Chance, Asien bereisen zu können. Denn als der mächtige russische Finanzminister Graf Georg von Cancrin (1774-1845) in einem Brief vom 22. Oktober 1827 noch etwas unbestimmt die Gelegenheit zu einer wissenschaftlichen Expedition durchblicken ließ, signalisierte der erst wenige Monate zuvor nach Berlin »zurückgekehrte« Humboldt umgehend in einem Schreiben vom 19. November unzweideutig seine hocherfreute Bereitschaft zu einer solchen Reise. Bald schon konnte mit der konkreten Vorbereitung der russisch-sibirischen Expedition und mit der Zusammenstellung eines Forscherteams begonnen werden: Denn der russische Zar hatte sich gegenüber einer solchen Unternehmung – und dies war das alles Entscheidende – zustimmend geäußert. Die Asienreise wurde Wirklichkeit.

Die nahen verwandtschaftlichen Beziehungen zwischen dem russischen und dem preußischen Herrscherhaus begünstigten die Humboldtsche Unternehmung ohne jeden Zweifel; zugleich legten sie ihr aber auch enge Zügel an. Denn gewiß eröffnete sich dem Kammerherrn am preußischen Hofe jene Chance, auf die er während mehrerer Jahrzehnte vergeblich gewartet hatte; zugleich aber wußte er, daß ihm eine Kritik an den russischen Verhältnissen nicht möglich sein würde. Wie aber hätte er in dieser Situation das mehr als verlockende Angebot zu einer solchen Reise ausschlagen können?

Gewiß: Die transdisziplinär angelegte Humboldtsche Wissenschaft war damit schon im vorhinein in einem empfindlichen Maße beschränkt und begrenzt. Zu vielen Phänomenen, Problemen und Praktiken, die im Fokus des amerikanischen Reisewerks gestanden hatten, mußte Humboldt bei seiner Asienreise schweigen. Nicht allein der Ausschluß bestimmter Wissensgebiete, sondern auch die weitgehende Ausblendung der kosmo*politischen*, der interkulturellen und nicht zuletzt der demokratisierenden Dimension seines Wissenschaftsverständnisses[13] wogen schwer. Humboldt war sich dieser Tatsache überaus bewußt, und sie erst dürfte ihn dazu veranlaßt haben, auf die Abfassung eines eigentlichen Reiseberichts zu verzichten und den Mineralogen Gustav Rose mit der Redaktion einer *relation historique* der gemeinsam durchgeführten Expedition zu betrauen.

Doch der Verfasser der *Vues des Cordillères et Monumens des peuples indigènes de l'Amérique* erkannte nüchtern, daß er nur so auf anderen Gebieten jene Kenntnisse und Erfahrungen komplettieren konnte, die er für die Abfassung eines weltumspannend dimensionierten Werkes dringend benötigte. Die Situation Humboldts ließe sich am besten wohl als ein Paradoxon beschreiben: Nur durch die massive Einschränkung seiner transdisziplinären Wissenschaftspraxis war es ihm möglich, seinem umfassenden Wissenschaftsverständnis eine empirische Grundlage globalen Zuschnitts zu verleihen. Dies beinhaltete zum einen, daß das Russische Reich als politische Einheit nicht seinen Hauptgegenstand bilden konnte; und zum anderen bedeutete dies, daß die transkontinentale und transareale, eine einzelne *Area* überschreitende und somit Zentralasien mit anderen Weltgegenden in Verbindung bringende Perspektive von entscheidender Bedeutung für sein asiatisches Reisewerk werden mußte. Und ebendiese transareale Bewegungsebene zeichnet Humboldts *Asie Centrale* nach und aus.

Schon der unkluge, da deutlich verfrühte Beginn der russisch-sibirischen Expedition zeigt, daß von Alexander von Humboldt bei der Reise ins Russische Reich politische Rücksichtnahme und diplomatische Vorgehensweise in noch weit höherem Maße abverlangt wurden als bei der Durchführung seiner amerikanischen Reise. Humboldt nahm sich zwar bisweilen die Freiheit, von der gemeinsam mit Cancrin festgelegten Reiseroute abzuweichen, hütete sich aber, in schriftlichen Zeugnissen eine kritische Distanz zum russischen Gesellschafts- und Wirtschaftssystem oder gar offene Kritik an feudalistischen Strukturen und der Leibeigenschaft – die er zuvor, wie wir sahen, doch so oft und vehement kritisiert hatte – erkennen zu lassen. Die russische Seite übernahm dafür die beträchtlichen Kosten der Reise, die Humboldt alleine wohl kaum hätte tragen können, entsandte den russischen Bergbaufachmann Nikolaj Stepanovic Menschenin sowie weitere Mitarbeiter, die das Forschungsteam Humboldts auf manchen Teilabschnitten begleiteten, und ergriff alle Maßnahmen, um die Sicherheit der ausländischen Reisenden auf russischem Territorium zu gewährleisten.

Dank der perfekten Reiseorganisation – und nicht zuletzt der von den Reisenden oft beklagten halsbrecherischen Geschwindigkeit der Kutscher – traten auch keinerlei Verzögerungen auf, welche den Abschluß der Reise noch vor Wintereinbruch hätten gefährden können. Der Verfasser der *Ansichten der Natur* erhielt so in der Tat die einmalige Gelegenheit, die für ihn interessantesten Regionen Zentralasiens, die sich unter russischer Herrschaft befanden, aus eigener Anschauung kennenzulernen und wissenschaftlich zu untersuchen.

Alexander von Humboldt ging zweifellos an die Grenzen seines Selbstverständnisses als Wissenschaftler wie als Intellektueller *avant la lettre* – und vielleicht, so ließe sich kritisch anmerken, auch darüber hinaus. In einem Brief vom 5./17. Juli 1829 aus Jekaterinburg teilte er Cancrin mit, daß Rose den eigentlichen Reisebericht und er selbst eine umfassendere Arbeit vorlegen wollten; und in einem gänzlich unterwürfigen Ton fügte er hinzu:

»Es versteht sich von selbst, daß wir uns beide nur auf die todte Natur beschränken und alles vermeiden was sich auf Menschen-Einrichtungen, Verhältnisse der untern Volksklassen bezieht: was Fremde, der Sprache unkundige, darüber in die Welt bringen, ist immer gewagt, unrichtig und bei einer so complicirten Maschine, als die Verhältnisse und einmal erworbenen Rechte der höhern Stände und die Pflichten der untern darbieten, aufreizend ohne auf irgend eine Weise zu nüzen!«[14]

Deutlicher hätte Humboldt sein pflichtschuldiges Verstummen und die Tatsache nicht zum Ausdruck bringen können, daß er die Spielregeln begriffen hatte und sich an die getroffenen Abmachungen halten würde. Er verfolgte aber eine gewisse Doppelstrategie insofern, als er sich durchaus etwa für Menschen einsetzte, die nach Sibirien verbannt worden waren. So weist sein russisches Reisejournal im Verbund mit anderen handschriftlichen Skizzen mehrere Fälle nach, in denen sich Humboldt wiederholt und erfolgreich etwa für polnische Verbannte wie Jan Witkiewicz (1808-1839) – der übrigens ein Exemplar des dritten Bandes von Humboldts *Essai politique sur le royaume de la Nouvelle-Espagne* mit nach Sibirien gebracht hatte – einsetzte.[15] Humboldt versuchte, zumindest auf individueller Ebene seine diplomatischen Möglichkeiten im verborgenen auszuschöpfen. In Briefen wie auch in vertraulichen Gesprächen sparte Humboldt nicht mit Kritik an der Leibeigenschaft wie auch an der Politik des russischen Zaren, des »Gendarmen Europas«.[16] In seinen gedruckten Schriften aber blendete er konsequent alles aus, was zu Spannungen mit der russischen Monarchie und ihren Vertretern hätte führen können.

Anders als bei der Amerikareise handelt es sich folglich bei der Asienreise nicht um eine privat, vom Reisenden also selbst finanzierte Unternehmung, sondern um eine Expedition, die – ganz wie es die Titelseite von Gustav Roses Reisebericht in aller Deutlichkeit verkündete – »auf Befehl Sr. Majestät des Kaisers von Russland im Jahre 1829 ausgeführt«[17] wurde. Anders als die Amerikareise war Humboldts Rußlandreise eine Reise im staatlichen Interesse, die staatlichen Modernisierungsvorhaben und -vorgaben dienen sollte.

Und doch verbarg die grundlegende Verschiedenartigkeit der beiden großen transkontinentalen Reisen, die nicht zuletzt auch die Zusammenstellung eines Forscherteams mit Fachwissenschaftlern der Mineralogie und Zoologie betraf, nur oberflächlich eine vielleicht nicht auf den ersten Blick erkennbare Komplementarität und Kontinuität, die sowohl auf das Humboldtsche Wissenschaftsprojekt als auch auf das konkrete Lebensprojekt des Alexander von Humboldt bezogen werden dürfen. Denn in gewisser Weise bildet die asiatische den Abschluß der amerikanischen Reise: Sie ist – wie noch zu zeigen sein wird – aufs engste mit ihr verbunden. Und dies nicht nur, weil Humboldt wie am Orinoco nun in Sibirien von Mücken geplagt wurde, gegen die man sich »durch erstikkende Masken gepanzert« habe,[18] wie er an Cancrin berichtete. Er vergaß jedoch nicht hinzuzusetzen: »ohne Beschwerden kann man keinen Genuß des Lebens haben!«[19]

44. *Wissenschaft und Leben in Bewegung*

Die wechselseitige Überlappung von Wissenschafts- und Lebensprojekt zeigt sich vielleicht am deutlichsten in einem Brief, den Alexander von Humboldt am 3./15. September 1829 an den russischen Finanzminister schrieb:

»Gestern habe ich hier meinen 60jährigen Geburtstag, auf der asiatischen Seite des Urals, erlebt, ein wichtiger Abschnitt des Lebens, ein Wendepunkt, auf dem es einen gereuet, so vieles nicht ausgeführt zu haben, ehe das hohe Alter die Kräfte dahin nimmt. Vor 30 Jahren war ich in den Wäldern des Orinoco und auf den Cordilleren. *Ihnen* verdanke ich es, daß dieses Jahr, durch die große Masse von Ideen, die ich auf einem weiten Raume habe sammeln können, (wir haben seit Petersburg schon über 9000 Werst vollendet), mir das wichtigste meines unruhigen Lebens geworden ist. [...] Ew. Excellenz wird es gewiß angenehm sein zu erfahren, daß unsere Reise nun auch die Gewißheit von der Existenz des Zinnes im Ural gegeben hat. [...] Der Ural ist ein wahres Dorado und ich bestehe fast darauf (alle analogen Verhältnisse mit Brasilien lassen es mich seit zwei Jahren behaupten), daß noch unter ihrem Ministerium Demanten in den Gold- und Platina-Wäschen des Ural werden entdekt werden. Ich gab der Kaiserin diese Gewißheit beim Weggehen, und wenn meine Freunde und ich die Entdckkung auch nicht selbst machen, so wird unsere Reise doch dahin wirken, andere lebendig anzuregen.«[20]

Mit einer beeindruckenden Hellsichtigkeit überblickt hier Alexander von Humboldt von der Reise, von der Bewegung aus den Ablauf seines gesamten bisherigen »vielbewegten« Lebens und nimmt dabei vieles von dem ihm noch Bevorstehenden vorweg. Die Rekurrenz des Lexems »Leben« unterstreicht in diesem Brief dabei die für Humboldt typische Verbindung von Leben und Bewegung, wie sie sich nicht nur im Eingangssatz seines *Kosmos*,[21] sondern an vielen Stellen seines gewaltigen Werkes findet. Das Verständnis seines eigenen »unruhigen Lebens« als eines, das durch seine Bewegungen, durch sein »Nomadisieren« und seine Reisen stets in der Lage sein will, nicht nur bei der Suche nach Diamanten »andere lebendig anzuregen«, setzt die beiden einzigen transkontinentalen Reisen seines Lebens als die entscheidenden

Wendepunkte der eigenen Biographie in Szene.[22] Sie untergliedern und rhythmisieren das, was man mit gutem Recht als ein Leben in Bewegung bezeichnen darf. Es muß Humboldt ungeheuer gefreut haben, am Ende seiner Reise aus dem Munde des Zaren zu hören, der preußische Reisende habe Rußland unendliche Fortschritte gebracht und verbreite überall Leben, wo er hinkäme.[23]

Vom sechzigsten Lebensjahr her teilt Alexander von Humboldt folglich seinen eigenen Lebenslauf in zwei jeweils dreißigjährige Teile ein, die sich durch den »Wendepunkt« der gegenwärtigen Reise auf einen dritten und letzten Lebensabschnitt hin öffnen, der – wie Humboldt selbstverständlich noch nicht wissen konnte – weitere dreißig Jahre bis zu seinem Tode im Jahre 1859 umfassen sollte. Gewiß ist die russisch-sibirische Expedition nicht die letzte Reise im Leben des Alexander von Humboldt, der auch nach seiner Rückkehr nach Berlin noch zu einer Vielzahl kleinerer Reisen insbesondere in das von ihm geliebte Paris – mit oder ohne diplomatischen Auftrag – aufbrach. Doch Humboldt begreift und reflektiert zum Zeitpunkt der Niederschrift dieses Briefes an Cancrin mit hellem Bewußtsein sein Leben und weiß, daß er keine weitere transkontinentale Forschungsreise mehr unternehmen wird, obwohl sich ihm in der Folge noch einige wenige Gelegenheiten – wie etwa dank desselben Cancrin eine Reise zum Ararat – bieten sollten.

Sein Lebensplan aber basiert auf seinem Lebenswissen, nach dieser Reise alle Kräfte auf die Auswertung der bisherigen Reisen richten zu müssen und im Angesicht schwindender Kräfte die nicht ausgeführten Pläne und Vorhaben zumindest hintanzustellen. Er weiß, daß ihm nur noch die Chance bleibt, sein eigenes Leben in ein *Lebens-Werk* umzuformen, das er genau fünfzehn Jahre später mit den folgenden, auf Potsdam im November 1844 datierten Worten eröffnen sollte:

»Ich übergebe am späten Abend eines vielbewegten Lebens dem deutschen Publikum ein Werk, dessen Bild in unbestimmten Umrissen mir fast ein halbes Jahrhundert lang vor der Seele schwebte. In manchen Stimmungen habe ich dieses Werk für unausführbar gehalten: und bin, wenn ich es aufgegeben, wieder, vielleicht unvorsichtig, zu demselben zurückgekehrt. Ich widme es meinen Zeitgenossen mit der Schüchternheit, die ein gerechtes Mißtrauen in das Maaß meiner Kräfte mir einflößen muß.«[24]

Von diesen berühmten Eröffnungszeilen seines *Kosmos* aus wird eine autobiographische Dimension erkennbar, die nicht nur die zentralen Lexeme »Leben«, »Bewegung«, »Werk« und (das Schwinden der eigenen) »Kräfte« zusammenbindet, sondern in eine Zeit zurückweist, in der sich der junge Humboldt trotz immer wieder wechselnder und von den politischen Verhältnissen und Kriegen der heraufziehenden napoleonischen Ära abhängiger Reisepläne der Notwendigkeit stellte, prinzipiell eine Reise nach Amerika durch eine Reise nach Asien zu komplettieren. Der Brief vom 15. September 1829, vom Tag nach seinem sechzigsten Geburtstag, kündete zugleich von der Erfüllung seines Reiseprojekts und vom Bewußtsein eines sich nunmehr anschließenden letzten Lebensabschnitts im Zeichen des *memento mori*.

Zugleich aber setzt dieses (Selbst-)Bewußtsein die beiden großen Reisen gleichsam übereinander, werden doch unter dem sechzigsten der dreißigste Geburtstag, unter der asiatischen die amerikanische Reise sichtbar. Ebendies aber wird zu einem Strukturprinzip nicht nur des Lebensprojekts, sondern mehr noch des Wissenschaftsprojekts Alexander von Humboldts, wie es sich gerade auch in *Asie Centrale* manifestiert. Gerade in der Reise(bewegung) sind Wissenschaft und Leben aufs intimste miteinander verbunden.

In dieser tiefen Verschränkung erkennen wir nicht nur die

doppelte empirische Grundlage seiner Summa, des *Kosmos*, sondern vor allem auch seines asiatischen Werkes. Die oben zitierte Stelle seines Briefes an Georg Graf von Cancrin gibt uns für eine solche Deutung den Schlüssel in die Hand. Die Rede vom Ural als eines *Dorado* spielt nicht nur auf die Tatsache an, daß sich Humboldt im Verlauf seiner amerikanischen Reise mehrfach auf den Spuren jener Konquistadoren bewegte, die sich auf die Suche nach dem sagenumwobenen *El Dorado*, nach dem »vergoldeten« König und seinen unermeßlichen Schätzen, gemacht hatten; und die Anspielung bleibt auch nicht darauf beschränkt, daß er selbst die historische Bedeutung dieser Suche herausarbeitete sowie zugleich am Orinoco beziehungsweise in der Welt der amerikanischen Tropen sein eigenes wissenschaftliches Eldorado fand. Vielmehr spielte er nicht zuletzt auf den enormen Reichtum an Edelmetallen an, welche sich – wie Humboldt des öfteren hervorhob – ebenso in der Neuen Welt wie in diesem großen Gebirgszug an der Grenze zwischen Europa und Asien finden lassen. War der Ural, war Sibirien für Humboldt zu einem zweiten wissenschaftlichen Eldorado geworden?

45. *Gold und Diamanten in Amerika und Asien*

In seinem *Examen critique*, dessen fünf Bände gemäß ihrer Titelblätter zwischen 1836 und 1839 in Paris erschienen, ging Alexander von Humboldt nicht nur auf den Mythos vom *Dorado* ein, sondern beschäftigte sich auch mit der seit der Antike anzutreffenden Überzeugung, daß das Vorkommen kostbarer Gewürze wie von Gold und Edelsteinen mit einem südlichen, heißen Klima verbunden sein müsse. Dieser Glaube, so wußte Humboldt, war auch im 19. Jahrhundert nicht gänzlich verschwunden:

»Diese Glaubensvorstellungen, die auf unvollständigen Analogien gründen, welche durch die Antike überliefert wurden, Glaubensvorstellungen also, welche die Gewürze und Gemmen denselben Grenzen, dem Klima der Tropen, unterwarfen, sind auch unter uns kaum gänzlich verschwunden.«[25]

Aber Alexander von Humboldt hatte nicht nur als Historiker und Philologe die geschichtliche Entwicklung geographischer Vorstellungen sehr detailliert untersucht, sondern aus einer transkontinentalen und zugleich transdisziplinär ausgerichteten Perspektive nach den Ursachen für das tatsächliche Vorkommen etwa von Edelmetallen geforscht. Daher versuchte er, die aus der Antike überlieferten unvollständigen Analogien durch solche zu ergänzen, die auf einer weltweit vergleichenden Analyse der unterschiedlichsten geologischen Faktoren beruhten. Es ist die Perspektivik weltweiter Wechselwirkungen, die es Alexander von Humboldt gestattete, in der Tat Voraussagen über das mögliche Vorkommen von Diamanten im Ural zu machen. Der Wissenschaftler als Prophet?

Diese Rolle lag Humboldt nicht gänzlich fern. Als Vertreter einer mit vielen verschiedenartigen Faktoren und folglich mit hoher Komplexität argumentierenden Wissenschaft ließ Humboldt keinen Zweifel daran, daß es sich bei der topographischen Lokalisierung derartiger Vorkommen keineswegs um einen Zufall handeln konnte. Ein wissenschaftlich fundierter weltweiter Datenaustausch versetzte den Forscher vielmehr in die Lage, die Analogien zwischen den amerikanischen und asiatischen Lagerstätten herauszuarbeiten und daraus Prognosen abzuleiten, die sich überdies auf seine historisch-philologischen Untersuchungen etwa im *Examen critique* stützen konnten. Ja mehr noch: Humboldt ging noch einen Schritt weiter, indem er sich durch den Analogieschluß mit Brasilien und insbesondere mit der Region von Minas Gerais[26] gleichsam zum Künder künftiger Diamantenfunde im Ural – und übrigens auch von Platinfunden in den USA[27] – stilisierte.

Der Eindruck dieser sich später erfüllenden Vorhersagen auf die Zarin, die älteste Tochter Friedrich Wilhelms III. von Preußen, muß bei Humboldts erstem Aufenthalt in St. Petersburg gewiß groß gewesen sein; enorm aber war der öffentliche Widerhall, als nach der Rückkehr des Wissenschaftlers an die Neva die tatsächlich – wie von Humboldt vorausgesagt – noch während der Reise erfolgten Diamantenfunde in der *Gazette de St. Pétersbourg* am 21. November 1829 öffentlich bekanntgegeben wurden. Humboldt verstand etwas von Öffentlichkeitsarbeit.

Als er am 15. September 1829 an Cancrin schrieb, wußte er bereits, daß seine Prophezeiung in Erfüllung gegangen war, auch wenn von diesen Diamantenfunden noch nicht öffentlich gesprochen werden durfte. Wie in einem Theatercoup sollte erst bei der Rückkehr des Forschers nach St. Petersburg der Schleier dieses Geheimnisses gelüftet und die Ankündigungen und Versprechen des preußischen Naturforschers als erfüllt und eingelöst präsentiert werden.

Humboldt wußte, in welchem Maße diese Anekdote die Einbildungskraft nicht nur der Kaiserin, der Spitzen von Staat und Gesellschaft oder des breiten Volkes in Rußland, sondern vor allem auch seiner gesamten internationalen Leserschaft anregen mußte. Daher ließ er sich die Gelegenheit auch nicht entgehen, die Vorhersage von Diamantenfunden im Ural und die Nachricht von ihrer tatsächlichen Auffindung auch in seinem Reisewerk gebührend darzustellen.

Allerdings erwähnte Humboldt klugerweise die Diamantenfunde in *Asie Centrale* zunächst nur recht vereinzelt, indem er sie im Kontext der Gold- und Platinfunde etwa in Brasilien besprach oder nur zwischen den Zeilen auf sie anspielte. Zugleich betonte er, die Berühmtheit jener Orte im Ural, an denen Diamanten gefunden worden seien, rühre von der Tatsache her, daß es sich dabei um »die erste Entdekkung der Diamanten des Nordens«[28] gehandelt habe. Am Ende des dritten Bandes seines Werkes aber widmete er den »Erhellenden Anmerkungen über die Diamanten der Kette des Ural, der Molukken-Inseln und Brasiliens«[29] einen eigenen umfangreichen Abschnitt, in welchem er betonte, es gehe ihm gerade auch um die Aufhellung einiger Mißverständnisse und Fehlinformationen, die sich schon früh im Umfeld dieser spektakulären Seite seiner Rußlandreise gebildet hatten. Geschickt zitierte er dort ausführlich aus den Berichten von Gustav Rose sowie der 1841 erschienenen Schilderung des russischen Reisenden Gregor von Helmersen, so daß die für ihn so schmeichelhafte Anekdote in seinem Werk präsent war, ohne daß er sie selbst hätte erzählen, erläutern und ins rechte Licht setzen müssen. Vor allem aber versuchte er, mit dem Verweis auf unterschiedlichste Quellen Gerüchten entgegenzutreten, es habe sich um eine simple Täuschung gehandelt und man habe brasilianische Diamanten als eigens herbeigeschaffte Fundstücke ausgegeben.[30]

Humboldt kam es jenseits aller Werbeträchtigkeit der auch später noch oft kolportierten »Prophezeiung« aber in erster Linie darauf an, die Analogien und Beziehungen zwischen den verschiedenen Gold-, Platin- und Diamantlagerstätten herauszuarbeiten, die es – wie in den ebenfalls zitierten Ausführungen Leopold von Buchs – erlaubten, zwischen Brasilien, den Molukken und dem Ural eine weltumspannende Relationalität herzustellen, die den einzelne Kontinente übergreifenden wissenschaftlichen Forschungen eine neue Qualität verlieh. Die Humboldtsche Wissenschaft war daran interessiert, durch die Herstellung weltweiter Korrespondenzen lokale und regionale Phänomene, die ansonsten im dunkeln geblieben wären, auf einer transkontinentalen und transarealen Ebene zu erhellen. Humboldts Hoffnung, »andere lebendig anzuregen«,[31] liegt in ebendieser asiatischamerikanischen Relationalität begründet; und diese bildet die epistemologische Grundlage für die gesamte Anlage seiner *Asie Centrale.*

46. *Im Netzwerk der Schriften*

Alexander von Humboldts *Asie Centrale* ist mit großem zeitlichem Abstand zu der Ende Dezember 1829 abgeschlossenen russisch-sibirischen Reise verfaßt worden. Während seiner Aufenthalte in Paris hatte Humboldt jedoch zwischen Oktober 1830 und Januar 1831 sowie erneut zwischen Februar 1831 und April 1832 schon mehrfach am *Institut de France* Vorträge zu seiner Reise gehalten.[32] Diese »Mémoires« sowie die bereits 1830 auf deutsch publizierte Abhandlung »Ueber die Bergketten und Vulcane von Inner-Asien und über einen neuen vulcanischen Ausbruch in der Andes-Kette« bilden den Kern seiner 1831 in zwei Bänden zu Paris erschienenen *Fragmens de géologie et de climatologie asiatiques*.[33] Diese Bände enthielten, für Humboldts Arbeits- und Denkweise (auch in *Asie Centrale*) keineswegs ungewöhnlich, auch Beiträge des in Paris lebenden und für Humboldts Anschauungen höchst wichtigen Orientalisten H. J. Klaproth sowie in geringerem Umfang Textbausteine weiterer Gelehrter wie etwa der bereits erwähnten Gustav Rose oder Leopold von Buch. Sie bilden eine Textsammlung, die sich fraglos als »Vorstufe«[34] zu *Asie Centrale* begreifen läßt. Bereits der Titel des letztgenannten Werkes signalisiert aber, daß es in diesen drei Bänden anders als in den *Fragmens* um die Konstruktion einer *Area* geht: Zentralasien.

Schon ein Jahr nach der Veröffentlichung seiner *Fragmens* bekundete Humboldt gegenüber seinem Verleger die Absicht, in nicht allzu ferner Zukunft eine Neubearbeitung vorzulegen.[35] Zwar konnten erste Teile davon bereits 1839 gedruckt werden, doch verzögerten sich die Arbeiten ebenso durch kleinere Reisen Humboldts wie durch den Wechsel auf dem preußischen Thron, der nach Humboldts Anwesenheit am Hofe in Berlin und Potsdam verlangte.

Der großen zeitlichen Distanz zur Reise entsprach eine nicht minder große Distanz zu herkömmlichen beziehungsweise traditionellen Formen des Reiseberichts, war es Humboldt doch darum zu tun, das geologische, geophysikalische und klimatologische Wissen seiner Zeit über Zentralasien nicht nur mit seinen eigenen Erfahrungen und Messungen auf der Reise, sondern auch mit der geschichtlichen Entwicklung der Kenntnisse über diesen Teil der Welt zu verknüpfen. Humboldt selbst schätzte sein schließlich 1843 in drei Bänden in Paris gedrucktes Werk sehr hoch ein und hielt es – glaubt man seiner Aussage in einem Brief an Georg von Cotta vom 7. Juni 1845 – für »besser geschrieben« als sein *Examen critique* oder die Beschreibung seiner Amerikareise.[36]

Gerade diese Amerikareise aber war in Humboldts *Asie Centrale*, die später noch durch zusätzliche »Tableaux sur la Climatologie des deux Mondes« erweitert werden sollte, allgegenwärtig. Denn gleich zu Beginn des Hauptteils erscheint schon ein erster Vergleich der asiatischen Hochgebirge mit den andinen Hochflächen von Pastos, Quito und Titicaca, der die ausgeprägt *asiamerikanische* Konfiguration des gesamten Werkes erkennen läßt. Kaum eine Erörterung der asiatischen Hochgebirge, in der sich der Leser nicht plötzlich den andinen Bergriesen wie etwa des Chimborazo und Cotopaxi, häufig aber auch dem Vulkan des Teide auf Teneriffa gegenübersähe.

Daß es Humboldt um weit mehr als eine geologisch-klimatologische Darstellung Zentralasiens ging, hatte er bereits geschickt dem gesamten Werk in seiner Widmung an den russischen Zaren Nikolaus I. (1796-1855) vorangestellt.

Dort hatte er nicht nur recht diplomatisch und hintersinnig just den nicht gerade wegen seiner Förderung demokratischer Ideale bekannten Monarchen in den Horizont dessen gerückt, was »unsere Epoche im höchsten Grade« auszeichne, nämlich »die freie Entfaltung der geistigen Fähigkeiten«.[37] Gerade dieses *libre développement* wäre in Humboldts Schrift ja überaus unerwünscht gewesen.

Doch Humboldt wies dem Zaren auch die an einer »Physik des Erdballs«, einer *Physique du Globe*[38] ausgerichteten Vorgaben zu, durch diese von ihm befohlene Expedition zur »Vergrößerung des Reichs der Wissenschaften«[39] – und zwar vor allem der Geologie und des Erdmagnetismus – beizutragen und alles hintanzustellen, was von »lediglich materiellem und lokalem Interesse«[40] sei. So machte Alexander von Humboldt in dieser auf Paris im Februar 1843 datierten untertänigsten Widmung den Zaren nicht nur für die Einengung des Forscherblicks auf möglichst gesellschaftsferne Gegenstände, sondern auch für die Erweiterung des Blickfelds über das rein Lokale hinaus verantwortlich. Fürwahr eine Widmung, die ihren programmatischen Charakter kaum hinter dem obligatorischen Herrscherlob verbirgt!

Nachdem Humboldt auf so kluge Weise die Verpflichtung zu einer Würdigung des russischen Monarchen für eine in mehrfacher Hinsicht wegweisende Orientierung seines gesamten Werkes genutzt hatte, ließ er in *Asie Centrale* eine »Introduction« folgen, in welcher transareale und globale Phänomene und Fragestellungen jenseits der *Area* Zentralasien überaus präsent sind. In der für Humboldts Schreibweise typischen intratextuellen Vernetzung mit anderen Schriften aus seiner Feder verwies er nicht nur auf sein »Mémoire sur les fluctuations des métaux précieux entre l'Europe, l'Asie et le Nouveau-Continent«,[41] das der Frage der weltweiten Zirkulation von Edelmetallen und deren Einfluß auf damit verbundene Kursschwankungen nachging, sondern machte zugleich auch auf »die Beziehungen und Verbindungen« *(les rapports et la connexité)*[42] seines aktuellen Buches mit seinem amerikanischen Reisewerk aufmerksam:

»Als ich im Jahre 1804, nach einer Abwesenheit von fünf Jahren, aus Mexico nach Europa zurückkehrte, konnte ich meine Beobachtungen über die Grenze des ewigen Schnees in den Kordilleren mit keinem anderen Meßergebnis vergleichen, das im Himalaya, im Hindukusch, im Kaukasus oder am Ararat erzielt worden wäre. [...] Freilich gingen in Asien, wie überall sonst, abenteuerliche Expeditionen von Reisenden den Arbeiten der Wissenschaft voraus.«[43]

Die bis 1821 durchgeführten Forschungsarbeiten seien wichtig geworden, um jene Vergleichsmöglichkeiten überhaupt erst zu eröffnen, die ihm nach seiner Rückkehr aus Amerika noch versperrt gewesen waren. Dennoch sei zum gegenwärtigen Zeitpunkt lediglich ein kleiner Teil der Erdoberfläche Asiens erforscht, so daß erst die eigene Expedition sowie die Heranziehung unterschiedlichster Meßdaten anderer Reisender und Wissenschaftler die Basis für ein allgemeineres, grundlegenderes Werk liefern könnten. So schrieb Humboldt in seiner sehr komplex angelegten Einleitung:

»Da ich noch keineswegs die Hoffnung aufgegeben habe, ein überaus allgemeines Werk unter dem unvorsichtigen Titel *Kosmos* zu veröffentlichen, habe ich mich vorrangig und vorzüglich in *Asie centrale* den Aspekten einer *Physik des Erdballs* gewidmet. Diese Vorliebe, so hoffe ich, hat mich jedoch nicht spezielle Forschungen zur *Géométrie de formations* und zur Orometrie vernachlässigen lassen.«[44]

In der Tat: Weniger als zwei Jahre später sollte Humboldt seine Einleitung in den *Kosmos* abschließen, dessen Untertitel *(Entwurf einer physischen Weltbeschreibung)* die Zielrichtung der gesamten Humboldtschen Wissenschaft auf den Punkt zu bringen suchte. Die transdisziplinäre, verschiedenste Wissenschaften und deren spezialisiertes Wissen querende Anlage seines *Kosmos* belegt auf eindrucksvolle Weise, daß es sich hierbei keineswegs um eine rein geowissenschaftliche Ausrichtung handelt, sondern vielmehr um die Konzeption einer Wissenschaft, die das disziplinäre Wissen auf übergeordnete Fragehorizonte zu beziehen sucht und dabei sowohl einzelne Regionen und Kontinente als auch einzelne Kulturen übergreifende Leitlinien verfolgt, um das eigene wissenschaftliche Tun auf eine zutiefst kosmopolitische und Wissen demokratisierende Gesellschaftsvision hin zu öffnen.

Erst vor diesem wissenschaftstheoretischen Hintergrund wird die Komplexität des Wissenschaftsprogramms verständlich, mit dessen Aufriß Alexander von Humboldt die »Introduction« zu seiner *Asie Centrale* abschloß: Die neuen Möglichkeiten, in die Tiefen von Raum und Zeit vorzudringen, seien unzweifelhaft »einer der großen Triumphe der menschlichen Vernunft«.[45] Und weiter:

»Die glückvolle Anwendung der wissenschaftlichen Methoden, die zutreffendere Einschätzung der Beziehungen, die alle Phänomene und alle Kräfte der Natur miteinander verketten, müssen einen wohltätigen Einfluß auf die geographischen Studien ausüben, indem sie den Horizont, den diese beherrschen, erweitern; auf die Geschichte, indem sie in den Migrationen der Völker und im Zustand ihrer Kultur die Wirkungen der Beschaffenheit des Bodens und der Vielfalt der Klimate herausarbeiten; auf die Physik des Erdballs, indem sie diese auf jene Allgemeinheit an Einschätzungen heben, die zugleich die wogenden Schichten des Luftozeans, die Erde, die jene einhüllen und befruchten, und die Verteilung des Lebens von den höchsten, im Lichte strahlenden schneebedeckten Gipfeln bis hinab zu den dunklen Abgründen der Meere überblicken.«[46]

Ein adäquates Verständnis von *Asie Centrale* setzt folglich voraus, den spezifischen Platz dieses Werkes innerhalb der »Verkettungen«, innerhalb des intratextuellen Netzwerks der Schriften Alexander von Humboldts zu bestimmen. Denn auch wenn sich Humboldt in seinem Werk über Zentralasien auf ein sehr eingeschränktes Spektrum an Gegenständen beschränken mußte, so konnte er doch die für ihn unabdingbaren, aber notgedrungen in *Asie Centrale* beiseite gelassenen Dimensionen seines Wissenschaftsverständnisses durch die Einbindung seines Textes in die Relationalität seiner wissenschaftlichen Schriften zurückgewinnen. *Asie Centrale* steht nicht für sich, sondern ist eingebunden in die Wechselwirkungen des Humboldtschen Gesamtwerkes.

47. *Zwischen Asien und Amerika*

Asie Centrale ist aufgrund der bereits genannten Entstehungsbedingungen, die weite Bereiche des Humboldtschen Wissenschaftshorizontes geradezu mit den Mitteln der Zensur ausblendeten, sicherlich das am stärksten geowissenschaftlich ausgerichtete Werk Alexander von Humboldts. Doch nicht umsonst wird in der soeben angeführten, die »Introduction« programmatisch abschließenden Passage der Begriff des Lebens zentral gestellt: Die Humboldtsche Wissenschaft ist in einem umfassenden Sinne eine *Lebenswissenschaft*, die sich anders als die sich aktuell als *Life Sciences* gerierende biotechnologisch-medizinische Fächergruppe einem komplexen, die kulturellen Dimensionen wesentlich berücksichtigenden Verständnis von griechisch *bios* verpflichtet weiß. Daß Humboldt in einem Werk, in dem er auf die Behandlung der

»toten Natur« beschränkt wurde, den Lebensbegriff so heraushebt, ist Programm: Sein Denken ist stets – und keineswegs in einem nur biologischen Sinne – »dem Leben auf der Spur«.[47]

Es gilt folglich die Tatsache zu berücksichtigen, daß *Asie Centrale* in einer mehrdimensionalen Relationalität steht. Auf einer ersten Ebene fügen sich die drei Bände in ein in Entstehung begriffenes Gesamtwerk ein, das Humboldt ebenso durch neue Arbeiten wie durch erweiterte Neuausgaben und sehr spezifische Formen der *réécriture* ständig weiter entfaltete und umschrieb. Die Arbeit an diesen Bänden überschnitt sich etwa mit der Arbeit am bereits erwähnten *Examen critique*, zu dem in der Tat nicht nur eine zeitliche Nähe, sondern vor allem eine besonders dichte intratextuelle Beziehung besteht. *Asie Centrale* ist eingebunden in das Netzwerk der Humboldtschen Schriften und erweitert die amerikanische Erfahrungswelt um eine asiatische Dimension: Sie erst ermöglicht den *Kosmos*, der auf der Ebene des Schreibens ohne die doppelte asiamerikanische Grundlage nicht in seiner uns heute bekannten Form zu verwirklichen gewesen wäre.

Doch *Asie Centrale* ist mehr als eine bloße Vorstufe des *Entwurfs einer physischen Weltbeschreibung*. Denn auf einer zweiten Ebene *konstruiert* die Relationalität dieses Werkes einen transkontinentalen und transarealen Gegenstandsbereich – Zentralasien –, der einen unverkennbar *asiamerikanischen* Zuschnitt besitzt. Und schließlich verweisen die vielen eingestreuten Biographeme aus beiden Reisen auf einer dritten Ebene darauf, daß Humboldt auch hier sein Wissenschaftsprojekt in eine intensive Relationalität mit seinem Lebensprojekt setzte, ganz so, wie er es in seinem Schreiben vom 15. September 1829 an Cancrin tat. Alexander von Humboldt nahm nach Rußland nicht nur ein Barometer mit, das ihm schon auf dem amerikanischen Kontinent gute Dienste geleistet hatte:[48] Er hatte gleichsam seine gesamte amerikanische Reise im Gepäck.

Eines der Leitmotive von *Asie Centrale* ist – wie in vielen früheren Schriften auch – Humboldts Kampfstellung gegen jegliche Art von »esprit systématique«,[49] also gegen eine abstrakten Theorien nachhängende Wissenschaftsauffassung, die – wie etwa die »géographie systématique«[50] – ihre Thesen nicht empirisch belegt. Bereits 1813, in seinen *Vues des Cordillères et Monumens des peuples indigènes de l'Amérique*, hatte sich Humboldt gegen »jeglichen Systemgeist« *(tout esprit de système)*[51] verwahrt und zugleich eine Epochenschwelle konstatiert, insofern man seit Beginn des 19. Jahrhunderts ein neues, auf Beobachtungen und überprüften Tatsachen gegründetes Denken jenseits allen Systemdenkens erkennen könne.[52]

Es ist daher kein Zufall, sondern epistemologisch begründet, daß Humboldt in seinem Werk über Zentralasien, welches – wie wir sahen – kein Reisebericht sein will, immer wieder auf die eigene Erfahrung, auf das eigene Erfahrungswissen aufmerksam macht und Vergleiche zwischen Asien und Amerika gerne an seine beiden Reisen zurückkoppelt. So setzt er oft die weiten Binnenräume Asiens mit jenen des ihm bekannten Amerikas in eine gleichsam personalisierte Verbindung, wie es etwa die folgende Stelle belegen mag:

»Ab Tiumen, zwischen dem Tura und dem Irtisch wie zwischen dem Irtisch und dem Obi, bieten die weiten *trans-uralischen* Steppen dieselben gleichförmigen Erdbildungsschichten, deren Kontinuität mich in den Savannen am niederen Orinoco wie an den Ufern des Amazonenflusses so stark beeindruckt *(frappé)* hat. Die Ebenen der beiden Welten, sei es in der äquinoktialen Region Südamerikas, sei es in Nordasien nördlich des 54. Breitengrades, nehmen unermessliche Räume ein, die, ähnlich der Sahara in Afrika, einen großen *Wert* bei der numerischen Berechnung annehmen, mit der man die *durchschnittliche Höhe (Erhebung) der Kontinente* zu berechnen sucht.«[53]

Alexander von Humboldt setzt an diesen Stellen eine Erzählerfigur in Szene, die als erlebendes Ich auf eine doppelte Reiseerfahrung zurückgreifen kann, und geht in der hier als Beispiel herangezogenen Passage konsequenterweise zunächst von jenen Tiefländern aus, die er aus eigener Erfahrung kannte. Erst danach richtet er den Blick seiner Leserschaft auf eine Vielzahl anderer Gebiete, welche etwa die Sahara, in der Folge aber auch Teile Nordamerikas oder des Río de la Plata umfassen, die Humboldt nicht aus eigener Anschauung bekannt waren.

Damit ergibt sich weniger die Grundstruktur eines Vergleichs als vielmehr eine weltweite Relationalität, deren Hauptbezugspunkte gleichwohl die von Humboldt beobachteten Phänomene der *deux mondes*, der Alten Welt Asiens wie der Neuen Welt Amerikas, sind. Im Erfahrungswissen des erlebenden Ichs, der von Humboldt geschaffenen Figur des Reisenden im Text, werden die asiatische *und* die amerikanische Reise oft gleichzeitig präsent gemacht. So werden die Bewegungen der amerikanischen unter den Bewegungen der asiatischen Reise vektoriell gespeichert und für das Lesepublikum – wenn auch stets in fragmentarischer, ausschnitthafter Form – verfügbar gehalten.

Diese doppelte, mithin *asiamerikanische* Ausrichtung gilt gerade auch für die hemisphärischen Sichtweisen und Konstruktionen, deren Humboldt sich in *Asie Centrale* bedient. So unterscheidet er etwa Amerika als Wasserhemisphäre (»hémisphère *aquatique*«[54]), die mit ihrer durchlaufenden Gebirgskette der Kordilleren über einen eher einfachen Aufbau verfüge, von der Landhemisphäre (»hémisphère *terrestre*«[55]) Asiens und Europas, die einen komplexeren Aufbau aufweise – eine globale Land-Wasser-Verteilung, die er mit

Verweis auf sein *Examen critique* als für die Entdeckungsgeschichte eminent wichtigen Faktor unterstrich.

Die Verweise auf Amerika sind in Humboldts *Asie Centrale* Legion, und es wäre nicht übertrieben, dieses Werk zu einem nicht geringen Teil ebenfalls noch dem *Opus Americanum* zuzurechnen. Will man die Gesamtheit der Schriften Humboldts über die »beiden Amerikas«[56] überblicken, man dürfte auf *Asie Centrale* – das gleichzeitig auch eine raumzeitliche Erweiterung der Diegese des *Examen critique* nach Osten darstellt[57] – nicht verzichten. Das Aufflackern der Bilder von Hochflächen und Bergriesen der Neuen Welt in der Alten bildet hierfür nur das sichtbarste Indiz. Wie Nachbilder sind sie auf der Retina des Reisenden gegenwärtig.

Seltener sind die Stellen, an denen Humboldt direkt auf sein asiatisches Reisetagebuch zurückgreift, um damit in der Form des intratextuellen (Selbst-)Zitats jenes »Schreiben im Angesicht der Dinge« zu präsentieren, dessen Wichtigkeit er in seiner *Relation historique* über die amerikanische Reise immer wieder hervorhob. Auch hier freilich zeigt sich, wie »unter« den asiatischen immer wieder die amerikanischen Landschaften erscheinen und den Beschreibungen Asiens eine erstaunliche, gleichsam globalisierende Vektorizität vermitteln:

»›Nirgendwo‹, und ich schreibe hier einige Seiten meines asiatischen Reisetagebuches ab, das unter dem Eindruck des Anblicks der Orte verfaßt wurde, ›nirgendwo in der einen oder der anderen der beiden Hemisphären habe ich solche Granite gesehen, die mehr den Charakter von Eruptionsgesteinen oder von Ergußgesteinen bieten als die Granite, die das Massiv des Altai umgeben. Diese Gesteine, die so isoliert sind, wie es Porphyre oder Basalte wären, verfügen über keinerlei Gneis und Glimmerschiefer. Sie erheben sich in der Steppe am Fuße der alpinen Berge unter den bizarrsten Formen. [...] Was dieser Gegend vor allem eine seltsame Physiognomie verschafft, ist der Kontrast zwischen der Höhe und dem Volumen der Granitmassen. Die einen in vier- oder fünfhundert Fuß Höhe wie die *Vyssokaya Gora*, die anderen erreichen hingegen kaum eine Höhe von sieben oder acht Fuß und erinnern an die kleinen vulkanischen Erhebungen, die jene Ebenen durchsetzen, die man im spanischen Amerika mit dem Namen *Mal-pays* bezeichnet. Im Dorfe Sauchkina oder Sauchka angekommen, befanden wir uns im Zentrum dieser Eruptionen.‹«[58]

Die auf zahlreichen Kontrasten aufgebaute Landschaftsbeschreibung, welche die Schilderung bizarrer Formationen von Granitfelsen mit mineralogischen und anderen wissenschaftlichen Erklärungsmustern verbindet, öffnet sich plötzlich, nur für einen Augenblick, auf eine südamerikanische Hochgebirgslandschaft, die Tausende von Kilometern (und in der Zeiterfahrung des Reisenden drei Jahrzehnte weit) entfernt ist. So wird ein Erzähler-Ich als Ich eines Reisenden konfiguriert, auf dessen Netzhaut ständig die Nachbilder der analogen Landschaften aus der Neuen Welt aufflackern.

Wie die Analogien zwischen Minas Gerais und dem Ural Humboldt davon überzeugten, eine empirisch fundierte Voraussage von Diamantenfunden im Ural treffen zu können, so wirkt das rasche Aufblitzen einer amerikanischen in einer asiatischen Landschaft wie ein videoclipartiges Bild-in-Bild-Verfahren, das den Leser gleichsam *zwischen* die Welten, *entre les deux mondes*, katapultiert. Wissenschaftlicher und ästhetischer Diskurs erzeugen so ein eigentümliches Oszillieren, in dem das Hier, und sei es auch nur für einen kurzen Augen-Blick, zum Dort, zum Woanders wird: *Ici est un autre*. In dieser physischen Weltbeschreibung und Weltbetrachtung des preußischen Schriftstellers ist Amerika immer in Asien, und Asien ist immer auch Amerika.

48. Christoph Columbus in Sibirien

Asie Centrale besticht nicht nur durch die Kopräsenz verschiedener Räume, sondern auch verschiedener Zeiten, die den Leser in den ausführlichen Digressionen nicht selten überraschen. Mitten in einer geologischen Erörterung der Lagerstätten von Edelmetallen im Ural kann sich beispielsweise ein Zeitfenster öffnen, das wiederum über eine eingeführte (und in diesem Falle nicht reisende, sondern lesende) Erzählerfigur aufgestoßen wird:

»Liest man aufmerksam die Beschreibungen, welche die ersten Schriftsteller der *Conquista*, insbesondere Oviedo und Anghiera, über die Ausbeutung der goldhaltigen Lagerstätten Haitis lieferten, so ist man von zweierlei zugleich beeindruckt *(frappé)*: einerseits von der extremen Ähnlichkeit, die zwischen diesen Ausbeutungen und jenen des Ural besteht; und andererseits von der Klugheit, mit der man schon damals über den Ursprung der Bodenbildungen nachsann.«[59]

Humboldt greift in dieser Passage – wie in vielen anderen – ausführlich auf seine historiographischen und philologischen Studien zentraler Autoren des 16. Jahrhunderts wie Gonzalo Fernández de Oviedo, Pietro Martire d'Anghiera, Bartolomé de las Casas oder des Inka Garcilaso de la Vega zurück, die das Grundgerüst seines lange nach Abschluß der russisch-sibirischen Reise abgefaßten *Examen critique* bildeten. Die interne, intratextuelle Vernetzung der Bücher Alexander von Humboldts erweist sich hier eindrucksvoll in ihrer transdisziplinären Stoßrichtung, werden in diesen Wechselwirkungen doch immer wieder die geologischen und geophysikalischen Überlegungen zu Asien von historiographischphilologischen Untersuchungen zu Amerika *gequert*, welche die Koordinaten von Raum und Zeit, aber auch der herangezogenen Wissenschaften und Wissenschaftsdiskurse radikal erweitern.

Die Diskussion der spanischen und italienischen Autoren des 15. und 16. Jahrhunderts führt wenige Seiten später geradezu unvermeidlich zu jener Figur, die im Mittelpunkt vieler Hunderter von Seiten des *Examen critique* steht und die Humboldt ein Leben lang faszinierte: zur Figur des Genuesen Christoph Columbus, der – das sei hier nicht vergessen – Asien transatlantisch gesucht und ohne sein Wissen Amerika gefunden hatte. Sie wird an einer Stelle eingeführt, in der Humboldt auf die ökologisch schädlichen Auswirkungen hemmungsloser Abholzungen etwa im karibischen Raum aufmerksam macht:

»Auf Grund der Zerstörung eines Teils der Wälder ist die Luftfeuchtigkeit in Haiti gesunken, und diese Auswirkung war von jenem außerordentlichen Manne sozusagen prognostiziert worden, der sich als erster beim Anblick der Neuen Welt zu großen Konzeptionen allgemeiner Physik, zu sehr zutreffenden Vorstellungen von den Klimaten, der Form der Kontinente, den Strömungen des Ozeans und den Abweichungen des Erdmagnetismus zu erheben vermochte.«[60]

Christoph Columbus wird hier gleichsam als Prototyp des modernen Wissenschaftlers porträtiert, der sich mit den unterschiedlichsten – und im übrigen auch von Humboldt stets untersuchten – Erscheinungsformen und Phänomenen der Natur beschäftigt und die von der Abholzung ausgehende Austrocknung weiter Landstriche prognostiziert. Seine Vorhersage ökologischer Veränderungen wird als ebenso empirisch fundiert präsentiert wie die Vorhersagen Alexander von Humboldts bezüglich jener Lagerstätten von Gold,

Platin und Diamanten, um deren globale Analogien mit der Neuen Welt es in dieser langen Passage geht.

Die hier subtil angedeutete Parallele bringt damit Humboldt selbst keineswegs zufällig in eine direkte Beziehung zur abendländischen Entdeckerfigur par excellence, hatte er doch schon in früheren Werken intensivste Beziehungen zwischen dem genuesischen Seefahrer und sich selbst wie seiner eigenen Forschertätigkeit hergestellt. Daß man ihn selbst längst als den »zweiten Entdecker« bezeichnete, war Alexander von Humboldt im übrigen nicht unbekannt geblieben.[61]

Die Präsenz des Christoph Columbus in Sibirien steht gleichsam stellvertretend für eine Wissenschaftskonzeption, die das eigene Tun und Schreiben stets als Vernetzung zwischen unterschiedlichsten Bereichen und Disziplinen des Wissens begreift und zugleich die einem Buch scheinbar gesetzten thematischen, gegenstandsbezogenen oder diskursiven Grenzen souverän unterläuft. Schon in seiner Einleitung hatte Humboldt betont, sein Buch könne zwar nicht den Charme eines Reiseberichts entfalten, besitze aber einen anderen für das Publikum wichtigen Vorzug:

»Durch das Zusammenwirken verschiedener Zweige der physischen Wissenschaften, die sich dazu eignen, sich wechselseitig zu befruchten, durch die Kunst, die größte Zahl an Fakten zu sammeln, sie zu gruppieren und sich kraft der Induktion zu allgemeinen Ideen zu erheben, vermag man ein Interesse einzuflößen, das man vielleicht zu Unrecht den speziellen Untersuchungen *(études spéciales)* im selben Maße verweigert.«[62]

Humboldt beschreibt hier seine transdisziplinäre Wissenschaftspraxis als ein publikumswirksames, auf möglichst breite Kreise der Gesellschaft zielendes kombinatorisches

Verfahren, wobei wir die hier von ihm benutzte Erhebungsmetaphorik bereits in der angeführten Passage zu Columbus kennengelernt hatten. Der Verfasser der *Ansichten der Natur* schreibt sich in diesen Prozeß wachsender Wissens- und Erkenntnisbestände sowohl auf der Ebene seines Wissenschaftsverständnisses als auch seines Lebensprojekts ein, richtet zugleich aber auch seinen Blick auf die langfristigen historischen Entwicklungen, die diese Entfaltung erst ermöglichten.

Stehen Columbus, Las Casas, Fernández de Oviedo oder Martire d'Anghiera alias Mártir de Anglería für die erste Phase beschleunigter Globalisierung, so bezieht der mittlerweile Dreiundsiebzigjährige sein Schaffen auf eine Zeit, »unsere Epoche«, in der »die am weitesten entfernten Regionen« längst »leicht erreichbar«[63] geworden seien. Als Folge dieser vorgängigen und von Humboldt häufig kommentierten zweiten Phase beschleunigter Globalisierung, die weltweit verbesserte Infrastrukturen und eine wesentlich leichtere Durchdringung gerade auch der kontinentalen Binnenräume mit sich gebracht hatte, sind es nicht mehr die Entdeckungen im geographischen Raum, sondern jene innerhalb eines Wissensraumes, die von entscheidender Bedeutung für die Geschichte der Menschheit geworden sind.

Die verbesserte, modernisierte Infrastruktur hat im Verbund mit weltweit durchgeführten Messungen, deren Intensivierung und Vernetzung Humboldt auch auf seiner asiatischen Reise nie anzumahnen vergaß, für einen dichteren und kontinuierlicheren Datenfluß gesorgt, dessen Verarbeitung in einer sich ständig weiter ausdifferenzierenden Wissenschaftslandschaft die Einzel- oder Spezialdisziplinen übernommen hatten. Es war daher nicht verwunderlich, daß Humboldt zwei hochspezialisierte Vertreter einzelner Fachdisziplinen und keine Generalisten mit auf seine Reise bis an die chinesische Grenze nahm und daß er selbst nicht nur die weltweite Einrichtung analoger Meßstationen beförderte, sondern insbesondere von der russischen Regierung forderte, neben diesen Meßstationen auch entsprechende wissenschaftliche Institutionen einzurichten.

Schon 1837 konnte Gustav Rose – um nur ein Beispiel herauszugreifen – in seiner *Reise nach dem Ural, dem Altai und dem Kaspischen Meere* nicht ohne Stolz vermelden, daß »auf Veranlassung des Hrn. v. Humboldt« nicht nur in Kasan ein magnetisches Observatorium errichtet worden sei, sondern auch »seit 1828 in Europa und Nord-Asien«[64] zahlreiche vergleichbare Einrichtungen gegründet worden seien, welche durch »correspondirende Beobachtungen«[65] weltweite Perturbationen des Magnetfeldes nachzuweisen vermochten. Neben meteorologisch-klimatologischen sowie erdmagnetischen Beobachtungsstationen, die sich bald von St. Petersburg bis hin zu den Alëuten erstreckten, setzte sich Humboldt in Rußland auch für die Gründung eines physikalischen Zentralobservatoriums ein, das schließlich 1849 in St. Petersburg gegründet wurde.[66]

Ein so modellhaft vernetzter und vernetzender Denker wie Alexander von Humboldt (der im übrigen auch mit zahlreichen wissenschaftlichen Institutionen Rußlands kooperierte und mit vielen russischen Gelehrten wie Ivan Michajlovic Simonov [1794-1855], Gregor von Helmersen [1803-1885], Adolf Kupffer [1799-1865] oder Johann Jakob Parrot [1791-1841] korrespondierte) setzte alles daran, eine möglichst weltweite Zirkulation von Wissen zu gewährleisten und die Schaffung global untereinander verbundener Datennetze zu beschleunigen.

Kein Zweifel: Sein Ziel war die Entfaltung einer Weltwissenschaft. In den zahlreichen Fußnoten, aber auch in jenen *Notes* anderer Forscher,[67] die Humboldt in sein Werk über Zentralasien einband, werden gleichsam *à contre-courant* gegen den Nationalismus in Europa die Konturen einer internationalen Gelehrtenrepublik im Sinne einer modernen *scientific community* erkennbar, die für den Verfasser des *Kosmos* gerade in für ihn schweren Zeiten den eigentlichen Bezugspunkt bildete.

Dabei erkannte Alexander von Humboldt die zwingende Notwendigkeit, die spezialisierten Wissenssegmente wiederum untereinander zu vernetzen und sich wechselseitig befruchten zu lassen, um daraus schließlich ein transversales, aus Humboldts Sicht »höheres« Vernetzungswissen zu gewinnen. Im Verbund mit seinen anderen Schriften – eine durch ihre *rapports* und ihre *connexité*[68] von Beginn der *Asie Centrale* an stark betonte Relationalität – führen die von der Forschung bislang weniger beachteten drei Bände Humboldts über Zentralasien eindrucksvoll die offene und lebendige Strukturierung und Funktionsweise der Humboldtschen Wissenschaft vor Augen.

49. *Zwischen Raynal und Darwin*

Die Humboldtsche Wissenschaft hatte sich zu diesem Zeitpunkt längst an die Stelle der zuvor im 18. Jahrhundert so dominanten Werke über die außereuropäische Welt gesetzt.[69] Hatten Cornelius de Pauw mit seinen 1768 und 1769 in Berlin gedruckten *Recherches philosophiques sur les Américains* oder Guillaume-Thomas Raynal mit seiner erstmals 1770 erschienenen *Histoire philosophique et politique des établissements et du commerce des européens dans les deux Indes*[70] die Debatten über die Neue Welt noch bis zur Jahrhundertwende mehr oder minder deutlich beherrscht, so setzte sich das empirisch fundierte Wissenschaftsmodell Alexander von Humboldts wie auch sein neuer Amerikadiskurs bald schon, während der ersten beiden Jahrzehnte des 19. Jahrhunderts, international durch. So war Humboldt – um nur einen unter vielen Experten namhaft zu machen – etwa für den mit den amerikanischen Kolonien bestens vertrauten Drouin de Bercy, der in seinem 1818 in zwei Bänden zu Paris erschienenen Buch *L'Europe et l'Amérique comparées* Cornelius de Pauw vehement angriff, längst zur absoluten Autorität aufgestiegen: Humboldt gegenüber seien alle früheren Autoren seit langem verblaßt.[71]

Daher konnte es sich Alexander von Humboldt, der sich gerade in seinen Schriften nach der Rückkehr aus Amerika des öfteren kleine Seitenhiebe insbesondere gegen Raynal nicht versagte, im Jahre 1843 erlauben, bezüglich der Höhe des Kaspi-Sees nicht ohne Ironie auf »das berühmte Werk des Abbé Raynal«[72] und dessen ungesicherte Höhenangaben zu verweisen. Vergleicht man die klimatologischen Spekulationen etwa de Pauws oder Raynals zu den Temperaturunterschieden zwischen Alter und Neuer Welt mit den auf umfangreichen Messungen und Vergleichen beruhenden Überlegungen Alexander von Humboldts im dritten Band seiner *Asie Centrale*, so liegen wahrlich Welten zwischen den Diskussionen um 1768 und jenen Angaben, die der Autor des *Kosmos* ein Dreivierteljahrhundert später erörtert.[73] Die wissenschaftstheoretischen wie wissenschaftspraktischen Konturen von Humboldts Weltwissenschaft waren deutlich erkennbar geworden.[74]

Humboldt verstand es im übrigen, seine umfangreichen Angaben von Temperaturmessungen immer wieder durch überraschende Querverweise aufzulockern. Er schreckte nicht davor zurück, das ausgeprägte Kontinentalklima Asiens mit seiner extremen Sommerhitze und Winterkälte durch einen Vers aus dem »Purgatorio« der von ihm so geliebten *Commedia* des Dante Alighieri zu illustrieren, müßten die Bewohner dieser Kontinentalbereiche doch – wie es im Danteschen Kosmos hieß – »a sofferir tormenti caldi e geli«.[75] Und in einer Tabelle zur Wärmeverteilung und zu den damit verbundenen Grenzen des Weinanbaus fügte er, der Kammerherr am preußischen Hofe, in einer für seine Art von Humor so charakteristischen Moquerie mitten in die langen Zahlenkolonnen in der Berlin gewidmeten Zeile unter der Rubrik »Remarques« ein: »Potsdam. Vin non potable que l'on boit!«[76] – ein nicht trinkbarer Wein also, den man trotzdem trinkt.

War der alte Amerikadiskurs des 18. Jahrhunderts mithin längst vom neuen Wissenschaftsdiskurs Humboldtscher Prägung abgelöst worden, so kündigt sich in den Bänden der *Asie Centrale* bereits jener künftige Paradigmenwechsel an, den Charles Darwin in die Naturwissenschaften einbrachte und der seinen endgültigen Durchbruch mit *On the Origin of Species by Means of Natural Selection* just in jenem Jahre 1859 erleben sollte, in dem Humboldt, am Ende des letzten Drittels seines Lebens angekommen, die Feder für immer aus der Hand legen mußte. Zeichnete sich hier eine wissenschaftliche Konfliktzone oder Kontroverse ab?

Keineswegs. Humboldt verweist schon im ersten Band seiner *Asie Centrale* auf die »sinnreichen Überlegungen *(ingénieuses considérations)* von Herrn Charles Darwin zur Verteilung der organischen Typen« in dessen *Voyage of the Adventure and Beagle*.[77] In seinem dritten Band lobt er die »pittoresken Beschreibungen« Südamerikas in diesem »wichtigen Werke«,[78] hebt die »klugen Anmerkungen«[79] des englischen Naturforschers ohne jede negative Einfärbung hervor, obgleich die Höhenmessungen des Aconcagua durch die britischen Offiziere der *Beagle* Humboldt kaum noch einen Zweifel daran erlaubten, daß der von ihm fast bestiegene Chimborazo, der – wie er bereits wußte – bei weitem von den Bergriesen des Himalaya überragt wird, auch in den Kordilleren selbst nicht länger als der höchste Berg gelten durfte.[80]

Wie der junge Darwin häufig zustimmend, ja bisweilen bewundernd auf den preußischen Gelehrten verwies, so wußte auch Humboldt um die wissenschaftlichen Qualitäten des künftigen Schöpfers der Evolutionstheorie. Man darf zum gegenwärtigen Zeitpunkt hoffen, daß das Jahr 2009, in dem sich Humboldts Todestag und das Erscheinen von Darwins Hauptwerk zum hundertfünfzigsten Male jähren, eine präzisere und zugleich differenziertere Sichtweise der Beziehungen zwischen der Humboldtschen Wissenschaftskonzeption und der von Darwin ausgehenden wissenschaftlichen Entfaltung der Selektionstheorie erlauben wird. Denn nicht umsonst nannte Darwin in zwei Briefen vom 25.8. und vom 8.10.1845 an Charles Lyell den Autor des *Kosmos* »a multiple man«, »a wonderful man«.

50. Zwischen Komplexifizierung und Gesamtschau

Besetzt die Humboldtsche Wissenschaft als Wissenskultur[81] damit während mehr als eines halben Jahrhunderts eine zentrale Position zwischen *Encyclopédie* und Evolutionstheorie, zwischen Raynal und Darwin, so ist ihr historisches Gewordensein doch keineswegs gleichbedeutend mit ihrem lange Zeit behaupteten Historisch-Gewordensein. Denn als Einzeldisziplinen querende Weltwissenschaft ist die Humboldtsche Wissenschaftskonzeption auch heute noch längst nicht abgegolten.

Dies betrifft zum einen die reflektierte und noch immer inspirierende Verknüpfung eines Lebensprojekts mit einem Wissenschaftsprojekt, wie es Alexander von Humboldts Publikationen und Briefe rund um die russisch-sibirische Reise deutlich zeigen. Zum anderen belegt sein transarealer, von ständigen Bewegungen zwischen Kontinenten und Kulturen, Sprachen und Spezialisierungen geprägter Wissenschaftsansatz in aller Deutlichkeit, wie obsolet eine statische Trennung zwischen einem »regionalwissenschaftlichen« Verständnis ausgegliederter *Area Studies* einerseits und einer »allgemeinen«, gleichsam abstrakten systematischen Wissenschaft im Sinne einer »Mutterdisziplin« mit ihrer Grundlagenforschung andererseits ist. Die von Humboldt entwickelte Wissenschaftspraxis unternimmt den Versuch, eine transdisziplinäre Konzeption mit einem ersten Entwurf dessen zu verbinden, was sich aus heutiger Sicht als *TransArea Studies* bezeichnen ließe: die Entfaltung einer nicht auf Territorien, sondern auf Bewegungen gegründeten vektoriellen Wissenschaft, die in ihrer Strukturierung von einer mobilen Relationalität, von *rapports* und *connexités*, von mannigfaltigen weltweiten Wechselwirkungen geprägt wird.

Alexander von Humboldts Arbeitsweise ist auf die Erfassung und Einbeziehung möglichst verschiedenartiger Faktoren, Aspekte und Datensätze und damit auf eine Komplexifizierung gerichtet, die das Zusammenspiel unterschiedlichster Kräfte überhaupt erst verstehbar und zumindest in gewissem Grade – und keineswegs nur im Falle der Lagerstätten von Edelmetallen oder Diamanten – vorhersehbar und prognostizierbar macht. Parallel zu dieser Komplexifizierung bei der Untersuchung von Multiparametersystemen wie etwa Klima oder Gebirgsbildung bemüht sich Humboldt freilich immer auch auf der Darstellungsebene um den Versuch, komplexe Zusammenhänge möglichst einfach und in ihren Grundzügen überschaubar und nachvollziehbar zu machen – auch dies eine Vorgehensweise, an der die aktuelle Wissenschaftspraxis noch manches zu lernen hätte.

Humboldt selbst hat diese doppelte Vorgehensweise des öfteren anhand konkreter Beispiele vor Augen geführt. So erläuterte er vor diesem wissenschaftstheoretisch wie wissenschaftspraktisch auch heute noch höchst relevanten Hintergrund etwa seine dreijährige Arbeit an der »Carte hypsométrique des chaînes de montagnes de l'Asie centrale«, die sein Werk über Zentralasien begleitete. Er habe sie nach denselben Prinzipien[82] wie seine »Carte des Cordillères de l'Amérique méridionale« angelegt, die er zwischen 1827 und 1831 – also vor *und* nach seiner Rußlandreise – für sein amerikanisches Reisewerk in Potsdam entworfen hatte. Die Leitlinien für die Anlage seiner Kartenwerke faßte er wie folgt programmatisch zusammen:

»Charakteristisch für diese Karten ist die Unterdrückung einer großen Zahl orographischer und hydrographischer *Details*. Streng an gut ausgewählte astronomische Positionen gebunden, die man innerhalb sehr enger Grenzen als sicher annehmen kann, auf einer vertieften Diskussion der Bodenbeschaffenheit in den am wenigsten bekannten Regionen gegründet, sollen diese Karten nur die großen geodätischen Linien, die *mittlere* Richtung der Gebirgsketten, die *Bewegung* der hauptsächlichsten Erhebungen vorstellen, welche das Gerüst des Erdballs auf einem weiten Kontinent bilden. Diese *Generalisierungen* von Formen können als gewagt erscheinen, doch ist ihnen auf Grund des Prinzips, auf dem sie beruhen, nichts Willkürliches eigen; sie sind das Ergebnis einer recht minutiösen Untersuchung der spezialisiertesten Karten, der Itinerarien und vor allem, mit Blick auf einen wichtigen und höchst zentralen Teil, der exzellenten Beschreibungen, welche die geographische Literatur der Chinesen liefert.«[83]

Diese Passage zeigt sehr klar die für Humboldts Wissenschaftsverständnis charakteristische Vorgehensweise, aus den unterschiedlichsten und entferntesten Quellen zu schöpfen und zugleich die erhaltenen Informationen minutiös miteinander zu vergleichen, zu kombinieren und in einem abschließenden Schritt generalisierend zu veranschaulichen. Die stets beeindruckenden Kartenwerke, die Humboldts Schriften begleiteten und die sich so sehr von jenen Kartenzeichnungen unterscheiden, welche die Werke der Autoren des 18. Jahrhunderts boten, führen eindrucksvoll sein Bemühen vor Augen, zwischen Komplexifizierung und Generalisierung eine Veranschaulichung, eine Visualisierung von Forschungsergebnissen zu erzielen, die trotz der ungeheuren Dichte dargebotener Informationen und Daten nichts von ihrer Übersichtlichkeit verliert. Dabei ging es Humboldt stets um die kritisch auswertende Gesamtschau der Vielzahl von ihm in die Analyse einbezogener Faktoren und Parameter.

Wie brandaktuell und zukunftsweisend eine solche an hoch rückgekoppelten Multiparametersystemen orientierte Wissenschaftspraxis ist, mag ein abschließendes Beispiel aufzeigen. Im dritten Band seiner *Asie Centrale* hielt Humboldt am Ende des eigentlichen Hauptteils fest:

»Ich hätte meine Überlegungen zum aufnehmenden und abgebenden Vermögen des Bodens, von welchem im allgemeinen das Klima der Kontinente und die Wärmeabnahme in der Luft abhängen, mit der Untersuchung jener Veränderungen abschließen können, die der Mensch an der Oberfläche der Kontinente hervorruft, indem er die Wälder abholzt, indem er die Verteilung des Wassers verändert, indem er in den Zentren der industriellen Kultur *(culture industrielle)* große Massen an Wasserdampf und gashaltiger Substanzen in die Atmosphäre abgibt. Diese Veränderungen sind zweifellos wichtiger, als man dies gemeinhin annimmt, doch in der unermeßlichen Vielfalt an Ursachen, die gleichzeitig wirksam sind und von denen der Typus der Klimate abhängt, sind die wichtigsten nicht auf das Kleinräumige begrenzt: Sie hängen ab von den Beziehungen zwischen Lage, Beschaffenheit und Höhe des Bodens wie von der vorherrschenden Windrichtung, auf welche die Zivilisation nur wenig fühlbaren Einfluß ausübt.«[84]

Auch wenn Humboldt am Ausgang seines Werkes über Zentralasien vor mehr als 160 Jahren noch nicht die ganze Wucht abschätzen konnte, welche die *culture industrielle* in ihrer weiteren Entwicklung entfalten sollte, so legte er hier doch auf der Basis eines Zusammenspiels höchst komplexer Faktoren eine klare geoökologische Agenda für die Wissenschaften vor, die der Prägnanz seiner Prophezeiung künftiger Diamantenfunde im Ural in nichts nachsteht. Im Gegenteil: Sein unvollendetes Projekt einer anderen Moderne[85] basierte auf der Hoffnung, daß – wie er am Ende seiner *Asie Centrale* formulierte – »meine Reisen und eine aufwendige Diskussion der Fakten«[86] dazu beitragen könnten, die komplexen Auswirkungen der sich überlagernden Ursachen *(causes superposées)*«[87] zu enthüllen. Es sind diese komplexen Effekte einander überlagernder Faktoren, die im Zentrum sowohl seines Entwurfs einer globalen Klimaforschung als auch seiner transarealen, an weltweiten Wechselwirkungen ausgerichteten Weltwissenschaft stehen.

So leuchtet am Ende der *Asie Centrale* das Bild eines hochgradig vernetzten globalen Ökosystems Erde, das die Wissenschaft Alexander von Humboldts im Kontext seines Weltbewußtseins mit großer Plastizität entwarf. Humboldts Werk über Zentralasien, das in seiner dreifachen Relationalität auf der intratextuellen, der epistemologischen wie der lebenspraktischen Ebene zugleich auch ein *asiamerikanisches* Werk ist, evoziert nicht von ungefähr unter den Landschaften Asiens die Landschaften Amerikas, unter den Reisebewegungen durch Asien die Reisebewegungen durch die Äquinoktial-Gegenden des Neuen Kontinents. Es zielt auf die Erkenntnis und die Gewinnung eines Lebensreichtums ab, der sich – ganz so, wie es zum Abschluß der »Introduction« heißt – vor den Augen des Beobachters wie im Naturgemälde der Anden »von den höchsten, im Lichte strahlenden schneebedeckten Gipfeln bis hinab zu den dunklen

Abgründen der Meere« entfaltet[88]: »la distribution de la vie depuis les sommités neigeuses resplendissantes de lumière jusqu'aux sombres abîmes des mers«.

Auch hier mag im übrigen, wie so oft bei Alexander von Humboldt, ein autobiographisches Moment mitspielen. Denn er hatte mit seinem Besteigungsversuch des Chimborazo wie seinem Abstieg in einer Taucherglocke auf den Grund der Themse die breite Spanne dieses Lebens experimentell erprobt und seinen Körper als Meßinstrument in jenen Ort verwandelt, an dem sich Erkenntnissubjekt und Erkenntnisobjekt überlagern. Mit der russisch-sibirischen Forschungsreise schließt sich der Kreis der großen transkontinentalen Reisen Alexander von Humboldts, um im Zusammendenken Amerikas und Asiens die Grundlagen für Humboldts *Kosmos* zu legen. Hatte Humboldt seinen dreißigsten Geburtstag in Amerika gefeiert, so feierte er seinen sechzigsten Geburtstag in Asien: Auch hier schloß sich ein Kreis und öffnete sich ein neuer, der ihm bis in sein neunzigstes Lebensjahr hinein die Möglichkeiten bot, das Werk seines Lebens zu vollenden. Vielleicht nannte Humboldt deshalb sein sechzigstes Lebensjahr »das wichtigste meines unruhigen Lebens«.[89]

Kein Zweifel: Humboldts Biographie ist durch die wechselseitige Verschränkung von Wissenschafts- und Lebensprojekt zu einem ungeheuer reichen und geglückten Leben geworden. Die russische Reise und die *asiamerikanischen* Beziehungen bilden eine wesentliche Bereicherung seiner Lebenswissenschaft und bezeugen eindrucksvoll seinen Versuch eines globalisierten und globalisierenden Zusammendenkens dessen, was wir heute aus epistemologischer Sicht mit Recht als eine transareal konzipierte Weltwissenschaft begreifen dürfen.

Figur 8

»Nach Weltgeschichte geformt«: Von Weltbegriffen und den Wegen zu einer Weltwissenschaft

51. Weltkomposita und Weltschöpfungsbuch

In einem seiner letzten Essays hat Ulrich Schulz-Buschhaus auf humorvolle Weise »Anleitungen zum tadellosen Sprachgebrauch« gegeben, an deren Ende der Romanist in der Manier des *Dictionnaire des idées reçues* eines Gustave Flaubert eine Reihe von Ausdrücken und Wendungen verzeichnete, von deren »Karriereförderlichkeit«[1] er sich überzeugt zeigte. Dort finden wir nicht nur unter dem Stichwort »Eurozentrismus« den knappen Eintrag »Undurchschaut«[2], unter jenem der »Globalisierung« den Hinweis »Zu Unrecht gefürchtet; Prämisse von Individualisierung; Produktivkraft neuer Literatur«[3] sowie unter »Weltwissen« die Erläuterung »Synthese von Biologie und Computersimulation«.[4] Wir erfahren dort auch, daß unter dem Kürzel DFG die »Deutsche Agentur von Weltwissen«[5] zu verstehen sei.

Ob die Bezüge zwischen den beiden zuletzt genannten Einträgen einen Hinweis auf die weitere Kanalisierung von DFG-Fördergeldern zur bevorzugten Erzeugung von Weltwissen geben, kann man als Angehöriger der von Schulz-Buschhaus mitbedachten Geisteswissenschaften – »In seit langem schwelender Legitimationskrise befangen; erfordern ein neues Paradigma«[6] – hier bewußt offenlassen. Festzustellen aber ist, daß wir seit geraumer Zeit einer schleichenden semantischen Verengung von Weltbegriffen beiwohnen. Denn ähnlich, wie der Lebensbegriff in der aktuellen Gleichsetzung der Lebenswissenschaften mit den Biowissenschaften auf eine Schwundstufe dessen geschrumpft ist, was der Begriff *bios* seit der griechischen Antike unter Einschluß der kulturellen, politischen oder sozialen Dimensionen in seiner ganzen Breite meinte, oder ähnlich, wie wir heute – anders als Alexander von Humboldt – unter dem Begriff »Amerika« nur noch die USA verstehen, sollte uns auch die in den westlichen Massenmedien beobachtbare semantische Einengung des Begriffs »Weltgemeinschaft« auf die Erste Welt nachdenklich stimmen. Die Frage ist folglich alles andere als eine Allerweltsfrage: Wer bestimmt, was Welt ist?

Wir sollten uns folglich bewußt machen, von welcher Welt aus wir über die Welt sprechen. Vor diesem Hintergrund läßt sich Weltwissen – wie die Komposita anderer Weltbegriffe auch – semantisch unterschiedlich perspektivieren, je nachdem, ob wir es als *genitivus obiectivus* (als Wissen, das wir von der Welt haben), als *genitivus subiectivus* (als Wissen, das die Welt von sich selbst entwickelt), als *genitivus possessivus* (als Wissen, das sich im Besitz der Welt befindet), als *genitivus partitivus* (als ein Wissen, das Teil eines übergeordneten Ganzen ist), als *genitivus qualitatis* (als Wissen in seiner Weltgebundenheit) oder als *genitivus explicativus* (als Wissen, das in seinem Bezogensein auf die Welt erläutert wird) verstehen.

Damit zeichnet sich implizit eine mehrfach gestaffelte Polysemie des Lexems »Welt« ab, innerhalb deren sich aus der hier gewählten Perspektive zunächst drei Isotopien voneinander unterscheiden lassen. Dabei besitzen Begriffsbildungen wie »Weltraum« oder »Weltall« – das seit dem 17. Jahrhundert als Ersatzwort für lat. *universum* gebildet wurde – eine galaktische oder kosmische Bedeutung, wobei nicht vergessen werden sollte, daß in das Lexem »Welt« das althochdeutsche Wort *uueralt[7] beziehungsweise das germanische *wera- für »Mann«, »Mensch« eingegangen ist.[8] Dies bedeutet, daß die Begrifflichkeit von »Welt« zumindest etymologisch im Deutschen immer schon menschhaltig ist. Schon früh sind im deutschen verschiedenste Weltkomposita nachweisbar.

Neben dieser ersten, über die Grenzen des Planeten Erde weit hinausgreifenden Isotopie läßt sich eine zweite Bedeutungsebene von globalem, planetarischem Zuschnitt ausmachen, die wir etwa anhand von Begriffen wie »Weltgesellschaft«, »Welthandel«, »Weltverkehr«, aber auch »Weltgeschichte«, »Weltgemeinschaft« und »Weltliteratur« nachzeichnen können. Wie sehr hier semantische Reduktionen im Sinne einer Einengung auf ganz bestimmte (okzidentale) geschichtliche Entwicklungen, staatliche Akteure oder (alphabetische Schrift-) Kulturen zum Tragen kommen können, läßt sich durch eine Vielzahl von Beispielen unschwer belegen. Zugleich kann diese global definierte Bedeutung leicht mit einer qualitativen Einfärbung versehen werden, wie sich dies schon früh in der Goetheschen Prägung des Begriffs »Weltliteratur« und in dessen Verwendung bis heute zeigen läßt.

Neben der kosmischen und der planetarischen Isotopie existiert aber eine dritte, räumlich weit weniger konkretisierte Verwendung des Lexems »Welt«, wie wir sie beispielsweise im stark philosophisch geprägten Begriff der »Weltanschauung« – einem der bis heute erfolgreichsten Weltkomposita – vorfinden. Die Entfaltung eines kosmischen oder globalen Raumverständnisses ist in diesem Begriff nicht vorausgesetzt. Ein spatial reflektiertes Verständnis ist zwar auch in der Philosophie nicht schädlich, doch beruht eine »Weltanschauung« nicht notwendig auf einer empirisch fundierten »Welterfahrung« oder »Weltkenntnis«, sondern abstrahiert in der abendländischen Tradition nur allzu häufig von den konkreten raumzeitlichen – wie auch kulturellen, politischen oder sozialen – Voraussetzungen der eigenen »Schau« und »Vision«, der je eigenen Perspektivik.

Wie und mit Hilfe welcher Verfahren wird uns im Abendland von der Welt erzählt? Im ersten, der »Narbe des Odysseus« gewidmeten Kapitel seines zwischen Mai 1942 und April 1945 im Istanbuler Exil verfaßten Bandes *Mimesis. Dargestellte Wirklichkeit in der abendländischen Literatur* hat Erich Auerbach versucht, der Welt Homers kontrastiv und vergleichend die Welt der Bibel gegenüberzustellen. Der »biblische Erzählungstext«, so Auerbach, wolle uns

»ja nicht nur für einige Stunden unsere eigene Wirklichkeit vergessen lassen wie Homer, sondern er will sie sich unterwerfen; wir sollen unser eigenes Leben in seine Welt einfügen, uns als Glieder seines weltgeschichtlichen Aufbaus fühlen. Dies wird immer schwerer, je weiter sich unsere Lebenswelt von der der biblischen Schriften entfernt [...]. Wird dies aber durch allzustarke Veränderung der Lebenswelt und durch Erwachen des kritischen Bewußtseins untunlich, so gerät der Herrschaftsanspruch in Gefahr [...]. Die homerischen Gedichte geben einen bestimmten, örtlich und zeitlich begrenzten Ereigniszusammenhang; vor, neben und nach demselben sind andere, von ihm unabhängige Ereigniszusammenhänge ohne Konflikt und Schwierigkeit denkbar. Das Alte Testament hingegen gibt Weltgeschichte; sie beginnt mit dem Beginn der Zeit, mit der Weltschöpfung, und will enden mit der Endzeit, der Erfüllung der Verheißung, mit der die Welt ihr Ende finden soll. Alles andere, was noch in der Welt geschieht, kann nur vorgestellt werden als Glied dieses Zusammenhangs [...].«[9]

Die Tatsache, daß der Romanist Erich Auerbach, der einer »Philologie der Weltliteratur«[10] auf der Spur war, zugleich die homerische und die alttestamentarisch-biblische Welt als die beiden fundamentalen Ausgangs- und Bezugspunkte begriff, deren Kräftefelder die dargestellte Wirklichkeit in der abendländischen Literatur bis in die Gegenwart prägen, führt den Philologen zur Einsicht in eine auf den ersten Blick paradoxe Struktur:

»Das Alte Testament ist in seiner Komposition unvergleichlich weniger einheitlich als die homerischen Gedichte, es ist viel auffälliger zusammengestückt – aber die einzelnen Stücke gehören alle in einen weltgeschichtlichen und weltgeschichtsdeutenden Zusammenhang.«[11]

Folglich entspreche der raumzeitlich eng begrenzten Fragmenthaftigkeit von *Ilias* und *Odyssee* eine große erzählerische Geschlossenheit, während umgekehrt die einheitliche »religiös-weltgeschichtliche Perspektive«[12] des Alten Testaments sich auf der Textebene in einer gleichsam zusammengestückelten Fragmentarität niederschlage.

Die häufig untersuchte Dialektik von Fragment und Totalität[13] wird in diesen Eingangspassagen von Auerbachs *Mimesis* von einer nicht minder wirkungsmächtigen Wechselbeziehung zwischen – wie sich formulieren ließe – raumzeitlicher Begrenztheit und raumzeitlicher Entgrenzung sowie von lebensweltlich fundierter Geschichtenwelt und religiös fundierter Weltgeschichte komplettiert. Für unsere Fragestellung ist die Tatsache aufschlußreich, daß sich die weltgeschichtliche Dimension nicht nur mit einem Herrschaftsanspruch verbindet, der selbst die räumlich und zeitlich entferntesten Phänomene auf die eigene (Heils-)Geschichte zu beziehen sucht, sondern sich aus einer Abstraktion von konkreten raumzeitlichen Bedingungen entfaltet.

Wollte man Alexander von Humboldts *Kosmos*, dessen ersten Band der preußische Gelehrte 1845 im Alter von fünfundsiebzig Jahren veröffentlichte und dessen fünfter und letzter Band 1862 – nach Humboldts Tod im Jahre 1859 – erschien, als eine »große Erzählung« im Sinne von Jean-

François Lyotard verstehen, so ließe sich die These vertreten, daß diese *Summa* des Humboldtschen Weltwissens an ebenjenen beiden Kräftefeldern und Erzählsträngen partizipiert, die laut Auerbach die Darstellung von Wirklichkeit und die Repräsentation von Welt in der abendländischen Literatur prägen. Dem »tollen Einfall, die ganze materielle Welt, alles was wir heute von den Erscheinungen der Himmelsräume und des Erdenlebens, von den Nebelsternen bis zur Geographie der Moose auf den Granitfelsen, wissen, alles in Einem Werke darzustellen, und in einem Werke, das zugleich in lebendiger Sprache anregt und das Gemüth ergötzt«,[14] lag nicht erst seit der Niederschrift dieser auf den 27. Oktober 1834 datierten Zeilen an Varnhagen von Ense die Vorstellung von einem weltgeschichtlichen Expansionsprozeß zu Grunde, dem sich noch Humboldts eigene Reise nach Amerika zuordnen ließe.

Die weltgeschichtliche Entwicklung, die mit Humboldts Begriff des »Weltbewußtseins«[15] verbunden ist und die bei ihm vom Mittelmeer ihren Ausgang nimmt, ist gewiß in einem sehr weitreichenden Maße desakralisiert, enthält aber noch immer manche Spuren jener Transzendenz, die sich in der jüdisch-christlichen Tradition des Abendlandes just aus dem hier umrissenen geokulturellen Raum des östlichen Mittelmeeres entfaltete. Nicht umsonst konnte Humboldt in seinen Schriften immer wieder auf die göttliche *Commedia* verweisen und Verse Dantes zitieren, sollten in Humboldts Kosmos doch nicht weniger als bei dem großen Dichter und Demiurgen »Himmel und Erde, alles Geschaffene«,[16] die ganze Weltschöpfung in ihrer Vielfalt, jede »große und wichtige Idee, die irgendwo aufgeglimmt«, neben einer unendlichen Vielzahl unterschiedlichster »Thatsachen hier verzeichnet« und zugleich »eine Epoche der geistigen Entwicklung der Menschheit (in ihrem Wissen von der Natur)« dargestellt sein.[17]

Im selben Brief von 1834 machte Humboldt auf seine eigenen, zunächst in französischer Sprache verfaßten Anläufe zum *Kosmos* sowie auf jene ins Mittelalter zurückreichenden Traditionen aufmerksam, die in seinem Werk auf erstaunliche Weise lebendig blieben:

»Ich hatte vor 15 Jahren angefangen, es französisch zu schreiben, und nannte es *Essai sur la Physique du Monde*. In Deutschland wollte ich es anfangs *das Buch von der Natur* nennen, wie man dergleichen im Mittelalter von Albertus Magnus hat. Das ist alles aber unbestimmt. Jetzt ist mein Titel: *Kosmos. Entwurf einer physischen Weltbeschreibung* von A. v. H. [...]. Ich wünschte das Wort Kosmos hinzuzufügen, ja die Menschheit zu zwingen das Buch so zu nennen, um zu verhindern, daß man nicht H.'s physische Erdbeschreibung sage, was denn das Ding in die Klasse der Mittersacher'schen Schriften werfen würde. Weltbeschreibung (nach Weltgeschichte geformt) würde man als ungebräuchliches Wort immer mit Erdbeschreibung verwechseln.«[18]

Um eine (in heutiger Terminologie als geographisch zu bezeichnende) Erdbeschreibung war es Alexander von Humboldt gerade nicht zu tun. Es sind vor allem die Neologismen bei diesem an Wortneuschöpfungen eher zurückhaltenden Schriftsteller und Gelehrten, die auf die bewußte Polysemie der Weltbegriffe in seinem Denken und Schreiben aufmerksam machen. Denn die Humboldtschen Begriffe von »Weltbeschreibung« und »Weltbewußtsein« schließen eine planetarische Dimension mit ein, bleiben aber nicht auf diese beschränkt. Die kosmische Isotopie ist in seinen Weltbegriffen ebenso präsent, wie ein abstraktes Verständnis von Welt bei ihm stets gegenwärtig ist.

Die Kopräsenz der drei hier unterschiedenen Isotopien weist zugleich auf die Spezifik seiner Begrifflichkeit hin, insofern auch Weltkomposita wie »Weltanschauung« bei Alexander von Humboldt stets empirisch fundiert sind, ohne jedoch auf die empirische Er-Fahrung des Weltreisenden beschränkt zu bleiben. Die sinnliche, materielle und technologische Dimension dieser Art von Weltanschauung erläutert Humboldt eindrucksvoll zu Beginn seiner Überlegungen zum natürlichen und teleskopischen Sehen im dritten Band seines *Kosmos*, wobei die Weltanschauung über das Teleskop an die Erkundung der Welträume angekoppelt wird:

»Dem Auge, Organ der Weltanschauung, ist erst seit drittehalb Jahrhunderten, durch künstliche, teleskopische Steigerung seiner Sehkraft, das großartigste Hülfsmittel zur Kenntniß des Inhalts der Welträume, zur Erforschung der Gestaltung, physischen Beschaffenheit und Massen der Planeten sammt ihren Monden geworden.«[19]

Alexander von Humboldts Weltkomposita sind komplex strukturiert und lassen sich nur selten ausschließlich einer der drei genannten Isotopien zurechnen.[20] Dabei sind Humboldts Weltbegriffe ebenso vielschichtig wie untereinander vernetzt. Stets zeigt sich überdies die bereits angedeutete Spezifik der zwar empirisch fundierten, aber nicht aufs Empirische beschränkten Humboldtschen Weltbegriffe, die in einem durchaus etymologischen Sinne menschhaltig sind, mithin stets – ebenso in der planetarischen wie in der kosmischen Isotopie – den Menschen mitdenken. Natur und Mensch sind in der Humboldtschen Wissenschaft nicht nur thematisch, sondern auch epistemologisch untrennbar miteinander verbunden. Dies schlägt sich nicht zuletzt in einer für Humboldt charakteristischen Semantisierung der Lexeme »Welt« und »Natur« nieder.

Humboldts Schreiben an einem »menschhaltigen« Buch der Welt als Buch der Natur gliedert sich zweifellos ein in die

Traditionslinie des Weltbuches und des Weltschöpfungsbuches, wobei die entsakralisierte Weltschöpfungsgeschichte jüdisch-christlichen Ursprungs bei ihm zugleich – und ganz im Auerbachschen Sinne – verwoben ist mit einer an Plinius' *Historia naturalis* und ihrem Geist einer »Weltbeschreibung« geschulten Konzeption.[21] Im *Kosmos* wie in vielen anderen Schriften Humboldts sind diese abendländischen Traditionslinien eines stets weltgeschichtsdeutenden Schreibens im doppelten Wortsinne *allgegenwärtig*.

Die von Hans Blumenberg herausgearbeitete Beziehung zwischen Humboldts Arbeit am Buch der Natur und der die abendländische Geschichte querenden Metapher von der Lesbarkeit der Welt erhält mit Blick auf die Humboldtschen Weltbegriffe ihre eigentliche Pointe in der Einsicht, »daß sein Verfahren der Naturansichtigkeit gerade darin besteht, das Erlebnis auf das Wissen – am Exempel: den einsamen Berggipfel auf das Kontinentalprofil – zu beziehen; nicht um die Subjektivität des Augenblicks zu zerstören, sondern um sie zu integrieren.«[22] Lebenswissen[23] geht gerade in der Form des Erlebenswissens in Humboldts Verständnis von Weltwissen ein.

Mit Blick auf Humboldts auch in diesem Sinne menschhaltige Weltbegriffe darf man folgern, daß die Humboldtsche Wissenschaft wie das Humboldtsche Schreiben auf die Integration und Fruchtbarmachung eines Wissens abzielen, das man als ein *(Er-)Lebenswissen* – ebenso auf der Ebene konkreter empirischer Erfahrung wie auf jener von Lektüre und Rezeption des Weltbuches – bezeichnen könnte. Humboldts Weltbewußtsein ist auf die Konzeption eines Weltwissens gegründet, das über das *Erlebnis Wissen* auf eine Erweiterung des Wissens der Welt von sich selbst – in allen eingangs genannten Perspektivierungen – abzielt.

Daher rührt die enorme Bedeutung, die Alexander von Humboldt – wie sein Bruder Wilhelm – dem Bereich der Bildung auf allen Stufen stets beimaß. Die Humboldtsche Weltbeschreibung versteht sich selbst immer als Teil eines konkreten historischen Expansionsprozesses des Wissens, der als Prozeß einer sich auch räumlich ausbreitenden »Civilisation«[24] vom Abendland ausging und letztlich auf ein ständig zu steigerndes Bewußtsein der Welt von sich selbst abzielt. Dabei überlagern sich im Verlauf der Entwicklung des Humboldtschen Denkens und Schreibens ebenso wie in seiner Begrifflichkeit in zunehmendem Maße die Isotopien des Kosmischen, des Planetarischen und des Philosophisch-Abstrakten. Stets bleiben sie jedoch an die sinnliche Erfahrung individueller wie kollektiver Subjekte rückgebunden. Humboldts Weltbegriffe sind *perspektivierte* Begriffe, die sich zumindest tendenziell ihrer raumzeitlichen Bedingtheit und der Vorläufigkeit allen (Welt-)Wissens bewußt sind.

52. *Weltwissenschaft und Mobile der Weltfragmente*

Die erhellende, aber mitunter einseitige Einbindung des Humboldtschen Kosmos in die – von seinem Autor oftmals selbst herausgestellten – abendländischen Traditionslinien seit der Antike hat nicht selten den Blick verstellt für die Zukunftsträchtigkeit einer Wissenschaftskonzeption, die hochgradig innovativ war und ein sehr spezifisches, nicht an einem einzigen Entwicklungspol Europa ausgerichtetes und das Europäische mit dem Außereuropäischen in immer wieder neuen mobilen Konstellationen verbindendes Projekt der Moderne verfolgte, das bis heute noch weitgehend unvollendet blieb.

Auch ein Hans Blumenberg vermochte der Versuchung nicht zu widerstehen, von der Vergangenheitsorientierung der eigenen Deutungsperspektive des Humboldtschen Œuvres im Kontext langfristiger Traditionen auf die Rückwärtsgewandtheit nicht nur des schon früh als Alterswerk bezeichneten *Kosmos* zu schließen, sondern die gesamte Wissenschaftskonzeption Humboldts in der Zeit nach Goethes Tod als »Anachronismus«[25] zu deuten. Blumenbergs Verständnis faßt in vielem die Ergebnisse der älteren Humboldt-Forschung zusammen, die den Weltbürger aus Tegel als den Endpunkt einer Entwicklung und bestenfalls als den »letzten Universalgelehrten« verstehen wollte:

»[...] denn der Blick auf dieses große mit der Natur rivalisierende Lebenswerk wäre unaufrichtig, wollte er die Züge der Hilflosigkeit übersehen. Nach dem Tode Goethes: welche Einsamkeit unter der Last des Zeitgeistes, trotz der Allgegenwart des »Kosmos« in der Resonanz des Publikums.«[26]

Die von Humboldt selbst sehr bewußt vorgenommene Einschreibung in die abendländischen Traditionsstränge sollte uns heute aber nicht den Blick dafür verstellen, daß Alexander von Humboldt nicht der letzte Universalgelehrte war, der mit seinen fast neunzig Jahren wie ein erratischer Block weit in die Nach-Goethe-Zeit hinüberragte, sondern der erste Vertreter einer neuartigen Wissenschaftskonzeption, deren Potentiale – der vorliegende Band hat hierfür unterschiedlichste Beispiele beigebracht – bis heute noch nicht ausgeschöpft sind.

Wollte man die Humboldtsche Wissenschaftskonzeption in aller Kürze zusammenfassen, so ließe sich sagen, daß Humboldt im Verlauf eines mehr als sieben Jahrzehnte umfassenden wissenschaftlichen Forschens und Schreibens ein Wissenschaftsverständnis sowie Grundüberzeugungen zu Theorie und Praxis von Wissensrepräsentation entwickelte, die in epistemologischer, wissenschaftsgeschichtlicher, wissenssoziologischer und ästhetischer Hinsicht von einer unverkennbaren Zunahme an Komplexität und Dynamik gekennzeichnet sind. Charakterisiert wird die Humboldtsche Wissenschaft durch ihre Transdisziplinarität, ihre Interkulturalität und ihre Kosmopolitik, aber auch durch ihre transareale Ausrichtung, die auf weltweiten Korrespondentennetzen und Forschungsverbünden beruht und nicht zuletzt eine stark pragmatische wissenschaftsorganisatorische Komponente aufweist. Sie zielt zugleich ab auf eine Popularisierung und Demokratisierung von Wissen und Wissenschaft, bedient sich einer avancierten inter- und transmedialen Ästhetik und entwickelte Schreib- und Darstellungsformen, die unverkennbar fraktal strukturiert sind.[27] Weltweite Wechselwirkungen stehen in der Humboldtschen Wissenschaft dabei sowohl im Fokus der Konstruktion ihrer Gegenstände als auch ihrer eigenen Theorie und Fortentwicklung.

Angesichts dieser Dimensionen stellt die Humboldtsche Wissenschaft keineswegs das Auslaufmodell einer Wissenschaftskonzeption dar, innerhalb deren man Humboldt lange Zeit als den »letzten Universalgelehrten« verabschieden zu können glaubte. Es handelt sich bei der von Alexander von Humboldt über Jahrzehnte entwickelten und entfalteten Konzeption vielmehr um ein auf relationalen Logiken und Schreibformen beruhendes Wissenschaftsmodell, das – ebenso in seiner Betonung geoökologischer Aspekte wie in seiner Frage nach Verträglichkeit und Nachhaltigkeit globaler Prozesse und Produktionsformen, in seiner Projektierung einer Überwindung kolonialer Abhängigkeitsstrukturen wie bezüglich seiner Ausrichtung an einer entschieden multipolaren Entwicklung – einen für das 21. Jahrhundert wegweisenden Charakter besitzt. Als »Weltbeschreibung« im Sinne Humboldts nach »Weltgeschichte« geformt, unternimmt die Humboldtsche Wissenschaft den »tollen« Versuch, in einer Mensch und Natur zusammendenkenden Konzeption die Grundlagen für eine sich im *Kosmos* abzeichnende Weltwissenschaft zu erarbeiten.

Im Postscriptum zu dem bereits angeführten, auf den 27. Oktober 1834 datierten Brief Humboldts an Varnhagen von Ense entwickelte der mit seinem *Kosmos*-Projekt ringende Schriftsteller eine zugleich selbstkritische und selbstsichere Poetik des eigenen Schreibens, die auf Grund ihrer Bedeutung hier in voller Länge abgedruckt sei:

»Die Hauptgebrechen meines Stils sind eine unglückliche Neigung zu allzu dichterischen Formen, eine lange Partizipal-Konstruktion und ein zu großes Konzentriren vielfacher Ansichten, Gefühle in Einen Periodenbau. Ich glaube, daß diese meiner Individualität anhangenden Radikal-Übel durch eine daneben bestehende ernste Einfachheit und Verallgemeinerung (ein Schweben über der Beobachtung, wenn ich eitel so sagen dürfte) gemindert werden. Ein Buch von der Natur muß den Eindruck wie die Natur selbst hervorbringen. Worauf ich aber besonders wie in meinen *Ansichten der Natur* geachtet, und worin meine Manier von Forster und Chateaubriand ganz verschieden ist, ich habe gesucht, immer *wahr* beschreibend, bezeichnend, selbst scientifisch wahr zu sein, ohne in die dürre Region des Wissens zu gelangen.«[28]

Diese Passage mag – bis in die stilistische Gestaltung hinein – den hohen Grad an Selbstreflexion im Humboldtschen Schreiben belegen. Dieses zielt auf eine Simulation der Natur, gleichsam auf eine fraktale Geometrie der Schreibweise, der *écriture*. Die Verdichtung (allzu) vieler Aspekte in einer einzigen Satzperiode verwandelt Humboldts Sätze geradezu in Naturgemälde, die alles auf *einen* Blick, in einer einzigen Ausdrucksform, darzubieten suchen. Zugleich macht dieses Zitat deutlich, daß eine doppelte Ausrichtung und Kritik nicht nur an einem deutschsprachigen und einem französischsprachigen Bezugsautor, sondern auch an literarischen *und* an wissenschaftlichen Schreibmodellen besteht.

Wie Humboldt sein eigenes Schreiben perspektivisch gleich zu Beginn des zweiten Bandes seines *Kosmos* im Kapitel »Anregungsmittel zum Naturstudium« literarhistorisch und ästhetisch gerade auch im deutsch-französischen Zwischenraum zwischen Forster und Chateaubriand, Bernardin de Saint-Pierre und Goethe ansiedelte, so versuchte er auch stets, Ästhetik und Wissen, Sinnliches und Intellektuelles, Unmittelbarkeit des Erlebens und Distanz der Reflexion aufeinander zu beziehen:

»Das Dichterische muß aus dem geahndeten Zusammenhange des Sinnlichen mit dem Intellectuellen, aus dem Gefühl der Allverbreitung, der gegenseitigen Begrenzung und der Einheit des Naturlebens hervorgehen.«[29]

Die Ästhetik einer Simulation der Natur im Buch von der Natur markiert folglich mit Blick auf den *Kosmos* ein Schreiben, das wohlkalkuliert auf seine Wirkungen beim Lesepublikum bedacht ist und die jeweils zu verwendenden Schreibformen an den behandelten Gegenständen ausrichtet.

Folgerichtig hat Alexander von Humboldt für seine zahlreichen Buchpublikationen, die sich von den erstmals 1790 erschienenen *Mineralogischen Beobachtungen über einige Basalte am Rhein – Mit vorangeschickten, zerstreuten Bemerkungen über den Basalt der ältern und neuern Schriftsteller* bis hin zum letzten Band des *Kosmos* erstrecken, hinsichtlich Aufbau und Strukturierung, Präsentations- und Repräsentationsformen seines Schreibens ständig nach neuen Lösungsmöglichkeiten Ausschau gehalten. Kein Humboldtsches Buch gleicht dem anderen. Auch wenn sich die von Humboldt signalisierten »Radikal-Übel« des Periodenbaus in der Tat in allen seinen Werken nachweisen lassen, so zeigt sich doch, daß das von ihm angestrebte »Schweben über der Beobachtung« – das selbstverständlich nicht an die

Stelle der Beobachtung tritt, sondern diese in größere Zusammenhänge einordnet – auf der Ebene des Schreibens selbst sehr unterschiedliche Verfahren und Lösungen gefunden hat. Alexander von Humboldt hat auf diesem Gebiet – wie die Analyse seiner *Vues des Cordillères et Monumens des Peuples Indigènes de l'Amérique* zeigen sollte[30] – auch experimentelle und rhizomatische Schreibformen entwickelt, die von seinen Zeitgenossen bisweilen nur mit Mühe nachvollzogen werden konnten. Gerade diese *Ansichten der Kordilleren* sind kein Buch für Leser, die vom Autor an der Hand genommen werden wollen.

Dabei könnte man von den *Vues*, aber wohl von allen Humboldtschen Werken der zweiten und dritten Lebensperiode – also nach seiner amerikanischen Forschungsreise – wohl sagen, was Erich Auerbach zu Recht vom Alten Testament behauptete: »die einzelnen Stücke gehören alle in einen weltgeschichtlichen und weltgeschichtsdeutenden Zusammenhang.«[31] Allerdings ist die Position Humboldts keine gottgleiche statische Position, kein Über-den-Dingen-Stehen, sondern ein von ihm mehrfach betontes dynamisches Schweben über den Dingen aus einer dynamischen, mobilen Beobachterperspektive, die sich stets dem jeweiligen Wissens- und Forschungsstand der Zeit anpaßt und die Vorläufigkeit menschlichen Wissens und »menschhaltiger« Wissenschaft betont. So bildet das Gesamtwerk, aber auch jede einzelne fraktale Struktur – »in jedem Fragmente etwas Abgeschlossenes«[32] – ein in Bewegung befindliches und von jedem Leser wieder anders zu bewegendes Mobile des Wissens.

Die Fragmente sind insoweit »abgeschlossen«, als sie separat gelesen werden können und alle den Humboldtschen Code zur Generierung von Wissen enthalten; sie sind zugleich aber »offen«, insofern diese Codierung – die nicht im Sinne einer eigentlichen Weltformel zu verstehen ist – auf ein

Bild von Natur und Kultur abzielt, dem die Interdependenz und Relationalität heterogenster Phänomene zu Grunde liegt. Die von Humboldt so oft beschworene Wechselwirkung zwischen allen Faktoren läßt jedes einzelne Fragment potentiell zu einem *modèle réduit*, zu einem verkleinerten Strukturmodell weltweiter Zusammenhänge und damit – in der Humboldtschen Semantik des Lexems »Welt« – zu einem Weltfragment werden. Um welche Achsen, welche Drehkreuze aber dreht sich dieses Mobile der Weltfragmente?

53. Zukunftsmodell Humboldt

Alexander von Humboldt ging es nicht um einzelne Weltfragmente, ihm ging es ums Ganze. Dem Ganzen aber war weder aus der Perspektive einer weltumspannenden Einheit noch auf jener einer ins Lokale zerfallenden Vielheit näherzukommen. Die Konzipierung einer quer dazu verlaufenden dynamischen Forschungsperspektive war unumgänglich, wollte Humboldt nicht von der Fülle des Materials begraben werden oder die empirische Grundlage seiner Überlegungen verlieren. Allem Statischen setzte er daher ein Bewegungsbild entgegen, das sich weder in der Untersuchung des Lokalen und Regionalen verliert noch in die Dimensionen des Weltgeistes verflüchtigt.

Humboldts Vernetzungswissenschaft generiert ein Wissen, dessen Ertrag mehr als die Summe seiner Einzelteile ist, insofern es aus transdisziplinärer und transarealer Sicht an den Austauschbeziehungen und Wissenstransfers interessiert ist, die einen bestimmten (regionalen, kontinentalen oder hemisphärischen) Raum charakterisieren. Eine bestimmte Region in Amerika, in Asien oder in Europa ist für den Verfasser der *Relation historique* vor allem die Gesamtheit bisheriger Bewegungen und Relationen, die diesen Raum gebildet haben, sowie das Potential an Bewegungen, die ihn künftig charakterisieren werden. So entsteht in dieser Weltwissenschaft aus transarealer Perspektive nicht nur ein Bewegungsbild der Vergangenheit; vielmehr zeichnen sich im Bild der von Humboldt bereisten und porträtierten Länder auch deren künftige Entwicklungsmöglichkeiten ab. Humboldts relationale Logik ist kein statisches »System« fester Verbindungen; sie ist dynamisch und bewegungsorientiert.

Diese im Humboldtschen Sinne weltbewußte Forschungsperspektive scheint mir aus heutiger Sicht in der Tat das Potential zu besitzen, zur Entwicklung einer transareal ausgerichteten Weltwissenschaft – quer zu den Disziplinen und quer zu traditionellen regionalwissenschaftlichen Ausrichtungen – eine transdisziplinär agierende Verbundforschung zu befruchten, die im 21. Jahrhundert sicherlich nicht mehr das Werk eines einzelnen (und verfügte er über ein noch so weit gespanntes Korrespondentennetz) sein kann.

Das Denken der Globalität aus dem Geiste der Globalisierung ermöglichte Humboldt ein Verständnis des Systems Erde: von den Tiefen der Meere bis auf die höchsten Gipfel der Anden, von den weltweiten Meeres- und Luftströmungen über die von ihm beobachteten und prognostizierten Klimaveränderungen oder Pflanzenmigrationen bis hin zu weltwirtschaftlichen Strömen von Edelmetallen oder Fragen nach dem Zusammenleben der Völker und Kulturen.

Die Untersuchung von Humboldts *Asie Centrale* hat gezeigt, daß der preußische Forscher einen tieferen Einblick in die ökologischen Veränderungen nicht nur der ersten, sondern auch der zweiten Phase beschleunigter Globalisierung zu gewinnen und zu formulieren begann. So hielt er etwa im Kontext seines Entwurfs (und seiner Praxis) einer weltweit ausgerichteten multiparametrischen Klimaforschung im dritten Band dieses Werkes mit großer Entschiedenheit fest, daß die vom Menschen ausgelösten klimatischen »Veränderungen zweifellos wichtiger« seien, »als man dies gemeinhin annimmt«.[33] Denn längst habe der Mensch – wenn auch anfänglich kaum merklich – in die Wechselwirkungen der Natur eingegriffen, »indem er die Wälder abholzt, indem er die Verteilung des Wassers verändert, indem er in den Zentren der industriellen Kultur große Massen an Wasserdampf und gashaltiger Substanzen in die Atmosphäre abgibt«.[34]

Gewiß konnte Humboldt vor mehr als anderthalb Jahrhunderten noch nicht die ganze Gewalt jenes komplexen Prozesses überblicken, der durch lang anhaltende menschliche Eingriffe, aber auch durch die der Industriellen Revolution entstammende *culture industrielle* zu damals bereits wahrnehmbaren ökologischen Veränderungen geführt hatte. Schon auf seiner amerikanischen Reise aber hatte Humboldt mehrfach ökologische Schäden konstatiert und analysiert, was lange Zeit von der Forschung vollständig ignoriert wurde.[35] Es ist aber faszinierend zu sehen, wie reflektiert und frühzeitig Humboldt auch auf diesem Gebiet immer wieder die Kehrseite der Globalisierung in sein Denken mit einbezog und zugleich der Wissenschaft eine klare geoökologische Agenda vorlegte. Seine Untersuchungen und Reflexionen über die geschichtlichen, gegenwärtigen und künftigen Lebensbedingungen auf unserem Planeten, die sich bei ihm oft mit dem Gedanken der Migration von Pflanzen wie von Menschen verbinden, belegen die Relevanz eines Wissens und einer Wissenschaft, die Globalisierung und Lebensbedingungen zusammendenken.

Die Humboldtsche Weltwissenschaft kann in diesem Überschneidungsbereich unterschiedlichster Wissensbereiche und Wissenschaftsdiskurse als eine Lebenswissenschaft verstanden werden, die sich nicht auf die engen Grenzen einer biowissenschaftlich-medizinischen Dimension und damit auf die derzeit vorherrschende semantische Reduktion des Lebensbegriffs einengen läßt. Das Humboldtsche Lebenswissen ist in seinen Schriften wie in seinem Handeln allgegenwärtig: Es ist ein Natur und Kultur aufeinander beziehendes Wissen vom Leben, das Ethik und Ästhetik miteinander verbindet, aus dem Leben selbst schöpft und auf Lebensführung zielt. Es speist sich aus einem Erlebenswissen, das Humboldt literarisch überzeugend und oft mit einem autobiographischen Augenzwinkern zu vermitteln versteht.

All dies beinhaltet selbstverständlich ein Bildungsideal, wie es ebenso in den *Ansichten der Natur* wie im *Kosmos* auf ästhetisch durchaus unterschiedliche, aber stets die Herausbildung einer künftigen Wissensgesellschaft fördernde Weise zum Ausdruck kommt. Alexander nahm den Bildungsgedanken seines Bruders Wilhelm auf und entwickelte ihn insofern weiter, als er die transversalen, die verschiedenen Regionen des Wissens wie der Welt miteinander verknüpfenden Aspekte noch stärker in den Vordergrund rückte. Sein Verständnis von Bildung ist relational und global. Alexander von Humboldt – dessen Name, anders als bei seinem Bruder Wilhelm, in diesem Zusammenhang meist vergessen wird[36] – zielte nicht auf die Anhäufung von Bildungsbrocken, sondern auf die Gestaltung einer Kernkompetenz: die Fähigkeit zum Zusammendenken. Wenn es gelingt, die in diesem Band entfalteten Dimensionen der Humboldtschen Wissenschaft ins 21. Jahrhundert zu übersetzen und auch die Fehler im System fruchtbar zu machen, dann bilden die globalen Wechselwirkungen im Denken Alexander von Humboldts noch immer ein faszinierendes Zukunftsmodell.

Bekanntlich hat Wilhelm von Humboldt bereits 1793 seinem jüngeren Bruder eine besondere Gabe der Kombinatorik bescheinigt und ihn als prädestiniert dafür bezeichnet, »Ideen zu verbinden, Ketten von Dingen zu erblicken, die Menschenalter hindurch, ohne ihn, unentdeckt geblieben wären«.[37] In dieser von Wilhelm früh entdeckten Fähigkeit seines jüngeren Bruders Alexander könnte man sehr wohl ein Grundprinzip wissenschaftlicher Kreativität erkennen, wie es der Hirnforscher Wolf Singer formulierte: »Im wissenschaftlichen Bereich ist Kreativität in der Regel die Fähigkeit, etwas zusammenzusehen, was bisher noch nicht zusammengesehen worden ist.«[38]

Achse 2

Die Kunst des Scheiterns: Die Fehler im System oder das Glück, niemals anzukommen

54. Alles ist Wechselwirkung – auch die Fehler im System

In seinem *Examen critique*, den *Kritischen Untersuchungen über die historische Entwickelung der geographischen Kenntnisse von der Neuen Welt und die Fortschritte der nautischen Astronomie in dem 15ten und 16ten Jahrhundert*, ging Alexander von Humboldt ausführlich auf die verschiedenen Traditionen der kartographischen Repräsentation der Neuen Welt ein. Bei seiner Diskussion dreidimensionaler Darstellungsweisen beschäftigte er sich nicht nur mit dem berühmten »Erdapfel« des Martin Behaim von 1492, sondern auch mit einer Erdkugel des Johann Schoner, auf der noch im Jahre 1520 eine direkte Meeresverbindung zwischen der Karibischen See und dem Pazifik eingezeichnet war. Diese Darstellung einer Meerenge anstelle einer Landenge im Bereich des zentralamerikanischen Isthmus kommentierte Humboldt wie folgt:

»Die Durchfahrt aus dem Meere der Antillen in den Stillen Ocean, wie sie Schoner angegeben hat, war also nur das Erzeugniß eines systematischen Geistes und falscher Vorstellungen über die Unternehmung des Balboa. Man kann mit Recht darüber staunen, wie der von uns angegebene Irrthum sich so geraume Zeit hindurch hat fortpflanzen können.«[1]

Humboldt blieb freilich nicht bei einem simplen Konstatieren der Fehler, Irrtümer und falschen Vorstellungen eines »systematischen Geistes« stehen, sondern fragte konsequent ebenso nach den Quellen und Traditionen derartiger »Verzeichnungen« wie nach deren produktiven Folgen. Denn: »Die Einzelheiten der Geschichte der Wissenschaften«, so erläuterte er im Anschluß, »gewähren nur insofern einen Nutzen, als man sie durch ein gemeinsames Band verknüpft.«[2] Wolle man aber zu einer »höheren Ansicht über den Gang der Civilisation«[3] gelangen, so müsse man auch »anscheinend zufällige Ereignisse«, in denen sich »eine Nothwendigkeit in den Bestimmungen der Welt«[4] offenbare, unter Einschluß gerade auch irriger Vorstellungen und systematischer Fehler mit einbeziehen. Eine solchermaßen veränderte Perspektivik ermögliche ein anderes, tieferes Verstehen der großen Erfolge und Entdeckungen (wie selbstverständlich auch eines großartigen Scheiterns):

»Die Geschichte bewahrt im Allgemeinen nur die Ueberlieferung glücklicher Unternehmungen und großer Erfolge auf der Bahn der Entdeckungen. Was die Bewegung und den Erfolg vorbereitet, gehört der Verkettung von Ideen und der Verbindung geringfügiger Ereignisse an, welche eine gleichzeitige und gemeinschaftliche Wirkung ausüben. Ihre Wichtigkeit tritt erst dann mit einiger Deutlichkeit hervor, wenn große Erfolge erreicht worden sind, wie die, welche wir Diaz, Columbus, Gama und Magellan verdanken.«[5]

Entschieden wandte sich Humboldt gegen jegliches Ansinnen, wie Robertson in seiner Geschichte Amerikas[6] »den unbestimmten Begriff des Schicksals« dort zu gebrauchen, »wo die gegenseitige Verkettung so vieler Ursachen und Wirkungen zu erkennen nicht schwer« falle.[7] Wolle man ein Ereignis begreifen, welches »das Geschick so vieler in der unermeßlichen Weite des Oceans zerstreuter Völkerschaften [...], die außer dem Bereiche der europäischen Bildung standen«,[8] grundlegend veränderte, so waren gerade jene Irrtümer im systematischen Denken, jene *Fehler im System* zu analysieren, welche in so starkem Maße die Beziehungen zwischen dem Zufall, dem Möglichen und der Notwendigkeit – und damit einer für die Literatur insgesamt so entscheidenden Dimension[9] – bestimmen.

Im Zentrum von Humboldts epistemologischer Metaphorologie – die Wiederholung des Lexems in den obigen Zitaten mag es belegen – stehen das Band und vor allem die *Verkettung*, freilich eine »allgemeine Verkettung, nicht in einfacher linearer Richtung, sondern in netzartig verschlungenem Gewebe«, wie Humboldt sie gleich auf den ersten Seiten des ersten Bandes seiner Summa, des *Kosmos*, definierte.[10] Die beweglich verschlungene Gewebestruktur des Netzwerkes kennzeichnet nicht allein die offen angelegte Vielverbundenheit zwischen seinen so unterschiedlichen Büchern und Schriften, sondern vor allem seine Epistemologie der Relationalität, deren Kernstück eine nur auf den ersten Blick holistische Einsicht ist. Er notierte sie schon früh inmitten der französischsprachigen Passagen seines mexikanischen Reisetagebuches auf deutsch – bezeichnenderweise als Einschub in klimatologisch-geoökologische Überlegungen:

»L'évaporation, causée par la chaleur, produit le manque d'eau et de rivières, et le manque d'évaporation (source principale du froid atmosphérique) augmente la chaleur. Alles ist Wechselwirkung.«[11]

Wie sich der zumeist schädliche Einfluß des Menschen auf Klima und Atmosphäre unseres Planeten für Humboldt aus der »allgemeinen Verkettung« genereller Faktoren und Bedingungen mit systematischen Fehlern ergibt, deren Konsequenzen schon früh auch in der Geschichte der Entdeckung und Eroberung der Neuen Welt erkennbar geworden seien, so sind die Fehler im System auch prägend für das bewußte und intendierte Handeln des Menschen, wie Humboldt es in seiner Geschichte der Neuen Welt herauszuarbeiten versuchte.

Hatte er in seinem Zentralasien gewidmeten und 1843 in Paris erschienenen dreibändigen Werk Christoph Columbus als jenen »außergewöhnlichen Mann«[12] gefeiert, der gleichsam als Prototyp des modernen Wissenschaftlers auf die negativen Folgen der raschen Abholzung für den Wasserhaushalt der Antillen hingewiesen habe,[13] so ließ er am Ende des Hauptteils von *Asie Centrale* auch keinen Zweifel daran, daß Rodungen und andere massive Eingriffe in den Wasserhaushalt, vor allem aber die »großen Massen an Wasserdampf und gashaltiger Substanzen«, die vorwiegend in den großen Zentren der »industriellen Kultur«[14] vermehrt in die Atmosphäre gelangten, erhebliche Auswirkungen auf das Klima haben würden.[15]

Auch wenn Alexander von Humboldt die ganze Wucht dieses Prozesses zum damaligen Zeitpunkt noch nicht abschließend zu beurteilen vermochte: Diese vom Autor der *Ansichten der Natur* aufgezeigten Fehler im System sind uns heute mehr als vertraut. Unübersehbar ist, daß Alexander von Humboldt in seine Konzeption des Weltbewußtseins gerade die vom Menschen systematisch begangenen Irrtümer und Fehler einbezog, um daraus Rückschlüsse auf künftige Entwicklungen sowie auf Möglichkeiten zu gewinnen, negativen Folgeerscheinungen so früh als möglich und auf der Basis einer hochkomplexen Faktorenanalyse entgegenzutreten.

Was wir heute eher verharmlosend als »Technikfolgenabschätzung« bezeichnen, läßt sich aus der hier gewählten Perspektive als ein Versuch begreifen, die Fehler im System der abendländischen Neuzeit und Moderne systematisch zu analysieren – gleichviel, ob es sich dabei um Fehler im Umgang mit der Natur oder bei der geistigen wie materiellen Auseinandersetzung mit anderen Kulturen handelt. Doch begriff Humboldt – wie die obigen Zitate bereits andeuten – Fehler keineswegs nur als mehr oder minder gravierende »Störungen« und »Betriebsunfälle«, sondern in ganz wesentlicher Weise auch als eine fundamentale Produktivkraft menschlicher Erkenntnis. Denn gerade auch Fehler und Irrtümer können in der Netzwerkstruktur der Wechselwirkungen neues Wissen generieren: Es kommt aber darauf an, sie ins (Welt-)Bewußtsein zu heben.

55. Fehler als Faszinosum

Keine andere historische Figur hat Alexander von Humboldt in vergleichbar starkem und anhaltendem Maße fasziniert wie Christoph Columbus.[16] Sein auf jahrzehntelangen Vorarbeiten fußendes *Examen critique* läßt sich als ein einziger großangelegter Versuch verstehen, die Gestalt jenes »außerordentlichen Mannes«[17] zu begreifen, den man »bald für einen edlen Portugiesen ausgegeben, bald für einen Böhmen von slavischer Race, bald für einen Eingebornen der Insel Fayal (in der Gruppe der Azoren), bald für einen Bürger von Nürnberg«.[18]

Humboldts historiographische (und literarische) Auseinandersetzung mit diesem europäischen Kosmopoliten war aber weit davon entfernt, sich ausschließlich mit dem Mut und der Kühnheit, mit dem Scharfsinn und der Intelligenz, mit den fortgeschrittenen nautischen Kenntnissen und der quasi wissenschaftlichen Beobachtungsgabe des Cristóbal Colón zu beschäftigen. Vielmehr war es Alexander von Humboldt auch darum zu tun, die Fehler im System des genuesischen Seefahrers zu erfassen und diese Fehler und Irrtümer in ihrer produktiven, innovatives Wissen erzeugenden Kraft vor Augen zu führen.

Der europäische Entdecker *par excellence* ist für Humboldt folglich weit mehr als der unbeirrbare Held einer abenteuerlichen Entdeckungsgeschichte, die (Welt-)Geschichte machte. Er repräsentiert gerade mit seinen systematischen Fehlern vielmehr jene Übergangszeit, die er so nachhaltig zu beschleunigen vermochte – und hier gilt es zu bedenken, daß große Männer für den Geschichtsphilosophen Humboldt in erster Linie die Beschleuniger von Entwicklungen waren, die auch ohne sie, freilich in »verzögerter« Form, stattgefunden hätten: »sie beschleunigen und beleben die Kraft der Bewegung«.[19]

In diesem Sinne ist der genuesische Seefahrer gewiß – wie Humboldt gleich zu Beginn seiner Vorrede betonte – auf der kulturgeschichtlichen wie der geschichtsphilosophischen Ebene ein Wesen auf der Grenze: »In der Mitte zwischen zwei gänzlich von einander verschiedenen Bildungsstufen sehen wir in ihm gleichsam eine Zwischenwelt, die zugleich dem Mittelalter und der neueren Zeit angehört.«[20]

Doch Columbus erscheint nicht nur als der Bewohner einer Zwischenwelt an der Schwelle zwischen zwei Epochen abendländischer Geistesgeschichte, nicht allein als ein beständiger Reisender zunächst zwischen verschiedenen europäischen Ländern und später zwischen Alter und Neuer Welt, eine Position, die ihn gleichsam zum ZwischenWelten-Schreiben[21] prädestiniert. Vielmehr pendelt er auch auf der Ebene von Wissen und Erkenntnis zwischen Wahrheitssuche und Fehlertreue, zwischen »ererbtem« (Vor-)Wissen und dynamischem Erfahrungs- und Erlebenswissen, zwischen der Fehlerhaftigkeit eines (im Humboldtschen Sinne verstandenen) systematischen Denkens und einem empirisch fundierten Erkenntnisstreben, das sich selbst stets »auf dem Weg« weiß.

Man könnte daher mit guten Gründen so weit gehen, das gesamte *Examen critique* als eine auf Hunderten von Seiten durchgeführte Reflexion über die produktive Kraft von Irrtum und Fehler, von Scheitern und Selbsttäuschung zu begreifen, wird Alexander von Humboldt doch nicht müde, immer wieder auf die antiken und zeitgenössischen, abendländischen und außereuropäischen, philosophischen, literarischen und kartographischen *Fehler/Quellen* des Christoph Columbus aufmerksam zu machen, ohne die der große Plan niemals entstanden wäre. Nicht umsonst beginnt der preußische Gelehrte den »Ersten Abschnitt« seines Werkes mit der folgenden Überlegung:

»D'Anville hat die geistreiche Bemerkung gemacht, daß der größte aller Irrthümer, welche sich in der Geographie des Ptolemäus vorfinden, die Menschen zu der größten Entdekkung in Bezug auf neue Erdstriche geführt habe. [...] Alles was zur Bewegung anregt, möge die bewegende Kraft sein welche sie wolle, Irrthümer, unbestimmte Muthmaßungen, instinktmäßige Divinationen, auf Thatsachen gegründete Schlußfolgen, führt zur Erweiterung des Ideenkreises, zur Auffindung neuer Wege für die Macht der Intelligenz.«[22]

Entscheidend – und für Humboldts Denken charakteristisch – ist also die *Bewegung*, mithin die bewegende (und belebende) Kraft, die von einer Vorstellung ausgeht, beruhe sie auf Tatsachen, Erfahrungen, Überlieferungen, Mutmaßungen oder (aus heutiger Sicht unverkennbaren) Irrtümern.

Ungezählte Male gelingt es Humboldt, gerade jene die Geschichte vorwärtstreibende Kraft der Beschleunigung herauszuarbeiten, die Fehlern und Irrtümern innewohnt. Anders als das stereotype Alltagswissen leisten sie als *Movens* jenes Humboldtschen Zauberworts der *Bewegung* Vorschub, das ebenso für die Entdeckungen im Raume wie für jene im Denken von alles entscheidender Bedeutung ist. Hätte sich Columbus je den Gefahren einer Atlantiküberquerung ausgesetzt, wäre er nicht fest davon überzeugt gewesen, nach Westen segelnd auf das asiatische Festland, auf die Welt Marco Polos zu stoßen? Wäre der Genuese je aufgebrochen, hätte er nicht »gewußt«, daß der Anteil des Wassers an der Erdoberfläche nur ein Siebtel ausmacht und die Distanz zwischen dem westlichen Ende Europas und dem östlichen Ende Asiens gering ist?

Fragen wie diesen geht das *Examen critique* keineswegs nur aus Gründen einer genaueren Kenntnis aller Details und Vorgeschichten der sogenannten Entdeckungsgeschichte nach. Vielmehr geht es Humboldt um die Prozessualität (und Widersprüchlichkeit) menschlicher Erkenntnisvorgänge überhaupt. Denn was ist eine »Erweiterung des Ideenkreises«, was ist die »Auffindung neuer Wege für die Macht der Intelligenz«, wenn all diese Bewegungen und Wege auf fehlerhaften und irrtümlichen Beweggründen beruhen?

Kein Zweifel: Fehler waren für Humboldt keineswegs nur ein Ärgernis, sondern vor allem dies: ein Faszinosum, das immer wieder mit Macht seine Intelligenz herausforderte. Begingen die Professoren von Salamanca nicht auch ungeheure Fehler, als sie sich in ihrem Disput mit Columbus den Wegen des in ihren Augen nur halbgebildeten Seefahrers entgegenstellten?[23] Und unterliefen Hernán Colón, der dem spanischen Chronisten Fernando González de Oviedo mit Recht eine fehlerhafte Beherrschung des Griechischen nachwies, nicht selbst zahlreiche lexikalische und andere Fehler, die Humboldt – seinerseits keineswegs vor derartigen Irrtümern geschützt – ihm seinerseits nachzuweisen sucht?[24] Alexander von Humboldts Argumentation läßt immer wieder erkennen, daß er sich selbst zwar ebenso unermüdlich wie unverdrossen um eine akribisch genaue wissenschaftliche Absicherung seiner Argumentation bemühte, zugleich aber wußte, daß Erkenntnis *kein* Ankommen in der Sicherheit ist.

Einer Zeit, welche den »Code der Natur« endgültig geknackt zu haben und nur noch wenige Schritte von der Aufdeckung der Weltformel entfernt zu sein glaubt, darf man getrost die selbstreflexive Einsicht Alexander von Humboldts entgegenhalten:

»Durch den Glanz neuer Entdeckungen angeregt, mit Hoffnungen genährt, deren Täuschung oft spät erst eintritt, wähnt jedes Zeitalter dem Culminationspunkte im Erkennen und Verstehen der Natur nahe gelangt zu sein. Ich bezweifle, daß bei ernstem Nachdenken ein solcher Glaube den Genuß der Gegenwart wahrhaft erhöhe. Belebender und der Idee von der großen Bestimmung unseres Geschlechtes angemessener ist die Ueberzeugung, daß der eroberte Besitz nur ein sehr unbeträchtlicher Theil von dem ist, was bei fortschreitender Thätigkeit und gemeinsamer Ausbildung die freie Menschheit in den kommenden Jahrhunderten erringen wird. Jedes Erforschte ist nur eine Stufe zu etwas Höherem in dem verhängnißvollen Laufe der Dinge.«[25]

Alexander von Humboldt – dies dürfte deutlich geworden sein – war kein Anhänger einer Null-Fehler-Kultur. Er versuchte vielmehr, Fehler und Irrtümer als *Fehler/Quellen*, *Beweg/Gründe* und Erkenntnisbeschleuniger historiographisch und kartographisch – wie hier am Beispiel der Entdeckungsgeschichte Amerikas – herauszuarbeiten. Die zeitbedingten Irrtümer des Cristóbal Colón werden zu Irrwegen, die ihrerseits zu einem nicht gesuchten Ziel, Amerika, führen. In seiner Gestalt *verkettet* sich das Erfundene mit dem Aufgefundenen: Hier führen Fehler im System in eine Neue Welt.

Humboldts mit höchster philologischer Akribie vorgetragene Analysen zielen dabei auch auf Vorstellungswelten, die seinen Zeitgenossen mitunter als wenig erkenntnisfördernd erscheinen mochten. So widmete er sich etwa ausführlich den Elementen jener »mythischen Geographie«,[26] die im 14. und 15. Jahrhundert anhand imaginärer Inselwelten, die auf vielen Weltkarten der Zeit verzeichnet wurden und die noch über Jahrhunderte immer wieder ihre kartographische Lage wie ihre Umrisse ändern sollten, die Einbildungskraft der Seefahrer angestachelt und in der Tat zu vielen tatsächlichen Entdeckungen geführt hatten. Am Beispiel der Insel von San Borondón, also der Insel des heiligen Brandanus, der Insel Antilia oder des noch über Jahrhunderte auf vielen Amerika-Karten eingezeichneten Parime-Sees von El Dorado, des »vergoldeten Königs«, zeigte er die realitätschaffende und folgenreichste Unternehmungen anregende Kraft von Vorstellungen auf, die andere als bloße Irrtümer und Chimären abtaten.

Hier greifen Fehler und Fiktion ineinander und verdichten Lüge und Wahrheit zu neuen Realitäten, die nicht allein den Geschichtsforscher interessieren. Humboldt wußte, wie kurzsichtig es gewesen wäre, derartige kartographische Angaben als bloße »falsche Anwendung klassischer Gelehrsamkeit«[27] und damit als simple Irrtümer abzutun. Die Fehler hatten aus seiner Sicht vielmehr System und waren gerade aus diesem Grund systematisch zu untersuchen.

Folglich versuchte Alexander von Humboldt auch, den (ihn stets faszinierenden) Fehler im System für sein eigenes Forschen, für seine eigene Epistemologie und deren Inszenierung zu nutzen. Dies soll im folgenden nicht am Beispiel der Reise des Columbus, sondern anhand von Humboldts eigener Reise in die Äquinoktial-Gegenden des neuen Kontinents näher untersucht werden. Denn schließlich sind die Reisen, ist das Mobile die Grundlage und das eigentliche *movens* seiner Welt des Wissens und der Wissenschaft.

56. K/ein Licht am Ende der Höhle

Die Forschungen zu Alexander von Humboldt haben bislang kaum einmal der Tatsache ihre Aufmerksamkeit geschenkt, daß die meisten der herausragenden (und zugleich populärsten) Episoden der so erfolgreichen amerikanischen Forschungsreise des preußischen Gelehrten und Schriftstellers im Zeichen des Scheiterns stehen. Die berühmte Orinoco-Fahrt Bonplands und Humboldts etwa wird von zwei Höhlenbesuchen »gerahmt«, die beide in vieldeutiger Weise »scheitern«.[28]

Schon der von indianischen Führern und spanischen Ordensleuten begleitete Besuch der Höhle des Guácharo weist sehr bewußt und in verdichteter Form – wie in einer *mise en abyme* – auf die Aporien der Humboldtschen Wissenschaftskonzeption wie des europäischen Moderne-Projekts hin, wehren sich die Indianer trotz des massiven Eingreifens der christlichen Missionare doch vehement dagegen, weiter in die Höhle einzudringen, die ihren »mystischen Vorstellungen« nach »tief hinten« von den »Seelen ihrer Vorfahren« bewohnt sei.[29] Die Europäer, die mit ihren Fackeln gekommen waren, aufklärendes Licht in das Dunkel ihres Forschungsgegenstandes zu bringen, müssen erkennen, daß sie hier – auch wenn sie im Namen einer Fortschrittsgeschichte der gesamten Menschheit auftreten – an Grenzen interkultureller Akzeptanz stoßen: Einem weiteren Vordringen des von spanischen Geistlichen begleiteten deutsch-französischen Forschungsteams, dies läßt Humboldts Reisebericht unzweideutig erkennen, hätten die Indianer massiven Widerstand entgegengesetzt.

So bleibt den europäischen Forschungsreisenden nichts anderes übrig, als widerwillig den Rückweg aus der Höhle anzutreten: »Wir mußten uns der Feigheit unserer Führer gefangen geben und umkehren.«[30] Humboldt wird die Entscheidung, auf ein weiteres Vordringen zu verzichten, nicht leichtgefallen sein, war er doch davon unterrichtet worden, daß ausgerechnet ein katholischer Bischof vor langer Zeit mit Hilfe von »dicken Kerzen aus weißem kastilischen Wachs«[31] wesentlich weiter in die Höhle vorgedrungen war als die Vertreter der europäischen Wissenschaft an der Schwelle zum 19. Jahrhundert.

Zugleich aber modellierte er die von ihm sehr stark literarisch und geschichtsphilosophisch durchgestaltete Passage so, daß sie das Aufeinandertreffen zweier unterschiedlicher Logiken vor Augen führt und aus dem Scheitern des gesamten Vorhabens (bei allem sehr wohl aufgezeichneten Ärger der Forscher) doch den Funken einer kritischen (Selbst-)Reflexion schlägt. Denn die Europäer stoßen hier an die Grenzen einer Wissenschaft, die sich bis heute universalistisch gibt, aber doch eine unübersehbar abendländische Kulturprägung aufweist. Hier liegt ein grundlegender Fehler im System der europäischen Wissenschaft, der in Humboldts Bericht von der *Reise in die Äquinoktial-Gegenden des Neuen Kontinents* unübersehbar markiert wird.

Welche Folgen das bewußte Überschreiten der Grenzen einer grundsätzlichen Achtung des kulturell Anderen nach sich ziehen kann, setzt Humboldt am Beispiel der Höhle von Ataruipe im zweiten Teil seines Höhlengleichnisses in Szene. Dort bemächtigen sich die europäischen Forscher zahlreicher Skelette eines indigenen Volksstammes, der in der Höhle seine letzte Ruhestätte fand. Die wissenschaftsideologisch begründete Durchsetzung des Eigenen, die »zum größten Aergerniß unserer indianischen Führer«[32] in der unberechtigten Aneignung des anderen ihren Höhepunkt findet, führt letztlich nur dazu, daß wie unter der Wirkung eines Fluches die »Forschungsgegenstände« selbst mitsamt ihrem Begleiter, dem mit Humboldt befreundeten Franziskaner Juan González, noch im Jahre 1801 bei einem Schiffbruch im Atlantik unwiederbringlich versinken. Es ist ein Schiffbruch mit einem seinen Fehler ahnenden Zuschauer: »Wie im Vorgefühl dieses schmerzhaften Verlustes, in ernster Stimmung, entfernten wir uns von der Gruft eines untergegangenen Völkerstammes.«[33]

Daß Alexander von Humboldt über Jahrzehnte in verschiedenen Texten diese Szene immer wieder aufs neue gestaltete, belegt nicht nur ein großes Maß an persönlicher Betroffenheit, sondern vor allem die Absicht, eine konkrete wissenschaftliche Grenzsituation zu reflektieren und im Scheitern die Aporien (des eigenen) wissenschaftlichen Handelns zu beleuchten. So wird die Höhle von Ataruipe zur Fehler/Quelle.

Daß Humboldt hier kein Licht am Ende der Höhle aufscheinen läßt und auf die wohlfeile Schutzbehauptung verzichtet, der Raub der Skelette habe zu relevanten neuen Einsichten in die Menschheitsgeschichte geführt, weist auf seine unbezweifelbare intellektuelle Redlichkeit hin. Denn der Verfasser der *Ansichten der Natur* hat die Problematik abendländischer Wissenschaftspraxis und damit grundlegende Fehler im System sehr wohl erkannt und immer wieder literarisch in Szene gesetzt. Insofern aber scheint in seinen Schriften vielleicht doch ein Licht am Ende der Höhle auf.

57. Ein Aufstieg ohne Gipfelankunft

Die sicherlich berühmteste Episode aus dem Leben Alexander von Humboldts ist sein riskanter und bis heute vielfach medial bearbeiteter Versuch, am 23. Juni 1802 den Gipfel des Chimborazo zu ersteigen. Kein anderer Berg hat das Bild des preußischen Reisenden so sehr geprägt wie jener Vulkanriese im heutigen Ecuador, der zum Zeitpunkt des Besteigungsversuchs als der höchste Berg der Erde galt.[34]

In einer dramatischen Inszenierung hielt Humboldt in seiner wenig bekannten Prosaskizze von 1837, die er später für seine 1853 erschienenen *Kleineren Schriften* umarbeitete, den Augenblick des Aufreißens der Nebelwolken fest, die überraschend den Blick auf den Gipfel freigaben – kurz bevor eine *crevasse*, eine tiefe Felsspalte, diesen Gipfel des Vulkans für Aimé Bonpland, Carlos Montúfar, Alexander von Humboldt und ihren Begleiter definitiv unerreichbar werden ließ:

»Die Nebelschichten, die uns hinderten, entfernte Gegenstände zu sehen, schienen plötzlich, trotz der totalen Windstille, vielleicht durch elektrische Processe, zu zerreissen. Wir erkannten einmal wieder, und zwar ganz nahe, den domförmigen Gipfel des Chimborazo. Es war ein ernster grossartiger Anblick.«[35]

Das Aufscheinen des Sublimen, durchaus im Sinne Kants mit dem Furchterregenden gekoppelt, wird in den Text nur perspektivisch eingeblendet, um augenblicklich wieder zu verschwinden. Wie in einem romantischen Gemälde tauchen in der Folge bizarre Felsformationen auf; doch ganz anders als in Caspar David Friedrichs berühmtem, um 1818 entstandenen Gemälde steht hier kein »Wanderer über dem Nebelmeer«: Von keiner alles beherrschenden Position aus wird das Nebelmeer überblickt. Der Gipfel des Chimborazo erscheint in seiner Großartigkeit zum Greifen nahe, doch nur, um sogleich ins Nichtbeherrschte entrückt zu werden. Die Natur entzieht sich in dieser von Humboldt sorgsam geschaffenen Szenerie ihrer Unterwerfung durch den Menschen.

Und wieder greift Humboldt auf das Verfahren einer *mise en abyme* – und diesmal in einem geradezu wortwörtlichen Sinne – zurück: In seinem Reisetagebuch öffnet sich just an der Stelle, an welcher die klaffende Felsspalte jeglichen Versuch, den Gipfel doch noch zu erreichen, zum Scheitern verurteilt, eine große Lücke im Manuskript, in die Humboldt andere Textteile einfügt. Das zweisilbige Wörtchen *cre-vasse* öffnet im französischen Originalmanuskript auf den beiden Rändern der Lücke zwischen Seite 38 und 45 eine gigantische Spal-te,[36] die sich dem weiteren Fortgang wie der Besteigung des Gipfels entgegenstellt.

Das wahrhaft Abgründige der im Humboldtschen Tagebuch sichtbar werdenden *mise en abyme* ist darin zu sehen, daß sie buchstäblich den *abyme* (neufranzösisch *abîme* für »Vertiefung, Kluft, Abgrund und Unermeßlichkeit«) im Text wie im Schriftbild nachbildet – ein Verfahren, das in seinem experimentellen Charakter zu diesem Zeitpunkt des Aufbruchs in die Moderne bestenfalls mit Laurence Sternes *Tristram Shandy* verglichen werden könnte. Der experimentelle Charakter von Humboldts Schreiben wirft zugleich aber auch ein Schlaglicht auf ein Wissenschaftsverständnis, das nicht auf eine Kunst der Beherrschung, sondern auf die Entfaltung einer Kunst des Scheiterns zielt. Denn nur durch eine kunstvolle Epistemologie des Scheiterns war – wie schon die vorherigen Beispiele zeigten – ein Scheitern der Epistemologie zu verhindern.

Die mit der Souveränität eines großen Schriftstellers vorgeführte Kunst des Scheiterns meint zunächst ein in Szene gesetztes Scheitern, das stets den Stempel des Vorläufigen trägt. Nachdem Humboldt in seinem Reisetagebuch noch notierte, die Spalte sei »mindestens 90 Toisen tief und vielleicht 10 Toisen breit« gewesen, fügte er hinzu: »Das waren unsere Säulen des Herkules.«[37] Die Felsen von Gibraltar und Ceuta, welche von ihren Rändern her die Lücke zwischen der europäischen und der afrikanischen Küste des Mittelmeers und zugleich dessen westliches Ende markieren, bildeten jedoch – wie Humboldt in seinen *Kritischen Untersu-*

chungen zur abendländischen Expansionsgeschichte sehr wohl vermerkte – keine dauerhafte Grenze für die Bewegungen des Menschen, waren doch schon die Phönizier weit über sie hinaus vorgestoßen.

So steht die Lücke zwischen beiden Felsen wie beiden Felsbrocken auf eine zutiefst ambivalente Weise für die Markierung einer Grenze und *zugleich* für deren Überwindbarkeit ein, hatte Christoph Columbus doch einst die Grenzziehungen der Alten Welt, mit denen er bestens vertraut war, entschlossen hinter sich gelassen. Wie die Entdeckungsfahrten des genuesischen Seefahrers nicht nur auf Kühnheit und Scharfsinn, sondern auch auf fehlerhaften Berechnungen und optimierbaren Annahmen beruhte, so wissen (und erweisen) sich auch die Humboldtschen Unternehmungen nicht als fehlerfrei. Im Gegenteil: Alexander von Humboldt versuchte, ebendiese Fehler – und gerade auch das Scheitern, das Nichterreichen – als Produktivkraft, als ständigen Treibstoff für sein wissenschaftliches Denken wie für sein Handeln, für seine Epistemologie wie für seine Wissenschaftspraxis fruchtbar zu machen.

Die Humboldtsche Kunst des Scheiterns ist eine Lebenskunst:[38] Sie zielt auf das Glück, keinen Gipfel zu erreichen, nirgendwo anzukommen: Denn dann wäre die Geschichte ja zu Ende. Sie zelebriert in dieser berühmten, aber noch selten anhand ihrer literarischen Textgestaltungen untersuchten Episode vielmehr einen Aufstieg ohne jedes Ankommen: das Glück, unverdrossen auf dem Weg, ständig auf dem Sprung zu sein.

58. Von der Kunst und vom Glück, niemals anzukommen

Der fünfte, im Jahre 1862 postum erschienene Band des *Kosmos* enthält auf Seite 85 eine jäh abbrechende Textpassage, der mehrere Zeilen von Gedankenstrichen sowie die in eckigen Klammern vom Herausgeber signierte Notiz folgen: »*Der Tod des großen Autors* hat den Faden dieses Werkes abgeschnitten. S. die weiteren Worte am Ende der Anmerkungen S. 99.«[39] Alexander von Humboldt war am 6. Mai 1859 verstorben: Das »Werk seines Lebens« war unabgeschlossen geblieben.

Daß den Gedankenstrichen am Ende des Haupttextes weitere Anmerkungen von Humboldts Hand folgen, die ihrerseits von Gedankenstrichen »abgeschlossen« werden, mag für den Autor der *Ansichten der Natur*, deren Haupttext von den Anmerkungen oftmals um das bis zu Zwölffache übertroffen werden, mehr als charakteristisch sein: Noch im Ende selbst scheinen weitere Hinzufügungen auf. Mochte Eduard Buschmann auch hier erneut ein vermeintlich abschließendes Wort hinzufügen – »*Der Tod hat den großen Autor seinem Werke vor dessen Vollendung entrissen.*«[40] –, so dürfte wohl doch vielen Zeitgenossen, die mit Alexander von Humboldts Werk vertraut waren, die Tatsache höchst gegenwärtig gewesen sein, daß der illustre, im Alter von fast neunzig Jahren Verstorbene kaum eines seiner Werke wirklich abgeschlossen und »vollendet« hatte. Humboldts Werk ist ein einziges offenes Buch.

Denn nicht nur Humboldts *Kosmos* blieb nach Tausenden von Seiten, nach Tausenden von Anmerkungen unabgeschlossen.[41] Das in seinen Dimensionen monumentale dreißigbändige amerikanische Reisewerk blieb Fragment. Ebenso der fünfte Band des *Examen critique*, der im Januar 1839 erschien und belegte, daß dieses Unternehmen längst die ursprünglichen Dimensionen einer bloßen »Erläuterung« des *Atlas géographique et physique des régions équinoxiales du Nouveau Continent* souverän gesprengt hatte, blieb der letzte: Das Werk, das etwa doppelt so umfangreich werden und im Oktavformat einmal zehn Bände umfassen sollte, wurde nicht weiter fortgeführt. Alexander von Humboldts *Relation historique*, der eigentliche Reisebericht der amerikanischen Forschungsreise, erfaßte nur etwa ein Drittel des gesamten Reiseverlaufs und brach nach dem dritten Band nicht weniger abrupt ab – ein vierter, mehrfach von Humboldt angekündigter Band erschien nicht mehr. Humboldts *Ansichten der Natur*, von denen in der Erstausgabe von 1808 nur ein als »Band I« gekennzeichneter, aber von keinem zweiten gefolgter Band veröffentlicht worden war, erlebten zwar 1826 eine zweite und 1849 eine nochmals erweiterte mehrbändige Auflage, doch waren diese *Ansichten* – ganz ihrem Titel entsprechend – bewußt offen strukturiert, insofern sie durch ständige Hinzufügungen auf geradezu rhizomatische Weise endlos proliferieren konnten. Humboldts *Kleinere Schriften* erschienen – wie ehedem die Erstausgabe der *Ansichten* – mit der Angabe »Erster Band«, ohne daß ihnen je ein zweiter Band gefolgt wäre. Die *Fragmens de géologie et de climatologie asiatiques* sollten schon bald nach ihrer titelgemäß fragmentarischen Erstveröffentlichung im Jahre 1831 durch eine Neubearbeitung ergänzt und ersetzt werden; doch wurden sie in gänzlich anderer Form von den drei Bänden der *Asie Centrale* »verdrängt«, deren letzter freilich nicht weniger jäh abbrach als der fünfte des *Examen critique* oder der dritte der *Relation historique*.

War Alexander von Humboldt also nicht in der Lage, ein Buchprojekt auch wirklich abzuschließen und zu vollenden? Ja, wußte er nicht einmal – wie sein Freund Dominique François Arago, dem das *Examen critique* gewidmet ist, meinte –, was überhaupt ein Buch sei? So schrieb Arago seinem preußischen Freund recht unverblümt: »Humboldt, tu ne sais pas comment se compose un livre; tu écris sans fin; mais ce n'est pas là un livre, c'est un portrait sans cadre.«[42] Wäre Alexander von Humboldt also ein Schriftsteller, der vom Schreiben nichts versteht, der einem Schreiben ohne Ende ausgeliefert ist, weil er für seine Porträts keine Rahmen finden oder bauen kann?

Arago begriff offenkundig das Humboldtsche Schreiben nicht, charakterisierte es aber sehr zutreffend als ein *écrire sans fin*, als ein Schreiben ohne Ende, ohne Zielpunkt, ohne Schlußpunkt. Es ist heute an der Zeit, die schriftstellerischen Qualitäten des Schreibens Alexander von Humboldts zu entdecken. Die inter- und transmediale strukturelle Offenheit der beiden Bände der *Vues des Cordillères et Monumens des peuples indigènes de l'Amérique* ist für Humboldts experimentelle Schreibformen nicht weniger charakteristisch als die fundamentale Unabschließbarkeit aller Bücher, an denen der Verfasser des *Kosmos* zeit seines Lebens schrieb.

Überblickt man die Gesamtheit seiner ungeheuren wissenschaftlich-literarischen Produktion, so wird deutlich, in welchem Maße die Einsicht, daß alles Wechselwirkung ist, ihren epistemologischen Ausdruck auch und gerade auf der Ebene des Schreibens gefunden hat. Über mehr als sieben Jahrzehnte des Büchermachens entstand ein ebenso dichtes wie mobiles Netzwerk an wechselseitigen intratextuellen Bezügen, innerhalb dessen jedem Buch eine je eigene Position, zugleich aber auch eine jeweils spezifische »Machart«, ein nicht selten experimentelles Verfertigtsein zukommt. Dieser über mehrere Generationen von Wissenschaftlern hinweg entstandene Gesamttext bildet gewiß so etwas wie eine intellektuelle Biographie Humboldts, zugleich aber – und vor allem – eine in stetiger Bewegung befindliche Gesamtheit, die nicht durch eine homogene Struktur, sondern vielmehr durch eine fraktale Strukturierung zusammengehalten wird. In jedem »Bruchstück« leuchtet die Gesamtheit auf.

Es wäre folglich ein wenig produktiver Fehler, in der Nachfolge Aragos im Humboldtschen Schreiben einen Kunstfehler zu erblicken: Der »Fehler« hat vielmehr System. Das Mobile (in) der Humboldtschen Wissenschaft beruht nicht zuletzt darauf, daß der Verfasser des *Kosmos* weder ein Bewohner des wissenschaftlichen Elfenbeinturms noch der Vertreter einer Null-Fehler-Kultur war. Sehr prononciert hat Humboldt nicht nur an anderen Autoren, sondern immer wieder auch an sich selbst Kritik geübt. In den verschiedenen Lieferungen seiner Werke ging er häufig (selbst)kritisch mit zuvor – und oft im selben Werk – veröffentlichten Ergebnissen seiner Forschungen um, korrigierte aus einer späteren Sicht frühere Hypothesenbildungen wie konkrete Analysen und Ergebnisse, ja baute bisweilen längere Passagen von Kritikern seiner Arbeiten in seine eigenen Bände ein.

Über die intellektuelle Redlichkeit des Eingeständnisses eigener Fehler hinaus weist eine solche Vorgehensweise den eigenen Standpunkt und Forschungsstand als einen vorübergehenden und niemals definitiven aus: Denn es sind gerade die Fehler und Lücken, die das eigene Denken immer wieder stimulieren und in Bewegung setzen, nach neuen Perspektiven und Denkmöglichkeiten verlangen, welche eine sich selbst als abgeschlossen begreifende Arbeit nicht mehr für notwendig erachtet hätte. Es sind die Fehler, die Humboldts Denken immer wieder die Sporen geben.

Daß einer solchen Denkweise fraktale, gerade auch am Verfahren der *mise en abyme* ausgerichtete Schreibformen entsprechen, versteht sich aus dieser Perspektive von selbst. Und es überrascht auch nicht, daß Alexander von Humboldt in seine Schriften ganz bewußt Widersprüche und *Webfehler* einbaute, welche ihre Leserschaft immer wieder zu eigenem Nachdenken, eigener Positionsbestimmung zwingen sollten.

So brachte Humboldt oftmals in auf den ersten Blick logische Auflistungen kleine Abweichungen ein, Elemente, die »eigentlich« weder zum jeweils behandelten Raum noch zur jeweils behandelten Zeit passen wollten. In die Aufzählungen von Orten, die er selbst besucht hatte und von denen er berichten konnte, schmuggelte Humboldt nicht selten absichtsvoll Verweise auf andere Orte ein, die er selbst nie gesehen hatte. Gerade die systematisierten Auflistungen enthalten derartige Webfehler, die man bei oberflächlicher Lektüre leicht übersieht.

Es sind nicht zuletzt diese kleinen, scheinbar unlogischen Abweichungen, Widersprüche und »Fehler«, mit deren Hilfe es Alexander von Humboldt gelingt, seinen eigenen Vorstellungen jene Starrheit und jenen Schematismus zu nehmen, die er den *idées systématiques*, den systematischen Ideen,[43] etwa der Hauptvertreter jenes Amerika-Diskurses vorwarf, den er mit seinem neuen Diskurs über die Neue Welt bekämpfte. De Pauw, Raynal und Robertson, den er noch für den klügsten dieser Geschichtsschreiber Amerikas hielt,[44] hätten scharfe Grenzen zwischen »barbarischen« und »zivilisierten« Nationen ziehen zu können geglaubt, was man bei genauerem Hinsehen nicht gelten lassen könne. Humboldt hat längst erkannt, wo hier der Fehler im System zu finden ist.

Ein Systemdenken im Sinne abstrakter Denkvorstellungen, die – wie auch im Falle der *géographie systématique*[45] – empirisch gänzlich ungesichert nur versuchten, sich gegenüber jeglicher Kritik zu immunisieren, war Humboldt verhaßt. Er wollte seine Wissenschaftstheorie und -praxis nicht zu einem Systemdenken gerinnen lassen, sondern systematisch an der eigenen wissenschaftlichen Flexibilität und Bewegungsfähigkeit arbeiten. Wieviel Fehler und Irrtümer als fundamentale Triebkräfte von Wissenschaft und Forschung für die Generierung innovativen Wissens leisten können, hatte ihm die jahrzehntelange Beschäftigung mit Christoph Columbus und der Entdeckungsgeschichte, nicht zuletzt aber auch das eigene Erfahrungs- und Erlebenswissen gezeigt.

Gegen das Denken in Systemen und Schematismen, gegen eine Kultur, die ihre Fehler im System nicht einzugestehen vermag, setzte Alexander von Humboldt ein Schreiben, für das jedes Ende ein neuer Beginn ist, ein Denken, das die Fehler im System produktiv macht, und eine Bewegung, die auf das Glück setzt, niemals anzukommen. Diese Epistemologie, dieses Mobile des Wissens aber ist eine Lebenskunst.

Anmerkungen

Die Übersetzungen aller fremdsprachigen Zitate in diesem Band, wo nicht anders angegeben, stammen von mir (O. E.).

Achse 1: Das Mobile des Wissens

1 A. von Humboldt, *Kosmos. Entwurf einer physischen Weltbeschreibung*, 5 Bde., Stuttgart und Tübingen: Cotta 1845-1862, hier Bd. II, S. 154. Vgl. auch die erste seitengleiche Ausgabe des »Ur-Kosmos« in A. von Humboldt, *Kosmos. Entwurf einer physischen Weltbeschreibung*. Ediert und mit einem Nachwort versehen von O. Ette und O. Lubrich, Frankfurt/Main: Eichborn Verlag (Die Andere Bibliothek) 2004.

2 C. de Pauw, *Recherches philosophiques sur les Américains, ou Mémoires intéressants pour servir à l'Histoire de l'Espèce humaine*, 2 Bde., Berlin: Chez Georges Jacques Decker, Imp. du Roi 1768-1769. Eine deutsche Ausgabe folgte rasch: *Philosophische Untersuchungen über die Amerikaner, oder wichtige Beyträge zur Geschichte des menschlichen Geschlechts*. Übersetzt von C. G. Lessing, 2 Bde., Berlin: Decker und Winter 1769.

3 Vgl. G. W. F. Hegel, *Vorlesungen über die Philosophie der Weltgeschichte*, Bd. IV, Auf Grund des aufbehaltenen handschriftlichen Materials neu herausgegeben von G. Lasson, Leipzig: Felix Meiner ^{2}1923.

4 Vgl. hierzu O. Ette, *Weltbewußtsein. Alexander von Humboldt und das unvollendete Projekt einer anderen Moderne*, Weilerswist: Velbrück Wissenschaft 2002.

5 A. von Humboldt, *Reise auf dem Río Magdalena, durch die Anden und Mexico*, Teil I: *Texte*. Aus seinen Reisetagebüchern zusammengestellt und erläutert durch M. Faak. Mit einer einleitenden Studie von K.-R. Biermann, Berlin: Akademie-Verlag 1986, S. 358.

6 Vgl. I. Kant, »Idee zu einer allgemeinen Geschichte in weltbürgerlicher Absicht«, in: Ders., *Werkausgabe*, hg. v. W. Weischedel, Bd. XI, Frankfurt/Main: Suhrkamp 1977, S. 31-50.

7 Vgl. etwa H. Blumenberg, *Die Lesbarkeit der Welt*, Frankfurt/Main: Suhrkamp 1986, S. 296.

8 Siehe hierzu Figur 6 (S. 259-318).

9 Vgl. A. von Humboldt, *Ansichten der Natur mit wissenschaftlichen Erläuterungen*, Tübingen: Cotta 1808.

10 W. von Humboldt, *Briefe an Karl Gustav von Brinkmann*, hg. v. A. Leitzmann, Leipzig 1939, S. 60.

11 Vgl. O. Ette, *ÜberLebenswissen. Die Aufgabe der Philologie*, Berlin: Kulturverlag Kadmos 2004.
12 Ch. P. Snow, *The Two Cultures*. With Introduction by S. Collini, Cambridge: Cambridge University Press 1993 (zuerst 1959), S. 10 (dt.: *Die zwei Kulturen. Literarische und naturwissenschaftliche Intelligenz*. Aus dem Englischen übersetzt von G. und K.-E. Felten, Versuche 10, Stuttgart: Klett 1967).
13 Vgl. I. Schwarz, »›Humboldt und Taktlosigkeit‹ oder ›ein anlockendes Aushängeschild‹. Alexander von Humboldt als Held einer Novelle – 1858«, in: *HiN – Alexander von Humboldt im Netz* (Potsdam – Berlin) VIII, 14 (2007), S. 74-79 ‹www.hin-online.de›.
14 Vgl. hierzu H. Blumenberg, *Schiffbruch mit Zuschauer. Paradigma einer Daseinsmetapher*, Frankfurt/Main: Suhrkamp 1979.
15 A. von Humboldt, *Kosmos* (1845-1862), Bd. II, S. 399.
16 Ebd., Bd. I, S. 33.
17 A. von Humboldt, *Reise auf dem Río Magdalena*, S. 358.
18 A. von Humboldt, *Die Jugendbriefe 1787-1799*. Herausgegeben und erläutert von I. Jahn und F. G. Lange, Berlin: Akademie-Verlag 1973, S. 74.
19 Brief Voltaires vom 31. August 1761 aus Ferney an Charles Augustin Feriol, comte d'Argental (Voltaire, *Correspondance and related documents*, hg. v. Th. Besterman = The Complete Works of Voltaire 85-135, Oxford u. a.: The Voltaire Foundation 1977, S. 37).
20 A. von Humboldt, *Kritische Untersuchungen über die historische Entwickelung der geographischen Kenntnisse von der Neuen Welt und die Fortschritte der nautischen Astronomie in dem 15ten und 16ten Jahrhundert*. Aus dem Französischen übersetzt von J. L. Ideler, 3 Bde., Berlin: Nicolai 1836-1839 [1834-1838], Bd. 2, S. 7.
21 Vgl. P. Levi, *Se non ora, quando?*, Torino: Einaudi 1982; dt.: *Wann, wenn nicht jetzt?*, München: Hanser ²1986.

Figur 1: »Eine glückliche Revolution«

1 Vgl. O. Ette, »Wege des Wissens. Fünf Thesen zum Weltbewusstsein und den Literaturen der Welt«, in: S. Hofmann, M. Wehrheim (Hg.), *Lateinamerika. Orte und Ordnungen des Wissens. Festschrift für Birgit Scharlau*, Tübingen: Gunter Narr Verlag 2004, S. 169-184.
2 »Zwischenbericht der Enquête-Kommission des Deutschen Bundestages ›Globalisierung der Weltwirtschaft – Herausforderungen und Antworten‹, Drucksache 14/6910 vom 13.9.2001, S. 3.
3 Ebd.
4 Ebd., S. 2.
5 Vgl. M. Foucault, *Les mots et les choses*, Paris: Gallimard 1966; dt.: *Die Ordnung der Dinge*, Frankfurt/Main: Suhrkamp 1971.

6 Vgl. J. Osterhammel, N. P. Petersson, *Geschichte der Globalisierung*, München: Verlag C. H. Beck 2003.

7 Vgl. O. Ette, *Weltbewußtsein*, S. 19-33, sowie: Ders., »Wege des Wissens. Fünf Thesen zum Weltbewusstsein und den Literaturen der Welt«.

8 Vgl. M. Albert, *Zur Politik der Weltgesellschaft. Identität und Recht im Kontext internationaler Vergesellschaftung*, Weilerswist: Velbrück Wissenschaft 2002, S. 340.

9 C. de Pauw, *Recherches philosophiques* (1768-1769), Bd. I, S. a2v f.

10 Vgl. hierzu H. W. Church, »Corneille de Pauw, and the controversy over his ›Recherches philosophiques sur les Américains‹«, in: *PMLA* (New York) LI (1936), Nr. 1 (März), S. 178-206, hier S. 180 f.; sowie G. Beyerhaus, »Abbé de Pauw und Friedrich der Große, eine Abrechnung mit Voltaire«, in: *Historische Zeitschrift* (München – Berlin) 134 (1926), S. 465-493.

11 Ganz ähnlich schätzte Cornelius de Pauw diese welthistorische Bedeutung der sogenannten Entdeckung der Neuen Welt mehrere Jahre später in seinem ausführlichen Beitrag zum *Supplément* der *Encyclopédie* ein; vgl. hierzu den Eröffnungssatz des Artikels von C. de Pauw, »Amérique«, in: *Supplément à L'Encyclopédie ou Dictionnaire raisonné des Sciences, des Arts et des Métiers. Par une Société de Gens de Lettres. Mis en ordre et publié par M****, Tome premier, Amsterdam: Chez M. M. Rey, libraire 1776, S. 343-362, hier S. 343: »Die Geschichte der Welt bietet den Augen der Philosophen kein einzigartigeres Ereignis dar als jenes der Entdekkung des neuen Kontinents, der zusammen mit den Meeren, die ihn umgeben, eine ganze Hemisphäre unseres Planeten bildet [...].«

12 C. de Pauw, *Recherches philosophiques* (1768-1769), Bd. I, S. a3v.

13 Vgl. hierzu die klassische Darstellung von A. Gerbi, *La Disputa del Nuovo Mondo. Storia di una Polemica: 1750-1900*. Nuova edizione a cura di S. Gerbi, Milano und Napoli: Riccardo Ricciardi Editore 1983.

14 C. de Pauw, *Recherches philosophiques* (1768-1769), Bd. I, S. a4r.

15 Ebd., S. a3r.

16 Ebd.

17 Ebd., S. a4v.

18 Ebd.

19 A. Gerbi, *La Disputa del Nuovo Mondo*, S. 117.

20 C. de Pauw, *Recherches philosophiques* (1768-1769), Bd. I, S. 90.

21 Vgl. hierzu G. Steiner, »Georg Forsters ›Reise um die Welt‹«, in: G. Forster, *Reise um die Welt*. Herausgegeben und mit einem Nachwort von G. Steiner, Frankfurt/Main: Insel Verlag 1983, S. 1015-1039, hier S. 1015.

22 G. Forster, »Die Nordwestküste von Amerika, und der dortige Pelzhandel«, in: Ders., *Werke. Sämtliche Schriften, Tagebücher, Briefe*, Bd. V: *Kleine Schriften zur Völker- und Länderkunde*, hg. v. H. Fiedler, K.-G. Popp, A. Schneider und Ch. Suckow, Berlin: Akademie-Verlag 1985, S. 390-496, hier S. 390.

23 Ebd., S. 393.
24 Ebd., S. 395.
25 Ebd.
26 Forster griff hierbei unter anderem auf eine Schrift von Alexander Dalrymple über den Pelzhandel zurück; vgl. ebd., S. 778.
27 Vgl. hierzu O. Ette, *Literatur in Bewegung. Raum und Dynamik grenzüberschreitenden Schreibens in Europa und Amerika*, Weilerswist: Velbrück Wissenschaft 2001, S. 9 und 539.
28 C. de Pauw, *Recherches philosophiques* (1768-1769), Bd. I, S. a3v.
29 Ebd., S. 237.
30 Ebd., S. 238.
31 Ebd., S. 95.
32 H. W. Church, »Corneille De Pauw«, S. 179.
33 C. de Pauw, *Recherches philosophiques* (1768-1769), Bd. I, S. a2v.
34 Vgl. hierzu unter anderem H. W. Church, »Corneille De Pauw«, S. 189 und passim; M. Duchet, *Anthropologie et histoire au siècle des Lumières. Buffon, Voltaire, Rousseau, Helvétius, Diderot*, Paris: Flammarion 1971, S. 206; M. Tietz, »Amerika vor der spanischen Öffentlichkeit des 18. Jahrhunderts. Zwei Repliken auf de Pauw und Raynal: Die ›Reflexiones imparciales‹ von Juan Nuix y Perpiñá und die ›México conquistada‹ von Juan de Escoiquiz«, in: J. M. López de Abiada, T. Heydenreich (Hg.), *Iberoamérica. Historia – sociedad – literatura. Homenaje a Gustav Siebenmann*, Bd. 2, München: W. Fink 1983, S. 991-993; oder R. Ventura, »Lectures de Raynal en Amérique latine au XVIIIe et au XIXe siècles«, in: H.-J. Lüsebrink, M. Tietz (Hg.), *Lectures de Raynal. L'›Histoire des deux Indes‹ en Europe et en Amérique au XVIIIe* siècle. *Actes du colloque de Wolfenbüttel*, Oxford: The Voltaire Foundation 1991, S. 341-359.
35 Am deutlichsten hat dies herausgearbeitet A. Gerbi, *La Disputa del Nuovo Mondo*, S. 99-109.
36 C. de Pauw, *Recherches philosophiques* (1768-1769), Bd. I, S. a3r.
37 Vgl. J.-J. Rousseau, »Discours sur l'origine et les fondements de l'inégalité parmi les hommes«, in: Ders., *Œuvres complètes*, Bd. III, Paris: Gallimard 1975, S. 330-355 (dt.: *Diskurs über die Ungleichheit.* Mit sämtlichen Fragmenten und ergänzenden Materialien nach den Originalausgaben und den Handschriften neu editiert, übersetzt und kommentiert von H. Meier, Paderborn: Schöningh [6]2008); vgl. in diesem Zusammenhang zur Epistemologie von Auge und Ohr O. Ette, *Literatur in Bewegung*, S. 119-192.
38 C. de Pauw, *Recherches philosophiques* (1768-1769), Bd. II, S. 68 f.
39 Vgl. A.-J. Pernety, *Journal historique d'un voyage fait aux îles Malouines en 1763 et 1764 pour les reconnoître et y former un établissement et de deux voyages au détroit de Magellan avec une relation sur les Patagons*, Berlin: E. de Bourdeaux 1769.

40 Vgl. hierzu A. Gerbi, *La Disputa del Nuovo Mondo*, S. 120-125.

41 A.-J. Pernety, »Dissertation sur l'Amérique et les Naturels de cette partie du monde«, in: Mr. de P*** [Cornelius de Pauw], *Recherches philosophiques sur les Américains ou Mémoires intéressants pour servir à l'Histoire de l'Espèce Humaine. Avec une Dissertation sur l'Amérique & les Américains, par Dom Pernety. Et la Défense de l'Auteur des Recherches contre cette Dissertation*, 3 Bde., Berlin: Chez Georges Jacques Decker, Imp. du Roi 1770, Bd. 3, S. 7-136, hier S. 7.

42 Ebd., S. 14.

43 Ebd.

44 Ebd., S. 15.

45 Mr. de P*** [Cornelius de Pauw], *Recherches philosophiques* (1770). Ich zitiere gleichwohl auch im folgenden nach der Erstausgabe der *Recherches*.

46 E. J. Mannucci, »The savage and the civilized: Observations on a dispute between an enlightened writer and an illuminist«, in: *Studies on Voltaire and the Eighteenth Century* (Oxford) 303 (1992), S. 382-384, hier S. 384. Zu diesen Elementen zählen »die Kritik am Eurozentrismus; die Wichtigkeit, Daten durch Feldforschung zu erheben und Quellen zu überprüfen; die Anerkennung der kulturellen Diversität des anderen« (ebd.).

47 A.-J. Pernety, »Dissertation sur l'Amérique et les Naturels de cette partie du monde«, S. 35.

48 Vgl. A.-J. Pernety, *Examen des recherches philosophiques sur l'Amérique et les Américains, et de la Défense de cet ouvrage*, Berlin: Decker 1771.

49 Vgl. hierzu H. W. Church, »Corneille De Pauw«, S. 194-205.

50 Vgl. hierzu A. Gerbi, *La Disputa del Nuovo Mondo*, S. 118 f.

51 S. Zantop, »Dialectics and Colonialism: The Underside of the Enlightenment«, in: D. W. Wilson, R. C. Holub (Hg.), *Impure Reason: Dialectic of Enlightenment in Germany*, Detroit: Wayne State University Press 1993, S. 301-321, hier S. 315.

52 Ebd., S. 316.

53 Ebd.

54 Vgl. hierzu G. Lennert, »Kolonisationsversuche Brandenburgs, Preußens und des Deutschen Reiches in der Karibik«, in: S. Carreras, G. Maihold (Hg.), *Preußen und Lateinamerika. Im Spannungsfeld von Kommerz, Macht und Kultur*, Münster: Lit-Verlag 2004, S. 9-30, hier S. 11.

55 Ebd., S. 12.

56 Ebd., S. 12 f.

57 Vgl. ebd., S. 17.

58 Vgl. ebd., S. 23.

59 Artikel »Amérique«, in: *Supplément à l'Encyclopédie [...]* 1 (1751), S. 356.

60 Ebd.
61 Artikel »Amérique«, in: *Supplément à l'Encyclopédie [...]*1 (1751), S. 343-362.
62 Ebd., S. 344.
63 Vgl. hierzu unter anderem H.-J. Lüsebrink, »Die ›Geschichte beider Indien‹ – ein verdrängter Bestseller«, in: G. Raynal, D. Diderot, *Die Geschichte beider Indien.* Ausgewählt und erläutert von H.-J. Lüsebrink, Nördlingen: Franz Greno Verlag 1988, S. 329-347.
64 G.-Th. Raynal, *Histoire philosophique et politique des établissements et du commerce des européens dans les deux Indes*, Bd. V, Genève: Chez Jean-Léonard Pellet, Imprimeur de la Ville & de l'Académie 1781, Buch 1, S. 1 f.
65 Ebd., Buch 1, S. 2.
66 Ebd., Buch 1, S. 3 f.
67 Vgl. O. Ette, »Figuren und Funktionen des Lesens in Guillaume-Thomas Raynals ›Histoire des deux Indes‹«, in: D. Briesemeister, A. Schönberger (Hg.), *Ex nobili philologorum officio. Festschrift für Heinrich Bihler zu seinem 80. Geburtstag*, Berlin: Domus Editoria Europaea 1998, S. 589-610.
68 Vgl. unter anderem G. Bancarel, »Le succès inattendu d'un Rouergat au XVIIIe siècle«, in: *Procès Verbaux des Sciences de la Société des Lettres, Sciences et Arts de l'Aveyron* (Rodez) XLV, 2° fasc. (1988), S. 218-225; sowie: Ders., »G. Thomas Raynal: De la séduction à la sévérité«, in: *Revue de Rouergue* (Rodez) 28 (Winter 1991), S. 477-488.
69 H. W. Church, »Corneille De Pauw«, S. 204.
70 A. von Humboldt, *Vues des Cordillères et Monumens des Peuples Indigènes de l'Amérique*, Nanterre: Editions Erasme 1989, S. II f.
71 Vgl. die deutschsprachige Ausgabe von A. von Humboldt, *Ansichten der Kordilleren und Monumente der eingeborenen Völker Amerikas.* Aus dem Französischen von C. Kalscheuer. Ediert und mit einem Nachwort versehen von O. Lubrich und O. Ette, Frankfurt/Main: Eichborn Verlag 2004.
72 F. J. Clavijero, *Storia Antica del Messico*, 4 Bde., Cesena: Gregorio Biasani 1780.
73 Vgl. hierzu auch O. Ette, *Weltbewußtsein.*
74 Vgl. O. Ette, »›Para mayor enojo de nuestros guías indios‹. Alejandro de Humboldt, Claude Lévi-Strauss y el precio de la conquista científica«, in: Galería de Arte Nacional (Hg.), *El asombro. Viaje de Humboldt y Bonpland por Venezuela. Catálogo de la exposición ›El retorno de Humboldt‹*, 29 de abril – 11 de julio de 1999, Caracas: Fundación Galería de Arte Nacional 1999, S. 74-83.
75 Vgl. hierzu H. Fiedler (†), U. Leitner, *Alexander von Humboldts Schriften. Bibliographie der selbständig erschienenen Werke*, Berlin: Akademie Verlag 2000, S. 152-165.

76 A. von Humboldt, *Examen critique de l'histoire de la géographie du Nouveau Continent et des progrès de l'astronomie nautique aux quinzième et seizième siècles*, 3 Bde., Paris: Librairie de Gide 1836-1839, Bd. I, 1836, S. VII f. Eine deutschsprachige Ausgabe des *Examen* ist 2009 unter folgendem Titel erschienen: Alexander von Humboldt, *Kritische Untersuchung zur historischen Entwicklung der geographischen Kenntnisse von der Neuen Welt und den Fortschritten der nautischen Astronomie im 15. und 16. Jahrhundert.* Mit dem geographischen und physischen Atlas der Äquinoktial-Gegenden des Neuen Kontinents Alexander von Humboldts sowie dem Unsichtbaren Atlas der von ihm untersuchten Kartenwerke. Mit einem vollständigen Namen- und Sachregister. Nach der Übersetzung aus dem Französischen von Julius Ludwig Ideler ediert und mit einem Nachwort versehen von Ottmar Ette. 2 Bde. im Schuber. Frankfurt am Main, Leipzig: Insel Verlag 2009.

77 A. von Humboldt, *Kosmos* (1845-1862), Bd. I, S. v.

78 Vgl. die erhellende Studie von A. Daum, »Alexander von Humboldt, Natur als ›Kosmos‹ und die Suche nach Einheit. Zur Geschichte von Wissen und seiner Wirkung als Raumgeschichte«, in: *Berichte zur Wissenschaftsgeschichte* (Weinheim) 23 (2000), S. 243-268.

79 Vgl. hierzu zuletzt K. Schlögel, *Im Raume lesen wir die Zeit. Über Zivilisationsgeschichte und Geopolitik*, München und Wien: Carl Hanser Verlag 2003.

80 Vgl. hierzu O. Ette, »Entdecker über Entdecker: Alexander von Humboldt, Cristóbal Colón und die Wiederentdeckung Amerikas«, in: T. Heydenreich (Hg.), *Columbus zwischen zwei Welten. Historische und literarische Wertungen aus fünf Jahrhunderten*, Bd. I, Frankfurt/Main: Vervuert Verlag 1992, S. 401-439.

81 C. de Pauw, Artikel »Amérique«, in: *Supplément à Encyclopédie [...]* 1 (1751), S. 344.

82 A. von Humboldt, *Examen critique*, Bd. I, S. 7 f.

83 Zu dieser von Alexander von Humboldt mehrfach für sich reklamierten Bezeichnung vgl. R. Konetzke, »Alexander von Humboldt als Geschichtsschreiber Amerikas«, in: *Historische Zeitschrift* (München) 188 (1959), S. 526-565.

84 A. von Humboldt, *Examen critique*, Bd. I, S. X.

85 Ebd., S. 191.

86 Ebd., S. 190 f.

87 Vgl. R. Koselleck, »Historia Magistra Vitae. Über die Auflösung des Topos im Horizont neuzeitlich bewegter Geschichte«, in: Ders., *Vergangene Zukunft*, Frankfurt/Main: Suhrkamp ^{2}1984, S. 38-66.

88 Vgl. zu dem bei Goethe insbesondere zwischen 1825 und 1827 wiederholt auftauchenden Begriff und Wortspiel des Velociferischen in Zusammenhang mit Goethes Konzept einer Weltliteratur A. Bohnenkamp, »›Den Wechseltausch zu befördern‹. Goethes Entwurf einer Weltlitera-

tur«, in: J. W. Goethe, *Ästhetische Schriften 1824-1832. Über Kunst und Altertum V-VI*, hg. v. A. Bohnenkamp, Frankfurt/Main: Deutscher Klassiker Verlag 1999, S. 937-964.
89 A. von Humboldt, *Examen critique*, Bd. III, S. 153.
90 Ebd., S. 155.
91 Ebd.
92 Vgl. hierzu die schöne Studie von J. Trabant, »Ansichten der Sprache. Alexander von Humboldt und die amerikanischen Sprachen«, in: I. D'Aprile, M. Disselkamp, C. Sedlarz (Hg.), *Tableau de Berlin. Beiträge zur »Berliner Klassik« (1786-1815)*, Laatzen: Wehrhahn 2005, S. 157-182.
93 A. von Humboldt, *Examen critique*, Bd. III, S. 158.
94 Vgl. auch ebd., S. 296.
95 Ebd., S. 317 f.
96 Ebd., S. 318.
97 Ebd., S. 374.
98 Ebd.
99 Ebd., S. 319.
100 Ebd., S. 317.
101 Ebd., Bd. IV, S. 21.
102 Ebd., S. 335 f.; Humboldts französischer Satzbau zeichnet diese ungeheure Beschleunigung gleichsam nach: »Quel siècle que celui où l'histoire contemporaine pouvait offrir de telles images à l'orgueil des races, perpétuer par d'ingénieux emblèmes le souvenir de cet esprit chevaleresque qui, en frayant de nouvelles routes et en agrandissant la sphère des idées, a accéléré puissamment les progrès de l'intelligence et de la civilisation humaine!«
103 A. von Humboldt, *Kosmos* (1845-1862), Bd. II, S. 154.
104 A. von Humboldt, *Examen critique*, Bd. I, S. XVII.
105 Ebd., S. XVII f.
106 Ebd., Bd. III, S. 374.

Figur 2: »Für den noch unvollendeten Freiheitstempel«

1 A. von Humboldt, *Examen critique*, Bd. III, S. 256 f. Die Bände selbst tragen die Jahreszahlen 1836-1839.
2 Ebd., S. 257.
3 Ebd.
4 Vgl. hierzu H. Beck, *Alexander von Humboldt*, Bd. 1: *Von der Bildungsreise zur Forschungsreise: 1769-1804*, Wiesbaden: Franz Steiner Verlag 1959, S. 27.
5 Ebd.
6 A. von Humboldt, »Mein Lebenslauf 1769-1799«, in: Ders., *Aus mei-*

nem Leben. Autobiographische Bekenntnisse. Zusammengestellt und erläutert von K.-R. Biermann, München: Verlag C. H. Beck 1987, S. 24-30, hier S. 27.

7 Ebd., S. 27 f.

8 Ebd., S. 28.

9 Zur spanischen Dimension der Reise Alexander von Humboldts vgl. auch die Dissertation von S. Rebok, *Alexander von Humboldt und Spanien im 19. Jahrhundert: Analyse eines wechselseitigen Wahrnehmungsprozesses*, Frankfurt/Main: Vervuert Verlag 2006; sowie den zahlreiche wichtige Dokumente versammelnden Band von M. A. Puig-Samper Mulero, S. Rebok, *Sentir y medir. Alexander von Humboldt en España.* Prólogo O. Ette, Aranjuez: Ediciones Doce Calles 2007.

10 A. von Humboldt, »Mein Lebenslauf 1769-1799«, in: Ders., *Aus meinem Leben*, S. 29 f.

11 Vgl. K.-R. Biermann, I. Schwarz, »Warum bezeichnete sich Alexander von Humboldt als ›der Alte vom Berge‹ (Vecchio della Montagna)?«, in: *Alexander von Humboldt-Stiftung. Mitteilungen, Alexander von Humboldt-Magazin* (Bonn) 60 (1992), S. 71-73.

12 Vgl. O. Ette, *Weltbewußtsein.*

13 Vgl. hierzu ebd., S. 58.

14 Ebd.

15 *Briefe von Alexander von Humboldt an Varnhagen von Ense aus den Jahren 1827 bis 1858.* Nebst Auszügen aus Varnhagen's Tagebüchern und Briefen von Varnhagen und Andern an Humboldt, hg. v. L. Assing, Leipzig: F. A. Brockhaus 1860, S. 341.

16 A. von Humboldt, »Brief vom 29. April 1829 an Wilhelm von Humboldt«, in: *Briefe Alexander's von Humboldt an seinen Bruder Wilhelm.* Herausgegeben von der Familie von Humboldt in Ottmachau, Stuttgart: Verlag der J. G. Cotta'schen Buchhandlung 1880, S. 170. Vgl. hierzu ausführlich die Überlegungen zu Amerika in Asien in Figur 7 in diesem Band (S. 319-364).

17 Vgl. hierzu wie auch zur Kritik Humboldts am zaristischen Regime unter anderem Ch. Suckow, »Alexander von Humboldt und Rußland«, in: O. Ette, U. Hermanns, B. M. Scherer, Ch. Suckow (Hg.), *Alexander von Humboldt – Aufbruch in die Moderne*, Berlin: Akademie Verlag 2001, S. 247-264, hier S. 249.

18 A. von Humboldt, *Asie Centrale. Recherches sur les chaînes de montagnes et la climatologie comparée*, 3 Bde., Paris: Gide 1843, hier Bd. I, S. viii.

19 A. von Humboldt, »Brief vom 29. April 1829 an Wilhelm von Humboldt«, S. 170. Zur russisch-sibirischen Forschungsreise vgl. ausführlich Figur 7.

20 A. von Humboldt, »Ich über mich selbst (mein Weg zum Naturwissenschaftler und Forschungsreisenden 1769-1790)«, in: Ders., *Aus mei-*

nem Leben. Autobiographische Bekenntnisse. Zusammengestellt und erläutert von K.-R. Biermann, München: Verlag C. H. Beck 1987, S. 32-48, hier S. 36.
21 Ebd., S. 38.
22 Ebd.
23 Ebd., S. 39.
24 Ebd.
25 Ebd.
26 Ebd., S. 40.
27 Vgl. hierzu Figur 1 (S. 36-96).
28 A. von Humboldt, *Vues des Cordillères*, S. II.
29 Vgl. A. Carpentier, *La ciudad de las columnas*, La Habana: Editorial Letras Cubanas 1982.
30 A. de Humboldt, *Relation historique du Voyage aux Régions équinoxiales du Nouveau Continent fait en 1799, 1800, 1801, 1802, 1803, et 1804 par Al. de Humboldt et A. Bonpland rédigé par Alexandre de Humboldt.* Nachdruck des 1814-1825 in Paris erschienenen vollständigen Originals, besorgt, eingeleitet und um ein Register vermehrt von H. Beck, Bd. III, Stuttgart: Brockhaus 1970, S. 348.
31 Vgl. hierzu O. Ette, »Eine ›Gemütsverfassung moralischer Unruhe‹ – ›Humboldtian Writing‹: Alexander von Humboldt und das Schreiben in der Moderne«, in: O. Ette, U. Hermanns, B. M. Scherer, Ch. Suckow (Hg.), *Alexander von Humboldt – Aufbruch in die Moderne*, Berlin: Akademie Verlag 2001, S. 33-55.
32 A. de Humboldt, *Relation historique*, Bd. III, S. 348.
33 Ebd., S. 350.
34 A. von Humboldt, »Ich über mich selbst [...]«, in: Ders., *Aus meinem Leben*, S. 36.
35 A. von Humboldt, *Reise auf dem Río Magdalena*, S. 358.
36 Vgl. Figur 1 (S. 36-96).
37 A. de Humboldt, *Relation historique*, Bd. III, S. 389.
38 Vgl. R. Koselleck, »Historia Magistra Vitae«.
39 G. Forster, »Die Nordwestküste von Amerika, und der dortige Pelzhandel«, S. 395.
40 Vgl. hierzu auch Figur 5 (S. 213-258).
41 Vgl. M. Braig, O. Ette, D. Ingenschay, G. Maihold (Hg.), *Grenzen der Macht – Macht der Grenzen. Lateinamerika im globalen Kontext*, Frankfurt/Main: Vervuert Verlag 2005.
42 Vgl. P. Birle, M. Braig, O. Ette, D. Ingenschay (Hg.), *Hemisphärische Konstruktionen der Amerikas*, Frankfurt/Main: Vervuert Verlag 2006.
43 Vgl. O. Ette, F. Pannewick (Hg.), *ArabAmericas. Literary Entanglements of the American Hemisphere and the Arab World*, Frankfurt/Main und Madrid: Vervuert Verlag und Iberoamericana 2006.
44 Vgl. O. Ette (Hg.), *Caribbean(s) on the Move – Archipiélagos literarios*

del Caribe. A TransArea Symposium, Frankfurt/Main, New York und Oxford: Peter Lang Verlag 2008.

45 Vgl. zu den von Humboldt beherrschten Sprachen K.-R. Biermann, I. Schwarz, »Der polyglotte Alexander von Humboldt«, in: *Alexander von Humboldt-Magazin* (Bonn) 69 (1997), S. 39-44.

Figur 3: »Deutsch zu sein«

1 S. Haffner, *Preußen ohne Legende*. Bildteil von U. Weyland. Fotos von P. Thomann, München: Wilhelm Goldmann Verlag 1981, S. 22.

2 Ebd.

3 Ebd., S. 21.

4 Vgl. zur Technik der Figuraldeutung E. Auerbach, »Figura«, in: Ders., *Gesammelte Aufsätze zur romanischen Philologie*, hg. v. F. Schalk und G. Konrad, Bern und München: A. Francke Verlag 1967, S. 55-93.

5 Vgl. zu diesem Begriff M. Heidegger, *Platons Lehre von der Wahrheit. Mit einem Brief über den »Humanismus«*, Bern: Francke Verlag 1954, S. 30.

6 Th. Wernicke, »Der Tag von Potsdam«, in: *Marksteine. Eine Entdekkungsreise durch Brandenburg-Preußen.* Eröffnungsausstellung des Hauses der Brandenburgisch-Preußischen Geschichte 18. August – 11. November 2001. Teil der Gemeinsamen Landesausstellung Berlin und Brandenburg PREUSSEN 2001, Berlin: Henschel Verlag 2001, S. 437-439, hier S. 437.

7 Ebd.

8 Ch. Graf von Krockow, »Die Pflicht und das Glück. Rede zur Heimkehr der Könige nach Potsdam am 17. August 1991«, in: Ders., *Preußen: Eine Bilanz*, Stuttgart: Deutsche Verlags-Anstalt 1992, S. 11-20, hier S. 11.

9 Ch. Graf von Krockow, *Preußen*, S. 7.

10 Manfred Stolpe, »Grußwort«, in: *Marksteine*, S. 12.

11 H.-O. Dill, G. Stecher, *Die unernste Geschichte Brandenburgs*, Leipzig und Rostock: Weymann-Bauer Verlag 1995, S. 10.

12 So weisen G. Stecher und H.-O. Dill darauf hin, daß »so ernst wie die wahre Geschichte des Landes [...] seine unernste Chronik« ist (ebd.).

13 *Marksteine*, S. 373-394.

14 Vgl. hierzu Figur 1 (S. 36-96).

15 Vgl. G. Hoppe, »Leopold von Buch: Der bedeutendste deutsche Geologe seiner Zeit«, in: *Marksteine*, S. 378-380.

16 In der *Unernsten Geschichte Brandenburgs* ist diese Szene hübsch gestaltet: »Die Königszeremonie 1701 in Königsberg, das schon immer so hieß, weil hier eines Tages gekrönt werden sollte, lief wie am Schnürchen, da sie ja der Kandidat mit Sophie Charlotte schon x-mal durch-

exerziert hatte. Noch in der Königsnacht, in den Königsberger Schloßbetten, erklärte sie ihm: ›Du glaubst doch wohl nicht, daß ich in dieser Taiga versauere! Gleich morgen geht es zurück nach Berlin, wo schon Leibniz und der Friseur auf mich warten.‹«
Sie wußte auch gleich, wie man den Umzug in die Taiga umgehen konnte: ›Königsberg ist zwar jetzt unser Hauptwohnsitz, wir werden aber ständig, wie dazumal Kurfürst Joachim und Elisabeth, in unserer Nebenwohnung leben, und die ist in Berlin.‹« (H.-O. Dill, G. Stecher, *Die unernste Geschichte Brandenburgs*, S. 128 f.)

17 A. von Humboldt, *Ansichten der Natur* (1808), S. VII. Wissen und Wissenschaft dienten ihm gleichwohl niemals – wie noch zu zeigen sein wird – zur Flucht aus der politischen Realität seiner Zeit.

18 Vgl. unter anderen S. Haffner, *Preußen ohne Legende*, Klappentext.

19 A. von Humboldt, »Dankadresse an den Magistrat und die Stadtverordneten der Stadt Potsdam vom 21. Oktober 1849«, in: G. Engelmann, *Alexander von Humboldt in Potsdam. Zur 200. Wiederkehr seines Geburtstages*, Potsdam: Bezirksheimatmuseum Potsdam 1969, S. 28.

20 Damit war bei Humboldts Trauerfeier in gewisser Weise bereits der künftige Triumph und »Untergang« des preußischen Staates zugegen. Daß Alexander von Humboldt ungeachtet aller Verehrung, die man ihm entgegenbrachte, auch zahlreiche Feinde besaß, von denen einige ihm selbst noch nach seinem Ableben grollten, bezeugen symbolhaft die kuriosen Störungen bei der Überführung seiner Leiche nach Tegel; vgl. hierzu K.-R. Biermann, I. Schwarz, »›Gestört durch den Unfug elender Strolche‹. Die skandalösen Vorkommnisse beim Leichenbegängnis Alexander von Humboldts im Mai 1859«, in: *Mitteilungen des Vereins für die Geschichte Berlins* (Berlin) XCV (1999), H. 1 (Januar), S. 470-475.

21 *Gespräche Alexander von Humboldts*, hg. v. H. Beck, Berlin: Akademie-Verlag 1959, S. 51 f.

22 Ebd., S. 52.

23 Ebd.

24 *Briefe von Alexander von Humboldt an Varnhagen von Ense*. Die Herausgeberin stellte dieser breit rezipierten Ausgabe freilich in legitimatorischer Absicht ein Zitat aus einem Brief Humboldts an Varnhagen vom 7. Dezember 1841 voran, in dem es mit Blick auf die Briefe hieß: »Über solch Eigenthum mögen Sie nach meinem baldigen Hinscheiden walten und schalten. Wahrheit ist man im Leben nur denen schuldig, die man tief achtet, also Ihnen« (ebd., S. V; ich danke Ingo Schwarz für diesen Hinweis). Daß Humboldt mit einer Edition der Briefe nicht durch (den längst verstorbenen) Varnhagen, sondern durch die ihm persönlich bekannte Ludmilla Assing einverstanden gewesen wäre, ist zumindest fraglich. Sein Bild bei der Nachwelt haben diese Briefe zweifellos mitgeprägt.

25 Vgl. hierzu H. Beck, *Alexander von Humboldt*, Bd. II: *Vom Reisewerk zum »Kosmos«: 1804-1859*, Wiesbaden: Franz Steiner Verlag 1961, S. 9.

26 Ebd., S. 10. Der vollständig bislang nur in französischer Sprache veröffentlichte, ursprünglich aber auf deutsch abgefaßte Brief trägt als Datum freilich den 3. September 1804, eine keineswegs überlange Wartezeit, da Humboldt zunächst seine persönlichen und finanziellen Verhältnisse ordnen mußte. Vgl. den Abdruck dieses Briefes an den preußischen König in *Lettres américaines d'Alexandre de Humboldt (1798-1807)*. Précédées d'une Notice de J.-G. Delamétherie et suivies d'un choix de documents en partie inédits. Publiées avec une introduction et des notes par le Dr E. T. Hamy, Paris: Librairie Orientale et Américaine E. Guilmoto 1905, S. 173.

27 Ebd., S. 173 f.

28 Ebd., S. 174 f.

29 Vgl. O. Ette, »Der Wissenschaftler als Weltbürger. Alexander von Humboldt auf dem Weg zur Kosmopolitik«, in: Ders., W. L. Bernecker (Hg.), *Ansichten Amerikas. Neuere Studien zu Alexander von Humboldt*, Frankfurt/Main: Vervuert 2001, S. 231-261.

30 I. Kant, »Idee zu einer allgemeinen Geschichte in weltbürgerlicher Absicht«, in: Ders., *Werkausgabe*, hg. v. W. Weischedel, Bd. XI, Frankfurt/Main: Suhrkamp 1977, S. 49.

31 P. Kleingeld, »Six Varieties of Cosmopolitanism in Late Eighteenth-Century Germany«, in: *Journal of the History of Ideas* (Baltimore) LX (1999), H. 3 (Juli), S. 505-524, hier S. 523 f.

32 *Briefe von Alexander von Humboldt an Varnhagen von Ense*, S. 56 f.

33 Ebd., S. 47.

34 Ebd., S. 42.

35 A. de Humboldt, *Essai politique sur l'île de Cuba. Avec une carte et un supplément qui renferme des considérations sur la population, la richesse territoriale et le commerce de l'archipel des Antilles et de Colombia*, 2 Bde., Paris: Librairie de Gide fils 1826. Zur komplexen Veröffentlichungsgeschichte vgl. H. Fiedler (†), U. Leitner, *Alexander von Humboldts Schriften*, S. 118 f.

36 A. de Humboldt, *Relation historique*, Bd. III, S. 407. Tatsächlich erschienen die abschließenden Teile des dritten Bandes der *Relation historique* aber erst im Frühjahr 1831.

37 A. de Humboldt, *Essai politique sur le royaume de la Nouvelle-Espagne*, Bd. I, Paris: Chez F. Schoell 1811, S. 338 (Oktavausgabe).

38 Ebd., S. 339.

39 Ebd., S. 420.

40 Ebd.

41 Ebd.

42 Ebd., S. 420 f.

43 Vgl. H. Beck, *Alexander von Humboldt*, Bd. 1, S. 27. Vgl. hierzu auch Figur 2 (S. 97-127).
44 Vgl. hierzu Figur 7 (S. 319-364).
45 L. Spitzer, »Das Eigene und das Fremde. Über Philologie und Nationalismus«, in: *Die Wandlung* 1 (1945/46), H. 7, S. 576-594, hier zitiert nach: *Lendemains* (Berlin) XVIII, 69-70 (1993), S. 179-191, hier S. 188.
46 *Briefe von Alexander von Humboldt an Varnhagen von Ense*, S. 43.
47 Ebd., S. 44.
48 H. Loetscher, »Humboldt und die Rehabilitierung eines Kontinentes«, in: *Du* (Zürich) XXX (1970), S. 666.
49 Vgl. A. Gerbi, *La Disputa del Nuovo Mondo*. Siehe zur Entwicklung dieses Disputs und insbesondere der »Berliner Debatte« Figur 1 (S. 36-96).
50 A. von Humboldt, »Dankadresse an den Magistrat und die Stadtverordneten der Stadt Potsdam«, S. 28.
51 Ebd.
52 Diese wird auch in der Gesamtdarstellung preußischer Geschichte deutlich bei G. Heinrich, »Roter Adler – Schwarzer Adler. Brandenburg als Markgrafschaft und preußische Staatsprovinz«, in: *Marksteine*, S. 25-44.
53 A. von Humboldt, *Kosmos* (1845-1862), Bd. I, S. 37.
54 S. Haffner, *Preußen ohne Legende*, S. 363.
55 *Gespräche Alexander von Humboldts*, S. 51 (vgl. S. x).
56 Vgl. N. García Canclini, *La globalización imaginada*, México, Buenos Aires und Barcelona: Paidós 1999, S. 10, der zu dieser schlicht als »Globalisierung« bezeichneten aktuellen Etappe anmerkt: »Es geht um ein Überdenken dessen, wie man Kunst, Kultur und Kommunikation in dieser Etappe gestaltet. Ein Beispiel hierfür wäre es, wenn man bei der Neuherausbildung der Beziehungen zwischen Europa, den Vereinigten Staaten und Lateinamerika diesen Prozeß aus der Perspektive der Kultur verstehen und darin anders als jene handeln könnte, die hierin lediglich einen ökonomischen Austausch erblicken.«
57 *Gespräche Alexander von Humboldts*, S. 51.1

Figur 4: »Die Tropenwelt ist mein Element«

1 A. von Humboldt, »An Wilhelm von Humboldt«, in: Ders., *Briefe aus Amerika 1799-1804*, hg. v. U. Moheit, Berlin: Akademie Verlag 1993, S. 41 f., hier S. 41.
2 Ebd., S. 42.
3 Ebd., S. 41.
4 Ebd.
5 Ebd., S. 42.

6 Ebd.

7 Ebd.

8 S. Greenblatt, *Wunderbare Besitztümer. Die Erfindung des Fremden: Reisende und Entdecker.* Aus dem Englischen von Robin Cackett, Berlin: Wagenbach 1994, S. 27 f.

9 Vgl. hierzu Tz. Todorov, *Die Eroberung Amerikas. Das Problem des Anderen.* Aus dem Französischen von W. Böhringer, Frankfurt/Main: Suhrkamp 1985, insbesondere das Kapitel »Colón als Hermeneut« (S. 23-46).

10 Vgl. O. Ette, »Entdecker über Entdecker«.

11 S. Greenblatt, *Wunderbare Besitztümer*, S. 27.

12 A. von Humboldt, *Reise auf dem Río Magdalena*, S. 93.

13 A. von Humboldt, *Briefe aus Amerika 1799-1804*, S. 42.

14 Ebd., S. 41.

15 Ebd.

16 Ebd., S. 42.

17 Vgl. hierzu auch O. Ette, *Weltbewußtsein*, S. 183-196.

18 A. von Humboldt, *Briefe aus Amerika 1799-1804*, S. 42.

19 Ebd., S. 147.

20 A. von Humboldt, *Reise in die Äquinoktial-Gegenden des Neuen Kontinents.* Herausgegeben von O. Ette. Mit Anmerkungen zum Text, einem Nachwort und zahlreichen zeitgenössischen Abbildungen sowie einem farbigen Bildteil, 2 Bde., Frankfurt/Main und Leipzig: Insel Verlag 1991, Bd. I, S. 195 f.

21 A. von Humboldt, *Briefe aus Amerika 1799-1804*, S. 126.

22 Ebd., S. 147.

23 Ebd.

24 A. von Humboldt, *Reise in die Äquinoktial-Gegenden des Neuen Kontinents*, Bd. I, S. 65.

25 Ebd., S. 66.

26 *Gespräche Alexander von Humboldts*, S. 51 f. Siehe hierzu auch den in Figur 3 ausführlich diskutierten Brief Wilhelm von Humboldts vom 3. Dezember 1817 an seine Frau Caroline, ebd.

27 Vgl. A. Gerbi, *La Disputa del Nuovo Mondo.*

28 A. von Humboldt, *Briefe aus Amerika 1799-1804*, S. 225.

29 Ebd., S. 225 f.

30 Vgl. C. Lévi-Strauss, *Tristes Tropiques*, Paris: Plon 1955; dt.: *Traurige Tropen*, Frankfurt/Main: Suhrkamp 2008.

31 A. von Humboldt, *Kritische Untersuchungen*, Bd. 3, S. 130. Es war an der Zeit, diese wichtige und auch für die aktuelle Leserschaft einsichtenreiche Schrift in einer kritisch überarbeiteten Ausgabe wieder einem größeren Publikum zugänglich zu machen. Siehe die zeitgleich erscheinende, den sichtbaren wie den unsichtbaren Atlas Alexander von Humboldts einschließende zweibändige Edition des Insel Verlags in der Bibliographie.

32 Ebd., S. 130-132. Und er fügte hinzu: »Das Datum des Jahres 1497, welches auf die erste Reise des Vespucci in seinen gedruckten Briefen angewendet wird, war in dieser Beziehung nach den im Anfange des sechzehnten Jahrhunderts üblichen Begriffen von gar keiner Wichtigkeit« (ebd., S. 132).
33 A. Vespucci, »Eine Neue Welt. Brief des Amerigo Vespucci an Lorenzo di Pier Francesco de'Medici«, in: R. Wallisch, *Der Mundus Novus des Amerigo Vespucci. Text, Übersetzung und Kommentar*, Wien: Verlag der Österreichischen Akademie der Wissenschaften 2002, S. 13 (dort auch die lateinische Fassung).
34 A. von Humboldt, *Examen critique* , Bd. I, S. VII.
35 Ebd., S. IX.
36 A. von Humboldt, *Kritische Untersuchungen*, Bd. 1, S. 47.
37 A. von Humboldt, *Kosmos* (1845-1862), Bd. II, S. 154.
38 A. von Humboldt, *Kritische Untersuchungen*, Bd. 1, S. 31.
39 Ebd., S. 428.
40 A. von Humboldt, *Vues des Cordillères*, S. VIII-X.
41 Vgl. hierzu ausführlicher Figur 8 (S. 365-384).
42 *Briefe von Alexander von Humboldt an Varnhagen von Ense*, S. 22.
43 H. Braun, Artikel »Welt«, in: *Geschichtliche Grundbegriffe. Historisches Lexikon zur politisch-sozialen Sprache in Deutschland*, hg. v. O. Brunner †, W. Conze † und R. Koselleck, Bd. 7, Stuttgart: Klett-Cotta 1997, S. 433-510, hier S. 433.
44 Vgl. Kluge, *Etymologisches Wörterbuch der deutschen Sprache*, 23., erweiterte Auflage, bearbeitet von E. Seebold, Berlin und New York: Walter de Gruyter 1999, S. 885.
45 Vgl. H. Braun, Artikel »Welt«, in: *Geschichtliche Grundbegriffe*, Bd. 7, S. 439.
46 A. von Humboldt, *Kritische Untersuchungen*, Bd. 1, S. 377.
47 Ebd., S. 379.
48 Vgl. hierzu ausführlich Figur 5 (S. 213-258).
49 A. von Humboldt, *Reise in die Äquinoktial-Gegenden des Neuen Kontinents*, Bd. II, S. 1461 f. Die in Klammern hinzugesetzten französischsprachigen Ausdrücke entstammen dem Original.
50 Ebd., S. 1462.
51 G. de Staël, *De l'Allemagne*. Chronologie et introduction par S. Balayé, Bd. I, Paris: Garnier-Flammarion 1968, S. 45. Diese Passage wirft nicht nur ein Licht auf Beziehungen zu anderen kontinentalen Entwürfen der Zeit insbesondere im französischsprachigen Bereich, sondern auch auf die kulturelle, mit der *civilisation* verknüpfte Semantik des Begriffs *race*.
52 A. von Humboldt, *Reise in die Äquinoktial-Gegenden des Neuen Kontinents*, Bd. II, S. 1465.
53 Ebd., Bd. I, S. 40.
54 Ebd., S. 35 f.

55 Vgl. hierzu die nachfolgende Figur 5 (S. 213-258).
56 A. von Humboldt, *Reise in die Äquinoktial-Gegenden des Neuen Kontinents*, Bd. I, S. 35 f.
57 A. von Humboldt, *Vues des Cordillères*, S. 194.
58 Ebd.
59 A. von Humboldt, *Reise in die Äquinoktial-Gegenden des Neuen Kontinents*, Bd. II, S. 1462.
60 A. von Humboldt, *Reise auf dem Río Magdalena*, S. 75.
61 Ebd.
62 Ebd.
63 Ebd.
64 Zu den räumlich-geographischen, zeitlichen, sozialen, literarischen, gattungsspezifischen, intermedialen und kulturellen Dimensionen dieses neuen Amerika-Diskurses siehe die sich anschließende Figur 5 (S. 213-258).
65 A. von Humboldt, *Kritische Untersuchungen*, Bd. 1, S. 34.
66 A. von Humboldt, *Kosmos* (1845-1862), Bd. I, S. 12.
67 Vgl. unter anderem ebd., Bd. III, S. 328.
68 Vgl. unter anderem ebd., Bd. I, S. 29.
69 Vgl. unter anderem ebd., Bd. IV, S. 88.
70 Vgl. unter anderem ebd., Bd. III, S. 143.
71 Vgl. unter anderem ebd., Bd. IV, S. 29.
72 Vgl. unter anderem ebd., Bd. II, S. 181 (Antike) oder S. 266 (Übergang zur Neuzeit).
73 Ebd., Bd. I, S. 305.
74 Ebd., Bd. II, S. 309.

Figur 5: »Der Mangel an Ordnung«

1 Vgl. A. Gerbi, *La disputa del nuovo mondo*.
2 A. von Humboldt, *Vues des Cordillères*, S. II f. Vgl. die erste deutschsprachige Ausgabe: A. von Humboldt, *Ansichten der Kordilleren*.
3 Vgl. H. Fiedler (†), U. Leitner, *Alexander von Humboldts Schriften*. Zur bisweilen kuriosen Geschichte deutschsprachiger Editionen vgl. O. Ette, »Von Surrogaten und Extrakten: Eine Geschichte der Übersetzungen und Bearbeitungen des amerikanischen Reisewerks Alexander von Humboldts im deutschen Sprachraum«, in: K. Kohut, D. Briesemeister, G. Siebenmann (Hg.), *Deutsche in Lateinamerika – Lateinamerika in Deutschland*, Frankfurt/Main: Vervuert Verlag 1996, S. 98-126.
4 A. von Humboldt, *Vues des Cordillères*, S. VI.
5 Ebd., S. VI.
6 Ebd., S. VIII.
7 Zur Bedeutung Alexander von Humboldts als Sprachforscher vgl. J.

Trabant, »Ansichten der Sprache. Alexander von Humboldt und die amerikanischen Sprachen«, S. 157-182.
8 A. von Humboldt, *Vues des Cordillères*, S. VIII-X.
9 Ebd., S. IX.
10 Ebd., S. III.
11 Ebd., S. XVI.
12 Ebd., S. III.
13 Ebd.
14 Vgl. hierzu Figur 6 (S. 259-318).
15 A. von Humboldt, »Pittoreske Ansichten der Kordilleren und Monumente amerikanischer Völker«, in: *Gesammelte Werke von Alexander von Humboldt*, Bd. 10, Stuttgart: J. G. Cotta 1889, S. 131-264, hier S. 133.
16 Ebd.
17 Ebd., S. 133 f.
18 Ebd., S. 134.
19 A. von Humboldt, *Vues des Cordillères*, S. 2.
20 Ebd., S. 1.
21 Ebd., S. 2.
22 Ebd.
23 F. Cramer, *Chaos und Ordnung. Die komplexe Struktur des Lebendigen*, Frankfurt/Main: Insel Verlag 1993, S. 223.
24 Vgl. hierzu die lesenswerte Darstellung der aus heutiger Sicht als biowissenschaftlich zu bezeichnenden Untersuchungen Humboldts in I. Jahn, *Dem Leben auf der Spur. Die biologischen Forschungen Alexander von Humboldts*, Leipzig, Jena und Berlin: Urania-Verlag 1969.
25 Vgl. zur Begrifflichkeit von Leben, Lebenswissen und Lebenswissenschaft sowie zur spezifisch philologischen Neukonzeption dieses innerhalb der heutigen Wissenschaftslandschaft zentralen Themen- und Fächerbereichs O. Ette, »Literaturwissenschaft als Lebenswissenschaft. Eine Programmschrift im Jahr der Geisteswissenschaften«, in: *Lendemains* (Tübingen) XXXII, 125 (2007), S. 7-32; sowie: Ders., »Über Literaturwissenschaft als Lebenswissenschaft. Perspektiven einer anhebenden Debatte«, in: *Lendemains* (Tübingen) XXXIII, 130 (2008), S. 112-119. Der letztgenannte Beitrag diskutiert die unterschiedlichen Standpunkte der in den Heften 126, 127/128, 129 und 130 ausgetragenen Debatte.
26 *Briefe von Alexander von Humboldt an Varnhagen von Ense*, S. 92.
27 Ebd.
28 Ebd.
29 Vgl. zu diesem Begriff O. Ette, *Literatur in Bewegung*, S. 25-36.
30 A. von Humboldt, *Vues des Cordillères*, S. 43.
31 Ebd., S. 67.
32 Ebd., S. 284.

33 R. Barthes, »Die große Familie der Menschen«, in: Ders., *Mythen des Alltags*. Deutsch von H. Scheffel, Frankfurt/Main: Suhrkamp 2001, S. 16-19, hier S. 16.

34 H. Arendt, *Elemente und Ursprünge totaler Herrschaft. Antisemitismus, Imperialismus, Totalitarismus*, München und Zürich: Piper [8]2001, S. 907.

35 A. von Humboldt, *Vues des Cordillères*, S. 194.

36 Ebd., S. 211.

37 Vgl. hierzu U. Thiemer-Sachse, »El ›Museo histórico indiano‹ de Lorenzo Boturini Benaduci (1702-1755) y los esfuerzos del erudito alemán Alejandro de Humboldt (1769-1859) para preservar sus restos para una interpretación científica«, in: *HiN – Alexander von Humboldt im Netz* (Potsdam – Berlin) IV, 6 (2003) ⟨www.hin-online.de⟩.

38 A. von Humboldt, *Vues des Cordillères*, S. 319 f.

39 Ebd., S. 170.

40 Vgl. hierzu die ausgezeichnet kommentierte Ausgabe von L. Boturini Benaduci, *Historia General de la América Septentrional*. Edición, estudio, notas y apéndice documental M. Ballesteros Gaibrois, México: UNAM 1990, sowie U. Thiemer-Sachse, »El ›Museo histórico indiano‹«.

41 A. von Humboldt, *Essai politique sur le royaume de la Nouvelle-Espagne*, Bd. II, Paris: F. Schoell 1811, S. 11 f.

42 A. von Humboldt, *Reise auf dem Río Magdalena*, S. 358.

43 A. von Humboldt, *Vues des Cordillères*, S. 188.

44 A. von Humboldt, *Kosmos* (1845-1862), Bd. 2, S. 398 f.

45 A. von Humboldt, *Vues des Cordillères*, S. 2.

46 Ebd., S. 249.

47 Vgl. hierzu auch Figur 6 (S. 259-318).

48 A. von Humboldt, *Vues des Cordillères*, S. 294.

49 Ebd., S. 316: »Zweitausenddreihundert Jahre vor unserer Zeitrechnung wurde in China dem Höchsten Wesen, Chan-ty, auf vier hohen Bergen geopfert, genannt die *Vier Yo*. Die Herrscher fanden es unbequem, sich persönlich dorthin zu begeben, und ließen in der Nähe ihrer Wohnstätten von Menschenhand Erhebungen errichten, welche diese Berge darstellten.«

50 Ebd., S. XX [Anmerkung A. v. H.].

51 A. von Humboldt, *Vues des Cordillères*, S. 266.

52 *Briefe von Alexander von Humboldt an Varnhagen von Ense*, S. 92.

53 Vgl. hierzu ausführlich Achse 2 (S. 387-408).

54 A. von Humboldt, *Vues des Cordillères*, S. 321.

55 Ebd., S. 275.

56 Ebd., S. 215.

57 Ebd., S. 96: »Überall, wo wir auf dem alten Kontinent noch Spuren von Menschenopfern finden, verliert sich ihr Ursprung in grauer Vorzeit. Die Geschichte der Mexikaner hingegen hat uns die Erzählung jener Ereig-

nisse überliefert, die dem Kult eines Volkes, das der Gottheit ursprünglich nur Tiere oder die Erstlinge der Früchte opferte, einen grausamen und blutigen Charakter verliehen haben. Ich habe es für meine Pflicht gehalten, diese Überlieferungen wiederzugeben, die gewiß einen wahren historischen Kern haben; sie hängen eng mit der Erforschung der Sitten und der moralischen Entwicklung unserer Gattung zusammen und erscheinen insofern mir interessanter als die kindlichen Märchen der Hindus über die zahlreichen *Verkörperungen* ihrer Gottheiten.«

58 Ebd., S. 99.

Figur 6: »Von großem Mißtrauen erfüllt«

1 A. Meyer-Abich, *Alexander von Humboldt in Selbstzeugnissen und Bilddokumenten*, Reinbek b. Hamburg: Rowohlt 1967, S. 7.

2 Vgl. H. Pietschmann, »Humboldts Bild von Kuba und der Karibik zu Beginn des 19. Jahrhunderts«, in: T. Heydenreich (Hg.), *Kuba. Geschichte – Wirtschaft – Kultur*, München: W. Fink 1987, S. 139-152, hier S. 139.

3 J. Labastida, *Humboldt, ese desconocido*, México: Editorial Sep-Setentas 1975, S. 9.

4 Vgl. die Einleitung in Ch. Minguet, *Alexandre de Humboldt, historien et géographe de l'Amérique espagnole 1799-1804*, Paris: François Maspéro 1969, S. 7.

5 So die Inschrift einer Gedenkmedaille, die das *Institut de France* im Todesjahr Alexander von Humboldts 1859 zu Ehren des Gelehrten prägen ließ; eine Abbildung der Medaille findet sich unter anderem in: H. Nelken, *Alexander von Humboldt. Bildnisse und Künstler. Eine dokumentierte Ikonographie*, Berlin: Reimer 1980, S. 42.

6 Vgl. das Dekret von Benito Juárez, in: ebd., S. 57.

7 Vgl. O. Ette, »Entdecker über Entdecker«.

8 *Des Freiherrn Alexander von Humboldt und Aimé Bonpland Reise in die Aequinoctial-Gegenden des neuen Continents, für die reifere Jugend zur belehrenden Unterhaltung bearbeitet von G. A. Wimmer, evangelischem Prediger in Oberschüzen*, 4 Bde., Mit Kupfern und Charten, Wien: Gedruckt und im Verlage bei Carl Gerold 1830, S. IX. Ich verdanke die Kenntnis dieses Werkes Birgit Scharlau (Frankfurt/Main).

9 Am deutlichsten formulierte dies wohl Hanno Beck in seiner Einleitung zu A. von Humboldts *Relation historique*, Bd. I, Stuttgart: Brockhaus 1970, S. XI: Beck sprach davon, daß die Wirkungsgeschichte dieses Werkes (in Deutschland) »nicht vom Original, sondern von den Übersetzungen zweiter Hand und regelrechten Surrogaten bestimmt« worden sei.

10 Vgl. H. Fiedler (†), U. Leitner, *Alexander von Humboldts Schriften*.

11 Damit ist zugleich eine gänzlich andere thematische Ausrichtung gege-

ben als in N. A. Rupke, *Alexander von Humboldt. A Metabiography*, Frankfurt/Main, Berlin und New York: Peter Lang 2005.

12 A. de Humboldt, *Relation historique*, Bd. II, S. 278.

13 Vgl. hierzu M. Faak, »Einleitung. Die ›Tagebücher‹ Humboldts«, in: A. von Humboldt, *Lateinamerika am Vorabend der Unabhängigkeitsrevolution*. Eine Anthologie von Impressionen und Urteilen, aus seinen Reisetagebüchern zusammengestellt und erläutert durch M. Faak, Berlin: Akademie-Verlag 1982, S. 21-50, hier S. 30f.

14 Vgl. hierzu ausführlich Figur 2 (S. 97-127).

15 Vgl. hierzu bereits J. Löwenberg, »Alexander von Humboldt. Bibliographische Übersicht seiner Werke, Schriften und zerstreuten Abhandlungen«, in: K. Bruhns (Hg.), *Alexander von Humboldt. Eine wissenschaftliche Biographie*, Bd. 2, Neudruck der Ausgabe von 1872, Osnabrück: Otto Zeller Verlag 1969, S. 485-552, hier S. 496f.

16 Brief an Georg von Cotta vom 20. 1. 1840.

17 Vgl. das Verständnis Wilhelms für die Entscheidung seines Bruders und die Gründe hierfür, die er in einem Brief vom 6. 10. 1818 an seine Frau Caroline darlegt.

18 Ich spreche hier von einem wirkungsgeschichtlichen Aspekt in Anlehnung an Hans Robert Jauß, der den Begriff der *Wirkung* als »das vom Text bedingte« von dem der *Rezeption* als dem »vom Adressaten bedingte[n] Element der Konkretisation oder Traditionsbildung« abgrenzte; vgl. H. R. Jauß, »Racines und Goethes Iphigenie. Mit einem Nachwort über die Partialität der rezeptionsästhetischen Methode«, in: R. Warning (Hg.), *Rezeptionsästhetik. Theorie und Praxis*, München: Fink ²1979, S. 353-400, hier S. 383.

19 Vgl. K.-R. Biermann, »Einleitende Studie. Zur Vervollständigung des unvollendeten Berichts Alexander von Humboldts über seine amerikanische Forschungsreise«, in: A. von Humboldt, *Reise auf dem Río Magdalena*, S. 9-26, hier S. 10.

20 Brief an Heinrich Berghaus, zitiert nach J. Löwenberg, »Alexander von Humboldt«, S. 498.

21 Und selbst die erwähnten drei Bände begannen erst volle zehn Jahre nach Beendigung der Reise zu erscheinen: der erste Band der *Relation historique* 1814, ein zweiter Band folgte 1819; der dritte und letzte Band – ein vierter Band wurde mehrfach angekündigt, befand sich wohl teilweise auch schon im Satz, kam aber nie heraus – soll laut Titelblatt 1825 erschienen sein, enthielt aber unter anderem auch Materialien aus dem Jahre 1829, so daß Humboldts redaktionelle Arbeit an diesem Band nicht vor Ende der 20er Jahre abgeschlossen gewesen sein kann. Der Band erschien schließlich 1831. Eine Vielzahl von Ungeschicklichkeiten Humboldts behinderte darüber hinaus auch den Absatz des Werkes.

22 Vgl. hierzu einige Bemerkungen in H. Beck, *Alexander von Humboldts Amerikanische Reise*, Stuttgart: Thienemann, Edition Erdmann 1985,

S. 140 f., sowie in A. von Humboldt, *Aus meinem Leben. Autobiographische Bekenntnisse.* Zusammengestellt und erläutert von K.-R. Biermann, München: Verlag C. H. Beck 1987, S. 21.

23 Vgl. G. Steiner, »Georg Forsters ›Reise um die Welt‹«, sowie zu dessen Wirkung: Ders., *Georg Forster*, Stuttgart: Metzler 1977.

24 A. von Humboldt, *Ansichten der Natur* (1808).

25 [Friedrich Wilhelm von Schütz] *Alexander von Humboldts Königl. preußischen Bergraths Reisen um die Welt und durch das Innere von Südamerika. Ein interessantes Lesebuch für die Jugend.* Vom Verfasser von Cooks Reisen um die Welt. Mit Kupfern, 2 Bde., Hamburg und Mainz: bei Gottfried Vollmer 1805-1807. Der erste Band scheint bereits bei der Ankunft Alexander von Humboldts in Bordeaux im August 1804 abgeschlossen worden zu sein; vgl. H. Fiedler (†), U. Leitner, *Alexander von Humboldts Schriften*, S. 33. Später erschien noch eine sechsbändige Ausgabe; selbst eine Übersetzung ins Polnische durfte nicht fehlen.

26 J.-C. de Lamétherie, »Notice d'un voyage aux tropiques, exécuté par MM. Humboldt et Bonpland en 1799, 1800, 1801, 1802, 1803 et 1804«, in: *Journal physique* (Paris) 59 (An 12 = 1804), S. 122-139.

27 *Reise der Herren von Humboldt und Bonpland nach den Wendekreisen in den Jahren 1799, 1800, 1801, 1802, 1803 und 1804.* Ein Auszug aus ihren Memoiren von J. C. Delametherie. Aus dem Französischen, Erfurt: bey Beyer und Maring 1805.

28 Zur Veröffentlichungsgeschichte siehe H. Fiedler (†), U. Leitner, *Alexander von Humboldts Schriften*, S. 28 f.

29 Zitiert nach P. A. Merbach, »Über Alexander von Humboldt«, in: A. von Humboldt, *In Südamerika*, Leipzig: Brockhaus 1927, S. 5-29, hier S. 25. Die verlegerischen Interessen bei einer solchen Publikumsnachfrage liegen auf der Hand.

30 J. Löwenberg, »Alexander von Humboldt«, S. 515.

31 A. de Humboldt, *Relation historique*, Bd. I, S. 40.

32 Vgl. hierzu P. A. Merbach, »Über Alexander von Humboldt«, S. 26.

33 A. von Humboldt, A. Bonplandt [sic!], *Reise in die Aequinoctial-Gegenden des neuen Continents*, 6 Bde., Stuttgart und Tübingen: Cotta 1815-1829.

34 Vgl. hierzu K.-R. Biermann, »Einleitende Studie«, S. 16.

35 Zitiert nach H. Fiedler (†), U. Leitner, *Alexander von Humboldts Schriften*, S. 83.

36 Ebd. Dort finden sich auch Hinweise auf die Bemühungen Usteris, eine möglichst sorgfältige Übersetzung abzuliefern.

37 Humboldt wußte zudem die Witwe seines einstigen Freundes, die 1829 verstarb, in ernsten finanziellen Schwierigkeiten.

38 Zitiert nach K.-R. Biermann, »Einleitende Studie«, S. 17. Dessenungeachtet bestritt Humboldt wiederholt jegliche Kenntnis dieser Überset-

zung, obwohl er in den zwanziger Jahren mitunter in brieflichem Kontakt mit deren vermeintlicher Urheberin stand. Das Verzeichnis von Humboldts Privatbibliothek weist zudem unter Nr. 4605 die sechsbändige Ausgabe der Übersetzung aus; vgl. *The Humboldt Library: A catalogue of the library of Alexander von Humboldt.* With a bibliographical and biographical memoir by H. Stevens, London: H. Stevens, American Agency 1863; Neudruck Leipzig: Zentral-Antiquariat 1967, S. 324.

39 Die Übersetzung ist nur noch wenigen Humboldt-Forschern wirklich vertraut. Sie erschien in einer relativ kleinen Auflage und wurde später nie mehr aufgelegt. Hanno Beck wandte sich jedoch gegen die verbreitete (und zumeist in Unkenntnis des Textes vorgenommene) völlige Abwertung dieser Übersetzung, deren Wert er sogar über die noch zu besprechende Übertragung Hauffs setzte; vgl. die Einleitung Hanno Becks in die bereits zitierte Ausgabe der *Relation historique*, Bd. I, S. IX. Wesentlich zurückhaltender äußerte sich derselbe Autor jedoch 15 Jahre später; vgl. H. Beck, *Alexander von Humboldts Amerikanische Reise*, S. 12 f. Bei meiner eigenen Neuedition des Reisewerks habe ich auf bestimmte Passagen dieser um Texttreue *bemühten* Ausgabe zurückgegriffen.

40 In einer kurzen Anmerkung wies Löwenberg auf die »wiederholten Auflagen« »mehr oder minder geschickte[r] Bearbeitungen« hin; Löwenberg verweist auch auf eine »anonyme deutsche Uebersetzung des Reisewerks aus dem Englischen«: vgl. J. Löwenberg, »Alexander von Humboldt«, S. 515. Sie basierte auf der in Edinburgh erschienenen und bereits im selben Jahr in New York nachgedruckten Ausgabe von W. Macgillivray, *The Travels and Researches of Alexander von Humboldt: being a condensed narrative of his journeys in the equinoctial regions of America, an in Asiatic Russia; together with analyses of his more important investigations*, Edinburgh: Oliver & Boyd 1832. Die englischsprachige Editionsgeschichte wäre eine eigene Studie wert.

41 *Des Freiherrn Alexander von Humboldt und Aimé Bonpland Reise in die Aequinoctial-Gegenden des neuen Continents.*

42 Ebd., Bd. 1, S. V. Recht erfolgreich war aber auch eine von H. Kletke bearbeitete Ausgabe, welche die Amerika-Reise sowohl separat als auch in Zusammenhang mit der Asien-Reise vorstellte; die letztgenannte, *Alexander von Humboldt's Reisen in Amerika und Asien*, die in vier Bänden zwischen 1854 und 1856 in der Berliner Hasselberg'schen Verlagsbuchhandlung erschien, lag 1857 bereits in der 3. Auflage vor.

43 *Des Freiherrn Alexander von Humboldt und Aimé Bonpland Reise*, Bd. 1, S. XI; Wimmer konnte allerdings kaum mit dem Verständnis des von ihm so hochgelobten Verfassers rechnen, so daß seine Abmachung allein mit Cotta verständlich erscheint. Daß Cotta – einmal mehr wohl ohne Wissen Humboldts – seine Einwilligung nicht nur »mit der liebenswürdigsten Humanität« gab, sondern auch finanziell davon profitierte, darf vermutet werden.

44 Ebd., Bd. 1, S. IX.
45 Vgl. ebd., Bd. 2, S. 34, 45 ff., 110, 131, 347 etc.
46 Ebd., Bd. 1, S. 26.
47 Mehrfach wird deutlich, daß Wimmer selbst die Existenz eines französischen Originals wohl unbekannt war: Auch er war offenkundig der Strategie Cottas ins Netz gegangen, welche die Tatsache der Übersetzung zu verheimlichen suchte.
48 Vgl. die »Lücke« in ebd., Bd. 1, S. 53.
49 Vgl. ebd., Bd. 1, S. 240 f., wo Wimmer nach dem Lob des Las Casas die Funktionsweise von Kirche und Religion in den Kolonien schilderte: »Wie eine Henne ihre Küchlein sammelt unter ihre Flügel, so sammelte sie die Reste zerstreuter Völker in Gemeinheiten, welche Missionen heißen, und gründete unter und mit ihnen Landbau und Häuslichkeit.« Entsprechend diente die Existenz von Klöstern Wimmer wiederum dazu, Amerika pauschal mit dem geschichtlichen Stand des mittelalterlichen Europa gleichzusetzen (ebd., Bd. 2, S. 5) – auch dies eine Position, die selbstverständlich keineswegs den Überzeugungen Humboldts entsprach.
50 Dies war gewiß kein Einzelfall in der Geschichte der Übersetzungen und Bearbeitungen Humboldts. So ließ eine spanische Ausgabe ohne jeden Hinweis einfach alle Passagen Humboldts aus, die sich auf das Missionswesen beziehungsweise die Missionare bezogen; vgl. Ch. Minguet, *Alexandre de Humboldt*, S. 665.
51 Vgl. etwa den ernsthaften Kommentar des Ich-Erzählers zur Bemalung der Indianerinnen: »Dieselbe Eitelkeit, die in Europa die Männer und ihre Haushaltung zu Grunde richtet, raubt auch am Orinoko den Schweiß der Arbeit, und die Toiletten, diese Götzenaltäre der Wienerinnen und Pariserinnen, sind in den amerikanischen Wildnissen, nicht minder heiß vom Opferfeuer der – Eitelkeit?!« (*Des Freiherrn Alexander von Humboldt und Aimé Bonpland Reise in die Aequinoctial-Gegenden des neuen Continents*, Bd. 3, S. 290)
52 Besonders lange Passagen aus der Übersetzung finden sich auffälligerweise während der Orinoco-Fahrt: Humboldt hatte dort innerhalb der Mischgattung des Reiseberichts die »spannendere« Form eines Reisetagebuchs gewählt. Allein dies schon hob die Fahrt auf dem Orinoco für die zeitgenössischen Leser vom Hintergrund anderer Schilderungen und Erläuterungen ab. Denkt man an die Wiedergabe des Tagebuchs der ersten Reise von Cristóbal Colón in der Abschrift von Las Casas, so ergeben sich in der Bearbeitung Wimmers gewisse Parallelen hinsichtlich narrativer Strukturen und anachronistischer Einschübe, die an dieser Stelle freilich nicht ausgeführt werden können.
53 Vgl. zu dieser bislang übersehenen »literarischen Mechanik« des Humboldtschen Reiseberichts das Nachwort von O. Ette, »Der Blick auf die Neue Welt«, in: A. von Humboldt, *Reise in die Äquinoktial-Gegenden des Neuen Kontinents*, Bd. II, S. 1562-1595.

54 Vergleichbar ging auch ein 69 Seiten starkes Bändchen vor, das sich allerdings im wesentlichen nur dem Reiseverlauf von der Abfahrt in La Coruña bis zur Abfahrt von Santa Cruz de Tenerife widmete; vgl. das Werk mit dem nicht gerade bescheidenen Titel *Skizzen aus dem Leben und den Reisen des Alexander von Humboldt.* Zusammengestellt von F. J. H. Kreybich, Prag, Leitmeritz und Teplitz: C. W. Medau 1840.

55 Im Falle Wimmers freilich nur, um sie um so besser manipulieren zu können. Hierzu gehört auch die Überspitzung bestimmter Positionen Humboldts, etwa in der Frage der Verurteilung der Sklaverei, der Wimmer durch eine Vielzahl von Kommentaren und Einfügungen einen wesentlich schärferen Charakter verleiht. Auf die Frage der Sklaverei wird anhand des folgenden Beispieltextes noch zurückzukommen sein.

56 Bei seiner Untersuchung der Wirkungsgeschichte von Raynals *Histoire des deux Indes*, jenem Amerika-Bestseller, der mit Humboldts Ruhm zu verblassen begann, konnte H.-J. Lüsebrink eine spezifische Logik der Auswahl erkennen: Bei der Mehrzahl der Bearbeitungen und Extrakte wurde der politische und philosophische Diskurs priorisiert, während bei einer Minderzahl wiederum der pragmatische Aspekt – Statistiken, Wirtschaftsprognosen etc. – zuungunsten des philosophischen Diskurses verwertet wurde. Diese Aufteilung scheint mir auch für einen Teil der Bearbeitungen von Humboldts Reisewerk pertinent zu sein (ein dritter, für die Wirkungsgeschichte Humboldts sehr wichtiger Aspekt wird später Erwähnung finden). Vgl. H.-J. Lüsebrink, »L'›Histoire des Deux Indes‹ et ses ›extraits‹. Un mode de dispersion textuelle au XVIIIe siècle«, in: *Littérature* (Paris) 69 (Februar 1988), S. 28-41.

57 A. de Humboldt, *Essai politique sur l'île de Cuba.*

58 Es handelte sich hierbei nicht um den einzigen Fall einer solchen »Übersetzungskette«: Auf eine deutsche Übersetzung von Humboldts Reisebericht aus dem Englischen wurde bereits aufmerksam gemacht. Von einem weiteren Beispiel wird noch zu berichten sein.

59 Vgl. die Einleitung zu *The Island of Cuba, by Alexander Humboldt.* Translated from the Spanish, with notes and a preliminary essay by J. S. Thrasher, New York: Derby & Jackson 1856, S. 13-95. In einer recht ungeschickten Rechtfertigung mußte Thrasher später zugeben, daß der Grund hierfür in seiner Unkenntnis des Französischen lag; vgl. Thrashers offenen Brief vom 17. 8. 1856 an den *New York Daily* in F. Ortiz, »El traductor de Humboldt en la historia de Cuba«, in: A. de Humboldt, *Ensayo Político sobre la Isla de Cuba*, La Habana: Publicaciones del Archivo Nacional de Cuba 1960 (^{1}1930), S. 359-385, hier S. 382.

60 Vgl. zum zeitgeschichtlichen Kontext ebd., S. 359-385.

61 Vgl. J. S. Thrasher, »Preliminary essay«, in: *The Island of Cuba, by Alexander Humboldt*, S. 40 ff.

62 Ebd., S. 89.

63 Ebd., unter anderem S. 55 f. und 89 ff.

64 Es handelt sich hierbei um die Seiten 445-458 des dritten Bandes der *Relation historique*; ein ausführlicher Vergleich zwischen dem französischen Original und der US-amerikanischen Übersetzung und Bearbeitung ergab freilich eine ungeheure Vielzahl von Abweichungen, die hier jedoch nicht darzustellen sind.

65 J. S. Thrasher, »Preliminary essay«, S. 95.

66 Vgl. hierzu F. Ortiz, »El traductor de Humboldt en la historia de Cuba«, S. 380-383, sowie Ch. Minguet, *Alexandre de Humboldt*, S. 534-537.

67 Vgl. hierzu unter anderem M. Osten, »Amerika oder ›das größte aller Übel, das die Menschheit betroffen hat‹. Anmerkungen zur Modernität Alexander von Humboldts«, in: O. Ette, W. L. Bernecker (Hg.), *Ansichten Amerikas. Neuere Studien zu Alexander von Humboldt*, Frankfurt/Main: Vervuert 2001, S. 263-269.

68 Vgl. A. von Humboldt, *The Island of Cuba*. Translated from Spanish with notes and a preliminary essay by J. S. Thrasher. Introduction by L. Martínez-Fernández. The Nature of Slavery. Translated from German by S. L. Frisch. Humboldt and Arango y Parreño: A Dialogue by F. Argote-Freyre, Princeton und Kingston: Marcus Wiener Publishers und Ian Randle Publishers 2001. Diese Ausgabe entbehrt jeglicher philologischer Grundlage und fügt lediglich von Thrasher ausgelassene Passagen hinzu, ohne eine Textrevision der Übersetzung vorzunehmen. In einer Rezension für den *West Indian Guide* (2003) attackierte Michael Zeuske den unkritischen Wiederabdruck Thrashers und beklagte mit Recht, daß Humboldt dadurch für englischsprachige Leser noch immer entstellt bleibe.

69 Vor diesem Hintergrund wird derzeit die erste kritische Ausgabe des *Essai politique* in englischer Sprache in einem von Forschern aus den USA und aus Deutschland getragenen Projekt unter Federführung des *Center for the Americas* an der Vanderbilt University vorbereitet.

70 Das Fehlen einer Funktionalisierung mit Hilfe *pragmatischer* Bearbeitungen im deutschen Sprachraum erscheint mir nach dem bisher Beobachteten allerdings bedeutsam. Es fehlten offenkundig die unmittelbaren kolonialen beziehungsweise neokolonialen Interessen, die einen rechtfertigenden Rückgriff auf Humboldts *Essai politique sur l'île de Cuba* notwendig gemacht hätten.

71 In der Präsidentschaftskampagne von 1856 griff der Abolitionist James Buchanan, durchaus im Einverständnis mit dem preußischen Gelehrten, auf dieses Prestige, wenn auch ohne Erfolg, zurück. Vgl. die in den vorangehenden Anmerkungen aufgeführten Hinweise.

72 *Des Freiherrn Alexander von Humboldt und Aimé Bonpland Reise in die Aequinoctial-Gegenden des neuen Continents*, Bd. 1, S. IX.

73 Georg von Cotta, der 1833 den Verlag vom Vater übernommen hatte, unterbreitete Humboldt seinen Vorschlag einer (gekürzten) Übersetzung bereits Ende 1839; vgl. K.-R. Biermann, »Einleitende Studie«, S. 17.

74 Vgl. ebd., S. 18; sowie H. Fiedler (†), U. Leitner, *Alexander von Humboldts Schriften*, S. 85.

75 4 Bde., Stuttgart: J. G. Cotta 1859-60. Schon kurze Zeit später (1861-62) erschien im selben Verlag eine sechsbändige Ausgabe, nach der ich im folgenden zitiere.

76 Ebd. (1861-62), Bd. 1, S. V.

77 Vgl. A. von Humboldt, *Kosmos* (1845-1862), Bd. 1, S. XIIIf. Humboldt wußte, wovon er sprach.

78 Dieses Einverständnis hatte Humboldt Cotta bereits in einem Brief vom 20. 1. 1840 mitgeteilt; aus schlechter Erfahrung im Hause Cotta klug geworden, fügte er nachdrücklich hinzu, daß auf dem Titelblatt unbedingt festgehalten werden müsse, daß es sich um eine Übersetzung handele. Vgl. zu den Kürzungsvorschlägen Humboldts auch H. Fiedler (†), U. Leitner, *Alexander von Humboldts Schriften*, S. 85.

79 *Alexander von Humboldt's Reise in die Aequinoctial-Gegenden des neuen Continents* (1861-62), Bd. 1, S. VI.

80 Ebd.

81 H. Hauff, »Vorrede des Herausgebers«, in: *Alexander von Humboldt's Reise in die Aequinoctial-Gegenden des neuen Continents* (1861-62), Bd. 1, S. X.

82 Ebd.

83 Ebd., S. XVI.

84 Die auf Gmelin und Usteri zurückgehende deutsche Erstübersetzung umfaßte insgesamt ca. 3000 Seiten à 1750 Anschläge, die Hauffsche in der sechsbändigen Ausgabe hingegen nur ca. 1150 Seiten à 2000 Anschläge.

85 Dies legt eine Vielzahl hier nicht aufzuzählender »Schnitzer« nahe, die sich in stilistisch anspruchsvolleren Passagen nicht finden und auf einen eher unerfahrenen Hilfsübersetzer deuten. Humboldt könnte hierfür, mit seiner bisweilen erstaunlichen Ungeschicklichkeit in verlagstechnischen Dingen, selbst das Tor geöffnet haben, schrieb er am 15. 3. 1841 doch an Hauff, er würde sich glücklich fühlen, wenn dieser »wenigstens in den Theilen, die einiges Verdienst lebendigen Naturgefühls haben, die Übersetzung selbst übernehmen« wollte; zitiert nach K.-R. Biermann, »Einleitende Studie«, S. 18.

86 Vgl. *Relation historique*, Bd. I, S. 324 oder ähnlich S. 374.

87 Ebd., Bd. 2, S. 269. Derartige Beispiele ließen sich häufen.

88 Nicht umsonst bezeichnete sich Hauff selbst in seiner Vorrede als »Herausgeber«. Sein Werk erfuhr im übrigen mehrere Auflagen und erschien, noch immer mit demselben Titelblatt geziert, auch in Cottas populärer zwölfbändiger Ausgabe der »Gesammelten Werke« Alexander von Humboldts (Bde. 5-8).

89 A. von Humboldt, *Auf dem Orinoko. Eine Reise in die Äquinoktialgegenden des neuen Kontinents.* Ausgewählt von F. Gansberg. Mit neun

Bildern und einer Karte, Hamburg: Alfred Jansen 1911. Das Bändchen war recht erfolgreich; mir ist zumindest eine weitere Ausgabe (von 1923) bekannt.

90 Ebd., S. 7. Der Rückgriff auf eine Übersetzung wurde im Grunde verschwiegen, erfuhr der Leser doch nur im Nachwort kurz, daß Humboldts Reisewerk in französischer Sprache in Paris erschienen sei (S. 127).

91 Dies erschien dem Herausgeber wohl darum so wichtig, weil Tropenreisen »in unseren Tagen« nicht mehr »zu den bedeutungsvollen Ereignissen« gezählt werden könnten; die ungewöhnliche körperliche und geistige Leistung der hundert Jahre zurückliegenden Reise galt es daher nach Ansicht des Herausgebers herauszustellen (ebd., S. 6).

92 Dies betrifft insbesondere die Veränderung der Erzählerposition, die noch bei Wimmer, nicht mehr aber bei Gansberg zu beobachten ist. Interessant ist in diesem Zusammenhang der Vergleich der Wiedergabe einer Erzählung, die weder in der Bearbeitung von 1830 noch in der von 1911 fehlen durfte. Es handelt sich um eine von Humboldt kolportierte Erzählung eines Missionars, der vom Spiel zweier Kinder mit einem Jaguar berichtete (*Relation historique*, Bd. II, S. 329 f.). Während Wimmer noch Humboldt selbst zum Augenzeugen dieses Ereignisses gemacht hatte (*Des Freiherrn Alexander von Humboldt und Aimé Bonpland Reise in die Aequinoctial-Gegenden des neuen Continents*, Bd. 3, S. 346), folgte Gansberg genauer seiner Übersetzungsvorlage und behielt die entsprechende Erzählerposition bei (*Auf dem Orinoko*, S. 54 ff.). Doch auch Gansberg ging es um die Erzeugung von Spannung, die *er* allerdings mit Hilfe einer Ablösung dieses Ereignisses von seinem ursprünglichen Kontext erzielte.

93 A. von Humboldt, *In Südamerika*, Leipzig: Brockhaus 1927.

94 Ebd., S. 20.

95 Ebd., S. 27.

96 So fehlt nicht nur Humboldts Begegnung mit dem »Tiger«, sondern auch das Spiel der zwei Indianerkinder mit der Raubkatze, auf das zuvor nie verzichtet worden war; vgl. ebd., S. 88 bzw. 102.

97 Merbach verzichtet beispielsweise auf den Beinahe-Schiffbruch, nicht aber auf die sich anschließenden melancholischen Anmerkungen von Humboldts Ich-Erzähler; vgl. ebd., S. 92.

98 Hanno Beck zeigte dies am Beispiel der 1872, also unmittelbar nach dem preußisch-französischen Krieg erschienenen gemeinschaftlichen Biographie Bruhns, die bereits angeführt wurde; vgl. H. Beck, »Zur Geschichte der Alexander-von-Humboldt-Forschung«, in: H. Pfeiffer (Hg.), *Alexander von Humboldt. Werk und Weltgeltung*, München: Piper 1969, S. 483-496, hier S. 485.

99 Ebd., S. 489. Zur Rezeptionsgeschichte Alexander von Humboldts vgl. O. Ette, »Alexander von Humboldt heute«, in: *Alexander von*

Humboldt – Netzwerke des Wissens. Katalog der Ausstellung im Haus der Kulturen der Welt (Berlin) vom 6. Juni bis 15. August 1999 und in der Kunst- und Ausstellungshalle der Bundesrepublik Deutschland (Bonn) vom 15. September 1999 bis 9. Januar 2000, Bonn: Kunst- und Ausstellungshalle der Bundesrepublik Deutschland 1999, S. 19-31.

100 A. von Humboldt, *Vom Orinoco zum Amazonas. Reise in die Äquinoktial-Gegenden des neuen Kontinents.* Nach der Übersetzung von H. Hauff, bearbeitet von Dr. A. Plott, herausgegeben und mit einer Einführung versehen von Prof. Dr. A. Meyer-Abich, Wiesbaden: Brockhaus 1958; der Erfolg dieser Bearbeitung mag unter anderem daran erkennbar werden, daß bereits 1964 die vierte und 1985 die neunte (unveränderte) Auflage auf dem Markt war. Diese Wirkung bezog sich nicht nur auf das allgemeine Lesepublikum, sondern erfaßte neben populärwissenschaftlichen auch wissenschaftliche Werke, die schon bald damit begannen, nach dieser Ausgabe zu zitieren. Selbst Bearbeitungen dieser Bearbeitung finden sich bis in die neunziger Jahre in manchen Fußnoten nicht unbekannter deutschsprachiger Wissenschaftler.

101 A. Meyer-Abich, *Alexander von Humboldt in Selbstzeugnissen und Bilddokumenten*, S. 77.

102 Plott vergaß nicht, in seinen Hinweisen zur neuen Ausgabe darauf aufmerksam zu machen; vgl. A. von Humboldt, *Vom Orinoco zum Amazonas*, S. 30.

103 Ebd.

104 Erst im weiteren, in Humboldts *Relation historique* nicht mehr zusammenhängend geschilderten Verlauf der Reise erreichte er, von den Anden kommend, mit dem Marañón den Oberlauf des Amazonas.

105 A. de Humboldt, *Del Orinoco al Amazonas. Viaje a las regiones equinocciales del nuevo continente*, Barcelona u. a.: Editorial Labor 1962; als »obra original« wurde ganz selbstverständlich die Ausgabe Plotts und Meyer-Abichs angegeben. Auch die spanische Edition setzte sich durch: Es erschienen mehrere Auflagen, 1981 folgte die erste und 1988 schließlich die zweite Taschenbuchausgabe.

106 Hierzu zählen unter anderem A. von Humboldt, *Werke, Briefe, Selbstzeugnisse.* Auswahl und Anordnung L. Sroka, Hamburg: K. Wesemeyer 1959; *Kosmos und Humanität. Alexander von Humboldts Werk in Auswahl.* Herausgegeben und eingeleitet von F. Kraus, Bremen: Schünemann Verlag 1960 (der Reisebericht nahm hier 125 Seiten ein); *Südamerikanische Reise. Ideen über Ansichten der Natur.* Herausgegeben und bearbeitet von K. L. Walter-Schomburg, Berlin: Safari-Verlag 1967; dieser Band wurde später nur unwesentlich verändert – selbst das Register konnte beibehalten werden – im selben Verlag von einem neuen Herausgeber publiziert unter dem Titel *Südamerikanische Reise*, hg. v. R. Jaspert, Berlin: Safari-Ullstein 1979 (1982 waren von dieser Ausgabe

bereits 70000 Exemplare gedruckt worden); *Alexander von Humboldt. Abenteuer eines Weltreisenden.* Herausgegeben und kommentiert von R. Santner, Wien: Prisma 1980 (dem Reisebericht galten etwa 200 Seiten); A. Gebauer, *Alexander von Humboldt. Beginn der Südamerika-Reise. Eine Woche auf Teneriffa 1799. Sein Leben – sein Wirken*, Berlin: Stapp Verlag 1985; sowie die schon vom Titel her aufschlußreiche Konglomeration *Die Reise nach Südamerika. Vom Orinoko zum Amazonas.* Nach der Übersetzung von H. Hauff bearbeitet und herausgegeben von J. Starbatty, Bornheim-Merten: Lamuv-Verlag 1985 (345 Textseiten). Ob die Verantwortung für eine solche Titelgebung (die beiden erfolgreichsten Titel wurden miteinander verknüpft) beim Herausgeber liegt, ist fraglich. Wie attraktiv ein erfolgreicher Titel für manche Verlage ist, mußte ich bei meiner eigenen zweibändigen Ausgabe erfahren, die zunächst und gegen meinen Willen unter dem wohlbekannten Titel *Vom Orinoco zum Amazonas* geführt und dann unter dem Titel *Reise in die Neue Welt* angekündigt wurde. Vor Erscheinen des Bandes einigten sich Verlag und Herausgeber dann aber auf die definitive Titelgebung *Reise in die Äquinoktial-Gegenden des Neuen Kontinents.*

107 Mit gut 330 Textseiten ist die von Anneliese Dangel herausgegebene Bearbeitung *Auf Steppen und Strömen Südamerikas. Reise in die Äquinoktialgegenden des Neuen Kontinents*, Leipzig: VEB F. A. Brockhaus 1959, die, soweit ich sehe, umfangreichste und zugleich populärste Ausgabe des Reiseberichts; sie lag 1968 in der 4. Auflage mit 38000 gedruckten Exemplaren vor. Die Herausgeberin berief sich auf den »von Humboldt autorisierten Text« Hermann Hauffs, nahm jedoch – selten genug – nach *eigenem* Bekunden mehrfach Umstellungen zugunsten einer Anordnung zu bestimmten Themenkomplexen vor und erlaubte sich zu diesem Zweck Eingriffe, »um bruchlose Übergänge zu schaffen« (ebd., S. 355). Vgl. weiterhin A. von Humboldt, »Vorstoß vom Orinoco zum Stromgebiet des Amazonas«, in: *Beiderseits des Amazonas. Reisen deutscher Forscher des 19. Jahrhunderts durch Südamerika*, hg. v. H. Scurla, Berlin: Verlag der Nation 1971, S. 56-119 (interessant ist die Beseitigung des groben Fehlers im Titel der bekanntesten bundesdeutschen Ausgabe, was freilich zu einer weiteren Verzerrung des Reiseverlaufs führte); oder noch im Jahr des »Mauerfalls«, wenn auch unter Einschluß der teilweise publizierten Reisejournale Alexanders: *Die Wiederentdeckung der Neuen Welt.* Erstmals zusammengestellt aus dem unvollendeten Reisebericht und den Reisetagebüchern. Herausgegeben und eingeleitet von P. K. Schäfer, Berlin: Verlag der Nation 1989. In diesem Zusammenhang sei angemerkt, daß selbst noch Margot Faak, die verdienstvolle Herausgeberin von Humboldts Reisetagebüchern an der Alexander-von-Humboldt-Forschungsstelle in der DDR, den Prinzipien der Hauffschen Ausgabe folgte und auf die Edition der Reisejournale übertrug.

108 Ich zitiere nach A. von Humboldt, *Südamerikanische Reise*, hg. v. R. Jaspert, S. 140; diese Passage findet sich bereits in der angeführten Ausgabe von K. L. Walter-Schomburg.

109 *Relation historique*, Bd. I, S. 475 f. Dem vorletzten Satz ist die bereits erwähnte Fußnote zugeordnet, in der Humboldt auf seine *Monumens américains* verweist und eine zusätzliche Erläuterung gibt; aus Gründen der Darstellung mußte ich leider auf eine Wiedergabe dieser Zeilen verzichten.

110 Vgl. hierzu ausführlich Figur 1 (S. 36-96).

111 A. von Humboldt, *Vues des Cordillères*, S. 249.

112 Vgl. den bereits angeführten Aufsatz von H.-J. Lüsebrink, »L'›Histoire des Deux Indes‹ et ses ›extraits‹«.

113 Vgl. unter anderem die Auflistung bei J. Löwenberg, »Alexander von Humboldt«, S. 518 ff.

114 Symptomatisch hierfür ist, daß R. van Dusen (*The Literary Ambitions and Achievements of Alexander von Humboldt*, Bern und Frankfurt/Main: Peter Lang 1971), der sich ausführlich Humboldts Ästhetik und seinen literarischen Erfolgen widmete, den amerikanischen Reisebericht mit keinem Wort erwähnte.

115 Vgl. H. Lehmann, »Alexandre de Humboldt«, in: *Actas del XXXIII Congreso Internacional de Americanistas (San José, Costa Rica)*, Bd. 2, San José/Costa Rica 1958 (Nachdruck Liechtenstein: Kraus 1978), S. 15-23.

116 Dies gilt selbstverständlich nicht nur für den deutschsprachigen Raum. So schrieb Pierre Lepape in einer Rezension unter dem Titel »Die zweite Entdeckung Amerikas« (*La deuxième découverte de l'Amérique*, in: *Le Monde* [Paris], 22. 6. 1990, S. 35) völlig zu Recht: »Vom großen Werk Humboldts konnte man bislang nur Krücken, ausgewählte Stücke, lesen.«

117 M. Strausfeld, »Anmerkungen zur literarischen Erkundung Lateinamerikas. Anotaciones sobre la literatura latinoamericana«, in: Berliner Festspiele (Hg.), *Horizonte 1982. 2. Festival der Weltkulturen. Berlin, 29. Mai – 20. Juni*, Berlin: Enka-Druck 1982, S. 132.

118 A. von Humboldt, *Reise in die Äquinoktial-Gegenden des Neuen Kontinents*, 2 Bde.

119 Vgl. hierzu auch die Darstellung der Humboldtschen Wirkungsgeschichte in N. A. Rupke, *Alexander von Humboldt*.

120 Vgl. F. Holl (Hg.), *Alejandro de Humboldt en Cuba. Catálogo para la exposición en la Casa Humboldt, Habana Vieja, octubre 1997 – enero 1998*, Augsburg: Wissner 1997.

121 Vgl. *Alexander von Humboldt – Netzwerke des Wissens*.

122 Vgl. O. Ette, U. Hermanns, B. M. Scherer, Ch. Suckow (Hg.), *Alexander von Humboldt – Aufbruch in die Moderne*, Berlin: Akademie Verlag 2001.

123 Vgl. F. Holl (Hg.), *Alejandro de Humboldt: Una nueva visión del mundo. Exposición en el Museo Nacional de Ciencias Naturales, 4 de octubre 2005-8 de enero 2006*, Barcelona und Madrid: Lunwerg Editores 2005. Ende 2006 und Anfang 2007 zeigte das spanische *Instituto Cervantes* überdies eine von Sandra Rebok und Miguel Angel Puig-Samper koordinierte Ausstellung, die in Berlin, München und Bremen gezeigt wurde und sich speziell dem in Deutschland zuvor wenig diskutierten Aufenthalt Humboldts in Spanien widmete.

124 Vgl. Figur 5 (S. 213-258) sowie die Vorarbeiten in O. Ette, *Weltbewußtsein*, zweiter Hauptteil. Im Kontext einer Vorstellung dieses Bandes am 10. Juli 2002 am Lateinamerika-Institut der Freien Universität Berlin konnte ich den jungen Doktoranden Oliver Lubrich für dieses Projekt begeistern.

125 Eine ausführlichere Darstellung der Entwicklung des »Humboldt-Projekts« in der »Anderen Bibliothek« findet sich in Ottmar Ette, »Findung und Erfindung eines Publikums«, in: L. Jungmayer (Hg.): *Editionswissenschaft heute.* (im Druck), spanische Fassung in *HiN – Alexander von Humboldt im Netz* (Potsdam – Berlin) IX, 17 (2008), S. 8-16 ⟨www.hin-online.de⟩.

126 A. von Humboldt, *Ansichten der Kordilleren.*

127 A. von Humboldt, *Kosmos* (2004).

128 Ein wichtiges Projekt stellen in diesem Zusammenhang die Faksimile-Ausgaben der französischen Schriften Alexander von Humboldts in den *Editions Nanterre* dar, die einmal eine eingehendere Untersuchung verdienten.

129 H. Berghaus, *Physikalischer Atlas oder Sammlung von Karten, auf denen die hauptsächlichsten Erscheinungen der anorganischen und organischen Natur nach ihrer geographischen Verbreitung und Vertheilung bildlich dargestellt sind.* Zu A. von Humboldt, *Kosmos* (2004).

130 A. von Humboldt, *Ansichten der Natur. Mit wissenschaftlichen Erläuterungen und sechs Farbtafeln, nach Skizzen des Autors*, Frankfurt/Main: Eichborn Verlag (Die Andere Bibliothek) 2004.

131 A. von Humboldt, *Kosmos. Entwurf einer physischen Weltbeschreibung.* 2 CDs mit Booklet. Ausgewählt von K. Vaillant, A. Vonderstein & R. Wieland. Eine Hörfunkproduktion des Hessischen Rundfunks, Frankfurt/Main: Eichborn Verlag (Die Andere Bibliothek) 2004.

132 D. Kehlmann, *Die Vermessung der Welt.* Roman, Reinbek bei Hamburg: Rowohlt 2005.

133 Daniel Kehlmann, »Die Größe und Komik des Deutschseins. Interview mit Kirsten Schmidt«, in: *Hamburger Morgenpost* (Hamburg), 29.9.2005.

134 A. Cammann, »Intelligenz ist gut, Entspannung möglich«, in: *taz* (Berlin), 7.12.2006 ⟨www.taz.de/pt/2006/12/07/a0197.1/textdruck⟩. Ich danke Yvette Sánchez für den frühen Hinweis auf diesen Artikel.

135 D. Kehlmann, »Die Größe und Komik des Deutschseins«.
136 Ebd.
137 D. Kehlmann, »›Mein Thema ist das Chaos.‹ Ein Spiegel-Gespräch mit Matthias Matusek, Matthias Schreiber und Olaf Stampf«, in: *Der Spiegel* (Hamburg), 5.12.2005, S.175.
138 D. Kehlmann, *Die Vermessung der Welt*, S.7.
139 Vgl. hierzu H. Blumenberg, *Schiffbruch mit Zuschauer.*
140 F. Schiller, »Brief an Christian Gottfried Körner vom 6. August 1797 aus Jena«.
141 D. Kehlmann, *Die Vermessung der Welt*, S.37.
142 Ebd., S.128.
143 D. Kehlmann, »›Ich kann nicht rechnen.‹ Interview mit Klaus Nüchtern und Klaus Taschwer«, in: *Falter*, 23.9.2005, S. 2 ⟨http://www.falter.at/web/print/detail. php?id=148⟩.
144 D. Kehlmann, »›Mein Thema ist das Chaos‹«, S.174.
145 Ebd.
146 D. Kehlmann, »›Ich kann nicht rechnen‹«, S.2.
147 D. Kehlmann, »›Mein Thema ist das Chaos‹«, S.177.
148 D. Kehlmann, »›Ich kann nicht rechnen‹«, S.2.
149 D. Kehlmann, »›Mein Thema ist das Chaos‹«, S.175.
150 D. Kehlmann, »›Wie ein verrückter Historiker.‹ Interview mit Daniel Kehlmann«, in: *Volltext* (31.8.2005) ⟨www.volltext.net⟩.
151 Vgl. den schönen Beitrag von I. Schwarz, »›Humbug und Taktlosigkeit‹ oder ›ein anlockendes Aushängeschild‹. Alexander von Humboldt als Held einer Novelle – 1858«, in: *HiN – Alexander von Humboldt im Netz* (Potsdam – Berlin) VIII, 14 (2007), S.74-79 ⟨www.hin-online.de⟩.
152 Zitiert nach ebd., S.76.
153 D. Kehlmann, »Klassiker und Drecksäue. Daniel Kehlmann und Helmut Krausser im Gespräch mit Klaus Zeyringer und Stefan Gmünder«, in: *Volltext* 1 (Februar – März 2006), S.3.
154 Vgl. hierzu die *Gespräche Alexander von Humboldts*, S. 51f., sowie ausführlich Figur 3 (S. 128-168).
155 D. Kehlmann, *Die Vermessung der Welt*, S.163-180.
156 A. von Humboldt, *Ueber einen Versuch den Gipfel des Chimborazo zu ersteigen.* Mit dem vollständigen Text des Tagebuches »Reise zum Chimborazo«. Herausgegeben und mit einem Essay versehen von O. Lubrich und O. Ette, Frankfurt/Main: Eichborn Verlag (Eichborn Berlin) 2006.
157 Vgl. zuletzt A. von Humboldt, *Reise durch Venezuela.* Auswahl aus den amerikanischen Reisetagebüchern, hg. v. M. Faak, Berlin: Akademie Verlag 2000; *Von Mexiko-Stadt nach Veracruz. Tagebuch*, hg. v. U. Leitner, Berlin: Akademie Verlag 2005; sowie S.J. van Geuns, *Tagebuch einer Reise mit Alexander von Humboldt durch Hessen, die*

Pfalz, längs des Rheins und durch Westfalen im Herbst 1789, hg. v. B. Kölbel und L. Terken unter Mitarbeit von M. Sauerwein, K. Sauerwein, S. Kölbel und G. J. Röhmer, Berlin: Akademie Verlag 2007.

158 Vgl. unter anderem A. von Humboldt, *Briefwechsel zwischen Alexander von Humboldt und Emil du Bois-Reymond*, hg. v. I. Schwarz und K. Wenig, Berlin: Akademie Verlag 1997; *Alexander von Humboldt und die Vereinigten Staaten von Amerika. Briefwechsel*, hg. v. I. Schwarz, Berlin: Akademie Verlag 2004; *Briefe von Alexander von Humboldt an Christian Carl Josias Bunsen*. Neu ediert von I. Schwarz, Berlin: Rohwall Verlag 2006; *Alexander von Humboldt – Samuel Heinrich Spiker. Briefwechsel*, hg. v. I. Schwarz unter Mitarbeit von E. Knobloch, Berlin: Akademie Verlag 2007; *Weltmann und Hofkünstler. Alexander von Humboldts Briefe an Christian Daniel Rauch*. Kommentierte Edition, hg. v. B. Maaz, Berlin: Deutscher Kunstverlag 2007.

159 Vgl. A. von Humboldt, *Studienausgabe*, 7 Bde., hg. v. H. Beck, Darmstadt: Wissenschaftliche Buchgesellschaft 1987-1997.

Figur 7: »Das wichtigste meines unruhigen Lebens«

1 A. von Humboldt, »Brief vom 29. April 1829 an Wilhelm von Humboldt«, in: *Briefe Alexander's von Humboldt an seinen Bruder Wilhelm*, S. 169.

2 Ebd., S. 170.

3 G. Rose, *Reise nach dem Ural, dem Altai und dem Kaspischen Meere auf Befehl Sr. Majestät des Kaisers von Russland im Jahre 1829 ausgeführt von A. von Humboldt, G. Ehrenberg und G. Rose. Mineralogisch-geognostischer Theil und historischer Bericht der Reise*, Bd. 1, Berlin: Verlag der Sanderschen Buchhandlung 1837, S. 11.

4 Vgl. hierzu Figur 2 (S. 97-127).

5 A. von Humboldt, »Brief an Fürst Hermann von Pückler-Muskau vom 8. 3. 1834«, in: L. Assing-Grimelli (Hg.), *Briefwechsel und Tagebücher des Fürsten Hermann von Pückler-Muskau*, Bd. 5, Berlin: Wedekind Schwieger 1874, S. 5; vgl. hierzu auch K.-R. Biermann, I. Schwarz, »›Sibirien beginnt in der Hasenheide‹. Alexander von Humboldts Neigung zur Moquerie«, in: *HiN – Alexander von Humboldt im Netz* (Potsdam – Berlin) II, 2 (2001) ⟨www.hin-online.de⟩.

6 Vgl. A. von Humboldt, »Brief an August Böckh [1840?]«, in: M. Hoffmann, *August Böckh. Lebensbeschreibung und Auswahl aus seinem wissenschaftlichen Briefwechsel*, Leipzig: B. G. Teubner 1901, S. 418.

7 A. von Humboldt, »Brief an C. G. J. Jacobi vom 21. 11. 1840«, in: H. Pieper (Hg.), *Briefwechsel zwischen Alexander von Humboldt und C. G. Jacob Jacobi*, Berlin: Akademie-Verlag 1987, S. 65.

8 Vgl. K.-R. Biermann, *Beglückende Ermunterung durch die akademische Gemeinschaft. Alexander von Humboldt als Mitglied der Berliner Akademie der Wissenschaften*, Berlin: Akademie Verlag 1992, S. 25.

9 Vgl. die Zusammenschau des gesamten Reiseverlaufs in: H. Beck, *Alexander von Humboldts Reise durchs Baltikum nach Russland und Sibirien 1829*. Mit 36 Abbildungen und 3 Karten, Stuttgart: Edition Erdmann im K. Thienemanns Verlag 1983; sowie Ch. Suckow, »Alexander von Humboldt und Rußland«.

10 Vgl. A. von Humboldt, »Brief an Vladimir Jurevic Sojmonov vom 11.7.1793«, in: Ders., *Jugendbriefe*, S. 254-257.

11 A. von Humboldt, *Asie Centrale*, Bd. II, S. 439 f.

12 Ebd., Bd. I, S. 54.

13 Vgl. hierzu besonders Achse 1 (S. 11-35) und Figur 8 (S. 365-384).

14 A. von Humboldt, »Brief an Georg Graf von Cancrin vom 5./17. Juli 1829«, in: *Im Ural und Altai. Briefwechsel zwischen Alexander von Humboldt und Graf Georg von Cancrin aus den Jahren 1827-1832*, Leipzig: F. A. Brockhaus 1869, S. 74 f. Vgl. hierzu auch Ch. Suckow, »Alexander von Humboldt und Rußland«, S. 249.

15 Vgl. hierzu ausführlich K.-R. Biermann, Ch. Suckow, »Aus dem Nachlaß Alexander von Humboldts: Jan Witkiewicz«, in: *Berliner Jahrbuch für osteuropäische Geschichte* (Berlin) 2 (1996), S. 189-198, sowie den Verweis auf das Exemplar des Neuspanien-Essays in H. Beck, *Alexander von Humboldts Reise durchs Baltikum*, S. 133. Vgl. hierzu auch K. Zielnica, *Polonica bei Alexander von Humboldt. Ein Beitrag zu den deutsch-polnischen Wissenschaftsbeziehungen in der ersten Hälfte des 19. Jahrhunderts*, Berlin: Akademie Verlag 2004, S. 89-138.

16 Vgl. Ch. Suckow, »Alexander von Humboldt und Rußland«, S. 249.

17 G. Rose, *Reise nach dem Ural*, Titelseite.

18 A. von Humboldt, »Brief vom 11./23.7.1829 an Georg Graf von Cancrin«, in: *Im Ural und Altai*, S. 82.

19 Ebd.

20 A. von Humboldt, »Brief an Georg Graf von Cancrin am 3./15.9. 1829«, in: *Im Ural und Altai*, S. 92, 93 und 94.

21 Zitat siehe unten.

22 Humboldt hielt sich am 14. September 1799 in der Mission San Antonio im heutigen Venezuela auf; die Orinoco-Fahrt und die Reise durch die Hochanden folgten erst später.

23 Vgl. hierzu H. Beck, *Alexander von Humboldts Reise durchs Baltikum*, S. 159.

24 A. von Humboldt, *Kosmos* (2004), S. 3.

25 A. von Humboldt, *Examen critique*, Bd. II, S. 48 f.

26 Vgl. hierzu A. von Humboldt, *Asie Centrale*, Bd. I, S. 517-519. Vergleiche mit Brasilien durchziehen auch den zweiten und dritten Band dieses Werkes.

27 Vgl. ebd., Bd. I, S. 526. Vergleiche auch I. Schwarz (Hg.), *Alexander von Humboldt und die Vereinigten Staaten von Amerika. Briefwechsel*, S. 533-535.
28 A. von Humboldt, *Asie Centrale*, Bd. I, S. 515.
29 Ebd., Bd. III, S. 520-537.
30 Ebd., S. 530f.
31 A. von Humboldt, »Brief an Georg von Cancrin am 3./15.9.1829«, in: *Im Ural und Altai*, S. 94.
32 Vgl. hierzu ausführlich H. Fiedler (†), U. Leitner, *Alexander von Humboldts Schriften*, S. 348.
33 A. von Humboldt, *Fragmens de géologie et de climatologie asiatiques*, 2 Bde., Paris: Gide, Pihan, Delaforest & Delaunay 1831.
34 H. Fiedler (†), U. Leitner, *Alexander von Humboldts Schriften*, S. 348.
35 Ebd., S. 355.
36 Zitiert nach ebd.
37 A. von Humboldt, *Asie Centrale*, Bd. I, S. viii.
38 Ebd.
39 Ebd.
40 Ebd., S. ix.
41 Ebd., S. xvi; vgl. A. von Humboldt, »Ueber die Schwankungen der Goldproduktion mit Rücksicht auf staatswirtschaftliche Probleme«, in: *Deutsche Vierteljahrs Schrift* I, 4 (1838), S. 1-40.
42 A. von Humboldt, *Asie Centrale*, Bd. I, S. xviii.
43 Ebd.
44 Ebd., S. xxf.
45 Ebd., S. lvii.
46 Ebd., S. lviif.
47 Vgl. hierzu I. Jahn, *Dem Leben auf der Spur.*
48 Vgl. H. Beck, *Alexander von Humboldts Reise durchs Baltikum*, S. 27.
49 A. von Humboldt, *Asie Centrale*, Bd. I, S. 23.
50 Ebd., Bd. I, S. 119; vgl. hierzu auch Bd. II, S. 12f., wo ebenfalls von Beginn des Bandes an von gefährlichen Abstraktionen, den »abstractions de la géographie systématique«, die Rede ist.
51 A. von Humboldt, *Vues des Cordillères*, S. 2.
52 Vgl. ebd., S. IIf., sowie die Figuren 1 (S. 36-96) und 5 (S. 213-258).
53 A. von Humboldt, *Asie centrale*, Bd. I, S. 76.
54 Ebd., S. 97.
55 Ebd.
56 Ebd., S. 172.
57 Vgl. hierzu etwa die Passage in ebd., Bd. II, S. 214-217.
58 Ebd., Bd. I, S. 297-300.
59 Ebd., S. 529.
60 Ebd., S. 537f.
61 Vgl. zu diesen Beziehungen O. Ette, »Entdecker über Entdecker«.

62 A. von Humboldt, *Asie Centrale*, Bd. I, S. xii.
63 Ebd.
64 G. Rose, *Reise nach dem Ural*, Bd. I, S. 107.
65 Ebd.
66 Vgl. Ch. Suckow, »Alexander von Humboldt und Rußland«, S. 258.
67 Ein schönes Beispiel hierfür findet sich in A. von Humboldt, *Asie Centrale*, Bd. I, S. 184-186.
68 Ebd., S. xviii.
69 Vgl. hierzu Figur 1 (S. 36-96).
70 Vgl. hierzu die einflußreichere dritte Ausgabe von G.-Th. Raynal, *Histoire philosophique et politique des établissements et du commerce des européens dans les deux Indes*, 4 Bde., Genève: Chez Jean-Léonard Pellet, Imprimeur de la Ville & de l'Académie 1781.
71 Vgl. hierzu H.W. Church, »Corneille de Pauw«, S. 204.
72 A. von Humboldt, *Asie Centrale*, Bd. II, S. 302.
73 Vgl. hierzu unter anderem ebd., Bd. III, S. 42 ff.
74 Vgl. hierzu ausführlich Figur 8 (S. 365-384).
75 A. von Humboldt, *Asie Centrale*, Bd. III, S. 72.
76 Ebd., S. 159.
77 Ebd., Bd. I, S. 340.
78 Ebd., Bd. III, S. 181; vgl. daneben auch S. 183.
79 Ebd., S. 329.
80 Vgl. Humboldts Anmerkungen zur Entwicklung des Kenntnisstandes über die höchsten Erhebungen des Erdballs, in: ebd., S. 283 f. sowie S. 290.
81 Vgl. zu diesem Begriff K. Knorr-Cetina, *Wissenskulturen. Ein Vergleich naturwissenschaftlicher Wissensformen*, Frankfurt/Main: Suhrkamp 2002.
82 A. von Humboldt, *Asie Centrale*, Bd. III, S. 491.
83 Ebd., S. 491 f. Vgl. hierzu auch die parallelen wissenschaftstheoretischen Überlegungen in: ebd., Bd. I, S. 277.
84 Ebd., Bd. III, S. 346 f.
85 Vgl. O. Ette, *Weltbewußtsein.*
86 A. von Humboldt, *Asie Centrale*, Bd. III, S. 359.
87 Ebd., S. 358.
88 Ebd., Bd. I, S. lviii.
89 A. von Humboldt, »Brief an Georg Graf von Cancrin am 3./15. 9. 1829«, in: *Im Ural und Altai*, S. 92.

Figur 8: »Nach Weltgeschichte geformt«

1 U. Schulz-Buschhaus, »Anleitungen zum tadellosen Sprachgebrauch«, in: J. Wertheimer, P. V. Zima (Hg.), *Strategien der Verdummung. Infantilisierung in der Fun-Gesellschaft*, München: Verlag C. H. Beck [4]2002, S. 150-159, hier S. 155.
2 Ebd., S. 156.
3 Ebd.
4 Ebd., S. 158.
5 Ebd., S. 155.
6 Ebd., S. 156.
7 Vgl. H. Braun, Artikel »Welt«, in: *Geschichtliche Grundbegriffe*, Bd. 7, S. 444. Braun weist darauf hin, daß dieses Wort aber »von vornherein durch die christliche Tradition bestimmt« gewesen sei (ebd.).
8 Vgl. Kluge, *Etymologisches Wörterbuch der deutschen Sprache*, 23., erweiterte Auflage. Bearbeitet von E. Seebold, Berlin und New York: Walter de Gruyter 1999, S. 885.
9 E. Auerbach, *Mimesis. Dargestellte Wirklichkeit in der abendländischen Literatur*, Bern und München: Francke Verlag [7]1982, S. 18.
10 Vgl. E. Auerbach, »Philologie der Weltliteratur«, in: *Weltliteratur. Festgabe für Fritz Strich*, Bern 1952, S. 39-50; wieder aufgenommen in: Ders., *Gesammelte Aufsätze zur romanischen Philologie*, hg. v. F. Schalk und G. Konrad, Bern und München: Francke Verlag 1967, S. 301-310. Vgl. hierzu auch O. Ette, »Erich Auerbach oder Die Aufgabe der Philologie«, in: F. Estelmann, P. Krügel, O. Müller (Hg.), *Traditionen der Entgrenzung. Beiträge zur romanistischen Wissenschaftsgeschichte*, Frankfurt/Main, Berlin und New York: Peter Lang 2003, S. 21-42.
11 E. Auerbach, *Mimesis*, S. 19.
12 Ebd.
13 Vgl. unter anderem L. Dällenbach, Ch. L. Hart Nibbrig (Hg.), *Fragment und Totalität*, Frankfurt/Main: Suhrkamp 1984.
14 *Briefe von Alexander von Humboldt an Varnhagen von Ense*, S. 20.
15 A. von Humboldt, *Kosmos* (1845-1862), hier Bd. 2, S. 154.
16 *Briefe von Alexander von Humboldt an Varnhagen von Ense*, S. 22.
17 Ebd., S. 20.
18 Ebd., S. 22.
19 A. von Humboldt, *Kosmos* (1845-1862), Bd. 3, S. 60.
20 Vgl. in diesem Zusammenhang auch Humboldts Begriff der »Weltansicht«, der in der vierzehnten seiner »Kosmos-Vorlesungen« gleichsam den Vorläuferbegriff für das spätere »Weltbewußtsein« darstellte; vgl. A. von Humboldt, *Über das Universum. Die Kosmosvorträge 1827/28 in der Berliner Singakademie*, hg. v. J. Hamel und K.-H. Tiemann in Zusammenarbeit mit M. Pape, Frankfurt/Main und Leipzig: Insel Verlag 1993, S. 175.

21 Vgl. hierzu H. Blumenberg, *Die Lesbarkeit der Welt*, S. 284.
22 Ebd., S. 293.
23 Vgl. zur Begrifflichkeit von Lebenswissen, Überlebenswissen, Erlebenswissen und Zusammenlebenswissen und ihren wissenschaftstheoretischen Implikationen O. Ette, »Literaturwissenschaft als Lebenswissenschaft«.
24 A. von Humboldt, *Über das Universum*, S. 175.
25 H. Blumenberg, *Die Lesbarkeit der Welt*, S. 296.
26 Ebd.
27 Vgl. hierzu ausführlicher Achse 1.
28 *Briefe von Alexander von Humboldt an Varnhagen von Ense*, S. 23.
29 A. von Humboldt, *Kosmos* (1845-1862), Bd. 2, S. 74.
30 Vgl. hierzu ausführlich Figur 5 (S. 213-258).
31 E. Auerbach, *Mimesis*, S. 19.
32 *Briefe von Alexander von Humboldt an Varnhagen von Ense*, S. 92 (Brief vom 28. April 1841).
33 A. von Humboldt, *Asie Centrale*, Bd. III, S. 346.
34 Ebd.
35 Vgl. hierzu das Kapitel »Was Literatur mit ökologischem Denken zu tun hat« in: O. Ette, *Weltbewußtsein*, S. 196-203; sowie F. Holl, »Alexander von Humboldt: Wie der Klimawandel entdeckt wurde«, in: *Die Gazette* (München) 16 (Winter 2007-2008), S. 20-25.
36 Selbstverständlich findet sich Wilhelms, aber nicht Alexanders Name etwa auch in Dietrich Schwanitz, *Bildung. Alles was man wissen muss*, Frankfurt/Main: Eichborn 1999.
37 W. von Humboldt, *Briefe an Karl Gustav von Brinkmann*, S. 60.
38 W. Singer, *Ein neues Menschenbild? Gespräche über Hirnforschung*, Frankfurt/Main: Suhrkamp 2003, S. 108.

Achse 2:
Die Kunst des Scheiterns

1 A. von Humboldt, *Kritische Untersuchungen*, Bd. 1, S. 307.
2 Ebd., S. 308 f.
3 Ebd., S. 309.
4 Ebd.
5 Ebd.
6 W. Robertson, *The History of America*, 2 Bde., London: H. Strahan 1777.
7 A. von Humboldt, *Kritische Untersuchungen*, Bd. 1, S. 311.
8 Ebd., S. 306.
9 Vgl. hierzu E. Köhler, *Der literarische Zufall, das Mögliche und die Notwendigkeit*, München: Wilhelm Fink Verlag 1973.

10 A. von Humboldt, *Kosmos* (1845-1862), Bd. 1, S. 33.
11 A. von Humboldt, *Reise auf dem Río Magdalena*, S. 358.
12 A. von Humboldt, *Asie Centrale*, Bd. I, S. 537.
13 Ebd., S. 537 f.
14 Ebd., Bd. III, S. 346.
15 Ebd., S. 346 f.
16 Vgl. hierzu O. Ette, »Entdecker über Entdecker«.
17 A. von Humboldt, *Kritische Untersuchungen*, Bd. 1, S. 221.
18 Ebd.
19 Ebd., S. 311.
20 Ebd., S. 6.
21 Vgl. O. Ette, *ZwischenWeltenSchreiben. Literaturen ohne festen Wohnsitz*, Berlin: Kulturverlag Kadmos 2005.
22 A. von Humboldt, *Kritische Untersuchungen*, Bd. 1, S. 34.
23 Ebd., S. 102-104.
24 Ebd., S. 105 f.
25 A. von Humboldt, *Kosmos* (1845-1862), Bd. 2, S. 398 f.
26 A. von Humboldt, *Kritische Untersuchungen*, Bd. 1, S. 403.
27 Ebd., S. 402.
28 Aus einer anderen Perspektive habe ich mich im 18. und 19. Kapitel meines Buches *Weltbewußtsein* ausführlich diesem Humboldtschen Höhlengleichnis zugewandt.
29 A. von Humboldt, *Reise in die Äquinoktial-Gegenden des Neuen Kontinents*, Bd. I, S. 360.
30 Ebd., S. 362.
31 Ebd., S. 362 f.
32 A. von Humboldt, *Ansichten der Natur* (1808), S. 328.
33 Ebd.; vgl. zu dieser Konstellation die längst klassische Studie von H. Blumenberg, *Schiffbruch mit Zuschauer.*
34 Vgl. hierzu ausführlich das Vorwort in A. von Humboldt, *Ueber einen Versuch den Gipfel des Chimborazo zu ersteigen*, S. 7-76.
35 Ebd., S. 142 (die nur wenig veränderte Fassung von 1853 findet sich ebd., S. 163).
36 Vgl. ebd., S. 87 und 96.
37 Ebd., S. 96.
38 Vgl. hierzu das in der »Bibliothek der Lebenskunst« erschienene Bändchen von M. Osten, *Die Kunst, Fehler zu machen*, Frankfurt/Main: Suhrkamp 2006.
39 A. von Humboldt, *Kosmos* (1845-1862), Bd. 5, S. 85.
40 Ebd., S. 99.
41 Zur Editionsgeschichte vgl. H. Fiedler (†), U. Leitner, *Alexander von Humboldts Schriften.*
42 Zitiert nach Alexandre de Humboldt, *Correspondance scientifique et littéraire*. Recueillie, publiée et précédée d'une notice et d'une introduc-

tion par [Jean-Bernard-Marie Alexandre Dezos] de la Roquette, Bd. 1, Paris: E. Ducrocq 1865, S. xxxv.

43 A. von Humboldt, *Vues des Cordillères*, S. 194.

44 Ebd.

45 Vgl. hierzu etwa N. Broc, *La Géographie des Philosophes. Géographes et voyageurs français au XVIIIe siècle*, Paris: Editions Ophrys 1985, unter anderem S. 191 f. und 251.

Auswahlbibliographie

1. Alexander von Humboldt

Die Ordnung in diesem Abschnitt ist chronologisch nach Erscheinungsjahr.

1.1. Vom Autor publizierte Schriften

Alexander von Humboldt, *Ansichten der Natur mit wissenschaftlichen Erläuterungen*, Tübingen: Cotta 1808.

Alexandre de Humboldt, *Essai politique sur le royaume de la Nouvelle-Espagne*, 2 Bde., Paris: Chez F. Schoell 1808-1811.

Alexandre de Humboldt, *Relation historique du Voyage aux Régions équinoxiales du Nouveau Continent fait en 1799, 1800, 1801, 1802, 1803, et 1804 par Al. de Humboldt et A. Bonpland rédigé par Alexandre de Humboldt.* Nachdruck des 1814-1825 in Paris erschienenen vollständigen Originals, besorgt, eingeleitet und um ein Register vermehrt von Hanno Beck, 3 Bde., Stuttgart: Brockhaus 1970.

Alexandre de Humboldt, *Essai politique sur l'île de Cuba.* Avec une carte et un supplément qui renferme des considérations sur la population, la richesse territoriale et le commerce de l'archipel des Antilles et de Colombia, 2 Bde., Paris: Librairie de Gide fils 1826.

Alexander von Humboldt, *Über das Universum. Die Kosmosvorträge 1827/28 in der Berliner Singakademie*, hg. v. Jürgen Hamel und Klaus-Harro Tiemann in Zusammenarbeit mit Martin Pape, Frankfurt/Main und Leipzig: Insel Verlag 1993.

Alexander von Humboldt, *Fragmens de géologie et de climatologie asiatiques*, 2 Bde., Paris: Gide, Pihan, Delaforest & Delaunay 1831.

Alexander von Humboldt, *Examen critique de l'histoire de la géographie du Nouveau Continent et des progrès de l'astronomie nautique aux quinzième et seizième siècles*, 3 Bde., Paris: Librairie de Gide 1836-1839.

Alexander von Humboldt, »Ueber die Schwankungen der Goldproduktion mit Rücksicht auf staatswirtschaftliche Probleme«, in: *Deutsche Vierteljahrs Schrift* I, 4 (1838), S. 1-40.

Alexander von Humboldt, *Asie Centrale. Recherches sur les chaînes de montagnes et la climatologie comparée*, 3 Bde., Paris: Gide 1843.

1.2. *Teilsammlungen, Übersetzungen, Bearbeitungen und Auszüge*

Jean-Claude de Lamétherie, »Notice d'un voyage aux tropiques, exécuté par MM. Humboldt et Bonpland en 1799, 1800, 1801, 1802, 1803 et 1804«, in: *Journal physique* (Paris) 59 (An 12 = 1804), S. 122-139.

Reise der Herren von Humboldt und Bonpland nach den Wendekreisen in den Jahren 1799, 1800, 1801, 1802, 1803 und 1804. Ein Auszug aus ihren Memoiren von J. C. Delametherie. Aus dem Französischen, Erfurt: bey Beyer und Maring 1805.

[Friedrich Wilhelm von Schütz,] *Alexander von Humboldts Königl. preußischen Bergraths Reisen um die Welt und durch das Innere von Südamerika. Ein interessantes Lesebuch für die Jugend.* Vom Verfasser von Cooks Reisen um die Welt. Mit Kupfern, 2 Bde., Hamburg und Mainz: bei Gottfried Vollmer 1805-1807.

Alexander von Humboldt und Aimé Bonplandt [sic!], *Reise in die Aequinoctial-Gegenden des neuen Continents*, 6 Bde., Stuttgart und Tübingen: Cotta 1815-1829.

Des Freiherrn Alexander von Humboldt und Aimé Bonpland Reise in die Aequinoctial-Gegenden des neuen Continents, für die reifere Jugend zur belehrenden Unterhaltung bearbeitet von G. A. Wimmer, evangelischem Prediger in Oberschüzen, 4 Bde., Mit Kupfern und Charten, Wien: Gedruckt und im Verlage bei Carl Gerold 1830.

William Macgillivray, *The Travels and Researches of Alexander von Humboldt: being a condensed narrative of his journeys in the equinoctial regions of America, and in Asiatic Russia; together with analyses of his more important investigations*, Edinburgh: Oliver & Boyd 1832.

Alexander von Humboldt, *Kritische Untersuchungen über die historische Entwickelung der geographischen Kenntnisse von der Neuen Welt und die Fortschritte der nautischen Astronomie in dem 15ten und 16ten Jahrhundert*. Aus dem Französischen übersetzt von Jul. Ludw. Ideler, 3 Bde., Berlin: Nicolai 1836-1839 [1834-1838].

Skizzen aus dem Leben und den Reisen des Alexander von Humboldt. Zusammengestellt von Franz Jacob Heinrich Kreibich, Prag, Leitmeritz und Teplitz: C. W. Medau 1840.

Alexander von Humboldt, *Kosmos. Entwurf einer physischen Weltbeschreibung*, 5 Bde., Stuttgart und Tübingen: Cotta 1845-1862.

Alexander von Humboldt, »Dankadresse an den Magistrat und die Stadtverordneten der Stadt Potsdam vom 21. Oktober 1849«, in: Gerhard Engelmann, *Alexander von Humboldt in Potsdam. Zur 200. Wiederkehr seines Geburtstages*, Potsdam: Bezirksheimatmuseum Potsdam 1969, S. 28.

Alexander von Humboldt's Reisen in Amerika und Asien. Eine Darstellung seiner wichtigsten Forschungen von Hermann Kletke, 4 Bde., Berlin: Hasselberg'sche Verlagsbuchhandlung 1854-1856.

The Island of Cuba, by Alexander Humboldt. Translated from the Spanish, with notes and a preliminary essay by John S. Thrasher, New York: Derby & Jackson 1856 (Nachdruck New York: Negro Universities Press 1969).

Alexander von Humboldt's Reise in die Aequinoctial-Gegenden des neuen Continents. In deutscher Bearbeitung von Hermann Hauff. Nach der Anordnung und unter Mitwirkung des Verfassers. Einzige von A. v. Humboldt anerkannte Ausgabe in deutscher Sprache, 4 Bde., Stuttgart: J. G. Cotta 1859-1860.

Alexander von Humboldt's Reise in die Aequinoctial-Gegenden des neuen Continents. In deutscher Bearbeitung von Hermann Hauff. Nach der Anordnung und unter Mitwirkung des Verfassers. Einzige von A. v. Humboldt anerkannte Ausgabe in deutscher Sprache, 6 Bde., Stuttgart: J. G. Cotta 1861-1862.

Alexander von Humboldt, »Pittoreske Ansichten der Kordilleren und Monumente amerikanischer Völker«, in: *Gesammelte Werke von Alexander von Humboldt*, Bd. 10, Stuttgart: J. G. Cotta 1889, S. 131-264.

Alexander von Humboldt, *Auf dem Orinoko. Eine Reise in die Äquinoktialgegenden des neuen Kontinents.* Ausgewählt von Fritz Gansberg. Mit neun Bildern und einer Karte, Hamburg: Alfred Jansen 1911.

Alexander von Humboldt, *Vom Orinoco zum Amazonas. Reise in die Äquinoktial-Gegenden des neuen Kontinents.* Nach der Übersetzung von Hermann Hauff, bearbeitet von Dr. Adalbert Plott, herausgegeben und mit einer Einführung versehen von Prof. Dr. Adolf Meyer-Abich, Wiesbaden: Brockhaus 1958.

Auf Steppen und Strömen Südamerikas. Reise in die Äquinoktialgegenden des Neuen Kontinents, hg. v. Anneliese Dangel, Leipzig: VEB F. A. Brockhaus 1959.

Gespräche Alexander von Humboldts, hg. v. Hanno Beck, Berlin: Akademie-Verlag 1959.

Alexander von Humboldt, *Werke, Briefe, Selbstzeugnisse.* Auswahl und Anordnung Ludwig Sroka, Hamburg: K. Wesemeyer 1959.

Kosmos und Humanität. Alexander von Humboldts Werk in Auswahl. Herausgegeben und eingeleitet von Fritz Kraus, Bremen: Schünemann Verlag 1960.

Alejandro de Humboldt, *Del Orinoco al Amazonas. Viaje a las regiones equinocciales del nuevo continente*, Barcelona u. a.: Editorial Labor 1962.

Südamerikanische Reise. Ideen über Ansichten der Natur. Herausgegeben und bearbeitet von Kurt L. Walter-Schomburg, Berlin: Safari-Verlag 1967.

Südamerikanische Reise, hg. v. Reinhard Jaspert, Berlin: Safari-Ullstein 1979.

Alexander von Humboldt. Abenteuer eines Weltreisenden. Herausgegeben und kommentiert von Reinhold Santner, Wien: Prisma 1980.

Alexander von Humboldt, *Lateinamerika am Vorabend der Unabhängigkeitsrevolution.* Eine Anthologie von Impressionen und Urteilen, aus seinen Reisetagebüchern zusammengestellt und erläutert durch Margot Faak, Berlin: Akademie-Verlag 1982.

Alfred Gebauer, *Alexander von Humboldt. Beginn der Südamerika-Reise. Eine Woche auf Teneriffa 1799. Sein Leben – sein Wirken*, Berlin: Stapp Verlag 1985.

Die Reise nach Südamerika. Vom Orinoko zum Amazonas. Nach der Übersetzung von Hermann Hauff bearbeitet und herausgegeben von Jürgen Starbatty, Bornheim-Merten: Lamuv-Verlag 1985.

Alexander von Humboldt, *Reise auf dem Río Magdalena, durch die Anden und Mexico*, Teil I: *Texte.* Aus seinen Reisetagebüchern zusammengestellt und erläutert durch Margot Faak. Mit einer einleitenden Studie von Kurt-R. Biermann, Berlin: Akademie-Verlag 1986.

Alexander von Humboldt, *Studienausgabe*, 7 Bde., hg. v. Hanno Beck, Darmstadt: Wissenschaftliche Buchgesellschaft 1987-1997.

Alexander von Humboldt, *Aus meinem Leben. Autobiographische Bekenntnisse.* Zusammengestellt und erläutert von Kurt-R. Biermann, München: Verlag C.H. Beck 1987.

Alexander von Humboldt, »Mein Lebenslauf 1769-1799«, in: Ders., *Aus meinem Leben. Autobiographische Bekenntnisse.* Zusammengestellt und erläutert von Kurt-R. Biermann, München: Verlag C.H. Beck 1987, S.24-30.

Alexander von Humboldt, »Ich über mich selbst (mein Weg zum Naturwissenschaftler und Forschungsreisenden 1769-1790)«, in: Ders., *Aus meinem Leben. Autobiographische Bekenntnisse.* Zusammengestellt und erläutert von Kurt-R. Biermann, München: Verlag C. H. Beck 1987, S.32-48.

Alexander von Humboldt, *Vues des Cordillères et Monumens des Peuples Indigènes de l'Amérique*, Nanterre: Editions Erasme 1989.

Die Wiederentdeckung der Neuen Welt. Erstmals zusammengestellt aus dem unvollendeten Reisebericht und den Reisetagebüchern. Herausgegeben und eingeleitet von Paul Kanut Schäfer, Berlin: Verlag der Nation 1989.

Alexander von Humboldt, *Reise in die Äquinoktial-Gegenden des Neuen Kontinents.* Herausgegeben von Ottmar Ette. Mit Anmerkungen zum Text, einem Nachwort und zahlreichen zeitgenössischen Abbildungen sowie einem farbigen Bildteil, 2 Bde., Frankfurt/Main und Leipzig: Insel Verlag 1991.

Alexander von Humboldt, *Reise durch Venezuela.* Auswahl aus den amerikanischen Reisetagebüchern, hg. v. Margot Faak, Berlin: Akademie Verlag 2000.

Alexander von Humboldt, *The Island of Cuba.* Translated from Spanish with notes and a preliminary essay by J.S. Thrasher. Introduction by Luis

Martínez-Fernández. The Nature of Slavery. Translated from German by Shelley L. Frisch. Humboldt and Arango y Parreño: A Dialogue by Frank Argote-Freyre, Princeton und Kingston: Marcus Wiener Publishers und Ian Randle Publishers 2001.

Alexander von Humboldt, *Ansichten der Kordilleren und Monumente der eingeborenen Völker Amerikas.* Aus dem Französischen von Claudia Kalscheuer. Ediert und mit einem Nachwort versehen von Oliver Lubrich und Ottmar Ette, Frankfurt/Main: Eichborn Verlag 2004.

Alexander von Humboldt, *Ansichten der Natur. Mit wissenschaftlichen Erläuterungen und sechs Farbtafeln, nach Skizzen des Autors*, Frankfurt/Main: Eichborn Verlag (Die Andere Bibliothek) 2004.

Alexander von Humboldt, *Kosmos. Entwurf einer physischen Weltbeschreibung.* Ediert und mit einem Nachwort versehen von Ottmar Ette und Oliver Lubrich, Frankfurt/Main: Eichborn Verlag (Die Andere Bibliothek) 2004.

Alexander von Humboldt, *Kosmos. Entwurf einer physischen Weltbeschreibung.* 2 CDs mit Booklet. Ausgewählt von Kristina Vaillant, Anne Vonderstein & Rainer Wieland. Eine Hörfunkproduktion des Hessischen Rundfunks, Frankfurt/Main: Eichborn Verlag (Die Andere Bibliothek) 2004.

Alexander von Humboldt, *Von Mexiko-Stadt nach Veracruz. Tagebuch*, hg. v. Ulrike Leitner, Berlin: Akademie Verlag 2005.

Alexander von Humboldt, *Ueber einen Versuch den Gipfel des Chimborazo zu ersteigen.* Mit dem vollständigen Text des Tagebuches »Reise zum Chimborazo«. Herausgegeben und mit einem Essay versehen von Oliver Lubrich und Ottmar Ette, Frankfurt/Main: Eichborn Verlag (Eichborn Berlin) 2006.

Alexander von Humboldt, *Kritische Untersuchung zur historischen Entwicklung der geographischen Kenntnisse von der Neuen Welt und den Fortschritten der nautischen Astronomie im 15. und 16. Jahrhundert.* Mit dem geographischen und physischen Atlas der Äquinoktial-Gegenden des Neuen Kontinents Alexander von Humboldts sowie dem Unsichtbaren Atlas der von ihm untersuchten Kartenwerke. Mit einem vollständigen Namen- und Sachregister. Nach der Übersetzung aus dem Französischen von Julius Ludwig Ideler ediert und mit einem Nachwort versehen von Ottmar Ette. 2 Bde. im Schuber. Frankfurt am Main, Leipzig: Insel Verlag 2009.

1.3. Briefe

Briefe von Alexander von Humboldt an Varnhagen von Ense aus den Jahren 1827 bis 1858. Nebst Auszügen aus Varnhagen's Tagebüchern und Briefen von Varnhagen und Andern an Humboldt, hg. v. Ludmilla Assing, Leipzig: F. A. Brockhaus 1860.

Alexandre de Humboldt, *Correspondance scientifique et littéraire*. Recueillie, publiée et précédée d'une notice et d'une introduction par [Jean-Bernard-Marie Alexandre Dezos] de la Roquette, Bd. 1, Paris: E. Ducrocq 1865.

Im Ural und Altai. Briefwechsel zwischen Alexander von Humboldt und Graf Georg von Cancrin aus den Jahren 1827-1832, Leipzig: F.A. Brockhaus 1869.

Briefe Alexander's von Humboldt an seinen Bruder Wilhelm. Herausgegeben von der Familie von Humboldt in Ottmachau, Stuttgart: Verlag der J.G. Cotta'schen Buchhandlung 1880.

Lettres américaines d'Alexandre de Humboldt (1798-1807). Précédées d'une Notice de J.-G. Delamétherie et suivies d'un choix de documents en partie inédits. Publiées avec une introduction et des notes par le Dr E.T. Hamy, Paris: Librairie Orientale et Américaine E. Guilmoto 1905.

Alexander von Humboldt, *Die Jugendbriefe 1787-1799*. Herausgegeben und erläutert von Ilse Jahn und Fritz G. Lange, Berlin: Akademie-Verlag 1973.

Herbert Pieper (Hg.), *Briefwechsel zwischen Alexander von Humboldt und C.G. Jacob Jacobi*, Berlin: Akademie-Verlag 1987.

Alexander von Humboldt, *Briefe aus Amerika 1799-1804*, hg. v. Ulrike Moheit, Berlin: Akademie Verlag 1993.

Alexander von Humboldt, *Briefwechsel zwischen Alexander von Humboldt und Emil du Bois-Reymond*, hg. v. Ingo Schwarz und Klaus Wenig, Berlin: Akademie Verlag 1997.

Alexander von Humboldt und die Vereinigten Staaten von Amerika. Briefwechsel, hg. v. Ingo Schwarz, Berlin: Akademie Verlag 2004.

Briefe von Alexander von Humboldt an Christian Carl Josias Bunsen. Neu ediert von Ingo Schwarz, Berlin: Rohwall Verlag 2006.

Alexander von Humboldt – Samuel Heinrich Spiker. Briefwechsel, hg. v. Ingo Schwarz unter Mitarbeit von Eberhard Knobloch, Berlin: Akademie Verlag 2007.

Weltmann und Hofkünstler. Alexander von Humboldts Briefe an Christian Daniel Rauch. Kommentierte Edition, hg. v. Bernhard Maaz, Berlin: Deutscher Kunstverlag 2007.

1.4. Humboldt-Bibliographie

The Humboldt Library: A catalogue of the library of Alexander von Humboldt. With a bibliographical and biographical memoir by Henry Stevens, London: Henry Stevens, American Agency 1863; Neudruck Leipzig: Zentral-Antiquariat 1967.

Horst Fiedler (†), Ulrike Leitner, *Alexander von Humboldts Schriften. Bibliographie der selbständig erschienenen Werke*, Berlin: Akademie Verlag 2000.

2. *Weitere Quellen*

Ludmilla Assing-Grimelli (Hg.), *Briefwechsel und Tagebücher des Fürsten Hermann von Pückler-Muskau*, Bd. 5, Berlin: Wedekind Schwieger 1874.

Heinrich Berghaus, *Physikalischer Atlas oder Sammlung von Karten, auf denen die hauptsächlichsten Erscheinungen der anorganischen und organischen Natur nach ihrer geographischen Verbreitung und Vertheilung bildlich dargestellt sind.* Zu Alexander von Humboldt, »Kosmos. Entwurf einer physischen Weltbeschreibung«, ediert und mit einem Nachwort versehen von Ottmar Ette und Oliver Lubrich, Frankfurt/Main: Eichborn Verlag (Die Andere Bibliothek) 2004.

Francisco Javier Clavijero, *Storia Antica del Messico*, 4 Bde., Cesena: Gregorio Biasani 1780,

Georg Forster, *Reise um die Welt.* Herausgegeben und mit einem Nachwort von Gerhard Steiner, Frankfurt/Main: Insel Verlag 1983.

Georg Forster, »Die Nordwestküste von Amerika, und der dortige Pelzhandel«, in: Ders., *Werke. Sämtliche Schriften, Tagebücher, Briefe*, Bd. V: *Kleine Schriften zur Völker- und Länderkunde*, hg. v. Horst Fiedler, Klaus-Georg Popp, Annerose Schneider und Christian Suckow, Berlin: Akademie-Verlag 1985, S. 390-496.

Steven Jan van Geuns, *Tagebuch einer Reise mit Alexander von Humboldt durch Hessen, die Pfalz, längs des Rheins und durch Westfalen im Herbst 1789*, hg. v. Bernd Kölbel und Lucie Terken unter Mitarbeit von Martin Sauerwein, Katrin Sauerwein, Steffen Kölbel und Gert Jan Röhmer, Berlin: Akademie Verlag 2007.

Georg Wilhelm Friedrich Hegel, *Vorlesungen über die Philosophie der Weltgeschichte*, Bd. IV, Auf Grund des aufbehaltenen handschriftlichen Materials neu herausgegeben von Georg Lasson, Leipzig: Felix Meiner ^{2}1923.

Wilhelm von Humboldt, *Briefe an Karl Gustav von Brinkmann*, hg. v. Albert Leitzmann, Leipzig 1939.

Max Hoffmann, *August Böckh. Lebensbeschreibung und Auswahl aus seinem wissenschaftlichen Briefwechsel*, Leipzig: B. G. Teubner 1901.

Immanuel Kant, »Idee zu einer allgemeinen Geschichte in weltbürgerlicher Absicht«, in: Ders., *Werkausgabe*, hg. v. Wilhelm Weischedel, Bd. XI, Frankfurt/Main: Suhrkamp 1977, S. 31-50.

Cornelius de Pauw, *Recherches philosophiques sur les Américains, ou Mémoires intéressants pour servir à l'Histoire de l'Espèce humaine*, 2 Bde., Berlin: Chez Georges Jacques Decker, Imp. du Roi 1768-1769.

Mr. de P*** [Cornelius de Pauw], *Recherches philosophiques sur les Américains ou Mémoires intéressants pour servir à l'Histoire de l'Espèce Humaine. Avec une Dissertation sur l'Amérique & les Américains, par Dom Pernety. Et la Défense de l'Auteur des Recherches contre cette Dis-*

sertation, 3 Bde., Berlin: Chez Georges Jacques Decker, Imp. du Roi 1770.

Cornelius de Pauw, *Recherches philosophiques sur les Américains, ou Mémoires intéressants pour servir à l'Histoire de l'Espèce humaine par Mr. de P. Nouvelle Edition, augmentée d'une Dissertation critique par Dom Pernety; & de la Défense de l'Auteur des Recherches contre cette Dissertation*, 3 Bde., Berlin: Decker 1770.

Cornelius de Pauw, *Philosophische Untersuchungen über die Amerikaner, oder wichtige Beyträge zur Geschichte des menschlichen Geschlechts*. Übersetzt von Carl Gottlieb Lessing, 2 Bde., Berlin: Decker und Winter 1769.

Cornelius de Pauw, Artikel »Amérique«, in: *Supplément à L'Encyclopédie ou Dictionnaire raisonné des Sciences, des Arts et des Métiers. Par une Société de Gens de Lettres. Mis en ordre et publié par M****, Tome premier, Amsterdam: Chez M. M. Rey, libraire 1776, S. 343-362.

Antoine-Joseph Pernety, *Journal historique d'un voyage fait aux îles Malouines en 1763 et 1764 pour les reconnoître et y former un établissement et de deux voyages au détroit de Magellan avec une relation sur les Patagons*, Berlin: E. de Bourdeaux 1769.

Antoine-Joseph Pernety, »Dissertation sur l'Amérique et les Naturels de cette partie du monde«, in: Mr. de P*** [Cornelius de Pauw], *Recherches philosophiques sur les Américains ou Mémoires intéressants pour servir à l'Histoire de l'Espèce Humaine. Avec une Dissertation sur l'Amérique & les Américains, par Dom Pernety. Et la Défense de l'Auteur des Recherches contre cette Dissertation*, 3 Bde., Berlin: Chez Georges Jacques Decker, Imp. du Roi 1770, Bd. 3, S. 7-136.

Antoine-Joseph Pernety, *Examen des recherches philosophiques sur l'Amérique et les Américains, et de la Défense de cet ouvrage*, Berlin: Decker 1771.

Guillaume-Thomas Raynal, *Histoire philosophique et politique des établissements et du commerce des européens dans les deux Indes*, Bd. V, Genève: Chez Jean-Léonard Pellet, Imprimeur de la Ville & de l'Académie 1781.

Guillaume-Thomas Raynal, *Histoire philosophique et politique des établissements et du commerce des européens dans les deux Indes* [dritte Ausgabe], 4 Bde., Genève: Chez Jean-Léonard Pellet, Imprimeur de la Ville & de l'Académie 1781.

William Robertson, *The History of America*, 2 Bde., London: H. Strahan 1777.

Gustav Rose, *Reise nach dem Ural, dem Altai und dem Kaspischen Meere auf Befehl Sr. Majestät des Kaisers von Russland im Jahre 1829 ausgeführt von A. von Humboldt, G. Ehrenberg und G. Rose. Mineralogisch-geognostischer Theil und historischer Bericht der Reise*, Bd. 1, Berlin: Verlag der Sanderschen Buchhandlung 1837.

Jean-Jacques Rousseau, »Discours sur l'origine et les fondements de l'inégalité parmi les hommes«, in: Ders., *Œuvres complètes*, Bd. III, Paris: Gallimard 1975, S. 330-355; (dt.: *Diskurs über die Ungleichheit.* Mit sämtlichen Fragmenten und ergänzenden Materialien nach den Originalausgaben und den Handschriften neu editiert, übersetzt und kommentiert von Heinrich Meier, Paderborn: Schöningh [6]2008).

Germaine de Staël, *De l'Allemagne.* Chronologie et introduction par Simone Balayé, Bd. I, Paris: Garnier-Flammarion 1968.

Amerigo Vespucci, »Eine Neue Welt. Brief des Amerigo Vespucci an Lorenzo di Pier Francesco de'Medici«, in: Robert Wallisch, *Der Mundus Novus des Amerigo Vespucci. Text, Übersetzung und Kommentar*, Wien: Verlag der Österreichischen Akademie der Wissenschaften 2002, S. 13-33.

Voltaire, *Correspondance and related documents*, hg. v. Theodore Besterman = The Complete Works of Voltaire 85-135, Oxford u. a.: The Voltaire Foundation 1977.

3. Studien

Matthias Albert, *Zur Politik der Weltgesellschaft. Identität und Recht im Kontext internationaler Vergesellschaftung*, Weilerswist: Velbrück Wissenschaft 2002.

Alexander von Humboldt – Netzwerke des Wissens. Katalog der Ausstellung im Haus der Kulturen der Welt (Berlin) vom 6. Juni bis 15. August 1999 und in der Kunst- und Ausstellungshalle der Bundesrepublik Deutschland (Bonn) vom 15. September 1999 bis 9. Januar 2000, Bonn: Kunst- und Ausstellungshalle der Bundesrepublik Deutschland 1999.

Hannah Arendt, *Elemente und Ursprünge totaler Herrschaft. Antisemitismus, Imperialismus, Totalitarismus*, München und Zürich: Piper [8]2001.

Erich Auerbach, *Mimesis. Dargestellte Wirklichkeit in der abendländischen Literatur*, Bern und München: Francke Verlag [7]1982 (zuerst 1946).

Erich Auerbach, »Philologie der Weltliteratur«, in: *Weltliteratur. Festgabe für Fritz Strich*, Bern 1952, S. 39-50; wieder aufgenommen in: Erich Auerbach, *Gesammelte Aufsätze zur romanischen Philologie*, hg. v. Fritz Schalk und Gustav Konrad, Bern und München: Francke Verlag 1967, S. 301-310.

Erich Auerbach, »Figura«, in: Ders., *Gesammelte Aufsätze zur romanischen Philologie*, hg. v. Fritz Schalk und Gustav Konrad, Bern und München: A. Francke Verlag 1967, S. 55-93.

Gilles Bancarel, »Le succès inattendu d'un Rouergat au XVIIIe siècle«, in: *Procès Verbaux des Sciences de la Société des Lettres, Sciences et Arts de l'Aveyron* (Rodez) XLV, 2° fasc. (1988), S. 218-225.

Gilles Bancarel, »G. Thomas Raynal: De la séduction à la sévérité«, in: *Revue de Rouergue* (Rodez) 28 (Winter 1991), S. 477-488.

Roland Barthes, »Die große Familie der Menschen«, in: Ders., *Mythen des Alltags*. Deutsch von Helmut Scheffel, Frankfurt/Main: Suhrkamp 2001, S. 16-19.

Hanno Beck, *Alexander von Humboldt*, 2 Bde., Wiesbaden: Franz Steiner Verlag 1959-1961; Bd. 1: *Von der Bildungsreise zur Forschungsreise: 1769-1804*; Bd. 2: *Vom Reisewerk zum »Kosmos«: 1804-1859*.

Hanno Beck, »Zur Geschichte der Alexander-von-Humboldt-Forschung«, in: Heinrich Pfeiffer (Hg.), *Alexander von Humboldt. Werk und Weltgeltung*, München: Piper 1969, S. 483-496.

Hanno Beck, *Alexander von Humboldts Reise durchs Baltikum nach Russland und Sibirien 1829*. Mit 36 Abbildungen und 3 Karten, Stuttgart: Edition Erdmann im K. Thienemanns Verlag 1983.

Hanno Beck, *Alexander von Humboldts Amerikanische Reise*, Stuttgart: Thienemann, Edition Erdmann 1985.

Gisbert Beyerhaus, »Abbé de Pauw und Friedrich der Große, eine Abrechnung mit Voltaire«, in: *Historische Zeitschrift* (München – Berlin) 134 (1926), S. 465-493.

Kurt-R. Biermann, *Beglückende Ermunterung durch die akademische Gemeinschaft. Alexander von Humboldt als Mitglied der Berliner Akademie der Wissenschaften*, Berlin: Akademie Verlag 1992.

Kurt-R. Biermann, »Einleitende Studie. Zur Vervollständigung des unvollendeten Berichts Alexander von Humboldts über seine amerikanische *Forschungsreise*«, in: A. von Humboldt, *Reise auf dem Río Magdalena* (siehe oben), S. 9-26.

Kurt-R. Biermann, Ingo Schwarz, »Warum bezeichnete sich Alexander von Humboldt als ›der Alte vom Berge‹ (Vecchio della Montagna)?«, in: *Alexander von Humboldt-Stiftung. Mitteilungen, Alexander von Humboldt-Magazin* (Bonn) 60 (1992), S. 71-73.

Kurt-R. Biermann, Ingo Schwarz, »Der polyglotte Alexander von Humboldt«, in: *Alexander von Humboldt-Magazin* (Bonn) 69 (1997), S. 39-44.

Kurt-R. Biermann, Ingo Schwarz, »›Gestört durch den Unfug elender Strolche‹. Die skandalösen Vorkommnisse beim Leichenbegängnis Alexander von Humboldts im Mai 1859«, in: *Mitteilungen des Vereins für die Geschichte Berlins* (Berlin) XCV (1999), H. 1 (Januar), S. 470-475.

Kurt-R. Biermann, Ingo Schwarz, »›Sibirien beginnt in der Hasenheide‹. Alexander von Humboldts Neigung zur Moquerie«, in: *HiN – Alexander von Humboldt im Netz* (Potsdam – Berlin) II, 2 (2001), S. 6 ⟨www.hin-online.de⟩.

Kurt-R. Biermann, Christian Suckow, »Aus dem Nachlaß Alexander von Humboldts: Jan Witkiewicz«, in: *Berliner Jahrbuch für osteuropäische Geschichte* (Berlin) 2 (1996), S. 189-198.

Peter Birle, Marianne Braig, Ottmar Ette, Dieter Ingenschay (Hg.), *Hemisphärische Konstruktionen der Amerikas*, Frankfurt/Main: Vervuert Verlag 2006.

Hans Blumenberg, *Schiffbruch mit Zuschauer. Paradigma einer Daseinsmetapher*, Frankfurt/Main: Suhrkamp 1979.

Hans Blumenberg, *Die Lesbarkeit der Welt*, Frankfurt/Main: Suhrkamp 1986.

Anne Bohnenkamp, »›Den Wechseltausch zu befördern‹. Goethes Entwurf einer Weltliteratur«, in: Johann Wolfgang Goethe, *Ästhetische Schriften 1824-1832. Über Kunst und Altertum V-VI*, hg. v. Anne Bohnenkamp, Frankfurt/Main: Deutscher Klassiker Verlag 1999, S. 937-964.

Lorenzo Boturini Benaduci, *Historia General de la América Septentrional.* Edición, estudio, notas y apéndice documental Manuel Ballesteros Gaibrois, México: UNAM 1990.

Marianne Braig, Ottmar Ette, Dieter Ingenschay, Günther Maihold (Hg.), *Grenzen der Macht – Macht der Grenzen. Lateinamerika im globalen Kontext*, Frankfurt/Main: Vervuert Verlag 2005.

Hermann Braun, Artikel »Welt«, in: *Geschichtliche Grundbegriffe. Historisches Lexikon zur politisch-sozialen Sprache in Deutschland*, hg. v. Otto Brunner †, Werner Conze † und Reinhart Koselleck, Bd. 7, Stuttgart: Klett-Cotta 1997, S. 433-510.

Numa Broc, *La Géographie des Philosophes. Géographes et voyageurs français au XVIIIe siècle*, Paris: Editions Ophrys 1985.

Alejo Carpentier, *La ciudad de las columnas*, La Habana: Editorial Letras Cubanas 1982.

Henry Ward Church, »Corneille de Pauw, and the controversy over his ›Recherches philosophiques sur les Américains‹«, in: *PMLA* (New York) LI (1936), Nr. 1 (März), S. 178-206.

Friedrich Cramer, *Chaos und Ordnung. Die komplexe Struktur des Lebendigen*, Frankfurt/Main: Insel Verlag 1993.

Lucien Dällenbach, Christiaan L. Hart Nibbrig (Hg.), *Fragment und Totalität*, Frankfurt/Main: Suhrkamp 1984.

Andreas Daum, »Alexander von Humboldt, Natur als ›Kosmos‹ und die Suche nach Einheit. Zur Geschichte von Wissen und seiner Wirkung als Raumgeschichte«, in: *Berichte zur Wissenschaftsgeschichte* (Weinheim) 23 (2000), S. 243-268.

Hans-Otto Dill, Gerta Stecher, *Die unernste Geschichte Brandenburgs*, Leipzig und Rostock: Weymann-Bauer Verlag 1995.

Michèle Duchet, *Anthropologie et histoire au siècle des Lumières. Buffon, Voltaire, Rousseau, Helvétius, Diderot*, Paris: Flammarion 1971.

Robert van Dusen, *The Literary Ambitions and Achievements of Alexander von Humboldt*, Bern und Frankfurt/Main: Peter Lang 1971.

Ottmar Ette, »Entdecker über Entdecker: Alexander von Humboldt, Cristóbal Colón und die Wiederentdeckung Amerikas«, in: Titus Heydenreich (Hg.), *Columbus zwischen zwei Welten. Historische und literarische Wertungen aus fünf Jahrhunderten*, Bd. I, Frankfurt/Main: Vervuert Verlag 1992, S. 401-439.

Ottmar Ette, »Von Surrogaten und Extrakten: Eine Geschichte der Übersetzungen und Bearbeitungen des amerikanischen Reisewerks Alexander von Humboldts im deutschen Sprachraum«, in: Karl Kohut, Dietrich Briesemeister, Gustav Siebenmann (Hg.), *Deutsche in Lateinamerika – Lateinamerika in Deutschland*, Frankfurt/Main: Vervuert Verlag 1996, S. 98-126.

Ottmar Ette, »Figuren und Funktionen des Lesens in Guillaume-Thomas Raynals ›Histoire des deux Indes‹«, in: Dietrich Briesemeister, Axel Schönberger (Hg.), *Ex nobili philologorum officio. Festschrift für Heinrich Bihler zu seinem 80. Geburtstag*, Berlin: Domus Editoria Europaea 1998, S. 589-610.

Ottmar Ette, »Alexander von Humboldt heute«, in: *Alexander von Humboldt – Netzwerke des Wissens. Katalog der Ausstellung im Haus der Kulturen der Welt (Berlin) vom 6. Juni bis 15. August 1999 und in der Kunst- und Ausstellungshalle der Bundesrepublik Deutschland (Bonn) vom 15. September 1999 bis 9. Januar 2000*, Bonn: Kunst- und Ausstellungshalle der Bundesrepublik Deutschland 1999, S. 19-31.

Ottmar Ette, *Literatur in Bewegung. Raum und Dynamik grenzüberschreitenden Schreibens in Europa und Amerika*, Weilerswist: Velbrück Wissenschaft 2001.

Ottmar Ette, »Der Wissenschaftler als Weltbürger. Alexander von Humboldt auf dem Weg zur Kosmopolitik«, in: Ottmar Ette, Walther L. Bernecker (Hg.), *Ansichten Amerikas. Neuere Studien zu Alexander von Humboldt*, Frankfurt/Main: Vervuert 2001, S. 231-261.

Ottmar Ette, »Eine ›Gemütsverfassung moralischer Unruhe‹ – ›Humboldtian Writing‹: Alexander von Humboldt und das Schreiben in der Moderne«, in: Ottmar Ette u. a. (Hg.), *Alexander von Humboldt – Aufbruch in die Moderne* (siehe unten), S. 33-55.

Ottmar Ette, *Weltbewußtsein. Alexander von Humboldt und das unvollendete Projekt einer anderen Moderne*, Weilerswist: Velbrück Wissenschaft 2002.

Ottmar Ette, »Erich Auerbach oder Die Aufgabe der Philologie«, in: Frank Estelmann, Pierre Krügel, Olaf Müller (Hg.), *Traditionen der Entgrenzung. Beiträge zur romanistischen Wissenschaftsgeschichte*, Frankfurt/Main, Berlin und New York: Peter Lang 2003, S. 21-42.

Ottmar Ette, *ÜberLebenswissen. Die Aufgabe der Philologie*, Berlin: Kulturverlag Kadmos 2004.

Ottmar Ette, »Wege des Wissens. Fünf Thesen zum Weltbewusstsein und den Literaturen der Welt«, in: Sabine Hofmann, Monika Wehrheim (Hg.), *Lateinamerika. Orte und Ordnungen des Wissens. Festschrift für Birgit Scharlau*, Tübingen: Gunter Narr Verlag 2004, S. 169-184.

Ottmar Ette, *ZwischenWeltenSchreiben. Literaturen ohne festen Wohnsitz*, Berlin: Kulturverlag Kadmos 2005.

Ottmar Ette, »Literaturwissenschaft als Lebenswissenschaft. Eine Programmschrift im Jahr der Geisteswissenschaften«, in: *Lendemains* (Tübingen) XXXII, 125 (2007), S. 7-32.

Ottmar Ette, »Über Literaturwissenschaft als Lebenswissenschaft. Perspektiven einer anhebenden Debatte«, in: *Lendemains* (Tübingen) XXXIII, 130 (2008), S. 112-119.

Ottmar Ette (Hg.), *Caribbean(s) on the Move – Archipiélagos literarios del Caribe. A TransArea Symposium*, Frankfurt/Main, New York und Oxford: Peter Lang Verlag 2008.

Ottmar Ette, Ute Hermanns, Bernd M. Scherer, Christian Suckow (Hg.), *Alexander von Humboldt – Aufbruch in die Moderne*, Berlin: Akademie Verlag 2001.

Ottmar Ette, Friederike Pannewick (Hg.), *ArabAmericas. Literary Entanglements of the American Hemisphere and the Arab World*, Frankfurt/Main und Madrid: Vervuert Verlag und Iberoamericana 2006.

Margot Faak, »Einleitung. Die ›Tagebücher‹ Humboldts«, in: A. von Humboldt, *Lateinamerika am Vorabend der Unabhängigkeitsrevolution.* Eine Anthologie von Impressionen und Urteilen, aus seinen Reisetagebüchern zusammengestellt und erläutert durch Margot Faak, Berlin: Akademie-Verlag 1982, S. 21-50.

Michel Foucault, *Les mots et les choses*, Paris: Gallimard 1966; dt.: *Die Ordnung der Dinge*, Frankfurt/Main: Suhrkamp 1971.

Nestor García Canclini, *La globalización imaginada*, México, Buenos Aires und Barcelona: Paidós 1999.

Antonello Gerbi, *La Disputa del Nuovo Mondo. Storia di una Polemica: 1750-1900.* Nuova edizione a cura di Sandro Gerbi, Milano und Napoli: Riccardo Ricciardi Editore 1983.

Stephen Greenblatt, *Marvelous Possessions. The Wonder of the New World*, The Clarendon Lectures and the Carpenter Lectures 1988, Oxford u.a.: The Clarendon Press 1992; dt.: *Wunderbare Besitztümer. Die Erfindung des Fremden: Reisende und Entdecker.* Aus dem Englischen von Robin Cackett, Berlin: Wagenbach 1994.

Sebastian Haffner, *Preußen ohne Legende.* Bildteil von Ulrich Weyland. Fotos von Peter Thomann, München: Wilhelm Goldmann Verlag 1981.

Martin Heidegger, *Platons Lehre von der Wahrheit. Mit einem Brief über den »Humanismus«*, Bern: Francke Verlag 1954.

Gerd Heinrich, »Roter Adler – Schwarzer Adler. Brandenburg als Markgrafschaft und preußische Staatsprovinz«, in: *Marksteine* (siehe unten), S. 25-44.

Frank Holl (Hg.), *Alejandro de Humboldt en Cuba. Catálogo para la exposición en la Casa Humboldt, Habana Vieja, octubre 1997 – enero 1998*, Augsburg: Wissner 1997.

Frank Holl (Hg.), *Alejandro de Humboldt: Una nueva visión del mundo. Exposición en el Museo Nacional de Ciencias Naturales, 4 de octubre 2005-8 de enero 2006*, Barcelona und Madrid: Lunwerg Editores 2005.

Frank Holl, »Alexander von Humboldt: Wie der Klimawandel entdeckt wurde«, in: *Die Gazette* (München) 16 (Winter 2007-2008), S. 20-25.

Günter Hoppe, »Leopold von Buch: Der bedeutendste deutsche Geologe seiner Zeit«, in: *Marksteine* (siehe unten), S. 378-380.

Ilse Jahn, *Dem Leben auf der Spur. Die biologischen Forschungen Alexander von Humboldts*, Leipzig, Jena und Berlin: Urania-Verlag 1969.

Hans Robert Jauß, »Racines und Goethes Iphigenie. Mit einem Nachwort über die Partialität der rezeptionsästhetischen Methode«, in: Rainer Warning (Hg.), *Rezeptionsästhetik. Theorie und Praxis*, München: Fink ²1979, S. 353-400.

Daniel Kehlmann, *Die Vermessung der Welt*. Roman, Reinbek bei Hamburg: Rowohlt 2005.

Pauline Kleingeld, »Six Varieties of Cosmopolitanism in Late Eighteenth-Century Germany«, in: *Journal of the History of Ideas* (Baltimore) LX (1999), H. 3 (Juli), S. 505-524.

Karin Knorr-Cetina, *Wissenskulturen. Ein Vergleich naturwissenschaftlicher Wissensformen*, Frankfurt/Main: Suhrkamp 2002.

Erich Köhler, *Der literarische Zufall, das Mögliche und die Notwendigkeit*, München: Wilhelm Fink Verlag 1973.

Richard Konetzke, »Alexander von Humboldt als Geschichtsschreiber Amerikas«, in: *Historische Zeitschrift* (München) 188 (1959), S. 526-565.

Reinhart Koselleck, »Historia Magistra Vitae. Über die Auflösung des Topos im Horizont neuzeitlich bewegter Geschichte«, in: Ders., *Vergangene Zukunft*, Frankfurt/Main: Suhrkamp ²1984, S. 38-66.

Christian Graf von Krockow, »Die Pflicht und das Glück. Rede zur Heimkehr der Könige nach Potsdam am 17. August 1991«, in: Ders., *Preußen: Eine Bilanz*, Stuttgart: Deutsche Verlags-Anstalt 1992, S. 11-20.

Jaime Labastida, *Humboldt, ese desconocido*, México: Editorial Sep-Setentas 1975.

Henri Lehmann, »Alexandre de Humboldt«, in: *Actas del XXXIII Congreso Internacional de Americanistas (San José, Costa Rica)*, Bd. 2, San José/Costa Rica 1958 (Nachdruck Liechtenstein: Kraus 1978), S. 15-23.

Gernot Lennert, »Kolonisationsversuche Brandenburgs, Preußens und des Deutschen Reiches in der Karibik«, in: Sandra Carreras, Günther Maihold (Hg.), *Preußen und Lateinamerika. Im Spannungsfeld von Kommerz, Macht und Kultur*, Münster: Lit-Verlag 2004, S. 9-30.

Primo Levi, *Se non ora, quando?*, Torino: Einaudi 1982; dt.: *Wann, wenn nicht jetzt?*, München: Hanser ²1986.

Claude Lévi-Strauss, *Tristes Tropiques*, Paris: Plon 1955; dt.: *Traurige Tropen*, Frankfurt/Main: Suhrkamp 2008.

Hugo Loetscher, »Humboldt und die Rehabilitierung eines Kontinentes«, in: *Du* (Zürich) XXX (1970), S. 666.

Julius Löwenberg, »Alexander von Humboldt. Bibliographische Übersicht seiner Werke, Schriften und zerstreuten Abhandlungen«, in: Karl Bruhns (Hg.), *Alexander von Humboldt. Eine wissenschaftliche Biographie.* Bd. 2, Neudruck der Ausgabe von 1872, Osnabrück: Otto Zeller Verlag 1969, S. 485-552.

Hans-Jürgen Lüsebrink, »Die ›Geschichte beider Indien‹ – ein verdrängter Bestseller«, in: Guillaume Raynal [sic], Denis Diderot, *Die Geschichte beider Indien.* Ausgewählt und erläutert von Hans-Jürgen Lüsebrink, Nördlingen: Franz Greno Verlag 1988, S. 329-347.

Hans-Jürgen Lüsebrink, »L'›Histoire des Deux Indes‹ et ses ›extraits‹. Un mode de dispersion textuelle au XVIIIe siècle«, in: *Littérature* (Paris) 69 (Februar 1988), S. 28-41.

Paul Alfred Merbach, »Über Alexander von Humboldt«, in: Alexander von Humboldt, *In Südamerika*, Leipzig: Brockhaus 1927, S. 5-29.

Erica Joy Mannucci, »The savage and the civilized: Observations on a dispute between an enlightened writer and an illuminist«, in: *Studies on Voltaire and the Eighteenth Century* (Oxford) 303 (1992), S. 382-384.

Marksteine. Eine Entdeckungsreise durch Brandenburg-Preußen. Eröffnungsausstellung des Hauses der Brandenburgisch-Preußischen Geschichte 18. August – 11. November 2001. Teil der Gemeinsamen Landesausstellung Berlin und Brandenburg PREUSSEN 2001, Berlin: Henschel Verlag 2001.

Adolf Meyer-Abich, *Alexander von Humboldt in Selbstzeugnissen und Bilddokumenten*, Reinbek bei Hamburg: Rowohlt 1967.

Charles Minguet, *Alexandre de Humboldt, historien et géographe de l'Amérique espagnole 1799-1804*, Paris: François Maspéro 1969.

Halina Nelken, *Alexander von Humboldt. Bildnisse und Künstler. Eine dokumentierte Ikonographie*, Berlin: Reimer 1980.

Fernando Ortiz, »El traductor de Humboldt en la historia de Cuba«, in: Alejandro de Humboldt, *Ensayo Político sobre la Isla de Cuba*, La Habana: Publicaciones del Archivo Nacional de Cuba 1960 ([1]1930), S. 359-385.

Manfred Osten, »Amerika oder ›das größte aller Übel, das die Menschheit betroffen hat‹. Anmerkungen zur Modernität Alexander von Humboldts«, in: Ottmar Ette, Walther L. Bernecker (Hg.), *Ansichten Amerikas. Neuere Studien zu Alexander von Humboldt*, Frankfurt/Main: Vervuert 2001, S. 263-269.

Manfred Osten, *Die Kunst, Fehler zu machen*, Frankfurt/Main: Suhrkamp 2006.

Jürgen Osterhammel, Niels P. Petersson, *Geschichte der Globalisierung*, München: Verlag C.H. Beck 2003.

Horst Pietschmann, »Humboldts Bild von Kuba und der Karibik zu Beginn des 19. Jahrhunderts«, in: Titus Heydenreich (Hg.), *Kuba. Geschichte – Wirtschaft – Kultur*, München: W. Fink 1987, S. 139-152.

Miguel Angel Puig-Samper Mulero, Sandra Rebok, *Sentir y medir. Alexan-*

der von Humboldt en España. Prólogo Ottmar Ette, Aranjuez: Ediciones Doce Calles 2007.

Sandra Rebok, *Alexander von Humboldt und Spanien im 19. Jahrhundert: Analyse eines wechselseitigen Wahrnehmungsprozesses*, Frankfurt/Main: Vervuert Verlag 2006.

Nicolaas A. Rupke, *Alexander von Humboldt. A Metabiography*, Frankfurt/Main, Berlin und New York: Peter Lang 2005.

Karl Schlögel, *Im Raume lesen wir die Zeit. Über Zivilisationsgeschichte und Geopolitik*, München und Wien: Carl Hanser Verlag 2003.

Ulrich Schulz-Buschhaus, »Anleitungen zum tadellosen Sprachgebrauch«, in: Jürgen Wertheimer, Peter V. Zima (Hg.), *Strategien der Verdummung. Infantilisierung in der Fun-Gesellschaft*, München: Verlag C. H. Beck [4]2002, S. 150-159.

Ingo Schwarz, »›Humboldt und Taktlosigkeit‹ oder ›ein anlockendes Aushängeschild‹. Alexander von Humboldt als Held einer Novelle – 1858«, in: *HiN – Alexander von Humboldt im Netz* (Potsdam – Berlin) VIII, 14 (2007), S. 74-79 ⟨www.hin-online.de⟩.

Wolf Singer, *Ein neues Menschenbild? Gespräche über Hirnforschung*, Frankfurt/Main: Suhrkamp 2003.

Charles P. Snow, *The Two Cultures*. With Introduction by Stefan Collini, Cambridge: Cambridge University Press 1993 (zuerst 1959); dt.: *Die zwei Kulturen. Literarische und naturwissenschaftliche Intelligenz*. Aus dem Englischen übersetzt von Grete und Karl-Eberhardt Felten, Versuche 10, Stuttgart: Klett 1967.

Leo Spitzer, »Das Eigene und das Fremde. Über Philologie und Nationalismus«, in: *Die Wandlung* 1 (1945/46), H. 7, S. 576-594, hier zitiert nach: *Lendemains* (Berlin) XVIII, 69-70 (1993), S. 179-191.

Gerhard Steiner, *Georg Forster*, Stuttgart: Metzler 1977.

Gerhard Steiner, »Georg Forsters ›Reise um die Welt‹«, in: Georg Forster, *Reise um die Welt*. Herausgegeben und mit einem Nachwort von Gerhard Steiner, Frankfurt/Main: Insel Verlag 1983, S. 1015-1039.

Michi Strausfeld, »Anmerkungen zur literarischen Erkundung Lateinamerikas. Anotaciones sobre la literatura latinoamericana«, in: Berliner Festspiele (Hg.), *Horizonte 1982. 2. Festival der Weltkulturen. Berlin, 29. Mai – 20. Juni*, Berlin: Enka-Druck 1982

Christian Suckow, »Alexander von Humboldt und Rußland«, in: Ottmar Ette u. a. (Hg.), *Alexander von Humboldt – Aufbruch in die Moderne* (siehe oben), S. 247-264.

Ursula Thiemer-Sachse, »El ›Museo histórico indiano‹ de Lorenzo Boturini Bernaduci (1702-1755) y los esfuerzos del erudito alemán Alejandro de Humboldt (1769-1859) para preservar sus restos para una interpretación científica«, in: *HiN – Alexander von Humboldt im Netz* (Potsdam – Berlin) IV, 6 (2003) ⟨www.hin-online.de⟩.

Manfred Tietz, »Amerika vor der spanischen Öffentlichkeit des 18. Jahrhunderts. Zwei Repliken auf de Pauw und Raynal: Die ›Reflexiones imparciales‹ von Juan Nuix y Perpiñá und die ›México conquistada‹ von Juan de Escoiquiz«, in: José Manuel López de Abiada, Titus Heydenreich (Hg.), *Iberoamérica. Historia – sociedad – literatura. Homenaje a Gustav Siebenmann*, Bd. 2, München: W. Fink 1983, S. 991-993.

Tzvetan Todorov, *La conquête de l'Amérique. La question de l'autre*, Paris: Éd. du Seuil 1982; dt.: *Die Eroberung Amerikas. Das Problem des Anderen.* Aus dem Französischen von Wilfried Böhringer, Frankfurt/Main: Suhrkamp 1985.

Jürgen Trabant, »Ansichten der Sprache. Alexander von Humboldt und die amerikanischen Sprachen«, in: Iwan D'Aprile, Martin Disselkamp, Claudia Sedlarz (Hg.), *Tableau de Berlin. Beiträge zur »Berliner Klassik« (1786-1815)*, Laatzen: Wehrhahn 2005, S. 157-182.

Roberto Ventura, »Lectures de Raynal en Amérique latine au XVIIIe et au XIXe siècles«, in: Hans-Jürgen Lüsebrink, Manfred Tietz (Hg.), *Lectures de Raynal. L'›Histoire des deux Indes‹ en Europe et en Amérique au XVIIIe* siècle. *Actes du colloque de Wolfenbüttel*, Oxford: The Voltaire Foundation 1991, S. 341-359.

Thomas Wernicke, »Der Tag von Potsdam«, in: *Marksteine. Eine Entdekkungsreise durch Brandenburg-Preußen.* Eröffnungsausstellung des Hauses der Brandenburgisch-Preußischen Geschichte 18. August – 11. November 2001. Teil der Gemeinsamen Landesausstellung Berlin und Brandenburg PREUSSEN 2001, Berlin: Henschel Verlag 2001, S. 437-439.

Susanne Zantop, »Dialectics and Colonialism: The Underside of the Enlightenment«, in: David W. Wilson, Robert C. Holub (Hg.), *Impure Reason: Dialectic of Enlightenment in Germany*, Detroit: Wayne State University Press 1993, S. 301-321.

Krzystof Zielnica, *Polonica bei Alexander von Humboldt. Ein Beitrag zu den deutsch-polnischen Wissenschaftsbeziehungen in der ersten Hälfte des 19. Jahrhunderts*, Berlin: Akademie Verlag 2004.

Namenregister

Inhaltsverzeichnis

Achse 1

Achse 2